普通高等教育“十二五”卓越工程能力培养规划教材

北京高等教育精品教材

BEIJING GAODENG JIAOYU JINGPIN JIAOCAI

液压传动与气压传动

（修订版）

鄂大辛　编著

刘树桃　主审

机械工业出版社
CHINA MACHINE PRESS

本书主要介绍流体传动与控制技术的基本内容，分为液压传动和气压传动两大部分。液压传动部分包括液压流体力学、液压泵、执行元件、控制元件、辅助装置等的基本结构、工作原理及其应用，介绍了液压基本回路和典型液压系统。在气压传动部分中，主要介绍了气压传动基础、气源装置及辅助元件、气动元件及应用、气压传动基本回路，以及气压程序系统与气压传动系统应用实例。修订版中，增加了主要液压、气动元件及其部分回路在使用过程中可能发生的故障分析，以及具体的解决措施。

本书深入浅出、通俗易懂，适用于机械制造及自动化、材料加工等专业教学，经过适当节选后还可作为继续教育、高职高专教材，并可供科研、厂矿从事流体传动与控制技术的有关工程技术人员参考使用。

图书在版编目（CIP）数据

液压传动与气压传动/鄂大辛编著；—修订版. —北京：机械工业出版社，2014.8（2017.7 重印）

普通高等教育“十二五”卓越工程能力培养规划教材

北京高等教育精品教材

ISBN 978-7-111-46775-5

Ⅰ.①液… Ⅱ.①鄂… Ⅲ.①液压传动－高等学校－教材②气压传动－高等学校－教材 Ⅳ.①TH13

中国版本图书馆 CIP 数据核字（2014）第 104629 号

机械工业出版社（北京市百万庄大街 22 号 邮政编码 100037）

策划编辑：舒 恬 责任编辑：舒 恬

版式设计：霍永明 责任校对：刘怡丹

封面设计：张 静 责任印制：常天培

保定市中画美凯印刷有限公司印刷

2017 年 7 月第 1 版第 2 次印刷

184mm×260mm · 18.5 印张 · 461 千字

标准书号：ISBN 978-7-111-46775-5

定价：45.00 元

修订版前言

液压传动与气压传动作为动力传动和控制技术的重要组成部分，是当前自动化生产中典型的先进科学技术之一，在航空航天、船舶、车辆等各个领域中有着非常广泛的应用。因此，液压与气压传动在现代科学技术发展中占有非常重要的地位，在几乎所有自动化控制、程序控制及数控加工中发挥了其他技术不可替代的重要作用。近年来，这门科学技术获得了迅速发展，将为未来的自动化建设做出更大的贡献。

“液压传动与气压传动”课程是自动化、机械工程与自动化及机电工程等学科的专业技术基础课程，也是材料加工及各种工程类专业所应学习的重要支撑性技术课程。这是因为现代化技术必然走向工程自动化，并且生产自动化已经成为现代文明建设的重要标志之一。因此，新时期高等技术人才的培养方略中，更应对这门科学技术予以重视。

《液压传动与气压传动》一书是根据教育部专业设置和课程整合的指导方针编写的，其目的在于将这门科学技术以更简练、更结合实际的形式提供给高等学校、高职高专类学校教学使用。因此，本书的编写强调理论知识与实际应用相结合，强调学生接受新知识，消化新知识，运用新知识能力的培养。

本书分为液压传动和气压传动两大部分，由浅入深、由表及里地从传动原理到元件的基本结构、基本原理和基本功用介绍课程内容，旨在使读者循序渐进地理解液压与气压传动的基本知识和结构，在课程实验中进一步消化、理解，通过动手实践达到掌握这门课程主要内容的目的。书中涉及内容比较全面，教师可根据教学课时安排或学科专业需要作适当选择性讲授，对部分章节进行适当删减，或由感兴趣的学生自学。本书涉及的主要内容为液压与气压传动技术在工业领域中应用的基本内容，因此，适合于大学本科、高职高专学校教学使用，同时也可供从事相关专业领域里的工程技术人员参考使用。

作为北京高等教育精品教材立项项目，本书在 2007 年 11 月出版之后，又于 2008 年被评选为北京高等教育精品教材。2013 年，作者结合了读者对原教材的使用意见，对教材内容重新进行了修订，修正了原版教材中的个别错误，同时适当增减并调整了部分内容。修订版注重理论性、系统性的有机统一，增减了部分内容，对一些疏漏做了修订。其中，对液压与气压能源转换元件、执行元件、控制元件及系统运行过程中可能出现的故障进行了简要分析，并提出相应的排除方法，使本书脱离了纸上谈兵的弊端，与液压、气压传动系统实际运行相联系起来，可为教学和系统使用维护提供参考。修订整合后的内容使教材得到了进一步完善，更具可操作性，真正达到了培养学生工程应用能力、促进技术人员将理论融入工程实践的目的。

本书在编写过程中，参考了许多相关文献，在此对作者表示感谢。资深高级工程师刘树桃老先生以其丰富的工程经验和严谨的科学态度担任主审，为保证本书内容能够理论与实践密切结合提出了许多建设性意见，在此深表感谢。另外，借此机会对为本书编写出版做出了大量工作的刘小亦、舒恬、丁洁、鄂乐子、李治国、魏乐愚、古涛、贾震、刘勇、何花卉、赖晓平等同志表示深厚的谢意。

由于作者水平有限，书中如有不妥之处敬请读者不吝指正。

作　者

目 录

第二篇 气 压 传 动

第一篇　液压传动

第一章 概 述

学习要点：①液压传动是利用液体作为工作介质来传递力和运动的工程技术。流体力学中的帕斯卡定律是传递力的基础理论；而传递运动则是根据质量守恒定律来进行的（动力元件密封容积所排出的液体体积与执行元件的密封容积所接受的液体体积相等）。②压力和流量是液压传动的两个最重要参数，其中，压力决定于负载；流量决定执行元件的运动速度。

第一节 液压传动原理及系统组成

所谓传动，通常是指利用某些元件或介质传递动力或能量，因此，根据传动元件或介质不同，可有多种传动方式和传动系统。如利用机械元件传递动力的系统称为机械传动系统，通过电器元件传递动力的系统则称为电力传动系统。而以流体为介质进行能量转换、传递和控制的方法，则称之为流体传动，其中包括液压传动、气压传动和液力传动三种方式。

一、液压传动的概念

所有完整的机器都由动力源机构、传动机构和工作机构三部分组成。其中，动力源机构的功能是将电能、热能等转变为机械能，工业中常用的动力源有电动机、内燃机（汽油机、柴油机）及蒸汽机等。当动力源机构的动力特性不能满足执行机构的工作要求时，就需要利用传动机构来实现动力机构与执行机构之间的合理匹配，如通过传动机构使能量输出适应执行机构的动力、速度变化要求或功能操纵等。

液体传动是以液体为工作介质的流体传动，主要有液压传动和液力传动两种形式。液压传动是以流体为工作介质进行能量转换、传递和控制的系统，其功能是将电动机的机械能转变为液体的压力能，借助液体（压力油液）通过执行元件对外做功，是利用液体压力能进行的传动。液力传动则是靠液体的流动速度对转轴产生的动量矩来传递能量，是利用液体动能的流体传动。

二、液压传动的基本原理及组成

液压传动是利用压力油液作为传递能量的载体实现传动与控制的传动方法，即利用了没有固定形状但具有确定体积的油液来传递力和运动。

1. 液压传动的基本原理

通常所说的液压传动是基于封闭式油液系统形成的液体压力来进行工作的，其工作的基本原理是帕斯卡原理。液压传动的基本原理可由图 1-1 所示液压千斤顶的工作原理来理解，它是由大、小液压缸及其连通的管路所组成的密闭液压系统。假设大、小活塞的有效作用面积分别为 $100mm^2$ 和 $200mm^2$，通过杠杆对小活塞施加一个 1000N 的作用力，封闭在大、小活塞下面的液体内部各处产生的压力均为 $10N/mm^2$，于是液体将这样一个单位面积上的压力传递至大活塞底面，大活塞将受到 $10N/mm^2 \times 200mm^2 = 2000N$ 的作用力。

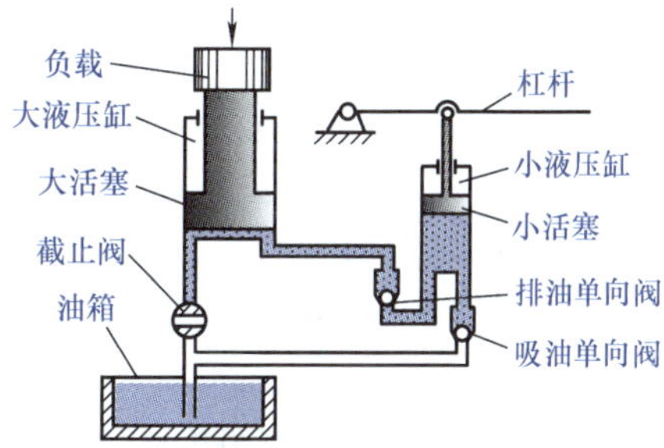

图 1-1 液压千斤顶工作原理

如果大活塞杆上端置一重量为 2000N 的重物，该重物的重力作用于大活塞，此时系统处于平衡状态，该重物将停留在杠杆最终施力的位置上不动。当杠杆手柄处在原有力的基础上向小活塞再增加一点压力，用来克服两个活塞与缸体内壁的摩擦阻力和液体在管路中流动的黏性阻力，小活塞将向下移动。于是在封闭容积中所产生压力差的作用下，大活塞将克服重物的重力向上移动。假设液体是不可压缩的，那么大活塞升起高度将是小活塞下降高度的 1/2。通过这个简单的例子可以看到，密闭容器中的液体在压力作用下可以将力进行“放大”，不仅如此，还可以传递运动。

2. 液压传动系统的组成

上面我们只分析了两个液压缸及连通它们之间的管路，实际上，液压千斤顶本身就构成了一个简单但又较完整的液压传动系统。现在我们再来看液压千斤顶的工作过程，当杠杆手柄带动小活塞向上提起时，小液压缸容积扩大形成真空，排油单向阀上部压力大于下部而关闭。而吸油单向阀下部作用有大气压力下的液体，因此，吸油单向阀被顶起，液体在大气压力作用下通过吸油阀口进入小液压缸内；当压下杠杆手柄使小活塞向下移动时，小活塞将杠杆压力传递给两个单向阀之间的液体，使液体内压力增高而推开排油单向阀进入大液压缸内，迫使大活塞顶起重物而做功；当需要使重物停止移动时，只需使杠杆停止在一定位置上，即可利用封闭的液体系统使大活塞自锁在任意位置；工作时，截止阀锁死不动，当需要使重物下降时，打开截止阀使封闭容器内的液体流回油箱，根据排出的液体量同样可以控制重物在下落过程中的位置。

通过液压千斤顶工作循环的完整过程，可基本确定液压传动系统的组成如下：

（1）能源装置　将机械能转换成液体压力能输入系统内的装置，在上述液压千斤顶中，由小活塞缸、吸油单向阀和排油单向阀即构成了带油阀式配流机构的液压泵。

（2）执行元件　将液体的压力能转换成机械能由系统向外输出的装置，液压千斤顶中的大活塞缸即实现了这一功能。在其他液压系统中的执行元件可能是输出直线往复运动的液压缸，也可能是输出旋转运动的液压马达。

（3）控制元件　控制液体的压力、流量和流动方向使执行元件输出特定的作用力、运动速度和运动方向的元件。例如，液压千斤顶中的截止阀即可象征性地实现减小输出力、降低输出速度并改变大活塞的运动方向。

（4）辅助元件　除去上述三种元件以外，能够盛放、过滤液体，连通、连接其他元件的所有元件均为液压系统的辅助元件，如油箱、过滤器及各种管件、接头等。

（5）传动介质　传递能量的液体，在液压系统中，是指各种液压油。

不论复杂程度如何，液压系统都是由上述四种元件和传动介质所构成的，缺少任何一种元件，都会导致系统工作不正常或功能不健全。

第二节　液压传动的特点及应用

一、传动与控制

在目前的生产实践中，能够实现传动与控制的主要有机械、电气、液压和气压四种方式。

传动与控制是实现有目的的能量传递时不可分割的两个部分，所谓传动是指在一定控制方式下，按照预定目标、量值及程序传递力和运动，而控制则是根据系统工作需要，向传动机构发出动作信号。传动侧重于研究如何正确、迅速地实现控制信息，按照控制信号的指令准确地传递能量。而控制则侧重于研究如何正确、迅速地实现信号的传递和处理。

在液压传动系统中，工作介质既是能量的载体也是控制信号的载体，并且这个载体所传递的能量或信号都是在密闭容积中完成的，而其他传动控制系统中的信号，可以通过另一种途径传递。也就是说，液压系统中的传动具有独特的容积式传动特点，而控制则可采用多种方式。因此，本书以讨论传动技术为主，并附带介绍一些简单的控制方法。

二、液压传动的特点

1. 液压传动的优点

每一种传动方式都有其自身的优点，这些优点都是相对而言的，如液压传动与电气传动、机械传动相比较，具有如下优点：

1）可在运行过程中实现大范围的无级调速，调速范围可达1∶2000。

2）在功率相同的条件下，液压系统的体积小、重量轻、惯性小、结构紧凑。如液压马达的体积和重量仅为同等功率电动机的10%～12%，这是因为电动机的输出转矩与电流成正比，其大小受磁饱和及损耗的限制，而液压马达、液压缸输出的转矩、力与压力差成正比，大小只受元件结构强度限制；在同等体积条件下，液压系统能比电气装置传递更大的动力，因为液压系统的压力可比电枢磁场的磁力大30～40倍。

3）液压系统可实现无间隙传动，运动平稳、冲击小，能高速起动、制动和换向。液压装置的换向频率高，往复回转运动的换向频率达500次/min，往复直线运动的换向频率可达1000次/min。

4）液压传动装置的控制、调节和操纵比较简单，易于实现自动化。与电气控制结合，可实现复杂的顺序动作、更高程度的自动控制及远程控制。

5）液压传动装置易于实现过载保护。因采用油液作为工作介质，可实现自行润滑，延长了元件的使用寿命。

6）可采用大推力液压缸或大转矩液压马达直接带动负载，从而省去中间减速装置，使传动简化、结构紧凑。

7）由于液压系统功率损失等原因所产生的热量可由流动着的油液自动带到热交换器或油箱中去散发，因而可避免系统局部过度温升现象。

8）液压元件实现了系列化、标准化、通用化，因而易于设计、制造及推广使用。

2. 液压传动的缺点和不足

液压传动与电气传动、机械传动相比也有一些缺点和不足，如液压传动的能源不如电气能源能够方便地获取；液压传动系统无法避免泄漏，液体的泄漏和可压缩性使液压传动很难实现严格地实现定比传动；液压传动系统的能量转换及传递过程中存在的机械摩擦损失、压力损失和泄漏损失使总效率降低，难于实现远距离传动；液压传动对油温和负载的变化比较敏感，不宜在低温和高温环境下工作；液压传动中的泄漏不仅污染环境，而且还可能引起火灾或爆炸事故；此外，液压系统的故障不易找出原因和迅速排除，对使用和维修人员的技术水平有较高要求。

与其他传动方式相比，液压传动存在上述优点和不足。其缺点和不足，正随着科学技术的发展逐步加以克服和改善，而由于液压传动具有显著的技术优势，使其在现代化生产中得到了十分广泛的应用。

三、液压传动与控制的应用及发展

1. 液压传动与控制的应用

液压传动在现代化工业中的应用非常广泛，几乎渗透到各个领域，并且在每个领域中的应用都表现出不同的特长和优势。

（1）在机械制造领域中的应用　19 世纪末，德国和美国分别将液压传动技术应用于龙门刨床和六角车床的传动系统中，到 20 世纪 30 年代，各类机床开始采用液压传动系统。第二次世界大战之后，人们认识到液压传动在工作过程中能够无级变速，易于实现自动化，可以实现换向频繁的往复运动等技术优势，使液压传动在机械制造特别是机床工业中获得了重要应用。

1）利用液压传动调速范围大和易于实现无级变速的优点。在磨床砂轮架、车床刀架或转塔刀架、铣床和刨床的工作台和主轴箱、组合机床的动力头和滑台等的进给传动装置中，都具有快速、慢速或快、慢速变化的要求。采用液压传动系统不仅可以实现上述功能要求，且可适应机床工作需要，实现持续进给、间歇进给及良好的换向性能，此外，还可实现负载变化情况下保持速度恒定的工艺需求。

2）液压传动系统换向平稳、速度快。龙门刨床工作台或插床滑枕工作时，需要其具有高速往复运动性能，如龙门刨床工作台的往复运动速度可达 60～90m/min，采用液压传动系统可减小换向冲击，缩短换向时间。

3）液压系统刚性大、反应快、精度高。车床、铣床及刨床上的仿形加工需要伺服机构，利用液压传动的优点组成机液伺服、电液伺服及气液伺服系统，可使执行机构以一定精度自动地按输入信号变化动作实现仿形加工。另外，利用液压传动系统的优势，还可实现放大的伺服系统，如变量泵手动伺服变量机构等。

利用电液伺服系统，可根据电气信号迅速而准确地实现数控机床工作台的直线或回转步进运动。机床夹紧装置、变速操纵装置、丝杠螺母间隙消除装置、分度装置，包括工件和刀具的装卸、输送及贮存装置等，都可采用液压系统来实现。目前，机床传动系统中，已有 80% 采用了液压传动和控制。

（2）在其他领域中的应用　除去机械制造以外，液压系统在工程机械中的应用也非常广泛。挖掘机、推土机及起重机等工程机械都采用了大量液压传动技术，如利用液压缸往复运动可输出大功率的特点完成挖掘机的铲、卸功能，而转台的回转运动则是利用了液压马达输出的转矩和转速实现的。行走式起重机工作时，需要使轮胎浮起，整个起重负载均由支撑缸负担；伸缩缸是吊臂在半径方向上任意伸缩实现起吊距离的调整；吊臂缸控制吊臂仰角实现起吊高度的调整；液压马达驱动卷筒直接调整起吊重物的位置。液压传动系统之所以在工程机械中具有广泛的应用，主要是由于它具有结构简单、输出功率大的特点，并且具有相应的可移动性。

随着液压技术的迅速发展，在锻造、冲压、挤压、粉末压制及塑料成形领域中发展了数百种通用和专用液压设备，使得这些领域的生产能力、自动化程度和制件精度等方面都有了很大的提高。其中，巨型锻造液压机至今仍然无法用其他传动形式的机器代替；型材挤压需要在很长行程上实现加工，液压传动以外的设备很难实现；单动、双动机和三动冲压液压机的改进和开发，使板材冲压生产有了长足的进展；液压锤使用液压系统代替了空气或蒸汽驱动后，提高了生产效率、节省了动力资源，并促进了锻锤实现无砧座化；气-液传动式高速锤采用了液压提升装置，将驱动锤头的气体压力提升了近十倍，大大提高了锤头的打击速度和能量。

由于液压传动系统重量轻、体积小、响应迅速、精度高，而且具有加速能力强的特点，使其大量应用于航空航天及交通运输领域中。如飞机发动机转速和推力控制、起落架控制，以及方向舵、升降舵、副翼的偏转控制等均采用液压技术。船舶的舵机控制系统、船身减摆装置、舱口启闭装置等，也是由液压传动系统实现控制的。液压传动系统在汽车工程中的应用也很多，如轿车自动变速、动力转向、制动系统等。此外，液压传动与控制作为生产自动化中最重要的技术之一，被广泛应用于各种机器人、生产自动线装置以及自动装夹装置中。近年来，液压技术在许多科学研究、实验和模拟中的应用也越来越广泛，如火箭助飞发射装置、导弹、人造卫星、太阳跟踪系统、地震模拟再现、高层建筑防震系统等都采用了液压传动和控制技术。

2. 液压传动与控制的发展概况

从17世纪中期法国科学家帕斯卡发现流体静压原理，以及18世纪末英国制成世界上第一台水压机算起，液压技术已经经历了近四百年的发展历史。由于液压传动与控制具有反应迅速、输出功率大以及动作准确的特点，液压技术的早期应用主要是在军事科学方面。第二次世界大战之后，液压技术开始大量转向工业，在机床、工程机械及交通运输工业中逐步推广。20世纪60年代以来，由于机械自动化和精密加工工业的迫切需求，液压技术得到了迅速发展，并占有了“工业的肌肉”的重要位置。

目前，液压技术正在朝着高压、高速、大流量、高效率、低噪声及高度集成的方向发展。液压元件的制造精度提高、液压系统的高度集成化以及新型液压元件和液压系统的开发研制，特别是借助于计算机技术的辅助设计、辅助测试、运动仿真、优化设计都为液压传动与控制技术的发展提供了良好的技术环境。

第三节 液压传动的工作介质

现代液压系统中用于传递能量和信号的工作介质基本是液压油，而早期液压系统曾使用水作为工作介质，此外，在某些海洋作业的液压系统中，仍然以水为传递介质。

一、工作介质的基本性能及其要求

液压系统的液压油既是传递功率的介质，又是液压元件的冷却剂、防锈剂及各运动副的润滑剂。因此，液压油应具有与其功能相适应的基本特性。

1. 液压油的黏度及其特性

黏度是液压油本身的特性，但在一定条件下，这种特性又会发生某些变化。因此，需要了解液压油的黏度及其引发油液黏度变化的条件。

(1) 液压油的黏度　液压油的黏度表示该种油液的黏性大小，通常采用运动黏度 ν 来表示。ν 在国际单位制中的单位是 m^2/s，而在实际标定时，为方便通常采用 mm^2/s 表示，即 $1m^2/s = 10^4cm^2/s$（St，斯）$= 10^6mm^2/s$（cSt，厘斯）。国标 GB/T3141—1994 中规定，液压油的牌号用黏度的等级表示。某种液压油在 40℃时运动黏度 ν 的平均值即为该油液的牌号，比如，10 号液压油表示其在 40℃时运动黏度 ν 的平均值为 10cSt。

ISO 规定了液压油的黏度等级标准，采用 40℃时油液运动黏度的某一中心值作为油液黏度的牌号，共分为 10、15、22、32、46、68、100、150 共 8 个黏度等级。

(2) 温度和压力对液压油黏度的影响

1) 黏度与温度的关系。液压油本身的黏度受温度变化影响的特性称作该油液的黏温特性，通常采用黏温指数Ⅵ来表示。液压系统中使用的油液对温度的变化很敏感。当温度升高时，油液的黏度显著下降。油液黏度的变化直接影响到液压系统的性能和泄漏量，因此，希望黏度随温度的变化越小越好。不同种类的液压油，其黏度随温度的变化规律也不同。液压系统一般要求工作油液的黏度指数Ⅵ在 90 以上，关于各种油液的黏度指数可在有关手册中查到。

2) 黏度与压力的关系。油液分子间的距离随压力增加而缩小，内聚力增大导致黏度增加。在 10MPa 的常用压力范围内，压力对油液黏度的影响较小，一般可不考虑。但当工作压力较大或压力变化较大时，则需要考虑这种影响。

液压油的黏度对液压传动的效率、灵敏性和可靠性等有很大影响，黏度过高，油液流动时的内摩擦阻力增大，增加系统的压力损失、效率降低，易使油液升温，降低液压泵的自吸能力，有时还会引起液压元件动作迟缓或失调；反之，黏度过低会加大系统的泄漏量，降低泵的容积效率和系统总效率，使系统压力难以维持稳定，影响执行机构的动作精确程度。

2. 液压油应具有的使用特性

1) 应具有与系统工作条件相适应的黏度和良好的黏温特性。

2) 较好的润滑性。

3) 纯净度好，杂质少。

4) 具有较低的空气分离压、饱和蒸气压、流动点和较高的闪点、燃点，防火、防爆安全系数要高。

5) 对热、氧化、水解都有良好的稳定性。

此外，还需要液压油具有良好的防腐性、抗燃性、抗泡沫性、抗乳化性，较小的体积膨胀性、压缩性，并且要求应无毒。

二、工作介质的种类及特点

普通液压传动系统中使用工作介质主要有石油基液压油和阻燃液压油两大类。

1. 石油基液压油

石油基液压油是以石油的精炼物为基础，加入各种添加剂调制而成，具有很多种类。液压系统中常用的主要有以下几种：

(1) 普通液压油　以汽油机油馏分为基础油，添加了抗氧、抗腐、抗磨、消泡及防锈剂等调合而成。用于高精密机床或要求较高的中、低压系统，只适于 0℃以上的工作环境。

其牌号有 YA—N32、YA—N46、YA—N68 等。

（2）液压-导轨油　其基础油与普通液压油相同，在普通液压油的基础上又添加了油性剂，使其具有较好的防爬行性能，因而适用于机床液压与导轨润滑并用的系统。常用牌号有 N22、N32、N46、N68 等。

（3）抗磨液压油　在普通液压油的基础上增添了抗磨剂，有助于提高液压元件在高压下工作时的耐磨性，适用于－150℃以上的高压、高速工程机械和车辆液压系统。常用牌号有 YB—N32、YB—N46、YB—N68 等。

（4）低温液压油　利用低凝点的机械油或汽轮机油，加抗氧、抗腐、抗磨、消泡、防锈、防凝和增黏等添加剂合成。这种油除具有良好的抗磨性外，还具有较好的黏温特性、低温工作性能和抗剪切性能，适用于－25～－35℃低温地区的液压系统使用。常用牌号有 YC—N32、YC—N46、YC—N68 等。

（5）高黏度指数液压油　将低黏度的变压器油分馏后加增黏、抗磨、油性、抗氧剂等调合而成。其黏温特性比低温液压油还好。适用于精密数控机床及高精度坐标镗床的液压系统。冬季使用牌号 YD—N22、YD—N32，夏季宜用 YD—N46。

此外，还有机械油、汽轮机油、清净液压油及各种专用液压油，如航空液压油、舰用液压油、炮用液压油、舵机液压油，等。

2. 阻燃液压油

阻燃液压油含有一定量水分，因而具有抗燃性能。阻燃液压油主要可分为合成型、油水乳化型和高水型三大类。

（1）合成型阻燃液压油

1）水-乙二醇液，是一种含有 35%～55% 的水，其余为能溶于水的乙二醇、丙二醇或其聚合物，以及加入水溶性的增黏、抗磨、防锈、消泡等添加剂合成的透明溶液。其具有良好的抗燃性、低温流动性及黏温特性，稳定性好，使用寿命长。其适用于要求防火的液压系统，使用温度范围为－20～50℃。其主要缺点是抗磨性和润滑性较差，汽化压力高，易产生气泡，与石油基液压油混合使用时易生成油泥，黏度随含水量减少而显著增加，废液不易处理。

2）磷酸酯阻燃液压油，是一种在磷酸酯中加入抗氧化剂、抗腐蚀剂、酸性吸收剂、消泡剂等调制而成的液压油。其优点是具有良好的润滑性、阻燃性及抗氧化性，挥发性低，对大多数金属不产生腐蚀作用。其使用温度范围为－6～65℃，适用于高压系统。其主要缺点是混入水分时会发生水解，并生成磷酸腐蚀金属，对环境污染严重，有刺激性气味和轻度毒性。

（2）油水乳化型阻燃液压油

油水乳化型阻燃液压油是利用互不相溶的油和水分别作为“溶剂”和“溶质”，是“溶质”以极小的液滴形式均匀地分散在“溶剂”中所形成的抗燃液体。根据油和水的比例大小，分为水包油和油包水两大类。

1）水包油乳化液的含油量仅为 5%～10%，其余为水及各种添加剂。其特点是润滑性差，仅适用于液压支架或水压机系统。

2）油包水乳化液是由 40% 的水和 60% 的精制矿物油，再加乳化剂等调制而成的以油为连续相、水为分散相的乳化剂。其具有矿物油的一些基本优点，润滑性、防锈性及抗燃性等较好，在冶金、轧钢、煤矿中的低压液压系统中应用较多。其缺点是使用温度不能高于

65℃，乳化稳定性差，即油水易分离，过滤性差，黏度随含水量增加而降低。

（3）高水基型阻燃液压油

高水基型阻燃液压油不是油水乳化液，而是以95%的水为基体，加入5%的各种添加剂调制而成的乳化液。其主要有三种类型：高水基乳化液是95%的水与5%的精制矿物油及各种添加剂调制而成；高水基合成液则不含油，由95%的水和5%含有多种水溶性添加剂浓缩液混合而成；高水基微乳化液则是由95%的水和5%含有高级润滑油与多种添加剂的浓缩液混合而成。这类阻燃工作液的优点是成本低，抗燃性好，不污染环境；缺点是黏度低、润滑性差，通常只能适用于中、低压系统。

三、工作介质的污染及控制

液压系统工作介质即液压油，其污染包括两个方面：一是使用或管理不当产生泄漏，对周围环境造成污染；另一方面，液压油本身的污染，则会导致系统发生故障，并影响液压传动系统的工作可靠性和元件的使用寿命。

1. 工作介质的污染原因及测定

（1）液压油的污染　液压油本身被污染原因比较复杂，主要是来源于液体内的残留物、侵入物及生成物等。

所谓残留物是指液压元件（包括管道、油箱等）在制造和安装过程中，没有清理干净，而残留下来的切屑、毛刺、型砂、焊渣等。侵入物是指由于液压系统密封性不好或维修更换元件时清理不当，而侵入到液压油中，使其受到污染的物质，包括周围环境中的空气、水滴、尘埃及杂物等。生成物是指当液压系统工作时，由于元件摩擦产生的金属微粒、氧化皮屑、密封元件的剥落片以及工作液体变质后的胶状生成物等。

（2）污染的分析及测定

1）液压油的污染分析。

对于液压油污染成分及其含量分析时，一般可采用光谱分析、红外光谱分析及铁谱分析方法等。其中，利用光谱分析可以检验液压油中的元素及其含量；红外光谱分析可对液压油中的化合物进行定量分析；铁谱分析可以检验液压油中铁磁性颗粒污染物的成分、大小及数量。

液压油污染度的表示方法有多种，通常使用的有质量污染度和颗粒污染度。质量污染度是指单位体积液压油中固体颗粒污染物的质量，单位为mg/L。颗粒污染度是指单位体积液压油中所含各种尺寸固体颗粒污染物的数量。

2）污染的测定。

质量污染度一般采用称重法测量，即把100mL的液压油样品进行真空过滤并烘干后，在精密天平上称出颗粒的质量，然后按标准定出污染等级。

颗粒污染度的测定方法较多，通常采用定量测定方法和半定量测定方法。其中，定量测定方法是测定单位容积液压油中含有某给定尺寸范围内的颗粒数，主要包括显微镜颗粒计数法和自动颗粒计数法两种。显微镜颗粒计算法是将100mL液压油样品进行真空过滤，将得到的固体颗粒进行溶剂处理后，放在显微镜下确定其尺寸大小及数量，然后按标准确定液压油的污染度；自动颗粒计数法是利用光源照射液压油样品，根据液体中颗粒在光电传感器上的投影所产生的脉冲信号来测定液压油的污染度。由于信号的强弱、数量与固体颗粒的大小、数量有关，将测得的信号与标准颗粒产生的信号相比较，即可计算出液压油样品中固体颗粒的大小及数量。

此外，还有显微镜比较法和滤网堵塞法，这两种污染测定方法属于半定量测量法。

3）液压油的污染等级。

国际标准化组织规定了液压油的污染度等级标准（ISO4406—1999），可用来评定液压系统工作介质的污染程度。液压油的污染度等级是指单位体积工作介质中固体颗粒污染物的含量，根据污染物颗粒浓度的大小，共分为26个等级数码，等级数码越大，表示颗粒污染物的浓度越大。我国液压系统油液污染度等级的国家标准GB/T14039—2002规定等同于国际标准ISO4406—1999。

此外，对于液压油中混入空气、水滴等可用空气含量和含水量等表示。

2. 工作介质污染的危害及控制

（1）液压油污染的危害 液压油中混入的固体颗粒，特别是金属固体颗粒可对具有相对滑动元件，如阀芯与阀体、柱塞与缸体之间的表面造成磨损，降低元件工作精度，导致运动元件卡死等。而液压油中的胶状生成物，容易造成阀孔、滤油器堵塞，使液压元件工作性能和精度降低。液压油中混入的水滴和空气可降低使用液体的体积模量，还会产生气蚀，降低工作元件的使用精度和寿命。

（2）液压油污染的控制 严格控制工作介质的污染程度，是提高液压系统工作精度和使用寿命的必要保证。因此，通常需对液压系统采取相应的保护措施。

1）使用前保持液压油清洁。购入的液压油必须经过取样检验，合格后方可使用。注油前应按规定进行过滤，保证注油工具、油箱及过滤器等的清洁。

2）减少和控制残留物。组装液压系统时，应先对液压元件和密封元件进行清理，以清除因加工、运输等残留在元件上的杂物。对于管道和油箱等进行清理，通常可用机械方法去除型砂、焊渣等残留物，然后进行必要的清洗。

3）运行前进行检查。液压系统安装后，需进行相应的防锈处理，并对整个系统进行循环冲洗和严格检查后才能投入使用。在开始使用前，应将系统内空气排尽。

4）工作中保持液压油清洁。为防止液压油在工作中外界杂质或水分侵入，尽可能采用密封油箱或在通气孔上加装空气滤清器，以避免油液污染。对于过滤装置，应进行定期检查、清洗和更换滤芯。

5）控制液压油工作温度。油液温度过高，会加速氧化变质或产生各种生成物，导致液压油污染。因此，一般应将液压油的工作温度控制在65℃以下。

四、工作介质的选用

在液压传动系统中，液压油即作为工作介质，同时又兼作各种液压元件的润滑剂。因此，对液压油的要求比一般润滑油要高。通常要求液压油具有良好的化学稳定性，即在工作时具有抗热、抗氧化及抗机械剪切性能的同时，保证其化学稳定性；要求液压油具有适当的黏度和良好的黏温特性，凝固点和流动温度较低，以保证油液能在较低温度下使用；另外，还要求液压油具有较快地排出油液中的游离空气（消泡性）和较好地与油中水分分离（抗乳化性）的能力。

液压传动系统中使用的油液品种很多，如机械油、变压器油、通用液压油等，其中，机械油即机械润滑油，在液压系统中使用较多。但由于机械油化学稳定性、黏温特性及防锈性等均较差，因而已不能满足现代化液压设备对工作介质的各种要求。目前的液压设备，通常选用通用液压油。另外，还应根据液压系统的工作性质和使用环境，适当选用液压油。

机床液压系统常选用石油基液压油，如机械油、汽轮机油、通用液压油或变压器油等。

选择系统工作介质时需要根据液压系统的使用性能和工作环境等因素确定油液种类，然后还要考虑油液的黏度。通常，当系统的工作压力和环境温度较高，且执行元件运动速度较低时，为防止泄漏，应选用黏度较大的油液；如果系统的执行元件运动速度较高时，油液的流速也高，为了减少压力损失，宜选用黏度较小的油液。

在液压系统中，液压泵的转速最高、产生的压力也最大，温升最明显。因此，确定液压油黏度时，通常首先考虑液压泵的类型及其工作状况。

习 题

1-1 什么是液体传动？液体传动有哪两种形式？它们最主要的区别是什么？

1-2 一般液压系统由哪几部分组成？在系统中它们分别起什么作用？

1-3 液压传动与其他传动方式相比有什么不同，有哪些优点？

1-4 液压系统对作为工作介质的液压油主要有哪些性能要求？

1-5 液压系统中工作介质的污染主要来自于哪几个方面？如何控制工作介质的污染？

第二章　液压流体力学基础

学习要点： 本章主要介绍油液的基本性质、液压流体力学基础。其学习重点为：①流体静力学，了解油液黏性、可压缩性，掌握帕斯卡原理及其应用；②流体动力学，应了解连续性方程、伯努利方程、动量方程的物理意义，并清楚它们的应用条件；③了解雷诺数的物理意义，掌握油液在孔口及缝隙中的流动特性，以及液压冲击和气穴的产生原因及其危害。

液压流体力学是流体力学的一个重要组成部分，它主要研究液体的力学性质、液体在外力作用下产生运动的规律及其运动过程中与固体之间的相互作用。液压控制与传动，是以油液为工作介质进行能量的转换、控制和传递的应用技术，它的理论基础即为液压流体力学。在液压控制与传动中，油液是处于封闭管路或容器内承受高压状态下的牛顿流体，其重力本身的作用往往被忽略，因此，液压流体力学的研究内容与经典流体力学有所不同。

第一节　液体静力学基础

液体静力学是液压流体力学的基础，它主要讨论液体在液压传动过程中所表现的主要物理性质、静止液体的平衡规律及其在工程中的应用。

一、液体的主要物理性质

液体是由许多不断作不规则运动的分子所组成，其间存在一定间隙，严格讲，它们不是连续体。但在实际工程技术应用中，则将液体看作由无数微小质点组成的连续介质，进而来讨论这种流体的状态参数，如密度、黏性、压力及速度等。

1. 液体的密度

均质液体在单位体积内的质量，称为液体的密度，即

$$\rho = \frac{m}{V} \tag{2-1}$$

式中　m——液体的质量（kg）；

V——液体的体积（m^3）。

液体的密度随压力和温度而变化，一般情况下，随压力升高密度增大；随温度升高密度减小。在工程应用条件下，由于压力和温度变化对液体密度变化的影响比较小，因而通常忽略这种变化，将液体的密度视为常数。一般矿物质液压油的密度为 $\rho=850\sim960$（kg/m^3）。

2. 液体的可压缩性

组成液体的分子之间具有一定间隙，受压力作用时液体体积减小。在一定温度下，每增加一个单位压力，液体体积的相对变化量称作液体的压缩性系数。通常采用压缩性系数来表示液体的压缩性，即

$$k=-\frac{dV/V}{dp} \tag{2-2}$$

式中 dV——压力作用下液体的体积变化量（m^3）；

V——受压缩前的液体体积（m^3）；

dp——压力变化量（Pa）。

压缩系数表示在压力增量作用下，液体的被压缩程度，公式前面的负号表示液体体积变化量与压力增量的变化相反，即压力增加时，液体体积是减小的。

此外，在液压传动中，常用压缩系数的倒数 $K=1/k$ 表示油液的压缩性，其单位为 Pa，K 称为油液的体积模量。相对于气体而言，液体的压缩性小，体积模量大。据资料介绍，纯石油型液压油的体积模量为（1.4～2.0）$\times10^3$MPa，可压缩性是普通钢材的 100～150 倍。一般情况下，液体的压缩性可以忽略不计，但在作液压元件或系统动态分析时，则必须考虑液压油的压缩性。

通常，气体以混入和溶入两种形式存在于油液中，溶入气体对油液的黏性和压缩性基本不产生影响，但如果在油液中混入非溶解性气体时，不仅对油液黏性产生影响，而且会使油液的体积模量降低至（0.7～1.4）$\times10^3$MPa。一般油液中混有 1% 的气体时，其体积模量只为纯油液的 30%。由于油液中难免混入空气，因此，在工程应用中常将液压油的体积模数取为（0.7～1.0）$\times10^3$MPa。

3. 液体的黏性

液体受到外力作用产生流动时，由于液体分子之间的吸引力而产生一种内摩擦力，通常将这种阻碍流体运动的性质称为液体的黏性。运动时的摩擦阻力是液体黏性的表现形式，只在液体运动时才显现出它的黏性，而静止的液体不会呈现黏性。黏性是油液的一种基本属性，它直接关系到液压传动系统的工作性能和控制传动精度。

（1）黏性的物理意义及牛顿内摩擦定律 液体运动中产生的黏性可用图 2-1 所示的例子简单说明。上、下间距为 h 的两平行平板间充满均质液体，下平板不动，上平板以速度 u 向右平行移动。由于液体的黏性作用，贴紧在上、下平板内表面的液体与板面具有相同的运动速度，即贴附在下平板上表面的液体运动速度为零，而贴附在上平板下表面的液体运动速度为 u，而处于两平行平板之间各层液体的运动速度，从下至上逐渐递增。如果液体具有一定黏性，上平板右行速度均匀且上、下平板间距较小时，液层运动速度近似呈线性规律变化。运动过程中，由于液体分子之间，特别是运动液层之间产生了内摩擦力，形成各层液体之间的运动速度差，且相互制约。由试验得知，液体流动过程中相邻液层之间产生的内摩擦力 F 与液层接触面积、液

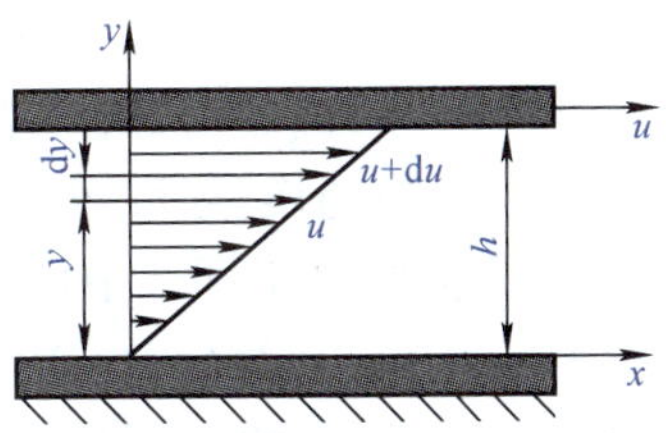

图 2-1 液体黏性的作用

层的相对运动速度成正比，而与液层间的距离成反比，即

$$F=\mu A\frac{du}{dy} \tag{2-3}$$

式中 μ——液体的黏性系数或称动力黏度（Pa·s）；

A——运动液层的接触面积（m^2）；

du/dy——速度梯度（1/s）。

与液体运动方向相垂直的单位面积上的内摩擦力，即运动切应力τ可表示为

$$\tau=\mu\frac{du}{dy} \tag{2-4}$$

上式即为牛顿液体的内摩擦定律，其对牛顿液体和非牛顿液体都适用。所谓牛顿液体，其动力黏度只与液体种类有关，而与速度梯度无关，即指速度梯度变化时，动力黏度μ不变的液体；凡速度梯度变化时μ值也要发生变化的液体，则称为非牛顿液体。液压传动中使用的油液，除去黏性特别大，或含有特种添加剂的油液外，石油基液压油一般均可看作牛顿液体。

对于静止液体，由于速度梯度 $du/dy=0$，其内摩擦力也为零。因此，只有当液体产生流动或具有相应的流动趋势时，才会显示出黏性，而静止液体不呈现黏性。

（2）黏性的表示方法　黏性是液体的一项重要物理特性，其大小可用黏度来衡量，通常采用动力黏度、运动黏度及相对黏度来表示液体的黏性。

1）动力黏度也称绝对黏度，用μ表示。由式（2-4）可以看出它的物理意义，即液体在单位速度梯度下流动或具有流动趋势时，相接触液层间单位面积上产生的内摩擦力。动力黏度μ直接表示了液体的黏性，即运动内摩擦力的大小。由于其单位（Pa·s）中具有动力学要素，故而得名。

2）运动黏度为动力黏度μ与液体密度ρ之比值，即

$$\nu=\frac{\mu}{\rho} \tag{2-5}$$

液体的运动黏度没有明确的物理意义，但在工程应用中，经常用到动力黏度μ与密度ρ的比值，因而引入了这个物理量。由于运动黏度的单位（m^2/s）具有运动学要素，只与长度和时间有关，因而称之为运动黏度。

我国液压油的牌号即使用油液在40℃时运动黏度的平均值表示的（单位是mm^2/s），如32号液压油，就是指这种油液在40℃时运动黏度的平均值为$32mm^2/s$。

3）相对黏度。动力黏度和运动黏度是理论分析和计算中常用的黏度指标，但它们的数值都难以直接测量。因此，工程上采用另一种可用仪器直接测量得到的黏度单位，即相对黏度，有时也称条件黏度。相对黏度可以采用特定的黏度计在规定条件下直接测试而得，然后再将其进行相应的换算后，得到动力黏度和运动黏度值。由于测定条件不同，因此各国采用的相对黏度指标也不同。中国、德国和俄罗斯等国采用恩氏黏度°E，美国采用赛氏黏度SSU，英国采用雷氏黏度R，法国采用巴氏黏度°B等。

油液恩氏黏度的测量方法是，将200mL温度为T(℃)的被测液体装入底部带有ϕ2.8mm小孔的恩氏黏度计的容器中，测出该液体仅靠自重而流尽所需要的时间t_1(s)，在测量200mL温度为20℃的蒸馏水由同一小孔流尽所需的时间t_2(s)（通常$t_2=51s$）。这两个时间的比值，即为被测液体在T(℃)下的恩氏黏度

$$°E=\frac{t_1}{t_2} \tag{2-6}$$

一般以20℃、40℃及100℃作为测定液体恩氏黏度的标准温度，由此而得到的恩氏黏度分别表示为$°E_{20}$、$°E_{40}$、$°E_{100}$。

恩氏黏度与运动黏度之间的换算关系式为

$$\nu = \left(7.31\,°E - \frac{6.31}{°E}\right) \times 10^{-6} \tag{2-7}$$

（3）温度和压力对黏性的影响　油液对于温度变化十分敏感，温度变化会导致液体的内聚力发生变化，温度升高时，液体内部分子间的吸引力减小，黏度降低。特别是在低温条件下，这种影响更为突出。油液的黏度变化，直接影响正常使用和液压系统的工作性能。油液黏性随温度变化的性质称为黏温特性，通常用黏度指数表示。液压油成分配比不同，其黏温特性也不同，通常可由相关的黏温特性曲线查得该油液在某一温度下的黏度变化值，一般液压油的黏度指数要求在90以上。

对于液压油来说，作用压力增大时，液体分子的间距减小，分子间的吸引力增大，因而其黏度也增大。但在一般液压系统中使用的压力范围内，特别是在低压系统中，液压油因压力变化而产生的黏度变化量较小，通常可以忽略不计。

一般，液压油的动力黏度与压力、温度的关系可用经验公式表示为

$$\mu = \mu_0 e^{\alpha p - \lambda(t - t0)} \tag{2-8}$$

式中　μ——压力为p（MPa）、温度为t（℃）时油液的动力黏度（Pa·s）；

μ_0——在大气压下，温度为t_0（℃）时液压油的动力黏度（Pa·s）；

α——该油液的黏压系数（MPa）$^{-1}$，石油基液压油$\alpha = 0.02 \sim 0.03$（MPa）$^{-1}$；

λ——油液的黏温系数，石油基液压油$\lambda = 0.017 \sim 0.050$。

二、液体静力学

液体静力学主要研究液体处于静止状态或相对静止状态下的力学性能，如在这种状态下压力的作用、分布、传递，以及这种静压力对固体壁面的作用等。所谓静止或相对静止的液体，是指液体内部各质点之间没有相对运动，因而液体整体可与刚体一样进行各种运动。

1. 静压力及其特性

（1）液体静压力　在静止状态下，作用在液体上的力有两种，即质量力和表面力。与液体自身质量有关且作用在质量中心上的力称为质量力，其大小与受作用的液体质量成正比，而单位质量液体所受作用力称为单位质量力。与液体表面面积有关且作用在液体表面上的力称为表面力，单位面积上作用的力称为应力。表面力可以是其他物体作用在液体上的力，也可以是一部分液体作用于另一部分液体上的力。由于液体在静止或相对平衡状态下不产生相对运动，不呈现黏性，即液体内部不存在切向摩擦力、剪切力，因此，作用于液体表面的只有法向应力。又由于液体质点间的凝聚力很小，不能受拉，使得法向应力只能沿液体表面的内法线方向作用。

如图2-2所示，在静止液体中任取一微面积ΔA，由于液体内部没有相对运动，质点之间不存在切应力，其上承受总法向力ΔF作用。该微面积上作用的平均液压力为$\Delta F/\Delta A$，当微面积ΔA趋于无限小时，$\Delta F/\Delta A$的极限值即为液体所受静压力，即

$$p = \lim \frac{\Delta F}{\Delta A} \tag{2-9}$$

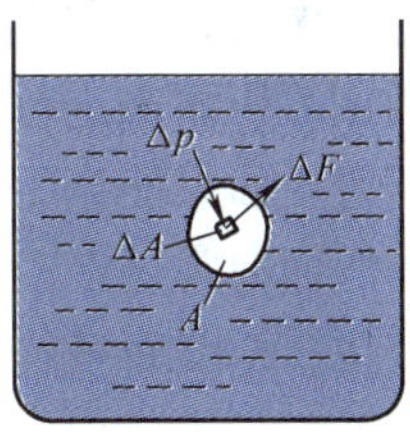

图2-2　静止液体受力状态

液体在单位面积上所受的内法向力即为静压力，在物理学上称作压强，而在液压和气压传动中常简称为压力。

（2）静压力的特性　液体的静压力具有两个基本特性。

1）液体静压力的方向总是沿着作用面的内法线方向。液体可以保持一定体积，但不能保持固定的形状。液体内部各质点之间的凝聚力很小，当受到拉力或剪切力作用时，必然发生流动。而静止液体的质点间没有相对运动，即说明其内部不存在拉力或剪切力作用，而只有法向压力作用，即其静压力方向总是沿着作用面的内法线方向。

2）静止液体内任一质点所受到的各方向静压力相等，而与作用面的空间方向无关。如果液体中某一质点所受各方向的压力不相等，那么在不平衡力作用下，液体必然产生相对流动，这同样破坏了液体静止的条件。因此，在静止液体中，作用于任一点的各方向压力一定相等。

2. 液体静压力基本方程及其物理意义

（1）静压力基本方程式　在重力场中，液体的质量力只有重力，此外，静止液体的表面受大气压力 p_0 的作用，如图 2-3所示，现求距液面 h 深度 A 点处的压力。在液体内取一垂直于液面且包含 A 点的微液柱，其上表面与液面重合，A 点处的底面积为 ΔA。该微液柱的重力及周围液体的压力作用下，处于平衡状态。列出该微小液柱在垂直方向的受力平衡方程 $p\Delta A = p_0\Delta A + \rho gh\Delta A$，经化简后可得

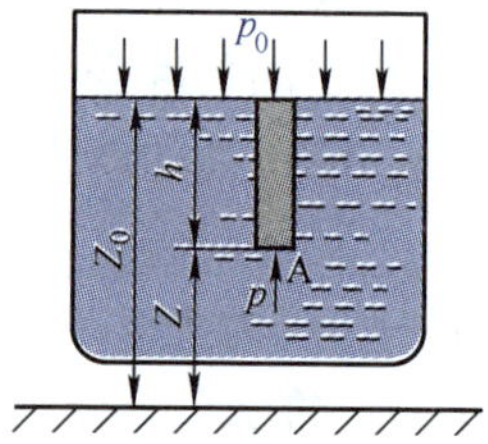

图 2-3　重力作用下的静止液体

$$p = p_0 + \rho gh \tag{2-10}$$

式中　p——静止液体中某一点的压力（MPa）；

p_0——外界作用于液面上的压力（MPa）；

ρ——液体的密度（kg/m^3）；

g——重力加速度（m/s^2）；

h——该点至液面的垂直距离（m）。

上式称为液体静力学基本方程，它表明了重力作用下静止液体中的压力分布规律。由此可以得出如下结论：

1）静止液体内任一点处的压力由 p_0 和 ρgh 两部分组成，前者是液面上的压力，后者为该点以上液体自重产生的压力。当液面上只受到大气压力 p_a 作用时，静止液体内任一点处的静压力可表示为 $p = p_a + \rho gh$。

2）静止液体内的压力随液体深度呈线性规律分布。

3）连续、静止的同种液体内，距液面深度相同处各点的压力相等。压力相等的所有点组成的面称作等压面。在重力作用下的静止液体中，液体质点在等压面上变动位置时，重力不对质点做功，即重力必须与等压面相垂直，因此，等压面是一个水平面。

利用等压面来进行液体静力学分析、计算时，必须按照相应的条件来选取或确定等压面，即等压面只能产生在静止、连续的同种液体中，当连通器内具有两种或两种以上液体时，等压面通常选在两种不同液体的分界面处。如图 2-4 所示 U 型管中装有两种密度不同的静止液体，A-A 面虽然是同种液体，但不连续，因此，不是等压面；B-B 面为不同种液体液面，显然不是等压面；C-C 面左端是两种液体的分界面，右端处于连续同种液体内部，因而是等压面；D-D 处于连续同种液体内，显然是等压面。

（2）静压力基本方程的物理意义　为了明确静压力基本方程的物理意义，可由图 2-5 所示的密闭容器内盛有静止液体的受力分析来进行说明。容器内液面上作用有压力 p_0，任取一水平基准面 Ox，液面距该基准面深度为 z_0，根据静压力基本方程，可以求出距液面深度为 h 的 A 点处的压力

$$p = p_0 + \rho gh = p_0 + \rho g(z_0 - z)$$

整理后可以得到液体静压力基本方程的另一种表达形式

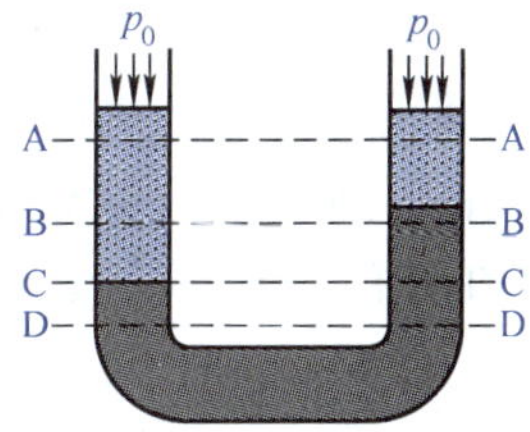

图 2-4　异种液体在连通器中的等压面

$$\frac{p}{\rho g} + z = \frac{p_0}{\rho g} + z_0 = \mathrm{c} \tag{2-11}$$

上式中的 z 实际代表了 A 点处单位重量液体的势能，如果 A 点液体质点的重量为 mg，则质点从 A 点下降至基准水平面时，它的重量所做的功即为 mg$z$。也就是说，A 点处液体质点相对于水平基准面，具有位置势能 mg$z$，因而单位重量液体的位能应为 mg$z$/mg = z，通常称 z 为位置水头。

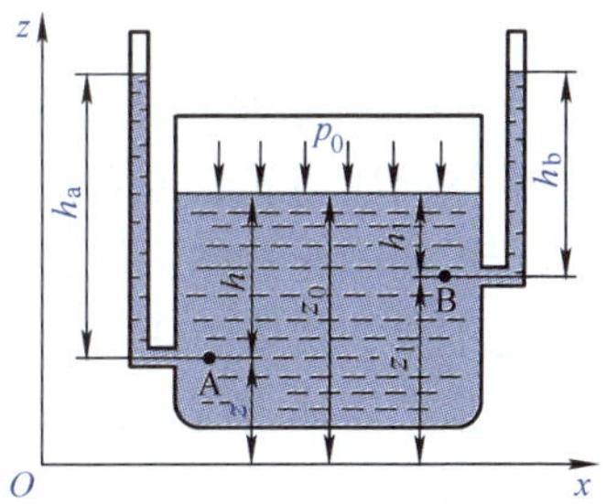

图 2-5　静压力基本方程的物理状态

现在与 A 点等高处的容器侧壁上接出一上端封闭并抽成真空的小管，在容器内液体静压力作用下，小管内的液体将自 A 点上升到 h_a 的高度。列出 A 点至小管液面之间的静压力平衡方程 $p/(\rho g) + z = z + h_a$，可得 $p/(\rho g) = h_a$。这说明 A 处液体质点受静压力作用而具有 mgh_a 的势能，A 处静压力 p 做功使单位重量的液体升高至 h_a 的高度，由于 $p = \mathrm{mg}h_a$ 可改写为 $p/(\rho g) = h_a$，因而称 $p/(\rho g)$ 为压力水头。

通过上述简单分析，可以明确静压力基本方程（2-11）所包含的物理意义，即在静止液体中，处于各点的单位重量液体所具有的压力能和势能的总和为一常数，两种能量可以相互转换，但各点的总能量保持不变，即能量守恒。

3. 压力的表示方法及单位

（1）压力的表示方法　压力的表示方法有两种，一种是以绝对零值即绝对真空作为基准测得的压力，称作绝对压力；另一种是以当地大气压力为基准测得的压力称作相对压力。由于常用测压仪表所测得的压力均为相对压力，因此通常也将相对压力称作表压力。在液压传动与气压传动技术中，如不作特别说明，所提到的压力均指相对压力。绝对压力与相对压力之间的关系为

$$绝对压力 = 相对压力 + 大气压力$$

当某点处的绝对压力低于大气压力时，绝对压力小于大气压力的那部分压力值称为真空度，即

$$真空度 = 大气压力 - 绝对压力$$

如图 2-6 所示，以大气压为基准计算压力值时，基准以上的正值是相对压力，而基准以下的负值就是真空度。如在液压泵吸油腔内，液体的绝对压力就低于大气压力，这时的相对压力是负值，真空度即常以此负值的绝对值表示。

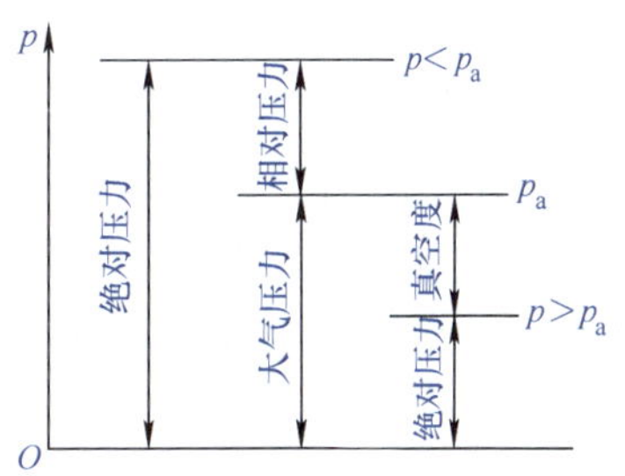

图 2-6　绝对压力、相对压力和真空度

在进行工程计算时，通常取一个标准大气压等于0.1013MPa。

(2) 压力单位　压力的计量单位有很多种，工程中通常采用国际单位制、工程大气压及液柱高度等单位，我国法定计量单位规定压力单位为帕（Pa），工程中常用MPa、kPa。

1）采用国际单位制计量单位面积上的作用力时，通常采用帕（$Pa = N/m^2$）、千帕（kPa）和兆帕（MPa）。其换算关系为$1MPa = 10^3 kPa = 10^6 Pa$。

2）工程大气压（at）：1at（工程大气压）$= 1kgf/cm^2 = 9.8 \times 10^4 N/m^2$

3）液柱高，包括米水柱高（mH_2O）、毫米汞柱高（mmHg）等，$1mH_2O$（米水柱）$= 9.8 \times 10^3 N/m^2$。它们之间的换算关系为

$$1at = 10^5 Pa = 0.1MPa = 10mH_2O = 735.5mmHg$$

4. 静止液体中的压力传递及其应用

(1) 帕斯卡原理　由液体静压力基本方程式$p = p_0 + \rho gh$可知，液体中任一点处的压力都包含有液面压力p_0，或者说，液体表面的压力p_0等值地传递到液体内部所有地方。对于密闭容器内的静止液体，作用于液体边界上的压力p_0发生变化时，只要液体仍保持原有的静止状态不变，液体中任一点的压力也将发生同样大小的变化。即施加于静止液体上的压力可以等值地向液体内所有方向传递，这就是帕斯卡原理，或称为静压传递原理。

在液压传动中，一般系统内部的相对高度都不会太高，由外力所产生的压力p_0要比液体自重引起的压力ρgh大得多，后者可以忽略不计，因此，静压基本方程可写作$p = p_0 + \rho gh \approx p_0$。这样，即可以认为当系统中的液体处于静止状态时，液体内各点处的压力均等于液体界面压力p_0。

(2) 应用　根据帕斯卡原理可知，液体不仅可以传力，而且还能放大或缩小力的量值，并且可以改变力的传递方向。该原理的这些特征，在液压传动系统中得到了具体应用。如图2-7所示，由等直径管路连接两个活塞直径大小不同的两个液压缸组成一个简单的液压传动系统。水平液压缸1与垂直液压缸活塞有效工作面积分别为A_1和A_2，在缸1的活塞上施加推力F_1，则活塞端面上产生压力p。根据帕斯卡原理，这个压力p通过管道内的油液传至缸2活塞的端面上，使后者产生一个向上的推力F_2，利用液体使力得到传递。由于两缸的置放方向不同，水平推力F_1经封闭油液转换成垂直推力F_2，即改变了力的作用方向。此外，两缸活塞之间液体内各点的压力相同，由于缸1和缸2的活塞面积不同，则有$F_2 = F_1 (A_2/A_1)$，因$A_2 > A_1$，而有$F_2 > F_1$，即通过液体传递，使力获得了放大。通过改变两缸活塞有效工作面积之比A_2/A_1，可以得到不同的输出力，液压千斤顶就是根据这个原理制成的。

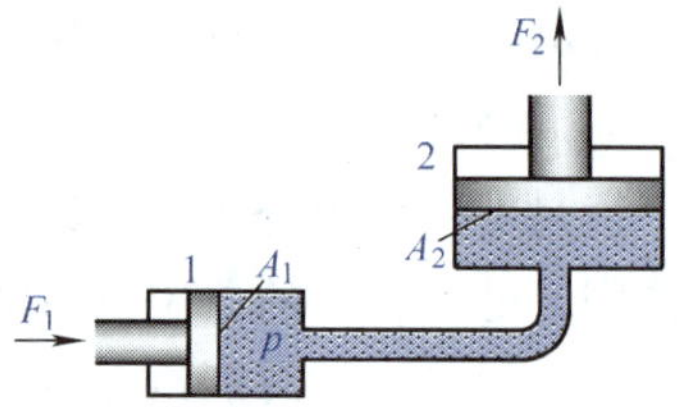

图2-7　帕斯卡原理的应用

在上述例子中，由于缸1左端施加了推力F_1，使得密闭容积内的液体中产生了$p = F_1/A_1 = F_2/A_2$的静压力。如果F_2固定不变，即使增大输入力F_1，也无法改变液体压力p。假设垂直缸外部没有负载阻力，即$F_2 = 0$，在忽略活塞自重及运动摩擦力的情况下，则无论输入力F_1有多大，缸内液体的压力p都只能为零，也就是说，缸内无法建立起压力。这说明缸筒内的液体压力是由外界负载所决定的，这一结论正是液压传动技术中的一个最基本概念。

5. 液体作用在固体壁面上的压力

静止液体与固体壁面相接触时，液体的静压力必然对固体壁面产生一定的作用力，通常认为，固体壁面在某一方向上所受的液体静压力，应为固体壁面上各点在该方向上所受静压作用力的总和。固体壁面为平面时，若忽略液体自重，平面各点处所受静压力大小相等，方向平行。因此，液体作用在固体壁面上的总压力等于静压力与承压面积的乘积，其作用力方向垂直于固体壁面。

当固体壁面为曲面时，如忽略液体自重的影响，曲面上各点处的静压力相等，但作用方向不平行。液体作用于曲面某一方向上的分力，即等于静压力与曲面在该方向的垂直平面上投影面积的乘积。如图 2-8 中所示液压缸筒所受液压油作用力的分析，可以证明上述结论。为求压力 p 的油液对右半部缸筒内壁在 x 方向上的作用力 F_x，在缸筒上取一微小面积 $dA = l ds = lr d\theta$，压力油作用在这一微小面积上的力 dF 在水平方向上的分量为 $dF_x = dF\cos\theta = p dA\cos\theta = plr\cos\theta d\theta$，将其沿缸筒壁面积分，即可求得液压油对缸筒内壁在 x 方向上的作用力

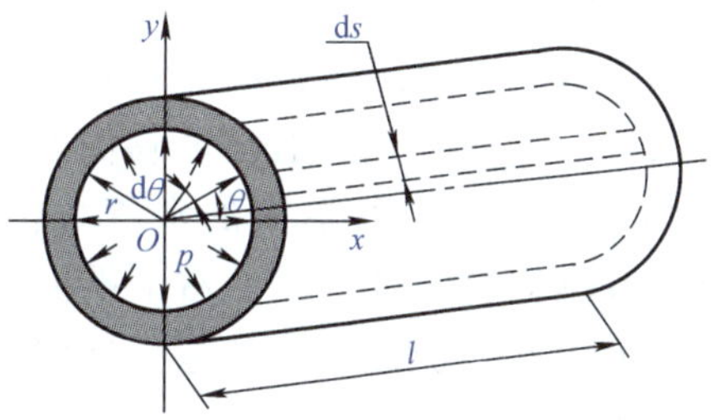

图 2-8 压力油作用在缸体内壁曲面上的力

$$F_x = \int_{-\frac{\pi}{2}}^{\frac{\pi}{2}} dF_x = \int_{-\frac{\pi}{2}}^{\frac{\pi}{2}} plr\cos\theta d\theta = 2plr = pA_x$$

式中 A_x 为缸筒右半部内壁在 x 方向上的投影面积，$A_x = 2rl$。由此即可证明：曲面上液压作用力在某一方向上的分力等于压力和曲面在该方向的垂直向内投影面积的乘积。

第二节 液体动力学基础

液体动力学研究液体在外力作用下的运动规律，即研究液体受力及产生运动之间的关系，它是流体力学的核心。液体流动时，由于重力、惯性力、黏性摩擦力以及温度等的影响，其内部质点的运动状态各不相同。尽管这些质点在不同时间和空间位置所产生的运动变化对能量损耗有一定影响，但对于液压传动与控制技术来说，更关心的是整个液体在空间某特定时间和特定区域内的平均运动情况。因此，为了简化分析，先设为等温状态，进而再将黏度作为常数及密度只与压力的有关条件下，讨论和研究液体的流动情况。

在液体动力学中，主要讨论流体动力学中的三个基本方程，即连续性方程、伯努利方程和动量方程。前两个方程结合起来可以解决压力、流速与流量之间的关系；动量方程主要解决流动液体与固体壁面之间相互作用力及其方向的计算问题。

一、液体流动的基本概念

1. 理想液体

既无黏性又无可压缩性的假象液体称为理想液体；而将事实上既有黏性又有可压缩性的液体称为实际液体。

液体在流动、受压时，会表现出黏性和可压缩性。因此，研究液体流动时需要考虑这些因素的影响。由于液流中的黏性阻力是一个非常复杂的问题，在液压传动技术中，通常先将研究对象作为理想液体进行分析讨论，寻找出液体的运动规律之后，再考虑黏性作用并通过

实验验证的方法对理想结论进行补充和修正。液体动力学中，引入理想液体的概念，是为了简化条件，便于推导出液体动力学基本方程，以利于分析讨论。

2. 稳定流动

流动液体中，任一点处的压力、速度和密度都不随时间变化时，称这种流动为稳定流动，或称定常流动。反之，只要这些运动参数中有一个随时间而变化，则称这种流动为非稳定流动。如果流动液体的运动参数随时间发生非常缓慢的变化，在较短的时间间隔内，可近似将其看作稳定流动。

如图 2-9 所示，补充水源向水箱内注水，图 2-9a 中由于容器能够保证液面高度 H 不变，容器内的水压力、密度可基本保持不变，因而右下端的出流口流出水的流速也为常量，这就构成了稳流流动。图 2-9b 中，关闭补充水源后，容器内的水位不能保持恒定，内部压力和密度随水位增高而变化，因此，出口水流的流速随之变化，即形成非稳流流动。

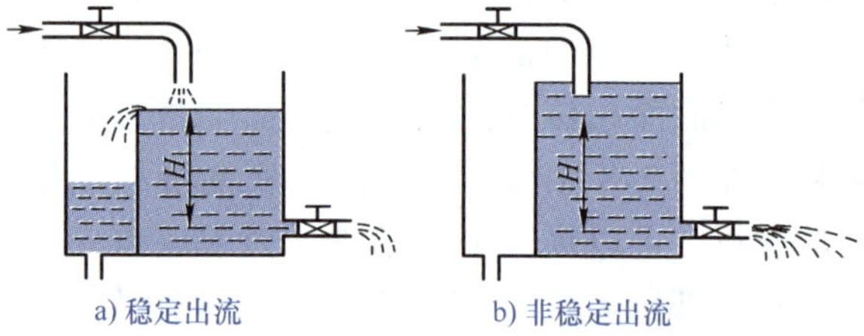

图 2-9 液体的流态

3. 流线、流束和通流截面

（1）流线 当液体流动时，某一瞬时液流中一条反映各质点运动状态的曲线，称为流线。如图 2-10 所示，流线上各点处的瞬时流动方向与该点的切线方向重合。对于非稳定流动，由于液流通过空间点的速度随时间而变化，因而流线形状也随时间而变化，即流线具有时变性。而对于稳定流动，流线的形状不随时间变化，液流中每一质点处在每一瞬时只能有一个速度，流线既不相交，也不能转折，因此，它是一条条光滑的曲线。流线彼此平行的流动称为平行流动，流线间的夹角很小，或流线曲率半径很大的流动称为缓变流动，通常认为平行流动和缓变流动都属于一维流动范畴。

（2）流束 在流场中，通过某确定面积上所有各点流线的集合，称为流束，如图 2-10 所示。由于流线不能相交，则流束内外的流线均不能穿越流束表面。当流束通过的截面面积很小时，称这种流束为微小流束，此时，可以认为通过微小流束截面上各点处的流速是相等的。

图 2-10 流线

（3）通流截面 与液体流动方向相垂直的液体横截面，即流束中与所有流线正交的截面，称为通流截面，也称过流截面。如图 2-11所示，对于平行流线，通流截面是一个平面（A 面）；当流线为曲线时，则通流截面为曲面（B 面）。

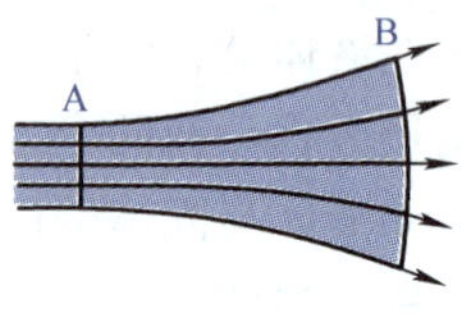

图 2-11 流束

4. 流量与平均流速

（1）流量 单位时间内通过通流截面的液体体积称为流量，用 q 表示。

如图 2-12a 所示，在液流中取一微小流束，在微段时间 $\mathrm{d}t$ 内以速度 u 流过微小通流截面 $\mathrm{d}A$ 的流量为 $\mathrm{d}q = \mathrm{d}V/\mathrm{d}A = u\mathrm{d}A$，其中 $\mathrm{d}V$ 是液体在微小时间段 $\mathrm{d}t$ 内流过微小通流截面的体积。则流经通流截面 A 的液体流量为

$$q = \int_A u\mathrm{d}A \tag{2-12}$$

(2) 平均流速 由于油液具有一定黏度，在通流截面各点处的速度不一致，其分布规律如图 2-12b 所示。另外，为了计算流经某一通流截面的流量 q，必须利用其流速分布规律进行积分才可获得。而在液压传动技术中，求得液体中某一质点的流动速度没有实际意义，通常不计流速在截面各点处的差异，而采用一个一个假想的平均流速来代替实际流速的方式，求得液体流经某一截面的流量。

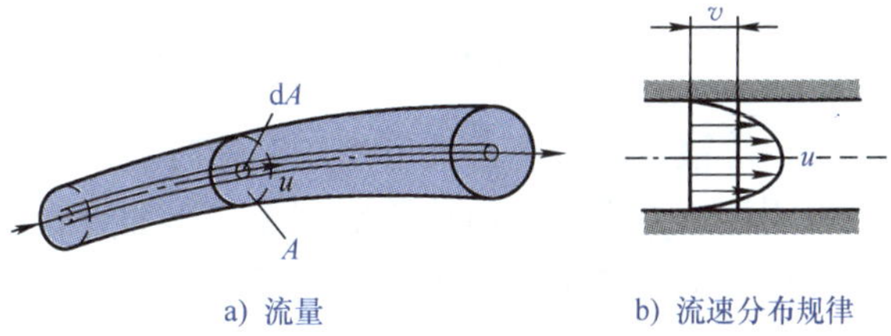

图 2-12 流量及流速的分布规律

$$v = \frac{\int_A u\mathrm{d}A}{A} = \frac{q}{A} \tag{2-13}$$

二、连续性方程

连续性方程是流动液体质量守恒定律的一种具体应用形式。

如图 2-13 所示，液体在非等截面管道中作稳定流动，流经通流截面面积为 A_1、A_2 的两截面 1 和 2 时的流速分别为 v_1、v_2。对于理想液体，根据质量守恒定律，在单位时间内流经这两个截面的如截面 1 和流出截面 2 的液体质量应相等，即

$$\Delta t\rho v_1 A_1 = \Delta t\rho v_2 A_2 = 常数$$

即

$$v_1 A_1 = v_2 A_2 = q = 常数 \tag{2-14}$$

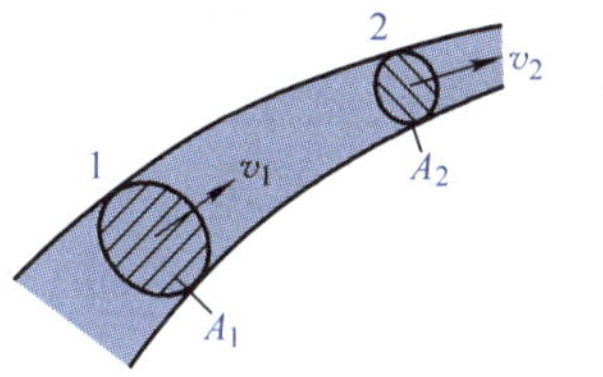

图 2-13 液体在管内的连续流动

上式即为不可压缩液体作稳定流动时的连续性方程。它的物理含义是，在不考虑液体可压缩性的稳定流动条件下，同一管路中无论通流面积怎样变化，只要没有泄漏，通过管道各个截面的流量相等，且平均流速与通流截面面积成反比。同时，还可以看出，在同一管路中的液体流量一定时，管径小的地方流速高；通流面积相同时，流量越大流速也越高。

应用连续性方程时，应注意必须是不可压缩液体作稳定流动，另外，由于不存在力的关系，适用于任何液体，且对于同种液体，与黏性无关。

【例 2-1】 如图 2-14 所示，液压泵以 $q = 25\text{L/min}$ 的流量向液压缸左端输入压力油，活塞直径 $D = 50\text{mm}$，活塞杆直径 $d = 30\text{mm}$，管路直径 $d_1 = d_2 = 15\text{mm}$，试求活塞的运动速度及油液在进、出油管中的流速。可否直接利用连续性方程求解？为什么？

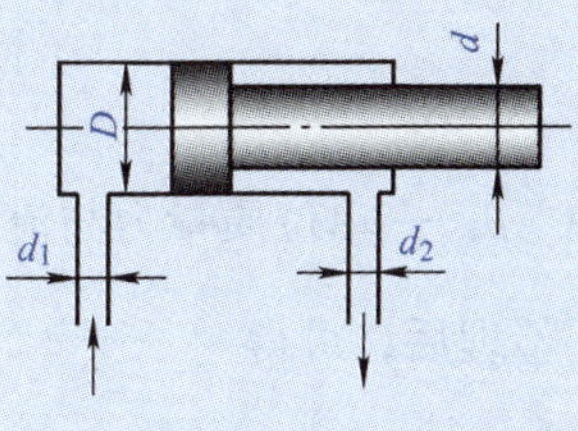

图 2-14 例题 2-1 附图

解： 利用已知液压缸进口流量，求得进油管路中油液的流速

$$v_1 = q/(\pi d_1^2/4) = \left[\frac{25\times10^{-3}}{60}\cdot\frac{4}{\pi\times(15\times10^{-3})^2}\right]\text{m/s} = 2.36\text{m/s}$$

由进入液压缸左腔的流量，求得活塞向右的运动速度

$$v = q/(\pi D^2/4) = \left[\frac{25\times10^{-3}}{60}\cdot\frac{4}{\pi\times(50\times10^{-3})^2}\right]\text{m/s} = 0.21\text{m/s}$$

当计算液压缸进、出油管中的流速时，由于进油管和出油管被活塞所隔开，因此，不可直接应用连续性方程。而液压缸右腔与出油管属于同一通路，油液在其中作连续流动，因此利用油液在缸筒与出油管中是同一流量，则其通流截面面积与流速成反比的关系来求出油管内液体的流速。

根据连续性方程，利用 $v[\pi(D^2-d^2)/4] = v_2(\pi d_1^2/4)$ 的关系，可得

$$v_2 = v[\pi(D^2-d^2)/4]/(\pi d_1^2/4) = [0.21(5^2-3^2)/1.5^2]\text{m/s} = 1.49\text{m/s}$$

三、伯努利方程

伯努利方程是能量守恒定律在流体力学中的一种具体表达形式，也称能量守恒方程。

1. 理想液体一维稳定流动的运动微分方程

如图 2-15 所示，在理想液体一维稳定流动中，由液流的微小流束上取一通流截面积为 dA、长度为 ds 的微圆柱体。该微元体上作用有两种外力，一种为液体压力产生的表面力，另一种为液体自身的质量力。液体压力在微元体两端面上产生的作用力相互平衡，即

$$p\mathrm{d}A - \left(p + \frac{\partial p}{\partial s}\mathrm{d}s\right)\mathrm{d}A = -\frac{\partial p}{\partial s}\mathrm{d}s\mathrm{d}A$$

式中 $\frac{\partial p}{\partial s}$——沿流线方向的压力梯度。

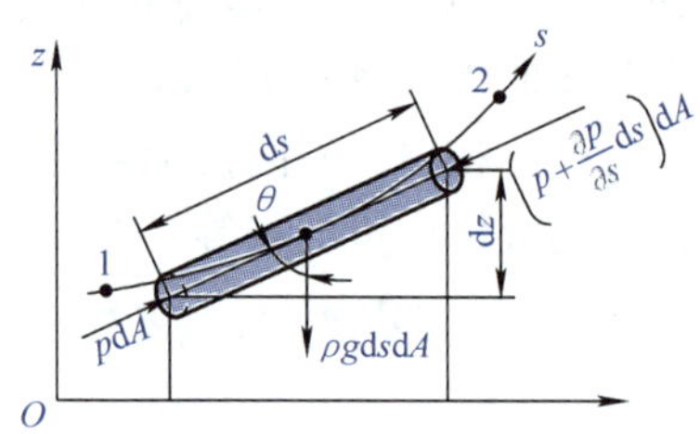

图 2-15 液体受力分析

作用在微元体上的质量力 d$F = \rho g$dsdA，在液体一维稳定流动中，这一质量力所构成的惯性力可写作

$$ma = \rho\mathrm{d}s\mathrm{d}A\frac{\mathrm{d}u}{\mathrm{d}t} = \rho\mathrm{d}s\mathrm{d}A\left(u\frac{\partial u}{\partial s}\right)$$

式中 u——微元体沿流线的运动速度，$u = \frac{\mathrm{d}s}{\mathrm{d}t}$。

根据牛顿第二定律 $\sum F = ma$，有

$$-\frac{\partial p}{\partial s}\mathrm{d}s\mathrm{d}A - \rho g\mathrm{d}s\mathrm{d}A\cos\theta = \rho\mathrm{d}s\mathrm{d}A\left(u\frac{\partial u}{\partial s}\right) \tag{2-15}$$

式中 θ——单位质量力与流线 s 的夹角，$\cos\theta = \frac{\partial z}{\partial s}$。

整理后，可得

$$-\frac{1}{\rho}\frac{\partial p}{\partial s} - g\frac{\partial z}{\partial s} = u\frac{\partial u}{\partial s} \tag{2-16}$$

上式即为理想液体作一维稳定流动时，单位质量液体的运动微分方程。

2. 理想液体的伯努利方程

将式（2-16）两端乘以 ds，列出从截面 1 至截面 2 沿流线 s 的积分式

$$\int_1^2\left(-\frac{1}{\rho}\frac{\partial p}{\partial s}-g\frac{\partial z}{\partial s}\right)\mathrm{d}s=\int_1^2\left[\frac{\partial}{\partial s}\left(\frac{u^2}{2}\right)+\frac{\partial u}{\partial t}\right]\mathrm{d}s$$

经整理后为

$$-\int_1^2\mathrm{d}\left(\frac{p}{\rho g}+z+\frac{u^2}{2g}\right)=\int_1^2\frac{\partial u}{g\partial t}\mathrm{d}s$$

在稳定流动中，压力、速度和密度都不随时间而变化，因此上式等号右端项等于零，积分后

$$\frac{p_1}{\rho g}+z_1+\frac{u_1^2}{2g}=\frac{p_2}{\rho g}+z_2+\frac{u_2^2}{2g}\tag{2-17}$$

由于流线中的两个截面1、2是任意选取的，因此，上式又可写作

$$\frac{p}{\rho g}+z+\frac{u^2}{2g}=\mathrm{c}\tag{2-18}$$

式（2-17）、式（2-18）即为理想液体作一维稳定流动时的伯努利方程，也称为流体能量方程。方程式中的各项分别代表单位重量液体的压力能、势能和动能，它们都具有长度量纲，故分别称为压力水头、位置水头和速度水头。

如图2-16所示，伯努利方程具有明确的物理意义：既无黏性又不可压缩的理想液体作稳定流动时，具有压力能、势能和动能三种能量形式，各截面上的三种能量可以相互转换，但总能量保持不变，即能量守恒。

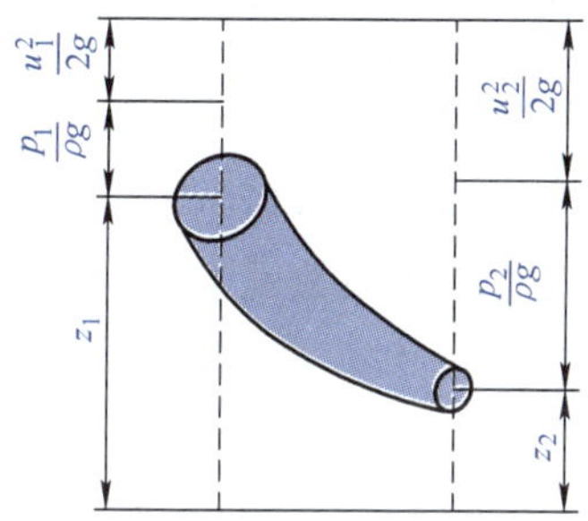

图 2-16　液体流动的能量转换

3. 实际液体的伯努利方程

实际液体在流动过程中，因黏性引起各液层之间的摩擦，而必然消耗一部分能量，沿流动方向液体的总机械能逐渐减少。如果在流线上沿流动方向任取1、2两点，则有

$$\frac{p_1}{\rho g}+z_1+\frac{u_1^2}{2g}>\frac{p_2}{\rho g}+z_2+\frac{u_2^2}{2g}$$

如果利用 h' 代表单位质量液体从点1流到点2时所消耗的机械能，则伯努利方程将改写为

$$\frac{p_1}{\rho g}+z_1+\frac{u_1^2}{2g}=\frac{p_2}{\rho g}+z_2+\frac{u_2^2}{2g}+h'\tag{2-19}$$

上式说明实际液体流动时与理想液体流动不同，前者必然要消耗一部分能量去克服黏性阻力引起的内摩擦，这一点对于提高液压控制和传动精度来说是很重要的。为了得到实际液体流动时的能量变化规律，既需要考虑上述能量损失，还需将液体的流线流动扩大到液流状态来分析。为此，将式（2-19）中各项分别乘以 $\rho\mathrm{d}q$，可以列出单位时间内沿一条流线上整个质量的能量方程

$$\int_q\left(\frac{p_1}{\rho g}+z_1+\frac{u_1^2}{2g}\right)\rho\mathrm{d}q=\int_q\left(\frac{p_2}{\rho g}+z_2+\frac{u_2^2}{2g}\right)\rho\mathrm{d}q+\int_q h'_{\mathrm{f}}\rho\mathrm{d}q\tag{2-20}$$

将上式沿整个总流断面积分，即可得到总流的能量方程。对于平行流动或缓变流动来说，液流通流截面上各点处的压力符合静止液体力学的分布规律，即 $p/(\rho g)+z=$ 常数。因此，上式前两项积分（包括左、右端）

$$\int_q\left(\frac{p}{\rho g}+z\right)\rho \mathrm{d}q=\left(\frac{p}{\rho g}+z\right)\rho q \tag{2-21}$$

对于式（2-20）中第三项积分时，采用平均流速的概念，假设 $u=v+\Delta u$，并将此关系代入积分

$$\int_q\frac{u^2}{2}\rho \mathrm{d}q=\int_A\frac{(v+\Delta u)^3}{2}\rho \mathrm{d}A\approx\frac{\rho}{2}v^2\left[\int_A v\mathrm{d}A+3\int_A\frac{(\Delta u)^2}{v^2}v\mathrm{d}A\right]$$

$$=\frac{\rho}{2}v^2q\left[1+3\int_A\frac{(\Delta u)}{v^2A}\mathrm{d}A\right]=\frac{\rho}{2}v^2q\left[1+\frac{3\int_A(\Delta u)^2\mathrm{d}A}{v^2A}\right]=\frac{\alpha v^2}{2}\rho q \tag{2-22}$$

式中　α——动能修正系数，$\alpha=1+\dfrac{3\int_A(\Delta u)^2\mathrm{d}A}{v^2A}$。

对于式（2-20）等号右端最后一项积分

$$\int h'_f\rho \mathrm{d}q=\rho h_f\int_q \mathrm{d}q=\rho h_f q \tag{2-23}$$

式中　h'_f、h_f——单位重量液体沿流线、总流的机械能损失。

将式（2-21）、式（2-22）、式（2-23）代入式（2-20），经整理后可得

$$\frac{p_1}{\rho g}+z_1+\frac{\alpha_1v_1^2}{2g}=\frac{p_2}{\rho g}+z_2+\frac{\alpha_2v_2^2}{2g}+h_f \tag{2-24}$$

上式即为重力场中实际不可压缩液体稳定流动时的总流伯努利方程。

动能修正系数可用断面上实际动能与按平均流速计算的功能之比值来描述，即

$$\alpha=\frac{\int_A(u^2/2)\rho \mathrm{d}q}{(v^2/2)\rho q}=\frac{\int_A u^2\mathrm{d}q}{v^2q}$$

为了简便，通常当液体作层流运动时动能修正系数 $\alpha=2$，作湍流运动时 $\alpha=1$。

4. 伯努利方程的应用举例

伯努利方程揭示了液体流动过程中的能量变化关系，可用于液压传动及控制中的一些基本分析和计算。应用伯努利方程解决实际问题时，应注意：①选取适当的水平基准面；②在流线上选定两个通流截面，其中一个截面为待求参数截面；③在上述两个截面中各选定高度为已知的一个点；④对所取两点按液体流动方向列出伯努利方程求解，通常需与连续性方程联立求解。

【例 2-2】 分析并计算液压泵吸油口出的真空度。

解： 如图 2-17 所示，设液压泵的吸油口距油箱液面高度为 h，为了分析并计算液压泵工作时吸油口处的真空度，选取油箱液面 Ⅰ-Ⅰ 为基准平面，取泵吸油口截面 Ⅱ-Ⅱ 的高度 h 为已知参数，该面上的压力为待求参数。列出两截面的伯努利方程

$$\frac{p_1}{\rho g}+\frac{\alpha_1v_1^2}{2g}=\frac{p_2}{\rho g}+\frac{\alpha_2v_2^2}{2g}+h+h_f$$

上式中，$p_1=p_a$（大气压力），与管路通流截面相比，油箱截面积大得多，可认为泵吸油时其液面下降速度 $v_1\approx0$。将上式整理后，可得泵工作时，其吸油口的真空度为

$$p_a - p_2 = \rho g h + \frac{1}{2}\rho\alpha_2 v_2^2 + \rho g h_f$$

由于上式中等号右端的三项均大于零，则泵吸油口截面Ⅱ-Ⅱ处的压力 p_2 小于大气压力 p_a，即在泵吸油口处形成了真空，其真空度即为上式右端三项参数的代数和。并且增加右端三项中的每一项数值，都将增大泵口的真空度。但泵口的真空度不宜过大，如果吸油口处的绝对压力低于液体在该温度下的空气分离压时，溶解在油液内空气会析出产生气穴现象，另外，过高的吸油口会增大吸油时的能量损失。

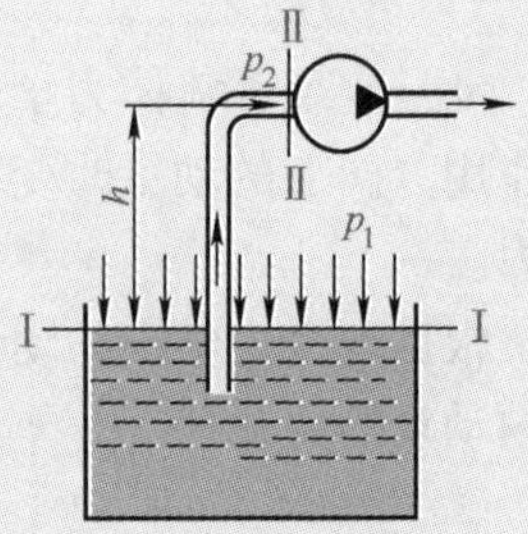

图 2-17　液压泵的吸油原理

【例 2-3】 图 2-18 所示为文氏流量计测试原理图，流量计下部装有一定高度的汞，上部是被测液体。不考虑能量损失，试求被测液体通过流量计的流量。

解： 首先选定流量计横管中心线作为基准面，在文氏流量计左端选取 1-1 和 2-2 两个截面，其截面面积分别为 A_1、A_2，被测液体通过两截面时的流速和压力分别为 v_1、v_2 和 p_1、p_2。设被测液体和汞的密度分别为 ρ、ρ'，列出两截面的伯努利方程

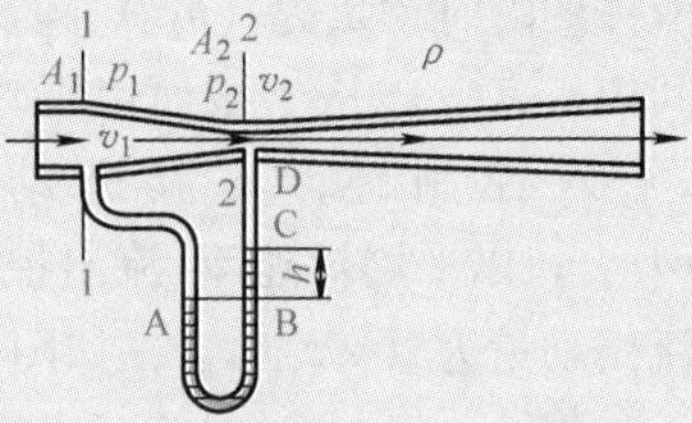

图 2-18　文氏流量计测试原理

$$\frac{p_1}{\rho g} + \frac{v_1^2}{2g} = \frac{p_2}{\rho g} + \frac{v_2^2}{2g} \qquad (a)$$

根据连续性方程，将 $v_1A_1 = v_2A_2$ 的关系带入式（a），液流在 2-2 截面处的流速

$$v_2 = \sqrt{\frac{\frac{2}{\rho}(p_1 - p_2)}{1 - \frac{A_2^2}{A_1^2}}} \qquad (b)$$

将 A、B 为等压面的条件代入静压力方程中，求得 1-1、2-2 两截面的压力差

$$p_1 - p_2 = (\rho' - \rho)hg \qquad (c)$$

将（a）式和（b）式的关系代入 $q = v_1A_1 = v_2A_2$，即可求出通过流量计的流量

$$q = v_2A_2 = \sqrt{\frac{2(p_1 - p_2)/\rho}{1 - \frac{A_2^2}{A_1^2}}} \cdot A_2 = \frac{A_2}{\sqrt{1 - \left(\frac{A_2}{A_1}\right)^2}}\sqrt{2g\left(\frac{\rho'}{\rho} - 1\right)h} \qquad (d)$$

由式（d）可以看出，文氏流量计的管径通流面积确定后，通过流量计的被测液体流量 q 仅与该液体与汞的密度比 ρ/ρ' 及测压管内汞柱高度差 h 有关。因此，测定某种液体通过文氏流量计的流量时，将待测液体密度及测压管内汞柱高度差值代入式（d）后，即可求得该液体通过流量计的流量值。

四、动量方程

1. 动量方程

动量定理在流体力学中的应用形式为动量方程，即将作用于物体的外力等于该物体在力的作用方向上的动量改变率这一定理，用于计算流动液体对限制其流动的固体边界面上的作用力。

根据理论力学中的动量定律可知，作用在物体上的全部外力的矢量和等于物体在单位时间内动量的变化值

$$\sum \boldsymbol{F} = \frac{m\boldsymbol{v}_2 - m\boldsymbol{v}_1}{\Delta t} \tag{2-25}$$

将动量定理应用于流体时，在任意时刻 t 时从作稳定流动的管流中，取出由通流截面Ⅰ和Ⅱ及管壁组成的控制体积，研究在此控制体积内液体在外力作用下流入、流出时的动量变化。

如图 2-19 所示，管中流动的液体在某一时刻 t 时，位于Ⅰ-Ⅱ两截面之间，如图 2-19a 所示。此时，控制体中液体的瞬时动量为 $(m\boldsymbol{v})_{\text{Ⅰ Ⅱ}}$。在 $\mathrm{d}t$ 时间内，有液体从Ⅰ截面以平均流速 $v_{\text{Ⅰ}}$ 流入控制体，其流进动量为 $(m\boldsymbol{v})_{\text{Ⅰ}_1}$，以平均流速 $\boldsymbol{v}_{\text{Ⅱ}}$ 流出控制体，其流出动量为 $(m\boldsymbol{v})_{\text{Ⅱ Ⅱ}_1}$，如图 2-19b 所示。因此，经过 $\mathrm{d}t$ 时间后，液体由初始位置Ⅰ-Ⅱ移动到 Ⅰ_1-Ⅱ_1，此时，控制体内液体的动量为

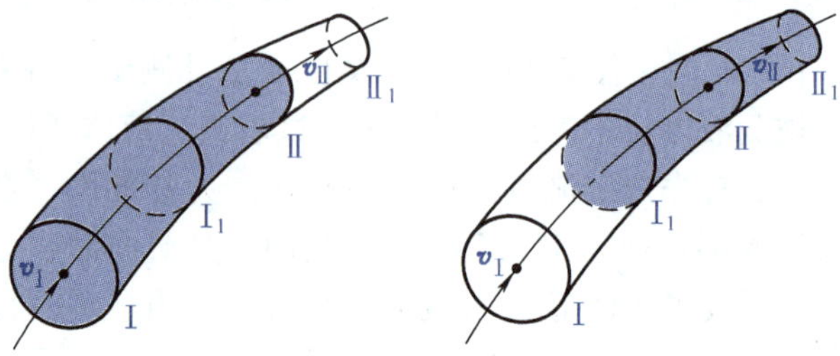

a) 时刻t　　b) 时刻$t+\mathrm{d}t$

图 2-19　管内流动液体的动量变化

$$(m\boldsymbol{v})_{\text{Ⅰ}_1-\text{Ⅱ}_1} = (m\boldsymbol{v})_{\text{Ⅰ}_1-\text{Ⅱ}} + (m\boldsymbol{v})_{\text{Ⅱ}-\text{Ⅱ}_1} = (m\boldsymbol{v})_{\text{Ⅰ}-\text{Ⅱ}} - (m\boldsymbol{v})_{\text{Ⅰ}-\text{Ⅰ}_1} + (m\boldsymbol{v})_{\text{Ⅱ}-\text{Ⅱ}_1}$$

经时间 $\mathrm{d}t$ 后，控制体内液流动量的增量为

$$\begin{aligned}
\mathrm{d}(m\boldsymbol{v}) &= (m\boldsymbol{v})_{\text{Ⅰ}_1-\text{Ⅱ}_1} - (m\boldsymbol{v})_{\text{Ⅰ}-\text{Ⅱ}} \\
&= (m\boldsymbol{v})_{\text{Ⅰ}-\text{Ⅱ}} - (m\boldsymbol{v})_{\text{Ⅰ}-\text{Ⅰ}_1} + (m\boldsymbol{v})_{\text{Ⅱ}-\text{Ⅱ}_1} - (m\boldsymbol{v})_{\text{Ⅰ}-\text{Ⅱ}} \\
&= (m\boldsymbol{v})_{\text{Ⅱ}-\text{Ⅱ}_1} - (m\boldsymbol{v})_{\text{Ⅰ}-\text{Ⅰ}_1} \\
&= \rho_{\text{Ⅱ}} q_{\text{Ⅱ}} \boldsymbol{v}_{\text{Ⅱ}} \mathrm{d}t - \rho_{\text{Ⅰ}} q_{\text{Ⅰ}} \boldsymbol{v}_{\text{Ⅰ}} \mathrm{d}t \\
&= \rho q(\boldsymbol{v}_{\text{Ⅱ}} - \boldsymbol{v}_{\text{Ⅰ}})\mathrm{d}t
\end{aligned}$$

作为不可压缩的连续流动液体，上式中引入了 $\rho_{\text{Ⅰ}} = \rho_{\text{Ⅱ}} = \rho$、$q_{\text{Ⅱ}} = q_{\text{Ⅰ}} = q$ 的关系。根据动量定理，控制体界面对其内流动液体的作用力可以写作

$$\boldsymbol{F} = \frac{\mathrm{d}(m\boldsymbol{v})}{\mathrm{d}t} = \rho q(\boldsymbol{v}_2 - \boldsymbol{v}_1) \tag{2-26}$$

上式即为液体作稳定流动时的动量方程，等式左边为作用于控制体积上的全部外力之和，等式右边为液体动量的变化率。如果考虑到液体流动过程中的能量损失，引入动能修正系数 β_1、β_2，则液体流动时的动量方程为

$$\boldsymbol{F} = \frac{\mathrm{d}(m\boldsymbol{v})}{\mathrm{d}t} = \rho q(\beta_2 \boldsymbol{v}_2 - \beta_1 \boldsymbol{v}_1) \tag{2-27}$$

上式为矢量方程，为便于计算某一方向上的动量变化，可根据问题的具体情况，将上式写成空间坐标的投影形式

$$
\begin{aligned}
F_x &= \rho q(\beta_2 v_{x2} - \beta_1 v_{x1}) \\
F_y &= \rho q(\beta_2 v_{y2} - \beta_1 v_{y1}) \\
F_z &= \rho q(\beta_2 v_{z2} - \beta_1 v_{z1})
\end{aligned} \tag{2-28}
$$

式中　β_1、β_2——流动起点和终点处液体的动量修正系数，层流时取4/3，湍流时取1。

利用上述公式进行分析和计算时，应注意液体对固体壁面作用力的大小和 F 相等，但方向与 F 相反。

2. 动量方程的应用

在液压系统的分析、计算中，可利用动量方程解决流动液体与固体边界之间的相互作用问题，如计算流动液体对弯管的作用力，分析液体流经阀腔时动量发生变化而作用在阀芯上的稳态液动力，等等。

(1) 计算流动液体对弯管的作用力

【例2-4】 计算液体在弯曲管道中以速度 v 流动时，对弯管管壁面的作用力。

解： 如图2-20所示弯管中，液体以速度 $\boldsymbol{v}$ 从左向右流动。现取弯管中1-1、2-2截面及相应管壁所围成的液体为控制体积，来分析作用在该控制体积上的外力。

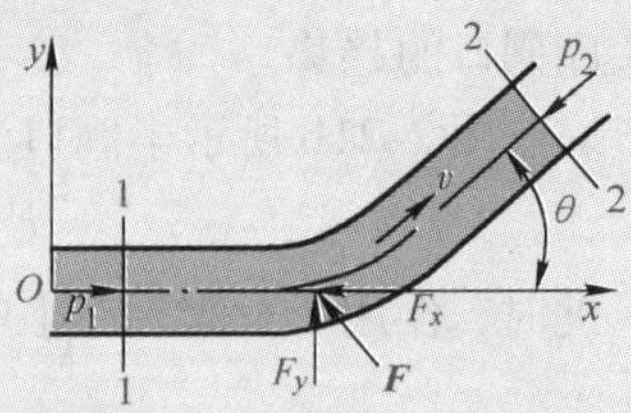

图2-20　流动液体对弯管的作用力

设管横截面面积为 A，则在控制体表面上液体受到的总压力为

$$
\begin{aligned}
F_1 &= p_1 A \\
F_2 &= p_2 A
\end{aligned}
$$

设弯管对控制体积的作用力 F 方向如图所示，其在水平和垂直方向的分力为 F_x 和 F_y，列出 x 方向和 y 方向的动量方程

$$
\begin{aligned}
F_1 - F_x - F_2\cos\theta &= \rho q v\cos\theta - \rho q v \\
-F_2\sin\theta + F_y &= \rho q v\sin\theta - 0
\end{aligned}
$$

整理后

$$
\begin{aligned}
F_x &= F_1 - F_2\cos\theta + \rho q v(1-\cos\theta) = p_1 A - p_2 A\cos\theta + \rho q v(1-\cos\theta) \\
F_y &= \rho q v\sin\theta + F_2\sin\theta = (\rho q v + p_2 A)\sin\theta
\end{aligned}
$$

弯管壁面对控制表面上液体的总作用力

$$
F = \sqrt{F_x^2 + F_y^2} = \sqrt{[p_1 A - p_2 A\cos\theta + \rho q v(1-\cos\theta)]^2 + [(\rho q v + p_2 A)\sin\theta]^2}
$$

上式所求得的 F 为弯管壁面对流动液体的总作用力，液体对弯管壁面的作用力与此力大小相等，作用方向相反。

(2) 计算流动液体作用在滑阀阀芯上的稳态液动力

【例2-5】 分析图2-21所示圆柱滑阀阀芯所受流动液体的稳态液动力。

解： 先看图2-21a所示半阀口流入的情况。取阀腔内进、出油口之间的流动液体为控制体，列出控制液体在滑阀轴线方向上的动量方程

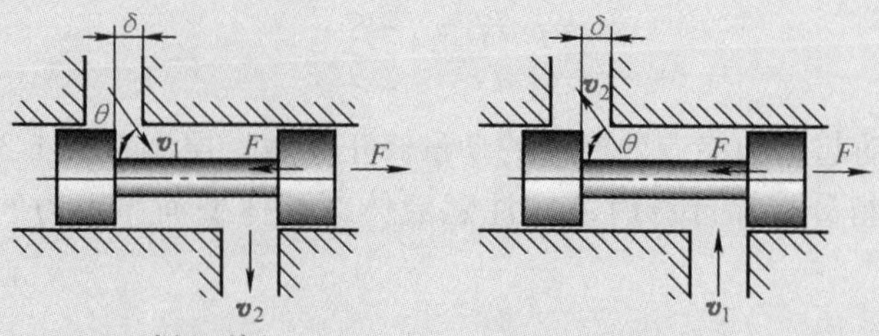

a) 半阀口流入　　b) 半阀口流出

图 2-21　作用在阀芯上的稳态液动力

$$F=\rho q v_2\cos 90^\circ-\rho q v_1\cos\theta=-\rho q v_1\cos\theta$$

滑阀阀芯所受的稳态液动力

$$F'=-F=\rho q v_1\cos\theta$$

F'为正值，与 $v_1\cos\theta$ 的方向一致，阀芯上所受的稳态液动力指向右方，即有使阀芯右移而关闭阀口的趋势。

对于图 2-21b 所示半阀口流出的情况，控制体在滑阀轴线上的动量方程为

$$F=\rho q v_2\cos\theta-\rho q v_1\cos 90^\circ=\rho q v_2\cos\theta$$

此时，作用于滑阀阀芯上的稳态液动力

$$F'=-F=-\rho q v_2\cos\theta$$

F'为负值，与 $v_2\cos\theta$ 的方向相反，阀芯上所受的稳态液动力指向右方，同样具有使阀芯右移而关闭阀口的趋势。

一般情况下，液流通过阀口作用与阀芯的稳态液动力的趋势，在方向上总是力图使阀口关闭，其大小都为 $F'=\rho q v_1\cos\theta$。

第三节　液体的流态及在管路中流动的压力损失

实际液体流动时受液体运动的物理性质影响而呈现不同的流态，并且当液体在管路内流动时，还将对流动过程中产生的各种能量损失产生直接影响。

一、液体的流态及雷诺数

液体流动状态这一概念的确定，是在 19 世纪末由英国科学家雷诺通过大量观察和实验后所提出的。他首先发现流动液体受其自身黏性和运动惯性力的影响，而呈现不同的流动状态，即层流和湍流。之后又经归纳总结而提出了著名的雷诺判据，用以判断液体的流动状态。

1. 液体的流动状态

图 2-22 所示为雷诺实验装置的示意图及液体的流动状态。实验装置中，由进水管向容器注水，在染色液箱内盛满密度与水相同的红色染液，容器中的液面高度由进水管阀和隔板控制，染色液调节阀控制染色液的混入量，透明观察管内液体的流速由调节阀控制。实验中，转动调节阀使透明观察管中混合液体流速较低时，染色液的流动是一条与观察管轴线平行的细直线，如图 2-22b 所示，如略微上、下移动染色液箱，则可看到观察管内的红色液线

也随之上、下移动，此时，液流处于层流状态。在层流运动中，液体质点互不干扰。当缓慢转动调节阀使混合液流出速度增大到一定值时，染色液流开始抖动并呈现波纹状态，表明层流开始破坏，如图 2-22c 所示，此时，液流处于过渡流态。再进一步增大观察管内液体流速，染色液与清水完全掺混在一起，表明液体运动已趋于紊乱。如果再进一步增大流速，则染色红线消失，说明管中流体质点的运动已杂乱无章，如图 2-22d 所示，这种流动称为湍流，又称紊流。

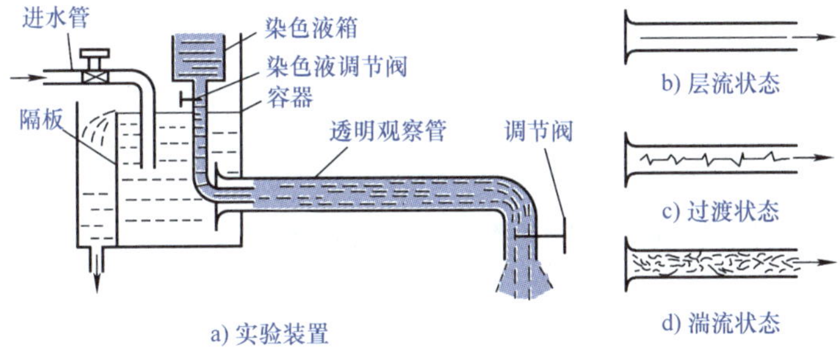

图 2-22 实验装置及液体的流态

如果再将调节阀关小，观察管内的流动状态又可向层流转变，只是其流速的临界值不同。由层流过渡到湍流液体的速度称为上临界速度；由湍流过渡到层流的速度称为下临界速度。在上、下临界速度之间的过渡状态，通常称为变流。变流是一种不稳定的流态，一般按湍流处理。

层流和湍流是两种性质不同的流动状态，液体流动时究竟是层流还是湍流，需要根据雷诺数来判别。

2. 雷诺数及其计算

(1) 雷诺数 液体在管路内流动时的流态主要与液体黏性、流速和管径有关，将这三个参数组合起来构成一个量纲为 1 的流态判据，即雷诺数 Re，其表示为

$$Re = \frac{vD_H}{\nu} = \frac{\rho v D_H}{\mu} \tag{2-29}$$

式中 v——液体的运动速度（m/s）；

D_H——管的水力直径或称当量直径（m）；

ν——液体的运动黏度（m^2/s）；

μ——液体的动力黏度（Pa·s）；

ρ——液体的密度（kg/m^3）。

雷诺数是应用相似定律判别液体流动状态的一个判据，流动液体由层流转变为湍流或由湍流转变为层流时的雷诺数称为临界雷诺数，记作 Re_r。当管道几何形状相似时，如果雷诺数相同，则其流动状态也相同。因此，可以用液体流动的实际雷诺数与临界雷诺数相比较来判别液体的流态。此外，在前述伯努利方程中的动能修正系数和动量方程中的动量修正系数都与液体的流态有关，当液体作湍流运动时，其动能修正系数 $\alpha=1$，动量修正系数 $\beta=1$；层流时取 $\alpha=2$，$\beta=4/3$。

由上述表达式可以看出，当水力直径确定后，液体的流态主要受其本身的黏性和运动惯性所影响。因此，雷诺数具有明显的物理意义：雷诺数是液体流动时黏性作用与惯性作用之

比。当雷诺数较大时，运动惯性力起主导作用，黏性不能约束高速流动的液体质点，液体处于湍流状态，即 $Re > Re_r$。当雷诺数较小时，黏性力起主导作用，液体质点受到约束，液体处于层流状态，即 $Re < Re_r$。

常用液流通道的临界雷诺数如表 2-1 所示。

表 2-1 常用液流通道的临界雷诺数 Re_r

通道形状	Re_r	通道形状	Re_r
光滑金属圆管	2 000～2 300	有环槽的同心环缝	700
橡胶软管	1 600～2 000	有环槽的偏心环缝	400
光滑同心环缝	1 100	圆柱形滑阀阀口	260
光滑偏心环缝	1 000	锥阀阀口	20～100

（2）水力直径的计算　对于圆形截面管，水力直径 $D_H = d$，对于非圆形截面管

$$D_H = \frac{4A}{\chi} \tag{2-30}$$

式中　A——管的通流截面面积（m^2）；

χ——湿周，通流截面上与液体相接触的固体壁面的周界长度（m）。

关于水力直径和湿周的计算可参考图 2-23 所示两个举例。图 2-23a 所示为内、外径分别为 d、D 的圆环形通流截面，水力直径

$$D_H = \frac{4 \times \frac{\pi}{4}(D^2 - d)}{\pi(D + d)} = D - d$$

其湿周即为圆环形通道的内、外圆周长之和。

对于图 2-23b 所示具有开口量为 δ 的滑阀阀口，水力直径

$$D_H = \frac{4\pi\delta d}{2\pi d} = 2\delta$$

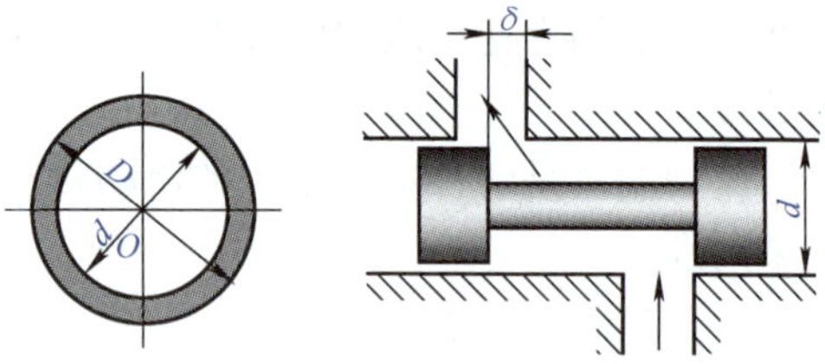

a) 圆环形　　b) 具有一定开度的滑阀阀口

图 2-23　通流截面形状

此时的湿周仅与阀腔内径有关，即为滑阀阀腔横截面周长的 2 倍。

通流截面面积相等的通道，其水力直径值随截面形状而不同。在所有截面形状的通道中，圆管的水力直径最大，而同心圆环状截面的水力直径最小。水力直径较大时，液流与管壁表面接触少，流动阻力小，通流能力大，不易堵塞。反之，通流能力小，容易堵塞。

二、液体流动的压力损失

实际液体伯努利方程作为液体运动最普遍适用的基本规律，提出了液体流动过程中的能量损失项 h_f，没有涉及液流通道形状、长度等外界条件的影响。在实际液压传动与控制技术中，还需要根据具体情况作出相应的处理。液体流动过程中的能量损失主要表现为压力损失，而损失的能量将使油液发热、系统运行精度和效率降低。因此，需要研究液压系统中配置元件、管道等的流动阻力，寻求降低流动阻力的有效途径，并可将压力损失所形成的压差用来实现某些元件的动作等。

液体在密闭管道内流动的压力损失可分为沿程压力损失和局部压力损失两种，它们都与液体的流动状态有关。

1. 沿程压力损失

液体在等断面直管内流动时产生的压力损失，称为沿程压力损失。由于黏性使液体内部、液体与管壁之间因相对运动而产生摩擦，因此，沿其运动方向将损失一部分能量。液体的流动状态不同，所产生的沿程压力损失也有所不同。

（1）液体在圆管中作层流运动时的沿程压力损失　液体在圆形截面直管中流动的沿程压力损失 Δp_λ 可用达西（Darcy）公式确定

$$\Delta p_\lambda = \lambda \frac{l}{d} \cdot \frac{\rho v^2}{2} \tag{2-31}$$

式中　λ——沿程阻力系数；

l——直管长度（m）；

d——管道内径（m）；

ρ——液体密度（kg/m^3）；

v——液体的平均流速（m/s）

上式说明，液体在直管中层流时沿程压力损失的大小主要受沿程阻力系数、管路长度、管径及液体流速等因素影响。其中，沿程阻力系数中包括了液体黏性、管壁粗糙度及流动状态等因素。

1）流速的分布规律。图 2-24 所示为液体在等径水平直管中作层流运动的情况。在液流中取一半径 r、长度 l 的微圆柱体，设该微圆柱体两端作用的液体压力分别为 p_1 和 p_2。根据牛顿内摩擦定律，微圆柱体表面所受流动方向的切应力为$\tau = -\mu \frac{du}{dr}$，列出该微圆柱体的受力平衡方程

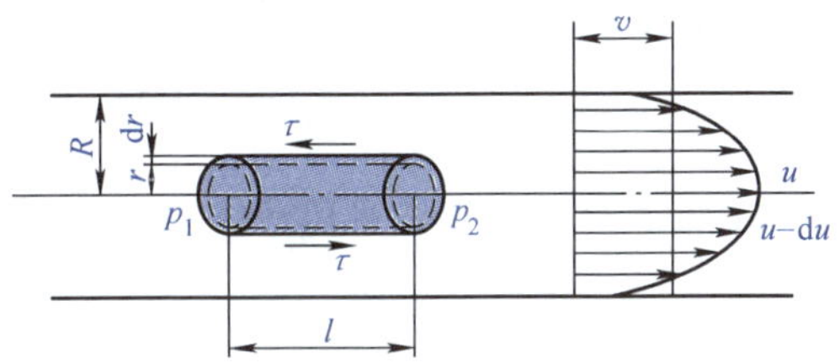

图 2-24　圆管层流运动分析

$$(p_1 - p_2)\ \pi r^2 = -\mu \frac{du}{dr} 2\pi r l$$

令 $\Delta p = p_1 - p_2$，将上式改写为

$$du = -\frac{\Delta p}{2\mu l} r dr$$

对上式进行积分，并代入边界条件 $u|_{r=R} = 0$，可得

$$u = \frac{\Delta p}{4\mu l}(R^2 - r^2) \tag{2-32}$$

上式表示，液体在圆形截面水平直管中作层流运动时，流速分布对称于管轴线，且在半径方向上按抛物线规律分布。其最小流速在管壁 $r = R$ 处，其值 $u_{min} = 0$；最大流速在管轴线 $r = 0$ 处，其值

$$u_{max} = \frac{\Delta p}{4\mu l} R^2 = \frac{\Delta p}{16\mu l} d^2$$

2）流量。为了计算通过圆形截面直管的液体流量，在液流中半径 r 处取一厚度为 dr 的微圆环，通过该微圆环的液体流量为

$$dq = u dA = u \cdot 2\pi r dr = \frac{\Delta p}{4\mu l}(R^2 - r^2) \cdot 2\pi r dr$$

将上式沿管中心向管内壁积分，即可得到通过圆管的液体流量

$$q = \int_0^R \mathrm{d}q = \int_0^R 2\pi \cdot \frac{\Delta p}{4\mu l} r(R^2 - r^2)\,\mathrm{d}r = \frac{\pi R^4}{8\mu l}\Delta p = \frac{\pi d^4}{128\mu l}\Delta p \tag{2-33}$$

上式又叫做哈根–泊肃叶（Hagen – Poiseuille）公式。

3）平均流速。

$$v = \frac{q}{A} = \frac{\frac{\pi R^4}{8\mu l}\Delta p}{\pi R^2} = \frac{1}{2}\frac{\Delta p}{4\mu l}R^2 \tag{2-34}$$

将上式与最大流速 u_{max} 相比较可知，平均流速为管中心线上的流速，即最大流速 u_{max} 的 1/2。

4）沿程压力损失。液流经过管路后产生的压力降 Δp 即代表沿程压力损失，根据式（2-33）和式（2-34），可得

$$\Delta p_\lambda = \frac{128\mu l}{\pi d^4} q = \frac{32\mu l}{d^2} v \tag{2-35}$$

由上式可以看出，液体在圆形截面直管中作层流运动时，其沿程压力损失与管长、流速和液体的动力黏度成正比，而与管径的平方成反比。液体在管内流动时，由于需要克服各种阻力，必然使得前进方向上的液体压力低于上游压力。

将 $q = v\pi d^2/4$、$\mu = \nu\rho$、$Re = vd/\nu$ 的关系代入上式，经整理后可得

$$\Delta p_\lambda = \frac{64}{Re} \cdot \frac{l}{d} \cdot \frac{\rho v^2}{2} = \lambda \frac{l}{d} \cdot \frac{\rho v^2}{2} \tag{2-36}$$

与式（2-31）对比，可得液体在圆管中作层流运动时沿程阻力系数 λ 的理论值

$$\lambda = \frac{64}{Re} \tag{2-37}$$

水的实际沿程阻力系数与理论值比较接近，而液压油在金属圆管中流动时，靠近管壁附近的油层因冷却或其他原因影响局部黏性系数增大，使摩擦阻力增大，因此，液压油在金属圆管中流动时的沿程阻力系数常取 $\lambda = 75/Re$。对于橡胶软管，由于管中液流状态易受干扰，通常取 $\lambda = 80/Re$。

另外，从上述公式的组成来看，液体在圆管中作层流运动时，其沿程阻力系数 λ 仅与雷诺数 Re 有关，而与管道内壁的粗糙度无关，据资料介绍，这一结论已为实验所证实。

（2）液体在圆管中作湍流运动时的沿程压力损失　液体在圆管中作湍流运动时，由于液流横向脉动引起的湍流摩擦远远大于液层间的流动摩擦，因此，其流动过程中所产生的沿程压力损失比层流时要大得多。湍流沿程压力损失的计算公式与层流时相同，即可利用式（2-36）。但公式中的沿程阻力系数 λ 不仅与雷诺数 Re 有关，而且还与管内壁的粗糙度有关。在湍流中靠近管内侧壁面存在一个层流边界层，当雷诺数 Re 较小时，这个层流边界层较厚，管内壁的粗糙表面被淹没在层流边界层内，对液体主流没有影响，通常认为沿程阻力系数 λ 仅与雷诺数 Re 有关，这样的管道被称作水力光滑管。当雷诺数 Re 较大时，层流边界层很薄，管内壁的粗糙表面暴露在外面，对主流产生影响，通常称这种管道为湍流粗糙管。

一般，计算液体在圆管中作湍流运动时的沿程压力损失时，需采用经验公式或按实际管道沿程压力损失系数曲线查取的方法确定沿程阻力系数。对于光滑圆管可按下式计算 λ

$$\lambda = 0.3164 Re^{-0.25} \quad (10^5 > Re > 4 \times 10^3)$$

$$\lambda = 0.032 + 0.211 Re^{-0.237} \quad (3 \times 10^6 > Re > 10^5)$$

2. 局部压力损失

液体在流动中，因局部障碍引起运动阻力增大而形成的压力损失，称作局部压力损失。在液压传动系统中，这种局部障碍包括管接头、弯头、管径突变、控制阀阀口及某些滤网等，液流经过这些局部障碍时，会产生漩涡、气穴并发生强烈撞击等现象，使流动摩擦阻力增大，管路的压力损失增加。液流通过这些局部障碍时的流动状态极为复杂，影响因素也较多，很难确定正确的理论方法来计算所产生的压力损失。因此，需要靠经验和大量实验数据来确定，也可利用下式进行近似计算

$$\Delta p_{\xi}=\xi\frac{\rho v^2}{2} \tag{2-38}$$

式中 ξ——局部阻力系数

由于液体流经局部障碍时的情况很复杂，因此局部阻力系数很难根据理论推导得出，通常需要通过实验确定，或从有关手册中查取。

在液压传动系统中，液体流经各种控制阀类或辅助元件时所产生的工作压差也可视为局部压力损失，这类压力损失的计算也应服从公式（2-38）。但因阀内通道结构比较复杂，按该式计算困难，因此，通常利用试验或查资料的方法取得通过额定流量时的工作压差，然后按下式计算通过任意流量时的工作压差

$$\Delta p_{q}=\Delta p_{n}\left(\frac{q}{q_{n}}\right)^2 \tag{2-39}$$

式中 Δp_n——液压阀在额定流量下的压力损失（MPa）；

q——通过阀的实际流量（m^3/min）；

q_n——阀的额定流量（m^3/min）。

3. 管路系统的总压力损失

管路系统的总压力损失，等于系统中所有沿程压力损失和所有局部压力损失之和，即

$$\Delta p_{w}=\sum\Delta p_{\lambda}+\sum\Delta p_{\xi}=\sum\lambda\frac{l}{d}\frac{\rho v^2}{2}+\sum\xi\frac{\rho v^2}{2} \tag{2-40}$$

当两个相邻的局部压力损失之间的距离大于导管内径的 10～20 倍时，利用上式计算管路系统的总压力损失可以得到正确结果。否则液流受前一个局部阻力的干扰还没稳定下来，又要接受后一个局部阻力。因此，如果该距离过小，液流状态非常复杂，因相邻局部阻力的干扰可能会使局部阻力系数比正常情况增大 2～3 倍。

在液压传动系统中，管路一般不会过长，而控制阀、管接头、弯头等相对较多，这些元件造成的局部压力损失相对较大。也就是说，与局部压力损失相比，沿程压力损失比较小，因此，多数情况下总压力损失以局部压力损失为主。由上述计算公式可以看到，减小流速、缩短管路长度、减少管横截面突变等都可降低压力损失。其中，压力损失与流速的平方成正比，即流速的影响相对大。因此，在液压传动系统中，应控制管路内液体的流速。据资料介绍，工程中常取压力管路 $v=2.5\sim5m/s$；回油管路 $v\leqslant2m/s$；吸油管路 $v=0.5\sim1.5m/s$；阀口流速 $v=5\sim8m/s$。

【例 2-6】 某液压系统中，液压泵与油箱的安装位置如图 2-25 所示。系统所用液压油的运动黏度 $\nu=20mm^2/s$，油液密度 $\rho=900kg/m^3$，液压泵的额定流量 $q=25L/min$，管道为

光滑圆管，管径 $d_0=20\text{mm}$，油液通过过滤器时产生的压力损失为 $0.2\times10^5\text{Pa}$。试求液压泵吸油口处的绝对压力值。

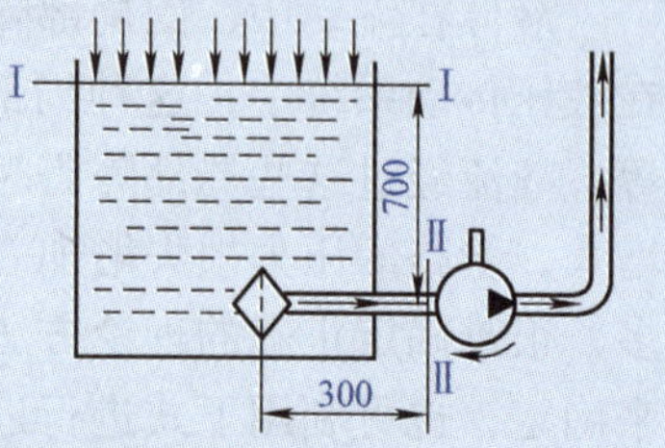

图 2-25 液压泵与油箱的相对位置

解： 为了求得液压泵吸油口处的绝对压力，首先选定水平吸油管轴心为基准面，选取油箱液面Ⅰ-Ⅰ和泵吸油口垂直截面Ⅱ-Ⅱ两个参数截面，列出两个截面的伯努利方程

$$p_1+\rho g h_1+\frac{1}{2}\rho\alpha_1 v_1^2=p_2+\rho g h_2+\frac{1}{2}\rho\alpha_2 v_2^2+\Delta p_w$$

其中，油箱液面压力为大气压力，即 $p_1=p_a=1.013\times10^5\text{Pa}$，$h_1=0.7\text{m}$，$h_2=0$。液压泵吸油口的液体流速由泵的额定流量限制为

$$v_2=\frac{q}{A}=\frac{q}{\frac{\pi}{4}d_2^2}=\frac{4\times25\times10^{-3}}{\pi\times2^2\times10^{-4}\times60}\text{m/s}=1.326\text{m/s}$$

油箱截面与油管截面相比很大，故视吸油时油箱液面下降速度 $v_1=0$。

液体由截面Ⅰ-Ⅰ运动到截面Ⅱ-Ⅱ中间的总压力损失 $\Delta p_w=\Delta p_\lambda+\Delta p_\xi$。由于动能修正系数 α 与液流流态有关，需先求得雷诺数进而判定液流流态

$$Re=\frac{v_2 d_2}{\nu}=\frac{1.326\times0.02}{20\times10^{-6}}=1\,326<2\,320$$

因液流呈层流运动，取动能修正系数 $\alpha_2=2$，求得沿程压力损失

$$\Delta p_\lambda=\frac{32\mu l v_2}{d_2^2}=\frac{32\times900\times20\times10^{-6}\times0.3\times1.326}{0.02^2}\text{Pa}=573\text{Pa}$$

将如上得到的参数值代入伯努利方程中，即可求得液压泵吸油口处的绝对压力

$$\begin{aligned}p_2&=p_1+\rho g h_1-\frac{1}{2}\rho\alpha_2 v_2^2-\Delta p_w\\&=(101\,300+900\times9.81\times0.7-\frac{1}{2}\times900\times2\times1.326^2-0.2\times10^5-573)\text{Pa}\\&=85.332\text{Pa}\end{aligned}$$

第四节 孔口和缝隙的流动特性

液体流经孔口和缝隙时的流动特性在液压传动技术中非常重要，孔口流动特性是节流调速和液压伺服系统工作原理的基础，缝隙流动则是计算和分析液压元件及系统泄漏的依据。

一、孔口流动特性

液体流经小孔时的流量特性，因孔的长径比而不同。因此，在液压传动系统中，通常按照孔口的长径比 l/d 将孔口分为三种。当 $l/d\leqslant0.5$ 时，称为薄壁孔；$0.5<l/d\leqslant4$ 时，称为短孔；而当 $l/d>4$ 时，则称为细长孔。

1. 薄壁孔口的流量特性

图 2-26a 所示为孔口呈斜刃形的薄壁小孔，液体流经孔口时，因惯性作用而发生收缩，在孔口后段形成收缩最大的最小通流截面。如果在液体进入和流出孔口时未产生收缩的地方

分别取Ⅰ-Ⅰ和Ⅱ-Ⅱ截面，列出两截面上的伯努利方程

$$p_1+\rho g h_1+\frac{1}{2}\rho\alpha_1 v_1^2=p_2+\rho g h_2+\frac{1}{2}\rho\alpha_2 v_2^2+\Delta p_w$$

式中 $h_1=h_2$；$v_1\ll v_2$，因而忽略 v_1，收缩断面的流动呈湍流，$\alpha_2=1$；Δp_w 为局部损失，可取 $\Delta p_w=\xi\dfrac{\rho v_2^2}{2}$代入上式后

$$v_2=\frac{1}{\sqrt{1+\xi}}\sqrt{\frac{2}{\rho}(p_1-p_2)}=C_v\sqrt{\frac{2}{\rho}\Delta p} \tag{2-41}$$

式中 C_v——速度系数，$C_v=\dfrac{1}{\sqrt{1+\xi}}$；

Δp——孔口前、后的压力差 $\Delta p=p_1-p_2$。

根据上述伯努利方程和连续性方程可以得出通过薄壁孔口的流量

$$q=A_2v_2=C_vC_cA_T\sqrt{\frac{2}{\rho}\Delta p}=C_gA\sqrt{\frac{2}{\rho}\Delta p} \tag{2-42}$$

式中 A_2——收缩断面面积（m^2）；

A_T——孔口的通流断面面积（m^2），$A_T=\pi d^2/4$；

C_c——收缩系数，$C_c=A_2/A_T=d_c^2/d^2$；

C_g——流量系数，$C_g=C_vC_c$，其值由实验确定，随液流的雷诺数而变化，当 $Re>10^5$ 时，C_g 几乎不变，计算时一般取 $C_g=0.60\sim0.61$。

由式（2-42）可知，液体流经薄壁孔口的流量 q 与小孔前、后的压差 Δp 的平方根以及小孔的通流断面面积 A_T 成正比；而与黏度无关。实验证明，其流量受油温的影响较小。由于这一优良特性，液压系统中常用薄壁小孔作为节流元件的阀口。

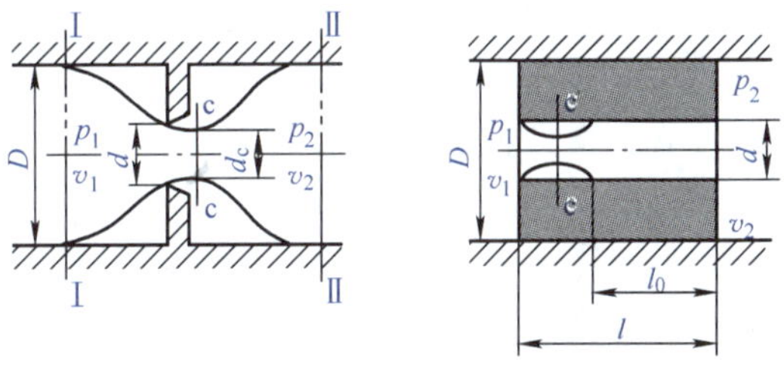

a) 薄壁孔口　b) 厚壁孔口

图 2-26 孔口液流

2. 液体流经短孔的流量特性

液体流经 $0.5<l/d\leqslant 4$ 的短孔时，收缩在孔内，在出口处其收缩系数 $C_c=A_2/A_T=1$。如图 2-26b 所示，l_0 段为沿程损失，而局部损失包括进口损失和收缩以后的扩散损失两部分。此时，其速度系数

$$C_v=\frac{1}{\sqrt{1+\xi_i+\xi_a+\lambda(l_0/d)}} \tag{2-43}$$

式中 ξ_i——小孔进口局部损失系数；

ξ_a——小孔出口扩散损失系数；

λ——经孔口厚度的沿程损失系数。

由于 $C_c=1$，所以流量系数 $C_g=C_c\cdot C_v=C_v$。其流速及流量仍满足式（2-42）和式（2-43）。制造短孔比薄壁孔要容易得多，特别适合做固定节流器。

3. 液体流经细长孔的流量特性

液体流经细长孔时，由于黏性而流动不畅，流速低，一般多为层流状态。因此，可利用液流流经圆管的流量公式（2-33）计算流经细长孔的流量

$$q = \frac{\pi d^4}{128\mu l}\Delta p$$

由上式可以看出，流经细长孔的流量 q 与动力黏度 μ 成反比，因此流量受油温影响较大，这一点，与薄壁孔口不同。

各种小孔的流量计算，可归纳一个统一的公式如下

$$q = CA\Delta p^m \tag{2-44}$$

式中 C——由小孔形状、尺寸和液体性质决定的系数，对于细长孔，$C = d^2/(32\mu l)$；对于薄壁孔和短孔 $C = C_g\sqrt{2/\rho}$；

A——孔口的通流断面面积（m^2）；

m——由小孔的长径比决定的指数，对于薄壁孔，$m = 0.5$；细长孔 $m = 1$；短孔 $0.5 < m < 1$。

【例 2-7】 图 2-27 所示为液压缸旁路节流调速系统。已知液压缸直径 $D = 100\text{mm}$，负载 $F = 4000\text{N}$，活塞移动速度 $v = 0.05\text{m/s}$，液压泵流量 $q = 50\text{L/min}$。试求节流阀面积为多少？设节流阀口流量系数 $C_d = 0.62$，不计管路损失，液体密度 $\rho = 900\text{kg/m}^3$。

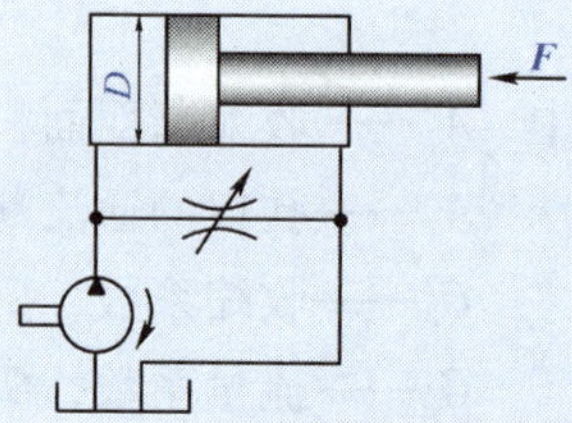

图 2-27 液压缸旁流节流调速系统

解： 液压缸要求的流量为

$$q_1 = vA = v\frac{\pi}{4}D^2 = \left[0.05 \times \frac{\pi}{4}(100 \times 10^{-3})^2\right]\text{m}^3/\text{s}$$

$$= 3.925 \times 10^{-4}\text{m}^3/\text{s}$$

通过节流阀口的流量

$$q_j = q - q_1 = \left(\frac{50 \times 10^{-3}}{60} - 3.925 \times 10^{-4}\right)\text{m}^3/\text{s} = 4.408 \times 10^{-4}\text{m}^3/\text{s}$$

负载要求液压缸左腔的压力为

$$p = \frac{F}{A} = \frac{4F}{\pi D^2} = \frac{4 \times 4000}{\pi(100 \times 10^{-3})^2}\text{Pa} = 0.51 \times 10^6\text{Pa}$$

不计管路损失，$p = 0.51\text{MPa}$ 即为泵的压力，通过节流阀的流量由式（2-42）可得

$$q = C_g A\sqrt{\frac{2}{\rho}\Delta p}$$

所以，节流阀开口面积为

$$A = \frac{q_j}{C_g\sqrt{2\Delta p/\rho}} = \frac{4.408 \times 10^{-4}}{0.62\sqrt{2 \times 0.51 \times 10^6/900}} = 21.1 \times 10^{-6}\text{m}^2$$

二、缝隙流动特性

液压元件中相对运动的表面之间难免存在间隙，油液在两端压力差作用下通过间隙产生泄漏，会使系统效率降低，油温升高，影响液压系统的输出性能。因此，为了提高液压元件的输出性能和保证系统正常工作，需要研究和分析油液通过缝隙时的流动特性。

液压元件中做相对运动的零件之间的缝隙很小，一般只有几微米到几十微米之间，水力

直径也很小，油液受固体壁面的影响很大，通常认为油液在相对运动零件的间隙中的流动状态为层流。在分析缝隙流动时，将这种流动分为三种情况，即平行平板间的缝隙流动、圆环间的缝隙流动和平行圆盘间的缝隙流动。

1. 平行平板缝隙流动

平行平板间的缝隙流动可分为压差流、剪切流和压差与剪切联合作用下的流动三种情况。

（1）压差流　分析图 2-28 所示两块平行平板之间间隙中液体流动的情况。缝隙间两端的压力分别为 p_1 和 p_2，液体在压差 $\Delta p = p_1 - p_2$ 作用下产生流动，称为压差流。设间隙的高 h，宽 b，长 l，一般，$b \gg h$，$l \gg h$。在缝隙流中取一平行六面微元体体积为 $b\mathrm{d}x\mathrm{d}y$，其左右两端的压力分别为 p 和 $p+\mathrm{d}p$，表面作用有摩擦剪切应力 τ 和 $\tau+\mathrm{d}\tau$，列出该微元体在水平方向的受力平衡方程

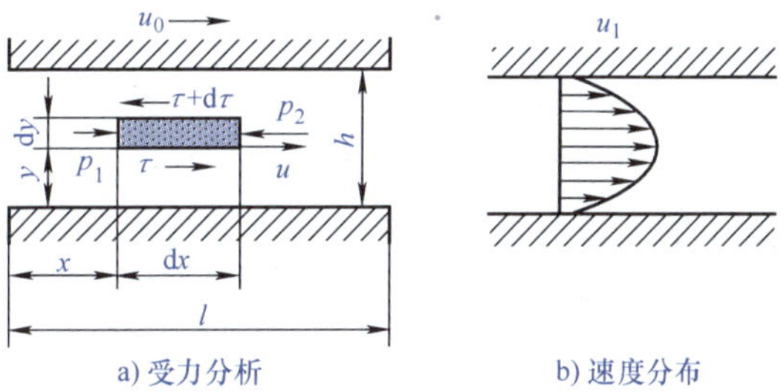

图 2-28　平行平板压差流

$$pb\mathrm{d}y + (\tau + \mathrm{d}\tau)b\mathrm{d}x - (p + \mathrm{d}p)b\mathrm{d}y - \tau b\mathrm{d}x = 0$$

整理后，将式（2-4）代入后可得

$$\frac{\mathrm{d}^2 u}{\mathrm{d}y^2} = \frac{1}{\mu}\frac{\mathrm{d}p}{\mathrm{d}x}$$

将上式对 y 进行两次积分后

$$u = \frac{1}{2\mu}\frac{\mathrm{d}p}{\mathrm{d}x}y^2 + C_1 y + C_2 \tag{2-45a}$$

式中　C_1、C_2——积分常数。

当 $y=0$、$y=h$ 时，$u=0$，因而 $C_1 = -\frac{1}{2\mu}\frac{\mathrm{d}p}{\mathrm{d}x}h$，$C_2=0$。代入上式可得

$$u = -\frac{1}{2\mu}\cdot\frac{\mathrm{d}p}{\mathrm{d}x}(h-y)y \tag{2-45b}$$

考虑到缝隙流动时液体多呈层流状态，因此，可认为压力 p 为 x 的线性函数，即有

$$\frac{\mathrm{d}p}{\mathrm{d}x} = \frac{p_2 - p_1}{l} = -\frac{\Delta p}{l}$$

将此关系代入式（2-45b）中，可得液体在缝隙中作压差流动时的流速

$$u = \frac{\Delta p}{2\mu l}(h-y)y \tag{2-46}$$

缝隙中压差流的流量

$$q = \int_0^h ub\mathrm{d}y = \int_0^h \frac{\Delta p}{2\mu l}(h-y)yb\mathrm{d}y = \frac{bh^3}{12\mu l}\Delta p \tag{2-47}$$

由上述分析可见，固定平板缝隙间压差流的速度 u 的分布曲线呈抛物线形，如图 2-28b 所示。流量 q 与缝隙高度 h 的三次方成正比，即压差流中的缝隙高度对泄漏量影响很大。

（2）剪切流　在两块做相对运动的平板间，如果在相对运动的方向上不存在压差时，同样会产生缝隙间的液体流动，并称这种现象为剪切流。如图 2-29 所示，假设下平板不动，

而上平板以速度 v 沿水平方向移动，在缝隙中的流速和流量分别为

$$u = (v/h)y \tag{2-48}$$

$$q = \int_0^h u b \mathrm{d}y = \frac{bh}{2}v \tag{2-49}$$

式中　b——缝隙宽度（m）；

　　　h——缝隙高度（m）。

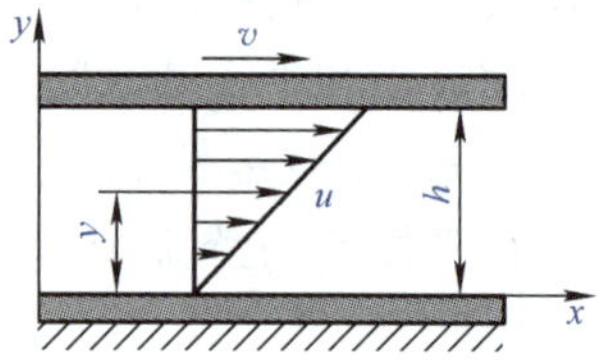

图 2-29　平行平板间的剪切流动

由上式可以看出，液体在无压差剪切流动时的速度近似呈抛物线规律分布。

（3）压差与剪切综合作用时的缝隙流　当平板运动方向上存在压差，液体在两端压差及运动平板带动下所作的流动即为压差与剪切综合作用的流动。如图 2-30 所示，沿缝隙高度方向上的流速分布由压差流和剪切流叠加而成。假设下平板固定，上平板以速度 v 运动时，总流速可表示为

$$u = u_y \pm u_j = \frac{\Delta p}{2\mu l}(h-y)y \pm \frac{v}{h}y \tag{2-50}$$

当上平板固定，下平板以速度 v 运动时，总流速

$$u = u_y \pm u_j = \frac{\Delta p}{2\mu l}(h-y)y \pm \left(1-\frac{y}{h}\right)v \tag{2-51}$$

总流量均为

$$q = q_y \pm q_j = \frac{bh^3}{12\mu l}\Delta p \pm \frac{bh}{2}v \tag{2-52}$$

确定上述公式中的“±”号时，如图 2-30a 所示，当平板运动方向与压差流方向一致时，取“+”号，如图 2-30b 所示，当平板运动方向与压差流方向相反时，取“-”号。

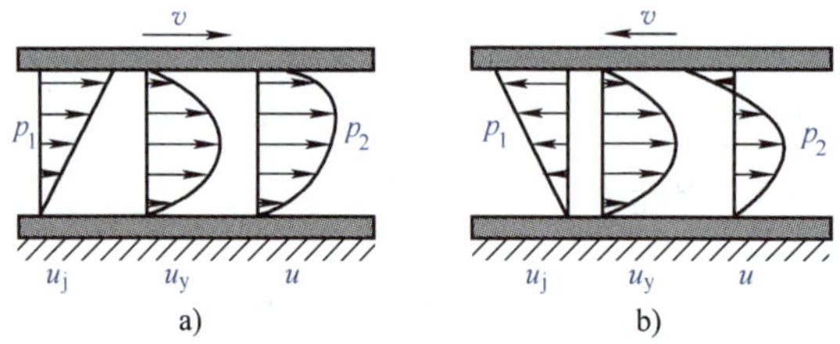

图 2-30　平行平板间的压差与剪切综合流动

2. 圆环间的缝隙流动

液体在圆环形间隙中的流动现象，常分为同心圆环形缝隙流动和偏心圆环形缝隙流动两种。

（1）同心圆环形缝隙流动　如图 2-31 所示，液体在圆柱体与圆形孔道之间形成环状间隙中的流动，即称为圆环间缝隙流动。在液压元件，如缸筒与活塞或圆柱形滑阀与阀套之间因滑动配合必然产生这种环状间隙。设圆柱体直径为 d，圆柱体与孔道之间的均匀间隙为 δ，缝隙长度为 l。当 $\delta/d \ll 1$ 时，说明圆柱体与孔道之间是一个微小间隙，为了简化计算，可将圆环缝隙沿径向切断并展开成宽度为 πd 的两个平面，将其代入式（2-52）

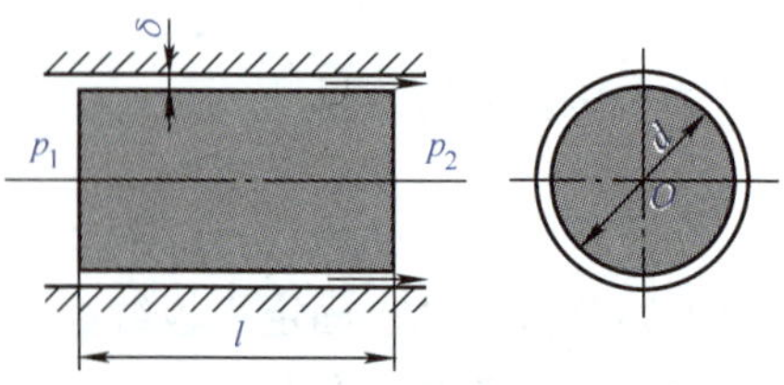

图 2-31　同心圆环间的缝隙流动

即可得到圆环内、外表面有相对运动的同心环状缝隙流量公式

$$q=\frac{\pi dh^3}{12\mu l}\Delta p\pm\frac{\pi dh}{2}v \tag{2-53}$$

如果圆环内、外表面之间没有相对运动，即 $v=0$，则圆柱体与孔道之间静止时的缝隙流量

$$q=\frac{\pi dh^3}{12\mu l}\Delta p \tag{2-54}$$

（2）偏心圆环形缝隙流动　实际上，完全同心的环状缝隙很难实现，常因制造偏差或受力不均而造成环缝偏心。如图 2-32 所示，当偏心距为 e 且内、外表面具有相对运动 v 时，通过偏心环缝的流量

$$q=\frac{\pi d\delta^3}{12\mu l}\Delta p(1+1.5\varepsilon^2)\pm\frac{\pi d\delta v}{2} \tag{2-55}$$

式中　δ——内、外圆同心时的缝隙值（m）；

ε——偏心比 $\varepsilon=e/\delta$。

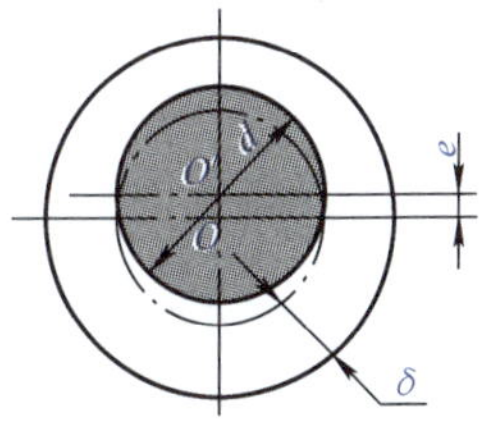

图 2-32　偏心圆环形缝隙流动

当内、外表面没有相对运动，即 $v=0$ 时，通过偏心缝隙的流量

$$q=\frac{\pi d\delta^3}{12\mu l}\Delta p\ (1+1.5\varepsilon^2) \tag{2-56}$$

当 $\varepsilon=0$，即为同心圆环时，通过缝隙的流量与同心圆环缝隙流量计算方法相同；当 $\varepsilon=1$，即 $\varepsilon=e$ 的完全偏心状态，压差流动时的流量为同心圆环缝隙压差流量的 2.5 倍。由此可见，偏心所引起的液体泄漏随偏心距增大而增加。

3. 带孔圆盘间的缝隙流动

如图 2-33 所示，液体流经圆盘 A 与带孔圆盘 B 之间的缝隙，根据液体的流动方向，可分为两种不同的流况。通常，将液体由 B 盘中心孔流至两平行圆盘之间的缝隙，并沿径向向四周流出的情况称为源流；而将液体由两圆盘之间的缝隙沿径向流入 B 盘中心孔的流动成为汇流。这两种流动都属于轴对称流动，而且具有平行平板缝隙流的所有特征。

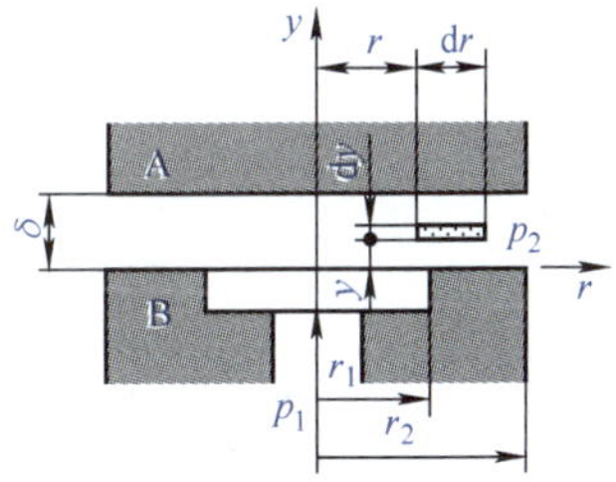

图 2-33　带孔圆盘间的缝隙流动

为了分析带孔圆盘间缝隙内液体的流动情况，在高为 δ 的缝隙距孔中心半径为 r 处，取一高为 dy、半径为 dr 的微元缝隙流，液体沿径向作源流时应满足式（2-45b）

$$u_r=-\frac{1}{2\mu}\frac{\mathrm{d}p}{\mathrm{d}r}(\delta-y)y$$

缝隙流量

$$q=\int_0^\delta u_r 2\pi r\mathrm{d}y=\int_0^\delta-\frac{1}{2\mu}\frac{\mathrm{d}p}{\mathrm{d}r}(\delta-y)y\cdot 2\pi r\mathrm{d}y=-\frac{\pi r\delta^3}{6\mu}\cdot\frac{\mathrm{d}p}{\mathrm{d}r} \tag{2-57a}$$

整理后可得

$$\frac{\mathrm{d}p}{\mathrm{d}r}=-\frac{6\mu q}{\pi r\delta^3}$$

积分后

$$p = -\frac{6\mu q}{\pi\delta^3}\ln r + C$$

在缝隙出口 $r = r_2$ 处，$p = p_2$，可以确定

$$C = p_2 + \frac{6\mu q}{\pi\delta^3}\ln r_2$$

即

$$p = p_2 + \frac{6\mu q}{\pi\delta^3}\ln\frac{r_2}{r} \tag{2-57b}$$

在 $r = r_1$ 处，液体压力接近中心孔压力，即 $p = p_1$，将此关系带入式（2-57b）并整理后可得

$$q = \frac{\pi\delta^3}{6\mu\ln(r_2/r_1)}\Delta p \tag{2-58}$$

整理式（2-57b）和式（2-58）后有

$$p = p_2 + \frac{\ln(r_2/r)}{\ln(r_2/r)}\Delta p$$

如果液体经平行圆盘流出至大气中，因 $p_2 = 0$，则缝隙内液体的压力分布规律为

$$p = \frac{\ln(r_2/r)}{\ln(r_2/r)}p_1 \tag{2-59}$$

当 p_1 一定时，p 只与 r 有关，即在同一半径处压力相等。

对于汇流状态，即油液从两圆盘之间的缝隙向中心汇流而进入带孔圆盘的中心油孔内，可用同样方法求得液流流量和压力分别为

$$q = \frac{\pi\delta^3}{6\mu\ln(r_1/r_2)}\Delta p \tag{2-60}$$

$$p = \frac{\ln(r/r_2)}{\ln(r_1/r_2)}p_1 \tag{2-61}$$

【例 2-8】 如图 2-34 所示，液压缸活塞的有效工作面积 $A = 50\text{cm}^2$，负载 $F = 12.5\text{kN}$，滑阀直径 $d = 20\text{mm}$，阀芯与阀孔同心安装，存在间隙 $\delta = 0.02\text{mm}$，配合长度 $l = 5\text{mm}$，油液黏度 $\nu = 1.0\times10^{-6}\text{m}^2/\text{s}$，密度 $\rho = 900\text{kg/m}^3$ 泵流量 $q = 10\text{L/min}$。考虑到油液流经滑阀时的泄漏，计算活塞的运动速度。

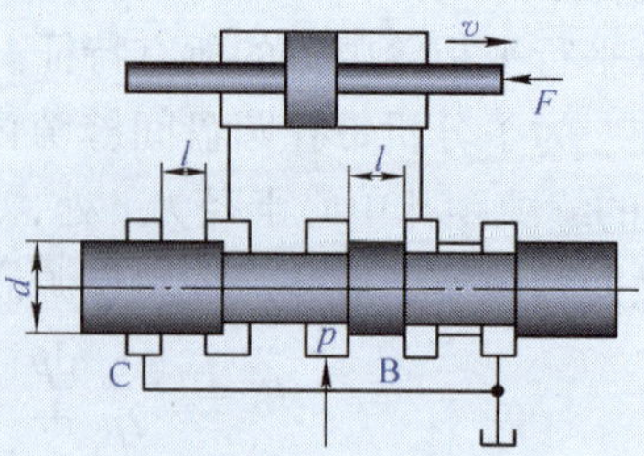

图 2-34 例 2-8 附图

解： 按阀芯与阀孔同心和完全偏心两种情况计算。

1）设阀芯与阀孔同心，不计流动损失时，液压泵出口压力为

$$p = \frac{F}{A} = \frac{12\,500}{50\times10^{-4}}\text{Pa} = 2.5\times10^6\text{Pa}$$

通过长度为 l 的缝隙所产生的泄漏量

$$q_1=\frac{\pi d\delta^3}{12\mu l}\Delta p=\frac{\pi d\delta^3}{12\nu\rho l}p$$
$$=\left(\frac{\pi\times20\times10^{-3}\ (0.02\times10^{-3})^3}{12\times10\times10^{-6}\times900\times5\times10^{-3}}\times2.5\times10^6\right)m^3/s=2.3\times10^{-6}m^3/s$$

考虑到这部分泄漏，液压缸输入的实际流量

$$q_r=q-2q_1=\left(\frac{10\times10^{-3}}{60}-2\times2.3\times10^{-6}\right)m^3/s=162\times10^{-6}m^3/s$$

活塞的运动速度

$$v=\frac{q_r}{A}=\frac{162}{50}cm/s=3.24\times10^{-2}m/s$$

2）阀芯与阀孔处于完全偏心状态时，液压油流经其缝隙时的泄漏量为同心时的2.5倍，总泄漏量

$$q_{le}=2.5\times2q_1=(2.5\times2\times2.3\times10^{-6})m^3/s=11.5\times10^{-6}m^3/s$$

液压缸实际输入流量

$$q_r=q-q_{le}=\left(\frac{10\times10^{-3}}{60}-11.5\times10^{-6}\right)m^3/s=155.16\times10^{-6}m^3/s$$

此时，活塞的运动速度为

$$v=\frac{q_r}{A}=\frac{155.16\times10^{-6}}{50\times10^{-4}}=3.1\times10^{-2}m/s$$

第五节 液压冲击和气穴现象

一、液压冲击

在液压传动系统工作时，由于某种原因引起液体压力瞬间急剧上升，产生很高的压力峰值，出现压力波传递的过程称为液压冲击。液压冲击的实质是管道内液体因突然停止运动而导致动能向压力能的瞬间转换，此时管道中的压力变化是一个围绕正常压力的逐渐衰减过程。

1. 液压冲击的产生原因

1）液流运动突然停止或改变方向时，液体原来的运动速度突然降为零，液体的运动惯性力形成冲击，即液体的运动动能向压力能转变。

2）运动着的部件突然制动或换向时，因惯性力使液压执行元件的回油腔和管路中的油液压力急剧升高，引起压力冲击。

3）系统工作时某些元件动作失灵或不灵敏，系统压力升高时不能及时启动，使系统压力突然升高而引起压力冲击。

4）流动液体的突然停止或静止液体的突然运动，都可能引起压力冲击，此外，液压泵在吸油和压油过程中，压力和流量周期性变化也会形成较大的压力脉动。

2. 液压冲击的危害

液压冲击所产生的压力峰值会比系统正常的工作压力高几倍，且常伴有噪声和振动，造

成系统温度上升，损坏液压元件和密封元件，有时还会引起液压元件的误动作。液压冲击还会破坏系统内部构件之间的相对位置，导致运动部件的运动精度降低，影响系统正常工作。

产生液压冲击时，压力冲击波在管道内往复振荡，直到能量消耗后，油液才趋向稳定，而在此之间系统工作精度受到影响。特别是对于高压、大流量系统，其破坏性更加严重。

3. 减少和防止液压冲击的措施

减少和防止液压冲击，主要有以下措施。

1）尽可能降低开、关阀门的速度，延长阀门关闭和运动部件制动换向的时间。

2）限制管路中液体的流动速度，减轻过大流速时运动部件突然制动或速度突变所造成的压力冲击。

3）适当加大管道直径，可减小压力冲击波的传播速度；尽量缩短管道长度，可减小压力冲击波的传播时间。

4）在管路中易发生液压冲击的地方采用橡胶软管、设置蓄能器或安装限制压力升高的安全阀，以吸收液压冲击的能量，增加系统的弹性。

5）在液压系统中设置缓冲装置。

二、气穴

在液体流动过程中，由于压力降低到气泡形成的现象称为气穴现象，它与空气分离压和饱和蒸气压有关。

1. 空气分离压与饱和蒸气压

液体中总会溶解有一定量的空气，在常用液压油中能溶解的空气量比水中能溶解的空气量要多。一般，水中溶解的空气占总体积的2%，而油液则可达5%~6%，液体中的气体溶解度与绝对压力成正比。

（1）空气分离压　在大气压下正常溶解于油液中的空气，当压力低于大气压时，呈现气体过饱和状态。如果在某一温度和压力下过饱和气体从油液中分离出来形成气泡，即将这一压力值定义为该温度下的空气分离压。

（2）饱和蒸气压　所谓饱和蒸气压是指油液压力低于当时温度下的蒸气压力时，油液本身迅速汽化并在油液中形成气泡，将此时的压力值称为油液在该温度下的饱和蒸气压。

一般液压油的饱和蒸气压比空气分离压要小得多，当液压系统中局部地方的压力降低到空气分离压时，即溶解空气大量分离时，就已经对液压系统产生明显不良影响了。因此，必须保证液压油的压力不低于所在温度下的空气分离压。而只有在油液中的空气含量极少时，才会用饱和蒸气压作为不允许出现空穴现象的界限。

2. 气穴和气蚀现象

（1）气穴　当液压系统中某处液流速度过高或供油不足时，都会使该处压力降低而形成一定体积的气泡。这些气泡是以微细气泡为核，体积膨胀并相互聚合，形成轻微气穴。当压力降低至空气分离压时，除上述轻微气穴外，原来溶解于油液中的空气游离出来，产生大量气泡，而形成严重气穴。如果压力进一步降低至相应温度下的饱和蒸气压时，上述现象加剧，并且油液将会汽化、沸腾而产生大量气泡，导致油液变形混有许多气泡的不连续状态，这种气穴称为强烈气穴。

气穴现象的产生影响到液压系统的正常工作质量，而且当出现气穴现象时，有关液压传动的基本原理就不适用了。

（2）气蚀　当油液中产生的气泡随流动液体被带到高压区时，气泡因压力升高而承受不了高压而体积急剧减小或溃灭，会重新混入或溶解于油液中。在气泡凝结处瞬间局部压力和温度急剧上升，产生液压冲击，并伴有噪声和振动，使油液氧化变质。当附着在金属表面上的气泡破裂时，周围的液体分子以极高的速度来填补原来气泡所占的空间，液体质点间相互碰撞而产生局部高压，因其局部液压冲击和温升，产生噪声并引起振动。在反复的液压冲击和温升作用下，在从油液中游离出来的氧气侵蚀下，管壁或液压元件表面将产生剥落破坏，使表面粗糙或出现海绵状的小洞穴，往往使节流口下游部分产生金属腐蚀痕迹，即将这种因气穴现象而引起的金属零件腐蚀现象称为气蚀。

3. 气穴的危害

1）由气穴产生的大量气泡常会聚集在管道的最高处或通流狭窄处形成气塞，导致油流不畅，严重时会形成堵塞，影响系统正常工作和运行精度。

2）油液中产生气穴现象会引起系统的温升、噪声和振动，并影响系统性能和工作可靠性，缩短液压元件的使用寿命，严重时甚至会损坏设备。

3）如果在液压泵附近发生气穴现象时，除去产生噪声和振动外，还会影响泵的吸油能力，造成液压系统流量和压力波动。

4）油液中发生气穴现象时，使系统容积效率降低，并导致系统性能特别是动态性能变坏。

5）在高温高压下，空气极易使液压油氧化变质，生成有害的酸性物质或胶状沉淀，进一步破坏系统的运行精度。

6）由气穴引发的气蚀现象，使材料腐蚀，降低液压元件的使用寿命。

4. 减少气穴现象的措施

在液压系统中，只要压力低于空气分离压，就会出现气穴现象。要完全消除气穴现象非常困难，减少气穴现象需要针对容易产生气穴的部位，采取相应的预防措施。比如泵的吸油口、阀类元件的节流口下游部位、阀口，带大惯性负载的液压缸、液压马达在运转中突然停止或换向时等都容易产生气穴现象，减少气穴现象主要是防止液压系统中的压力过度降低，通常可采取以下措施。

1）减小节流口或缝隙前、后的压力差，尽量使这些部位前、后的压力比小于3.5。

2）保持液压系统中的油压高于空气分离压，这就要求管道具有足够的通径，尽量避免有狭窄部位或突然转弯。合理设计液压泵距油箱的高度距离，避免在泵吸油口处产生气穴。控制油液在管路中的流动速度，降低沿程压力损失，及时清理泵吸油腔的过滤器，以防堵塞。对于高压泵，应考虑设置辅助泵，为主泵口输送足量的低压油液。

3）提高管道的密封性能，防止外部空气侵入液压系统，降低油液中的气体含量。

4）提高液压元件的机械强度，并降低表面粗糙度，采用抗腐蚀能力较强的金属材料，以提高液压元件的抗气蚀能力。

习　题

2-1　液压系统中的工作液体有哪几种主要的物理性质？

2-2　图2-35所示为根据标准压力表来校正一般压力表的仪器。仪器内充满体积模量为 $K=1.2\times10^3$MPa 的油液，活塞直径 $d=10$mm，单头螺杆的螺距 $t=2$mm，当压力为一个大气压（1at）时，仪器内油液体积为200mL。试求需要在机内形成21MPa的压力时，手柄应摇动多少转？

2-3 什么是液体的黏性？其物理意义是什么？常用哪几种方法表达液体的黏度？

2-4 什么是绝对压力、相对压力、表压力、真空度？它们之间的关系如何？

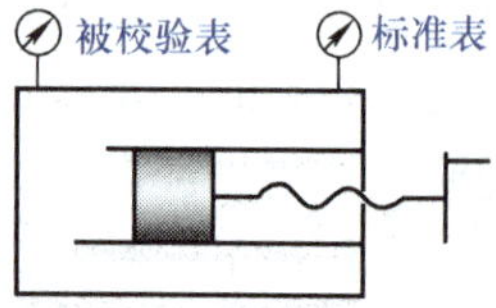

图 2-35 题 2-2 图

2-5 在图 2-36a 中，U 形管测压计内装有水银，左支管与盛水的容器相连，右支管开口通大气，已知 $h=20\text{cm}$，$h_1=30\text{cm}$，水银密度 $\rho=13.6\times10^3\text{kg/m}^3$。求容器中 A 点的相对压力和绝对压力。

图 2-36b 中容器内装有水，U 形管测压计内水柱高 $h_1=15\text{cm}$，水银柱高 $h_2=30\text{cm}$，求 A 点的真空度和绝对压力。

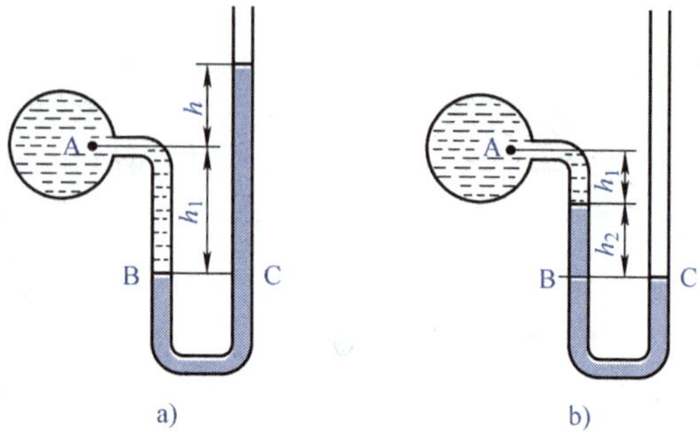

图 2-36 题 2-5 图

2-6 液体运动中的连续性方程具有什么物理意义？其适用条件是什么？

2-7 如图 2-37 所示连通器中，存在两种液体，已知水的密度 $\rho_1=1000\text{kg/m}^2$，$h_1=60\text{cm}$，$h_2=75\text{cm}$，求另一种液体的密度 ρ_2。

2-8 如图 2-38 所示，已知流量 $q_1=25\text{L/min}$，小活塞杆直径 $d_1=20\text{mm}$，小活塞直径 $D_1=75\text{mm}$，大活塞杆直径 $d_2=40\text{mm}$，大活塞直径 $D_2=125\text{mm}$，不考虑泄漏流量，求大、小活塞的运动速度 v_1 和 v_2。

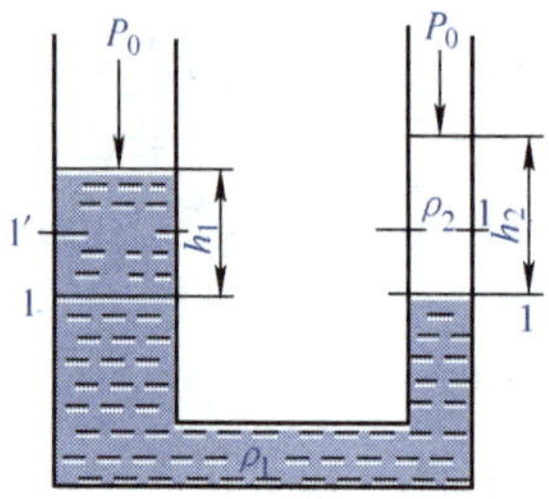

图 2-37 题 2-7 图

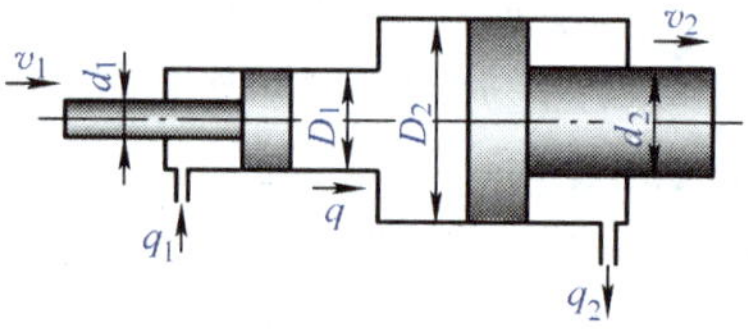

图 2-38 题 2-8 图

2-9 伯努利方程如何表示？其物理意义和适用条件是什么？

2-10 某压力管道的内径为 $d=50\text{mm}$，油液在管中的流速分布方程为 $u=0.5-800r^2(\text{m/s})$，已知管内壁表面的黏性切应力 $\tau_0=44.4\text{Pa}$，试求该油液的动力黏度 μ。

2-11 什么是雷诺数？简述它的物理意义。

2-12 如图 2-39 所示的液压缸工作时，无杆腔输入油液推动活塞连同活塞杆产生外伸运动。液压缸缸筒内径 $D=100\text{mm}$，若输入液压缸无杆腔的液体流量 $q_1=40\text{L/min}$，试求活塞杆外伸的运动速度 v 是多少？

2-13 图 2-40 所示一圆锥体堵塞直径 $d=1\text{cm}$ 的底部通孔，容器中的液体为水。求作用于锥形体的总作用力。

2-14 如图 2-41 所示，管道输送 $\rho=900\text{kg/m}^3$ 的液体。已知 $h=15\text{m}$，A 处的压力为 $4.5\times10^5\text{Pa}$，B 处的压力为 $4\times10^5\text{Pa}$，试判断管内液流的方向。

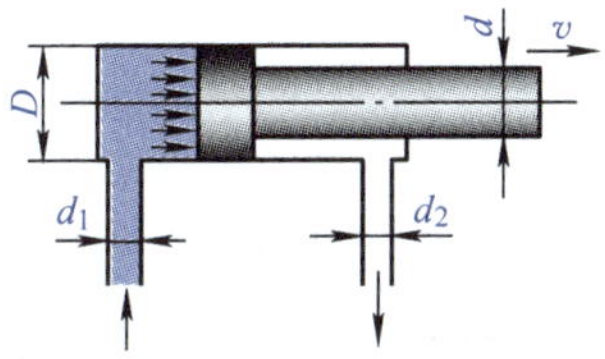

图 2-39　题 2-12 图

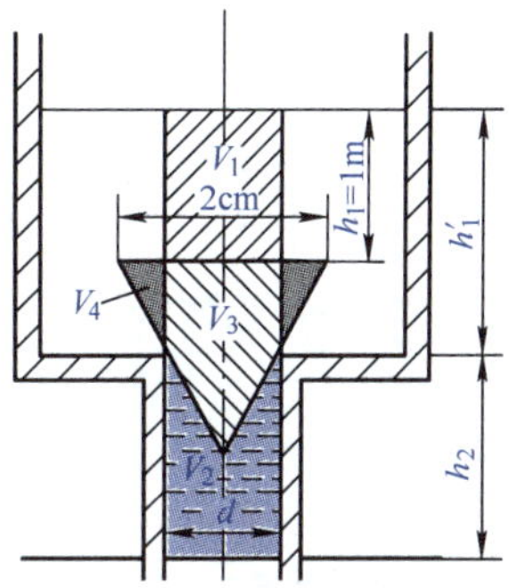

图 2-40　题 2-13 图

2-15　如图 2-42 所示，油液以 $v_1=6\text{m/s}$ 的速度流入水平放置的弯管，已知 $\theta=60°$，入口管径 $D_1=30\text{cm}$，出口管径 $D_2=20\text{cm}$，截面 1-1 处的静液压力 $p_1=1.05\times10^5\text{Pa}$，截面 2-2 处的静液压力 $p_2=0.42\times10^5\text{Pa}$，油液密度 $\rho=900\text{kg/m}^3$，试求作用于弯管上的液动力在 x 轴和 y 轴方向的分量。

2-16　如图 2-43 所示，柱塞直径 $d=19.9\text{mm}$，缸套直径 $D=20\text{mm}$，长 $l=70\text{mm}$，柱塞在力 $F=40\text{N}$ 作用下向下运动，并将油液从缝隙中挤出。若柱塞与缸套同心，油的动力黏度 $\mu=0.784\times10^{-3}\text{Pa}\cdot\text{s}$，试求柱塞下落 $H=0.1\text{m}$ 所需要的时间。

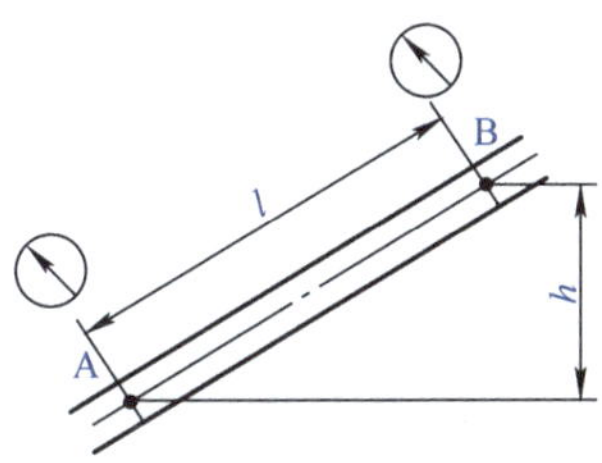

图 2-41　题 2-14 图

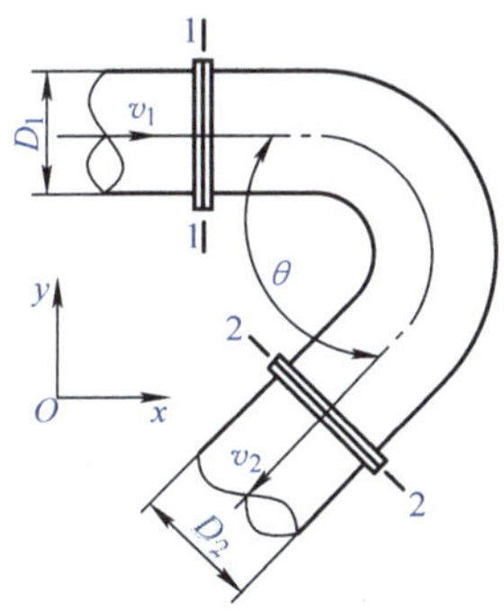

图 2-42　题 2-15 图

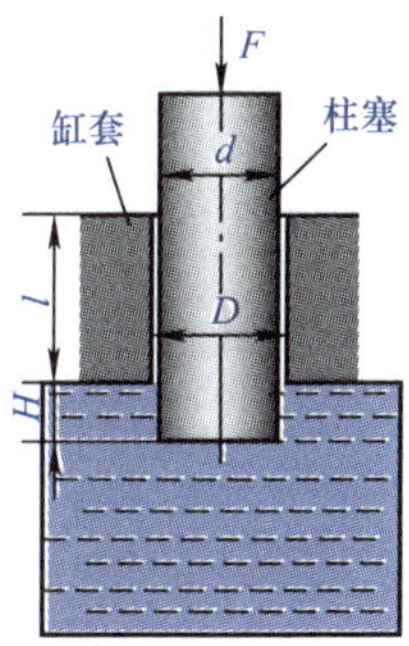

图 2-43　题 2-16 图

第三章 液压泵

学习要点：本章主要介绍几种典型的常用液压泵，主要有齿轮泵、叶片泵和柱塞泵。通过本章的学习，要求掌握液压泵的基本工作原理、结构和功用，正确理解各类型液压泵的主要工作参数与液压泵性能之间的关系。特别是液压泵在工作时，是如何吸油、压油和实现配流的。对于液压泵来说，最重要的结构参数是排量。另外，不同类型的泵具有不同的额定压力。液压泵必须具有可周期性变化的密封容积、配流机构和相应的自吸性能，根据这种要求可较容易地掌握液压泵的工作原理和特点。

第一节　液压泵的工作原理及性能

液压泵是整个液压系统的动力源，是将电动机的机械能转换为液体压力能的能量转换装置，向系统输出具有一定压力和流量的液体，因此，也称作动力元件。

一、液压泵的基本工作原理、特点及分类

1. 液压泵的基本工作原理

液压系统中所用液压泵都是容积式泵，这种液压泵是靠泵内工作腔的容积变化来进行工作的，其基本工作原理如图 3-1 所示。吸油阀和排油阀都是由弹簧控制的止回阀，当油液压力大于弹簧力时，阀芯（小球）在油液压力作用下压缩弹簧，打开油口使油液流入，即只允许油液单向通过。柱塞与液压泵工作腔内表面滑动配合，并设有密封装置。电动机带动固结有偏心轮的驱动轴转动时，柱塞可在液压泵工作腔内作往复直线运动，从而使由两侧吸油阀、排油阀、柱塞及泵体所组成的密闭容积的大小发生周期性变化。如图 3-1a 所示，当柱塞向下运动时，泵体内的密闭容积增大而形成真空，即工作腔内压力小于外界大气压力，于是油箱内油液在大气压力作用下推开吸油阀流入工作腔（此时排油阀关闭），这就是泵的吸油过程；当柱塞向上移动时，使充满油液的工作腔容积减小，压力增大，当腔内压力大于大气压力与弹簧力之和时，如图 3-1b 所示，排油阀阀芯左移打开排油阀口，输出具有一定压力 p[一] 和流量 q[二] 的高压油，这一过程称为排油。柱塞在电动机带动下每做一次往复运动，

㊀ 本书中所有的压力 p，若无特殊说明，单位均为 MPa。

㊁ 本书中所有的流量 q，若无特殊说明，单位为 m^3/s。

液压泵可完成一次吸、排油过程，即实现吸入低压油，排出高压油的过程。当柱塞连续地上、下运动，使密闭工作腔容积的大小发生交替变化，液压泵即可实现连续的吸油、排油过程。

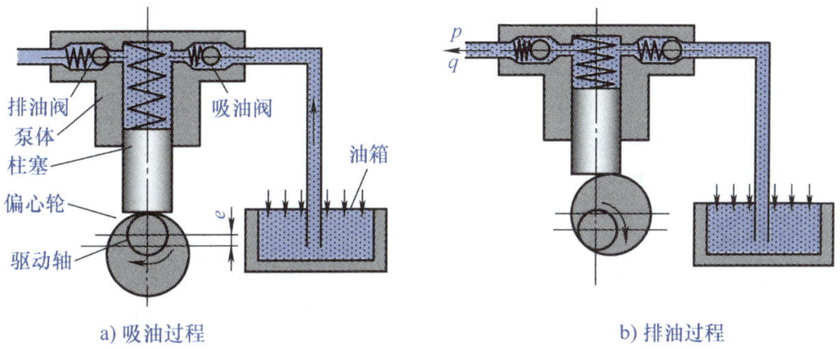

图 3-1 液压泵工作原理

上述液压泵的工作过程是依靠工作腔密闭容积的变化实现的，因此，将其称为容积式液压泵。当泵处于吸油过程时，工作腔通过管道与油箱相通，可简单地称这一部分为吸油腔；排出高压油时，工作腔与油箱断开，而与排油口及其以外的液压系统相连接，又可将这一部分称为压油腔。液压泵工作时，由吸油到排油或由排油到吸油的转换，称为配流。

2. 液压泵的特点

（1）封闭容积　液压泵必须有一个或若干个密封且可周期性改变容积大小的工作腔，图 3-1 所示的液压泵输出压力油是不连续的，因此，实际使用的液压泵都具有若干个封闭容积，可连续不断地向系统提供高压油。液压泵的理论输出流量与其工作腔容积变化量及单位时间内变化次数成正比，而与其他因素无关。

（2）配流机构　为了保证液压泵的工作腔密闭且有规律地连续吸、排油，必须在液压泵中设置配流机构，使其吸油时工作腔与排油口隔断，压油时与吸油口隔断。即吸油腔容积扩大到极限位置时，应先与吸油腔切断再开始压油，否则高压油会流入油箱；压油腔容积减小到极限位置时，先与压油腔切断再开始吸油，否则已进入系统内的高压油将倒流。液压泵的结构原理不同，其配流机构的形式也不同，图 3-1 所示液压泵的配流动作是由两个止回阀实现的。

（3）自吸能力　液压泵工作时，必须具有自吸能力，即将油箱中的油液吸入工作腔内的能力。泵的自吸能力，通常与油箱中油液的表面压力和吸油口与油箱液面高度差有关。因此，要求油箱内油液的绝对压力等于或大于大气压力，油箱应与大气相通或采用充压油箱。其次，当吸油口低于油箱液面，高度差为 h（单位：m）时，在大气压力和油液自重作用下，产生一个 ρgh 的正压力推动油液流入吸油口（ρ 为油液密度，单位：kg/m^3）；而当吸油口位置高于油箱液面时，则需要液压泵的吸油腔具有 ρgh 的真空度才能将油箱中的油液吸入吸油口。也就是说，吸油高度越高、管路阻力越大，则吸油腔所需的真空度也越大。

3. 液压泵的分类

液压泵的种类很多，按其单位时间内输出油液体积是否能够调节，可分为定量泵和变量泵两大类。其中，根据输出方向，还可分成单向泵和双向泵，其图形符号如图 3-2 所示。按照泵的结构形式，主要有齿轮泵、螺杆泵、叶片泵和柱塞泵等。

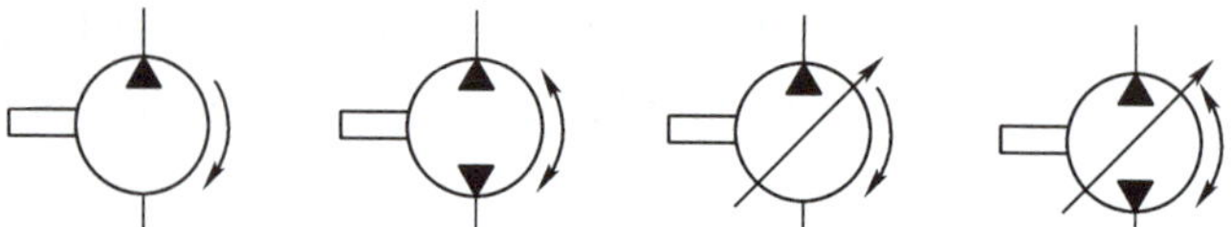

图 3-2 液压泵的图形符号

二、液压泵的主要性能参数

液压泵的主要性能参数是压力和流量。

1. 液压泵的压力

（1）工作压力　工作压力是指液压泵实际工作时输出油液的压力，其大小取决于工作负载及管路中的液压阻力，用 p 表示。当负载与泵串联时，泵的工作压力是这些负载的压力之和；负载与泵并联时，则泵的工作压力与并联负载的总液压阻力以及通过的流量有关。如果不考虑液压阻力形成的负载，那么泵的工作压力取决于并联负载中最小的负载压力。比如，在泵的压油口处有一支路与油箱接通，不考虑管道液压阻力时，即认为有一并联负载压力为零，这时，泵的工作压力即为零，这种情况称为卸荷。

（2）额定压力　额定压力是指液压泵在正常工作条件下，根据标准实验结果推荐的可连续运转的最高压力，用 p_n 表示，它反映了泵的能力。在额定压力下运行时，泵保证有足够的额定流量输出，并能保证相应的机械效率、容积效率及使用寿命，实际工作时的压力应小于此值。

（3）最高压力　最高压力是按实验标准规定，液压泵超过额定压力允许短暂运行的最高压力，用 p_{max} 表示。p_{max} 主要受泵本身的密封性能和零件强度等因素的限制，可以看做是泵的能力极限。

（4）吸入压力　吸入压力指液压泵吸入口处的压力。

根据液压泵的结构形式不同，额定压力和最高压力差别很大，它反映了泵本身的性能，应区别其与“压力决定于负载”的含义之不同。

液压系统根据工作需要所产生的压力不同，生产中为了方便，通常将液压系统压力分为多个等级。比如 $p \leqslant 2.5$MPa 为低压；$p > 2.5 \sim 8$MPa 为中压；$p > 8 \sim 16$MPa 为中高压；$p > 16 \sim 32$MPa 为高压；$p > 32$MPa 为超高压，等等。这种等级分法因行业或液压技术的发展而变化。

2. 排量和流量

（1）排量 V　液压泵的排量是指在不考虑泄漏的情况下，泵轴每转 1rad，所输出的液体体积，单位为 m^3/rad。排量是根据泵密封容积几何尺寸的变化量计算而得到的输出液体体积，与转速无关。排量可调的液压泵成为变量泵，不可调的液压泵成为定量泵。

（2）流量　流量是指液压泵在单位时间内输出的液体体积，用 q 表示。泵的流量通常有理论流量、实际流量和额定流量三种。

1）理论流量 q_t。不考虑泄漏的情况下，根据泵密封容积几何尺寸和转速计算而得出的输出流量。泵的理论流量主要取决于其几何排量和转速，测试中常以零压下的流量表示，当角速度为 ω（单位：rad/s）时

$$q_t = \omega V \text{ 或 } \frac{2\pi n}{60}V \tag{3-1}$$

式中 n——泵的转速（r/min）。

2）实际流量 q。是指泵在工作时实际输出的流量。由于泵的运动副都存在间隙，工作过程中必然有部分油液从压油腔通过这些间隙泄漏到吸油腔（内泄）或泵的外部（外泄）。因此，泵的实际流量等于它的理论流量与这部分泄漏量 Δq 之差：

$$q = q_t - \Delta q \tag{3-2}$$

3）额定流量 q_n。是泵在额定压力和额定转速下，按照实验标准规定所应输出的流量。由于存在泄漏，泵的额定流量也小于理论流量。

3. 功率和效率

（1）功率 液压泵是将机械能转换为液体压力能的装置，它的输入能量为转矩 T（单位：N·m）和角速度 ω（单位：1/s）；而其输出的能量为高压油的压力能，即压力 p 和流量 q。

1）理论输入功率 P_t。P_t（单位：N·m/s）通常用泵的理论流量与进出口压差 Δp 的乘积来表示

$$P_t = \Delta p\ q_t \tag{3-3}$$

泵的进口压力很小，通常将其近似为零，因此，泵的进出口压差常用其出口压力表示。

2）实际输入功率 P_r。P_r 为实际驱动泵轴所需的机械功率（单位：N·m/s）

$$P_r = \omega T \text{ 或 } P_r = \frac{2\pi n}{60}T \tag{3-4}$$

3）输出功率 P。P 即泵输出的实际流量 q 与进出口压差 Δp 的乘积（单位：N·m/s）

$$P = \Delta pq \tag{3-5}$$

当忽略液压泵进行能量转换和输送过程中的泄漏损失时，其输出功率应该等于输入功率，即泵的理论功率为

$$P_t = \Delta pq_t = \Delta pVn = \omega T_t = 2\pi nT_t/60 \tag{3-6}$$

式中 T_t——液压泵的理论转矩（单位：N·m）

（2）效率 由于液压泵或多或少都存在能量损失，因此，需要考核它的效率。

1）容积效率 η_v。因各种泄漏造成的液压泵能量损失称为容积损失，通常用泵经过容积损失 Δq 后的实际输出功率与实际输入功率之比来表示容积效率 η_v，即

$$\eta_v = P/P_t = (\Delta pq)/(\Delta pq_t) = q/q_t = (q_t - \Delta q)/q_t = 1 - \Delta q/q_t \tag{3-7}$$

一般泵内各运动副之间的间隙很小，可将泄漏油液的流态近似看做层流，这样，泄漏量 Δq 与泵的工作压力成正比关系

$$\Delta q = kp \tag{3-8}$$

式中 k——泵的泄漏系数。

因此有

$$\eta_v = 1 - kp/(nV) \tag{3-9}$$

由式3-9可以看出，输出压力越大、泄漏系数越大、排量越小及转速越低时，泵的容积效率越低。结构相同的泵，一般泄漏量不随排量增加而线性增大，因此，大排量泵的容积效率要比小排量泵的容积效率高。

2）机械效率 η_m。泵工作时，液体的黏性会引起转矩损失，泵内运动零件之间的摩擦也会引起转矩损失。这种能量损失使实际输入转矩总是大于理论上所需的转矩，而机械效率即为理论输入转矩 T_t 与实际输入转矩 T 之比

$$\eta_m = T_t / T \tag{3-10}$$

根据能量守恒定律，泵的理论输出功率 pq_t 应等于理论输入功率 $2\pi nT_t/60$，于是可得

$$T_t = 60pq_t/2\pi n = 60pV/2\pi \tag{3-11}$$

代入（3-10）式可得

$$\eta_m = T_t/T = (60pV/2\pi)/T = (60pVn/2\pi n)/T = (pVn60/2\pi n)/T$$
$$= (pq_t 60/2\pi n)/T = pq_t/P_r = P_t/P_r \tag{3-12}$$

3）总效率 η。液压泵的总效率等于它的实际输出功率与实际输入功率之比

$$\eta = P/P_r = q\Delta p/P_r = q_t\eta_v\Delta p/P_r = \eta_v(q_t\Delta p/P_r) = \eta_v\eta_m \tag{3-13}$$

如图 3-3a 所示，液压泵的实际输入功率 $T\omega$，由于泵工作时产生的机械摩擦等损失 $\Delta T\omega$ 而流失掉一部后变成 $T_t\omega - pq_t$，又由于泵的泄漏损失 $p\Delta q$ 流失掉一部分，最后，实际输出功率则为 pq。

液压泵特性曲线的示意如图 3-3b 所示，泵在零压时的流量即为 q_t，由于没有泄漏，泵的容积效率 $\eta_v = 100\%$，实际流量 $q = q_t$。但压力升高使泄漏量增大，因此泵的容积效率 η_v 和实际流量 q 随压力升高而降低。泵在低压工作阶段，机械摩擦损失在总损失中所占的比重较大，其机械效率 η_m 较低，随着工作压力提高，机械效率 η_m 也随压力增高而很快上升，之后变化平缓。因此，泵的工作压力较低阶段时，总效率 η 随压力增高而上升，当接近泵的额定压力时达到最大值，此后又呈下降趋势。

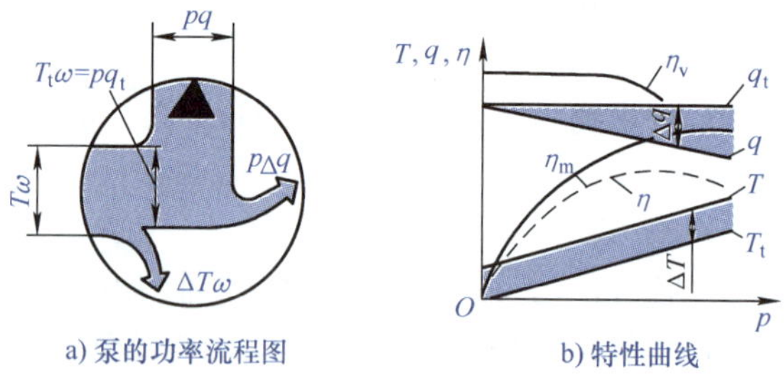

a) 泵的功率流程图　　b) 特性曲线

图 3-3 液压泵的功率流程及特性曲线

【例 3-1】 某泵排量 $82\text{cm}^3/\text{r}$，转速为 1000r/min 时的输出流量为 76L/min，工作压力为 6.9MPa，泵的实际转矩为 102N·m。求液压泵的总效率是多少？泵所需的理论转矩是多少？

解： 根据液压泵的排量和工作转速，可求出液压泵的理论输出流量为

$$q_t = nV = 1000\text{r/min} \times 82\text{cm}^3/\text{r} = 82 \times 10^3\text{cm}^3/\text{min} = 82\text{L/min}$$

由液压泵的实际输出流量和理论流量，可求出容积效率为

$$\eta_v = \frac{q}{q_t} \times 100\% = \frac{76\text{L/min}}{82\text{L/min}} \times 100\% = 92.6\%$$

根据（3-12）式可求出泵的机械效率

$$\eta_m = \frac{pV}{T} = \frac{6.9 \times 10^6\text{Pa} \times (8.2 \times 10^{-6}/2\pi)\ \text{m}^3/\text{rad}}{102\text{N} \cdot \text{m}} \times 100\% = 88\%$$

总效率

$$\eta = \eta_v \cdot \eta_m = 92.6\% \times 88\% = 81.5\%$$

根据泵的实际输入转矩和机械效率，求出泵的理论输入转矩为

$$T_t = T\eta_m = 102\text{N} \cdot \text{m} \times 0.88 = 89.76\text{N} \cdot \text{m}$$

即由于泵内存在机械损失，驱动泵的实际输入转矩大于理论输入转矩。

第二节 齿 轮 泵

齿轮泵是利用一对齿轮啮合及脱离时所形成封闭容积变化的原理进行工作的液压泵，根据结构可分为外啮合与内啮合齿轮泵两大类。

一、外啮合齿轮泵

1. 工作原理

外啮合齿轮泵的结构一般由一对几何参数完全相同的主、从动齿轮，传动轴，泵体及前后端盖组成。图3-4所示为齿轮泵的工作原理图，由于一对齿轮的齿顶与泵体内腔表面之间的间隙以及齿轮端面与泵盖内表面（垂直于纸面）的间隙都很小，因此，齿轮啮合线将泵体内腔分隔成左右两个互不相通的密封容腔，即吸油腔和压油腔。当齿轮按图示方向旋转时，右侧轮齿的齿槽将充满的油液带走，啮合点处的轮齿逐渐脱离啮合而露出齿槽，故使吸油腔的密封容积增大而油量减少，形成局部真空。这时，油箱中的油液在大气压力作用下经过管路被吸入压油腔，实现泵的吸油过程。同时，由于齿轮的转动，齿槽中的油液被带至左边压油腔一侧，当充满油液的轮齿逐渐进入啮合时，压油腔的密闭容积逐渐减小，油液被挤出齿槽，使压油腔压力增高。实际上，油液的可压缩性很小，因此，排油路中的负载阻力将使压油腔输出具有一定压力的油液，实现排油过程。工作中齿轮不断地旋转，吸油腔周期性地由小变大，压油腔周期性地由大变小，液压泵便可不断地吸入低压油并排出高压油。

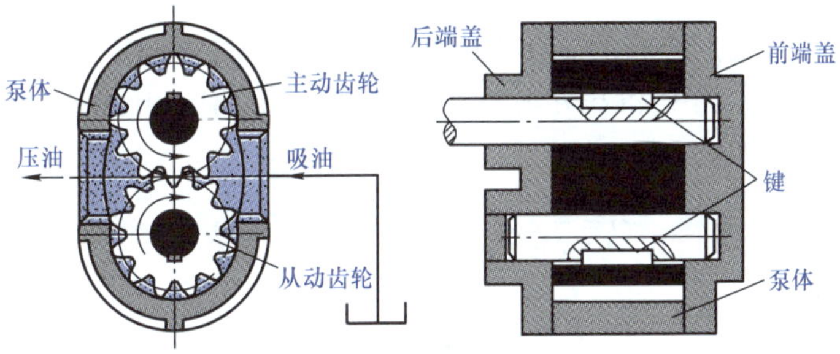

图3-4 齿轮泵的工作原理

在齿轮啮合过程中，啮合点沿啮合线移动，齿面接线将低压吸油腔和高压压油腔分隔开。因此，齿轮泵不需要专门的配流装置，这也是齿轮泵与其他类型的容积式液压泵的区别。轮齿一个紧接一个地进入和退出啮合，因此其压油和吸油过程是连续的。但在一个齿的啮合过程中，因齿间容积变化导致输出的流量变化，其流量脉动周期即一个齿的啮合周期。

2. 排量和流量

（1）排量　外啮合齿轮泵的排量是两个齿轮的齿间槽容积之和，因计算较繁琐且没有必要，所以近似地认为齿间槽的容积等于轮齿的体积。如果齿轮模数为 m，分度圆直径 d、齿宽 B、齿数 z 时，两个几何尺寸完全相同的外啮合齿轮旋转时所排出的油液，可近似看做以齿顶圆直径（$z+2$）m 为外径，齿根圆直径（$z-2$）m 为内经、高度为 B 的环形圆柱体的体积（单位：m^3/rad）

$$V=(\pi/4)[(zm+2m)^2-(zm-2m)^2]B/2\pi=zm^2B \tag{3-14}$$

实际上，齿间容积比轮齿体积稍大，其差值随齿数减少而增大；对于修正齿轮，轮齿变薄，齿间容积也增大。因此，计算齿轮泵排量时，通常在上式前面乘以一个 1.06 ~ 1.12 的系数（齿数多时取小值，齿数少时取大值），则排量可按 $V=(1.06\sim1.12)zm^2B$ 计算。

由齿轮泵排量的计算公式（式 3-14）可以看出，排量与齿轮模数的平方成正比。如果不改变齿轮的分度圆直径 zm，而增大模数 m，减少齿数 z，可增大齿轮泵的排量。也就是说，当保持泵排量不变的情况下，可以利用减少齿轮齿数的方法，减小齿轮泵的体积。为避免根切，对于标准 20°压力角的齿轮，齿数不应少于 17。但齿轮泵中齿轮的齿数往往小于 17，此时的齿轮应变位。

（2）流量　当泵的转速为 ω 时，实际输出流量 q（单位：m^3/rad）为

$$q=\omega\eta_v V=\omega\eta_v zm^2B \tag{3-15}$$

由于齿轮啮合过程中的压油腔容积的变化率是不均匀的，因此，齿轮泵的瞬时流量是脉动的，并且其流量脉动率随齿轮的齿数减少而增大。

【例 3-2】 分析图 3-5 所示齿轮泵，回答下列问题：①试确定该泵有几个吸油口和压油口；②已知三个齿轮的结构参数相同，其齿顶圆直径 $D=48\text{mm}$，齿宽 $B=25\text{mm}$，齿数 $z=14$，液压泵的工作转速 $n=1450\text{r/min}$，容积效率 $\eta_v=0.9$，不考虑齿轮变位时，试求该泵的理论流量和实际流量。

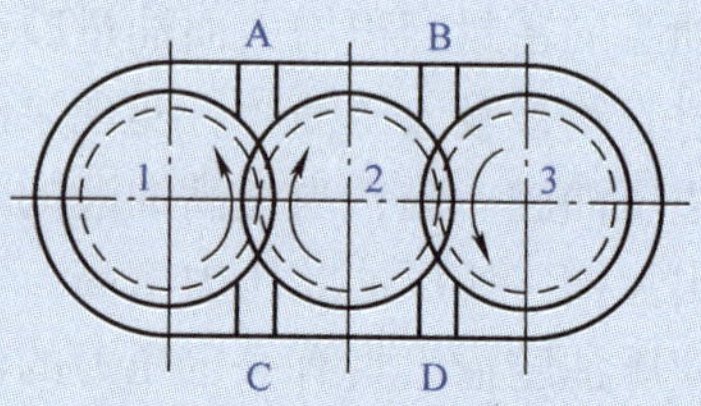

图 3-5　例 3-2 附图

解：①根据齿轮泵的工作原理，可以确定该泵有两个吸油口和两个压油口。按照齿轮的旋转方向和啮合原理，可以确定 A 和 C 分别为为齿轮 1 和 2 的吸油口和压油口，而 D 和 B 分别为齿轮 2 和 3 的吸油口和压油口。

②齿轮模数

$$m=\frac{D}{z+2}=\left(\frac{48}{14+2}\right)\text{mm}=3\text{mm}$$

齿轮泵的理论流量

$$q_t=2\times\frac{2\pi n}{60}V=2\times\frac{2\pi n}{60}\times zm^2B=2\times\frac{2\pi\times1450}{60}\times14\times(3\times10^{-3})^2\times25\times10^{-3}\text{m}^3/\text{s}$$
$$=9.56\times10^{-4}\text{m}^3/\text{s}$$

该泵的实际流量

$$q=\eta_v\cdot q_t=0.9\times9.56\times10^{-4}\text{m}^3/\text{s}=8.604\times10^{-4}\text{m}^3/\text{s}$$

3. 外啮合齿轮泵的结构缺欠（存在的问题）

（1）困油

1）困油现象。齿轮泵的困油是由齿轮设计时的重叠系数所引起的，如图 3-6a 所示，假设齿轮在实际啮合中的啮合线长度为 l，齿距为 t_0，则齿轮啮合时的重叠系数 $\varepsilon=l/t_0$。该重叠系数具有这样的物理意义，当 $\varepsilon=1$ 时，前一对轮齿脱离啮合的瞬间，后一对轮齿即可进入啮合，即开始啮合与脱离啮合是同时进行的。为了使齿轮传动平稳减小冲击，或避免产生油液泄漏，设计齿轮传动机构时，通常使 $\varepsilon>1$（一般取 $\varepsilon=1.05\sim1.3$）。即当前一对轮齿脱离啮合之前，后一对轮齿即进入啮合。但两对轮齿同时啮合时，在两个啮合点 A、B 之间

形成了一个充满油液且与吸、压油腔均不相通的闭死容积。在齿轮转动由图 3-6a 至图 3-6b 的过程中，这个闭死容积逐渐减小，由于油液不能外流而产生很大压力。困油压力远远大于泵的工作压力，使泵的零件受到冲击，产生振动和噪音，并且有一部分高压油液通过各种缝隙被强行挤出。

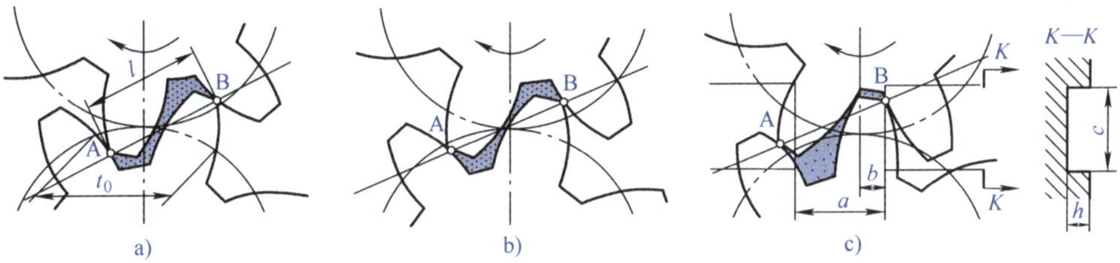

图 3-6 齿轮泵的困油现象

从图 3-6b 的位置向图 3-6c 位置转动时，闭死容积又开始由小变大，由于无处吸油而使压力降低，容易形成真空，使油液中的气体逸出引起气蚀，或形成负压力冲击，同样也会产生振动和噪音。

这种闭死容积在过渡中经历“容积在封死状态下变化”的过程，其内压力会急剧增高或降低的现象称为困油。

2）消除措施。由于齿轮泵的困油危害很大，为了消除困油现象，通常在两端盖上开设一对泄荷槽，如图 3-6c 所示。这样，当闭死容积减小时，使其通过右侧泄荷槽与压油腔相同，以便排出一部分油液；当闭死容积增大时，使其与吸油腔连通，可吸入一部分低压油以补充增大空间。

开设泄荷槽的原则是保证吸、压油腔任何时候不能通过泄荷槽连通，否则将降低齿轮泵的容积效率。另外，两泄荷槽之间的距离也不能太大，以防消除困油不彻底。通常使 $b=0.8m$，泄荷槽宽 $c>2.5m$，深度 $h\geqslant 0.8m$（m 为齿轮模数）。

（2）泄漏　外啮合齿轮泵的内泄漏主要有三个途径，即端面泄漏、径向泄漏及啮合线泄漏。

1）端面泄漏。端面泄漏是指齿轮端面与泵端盖内表面之间的泄漏，占总泄漏量的 75% 以上。由于旋转的齿轮端面与泵端盖内表面之间必然存在一定间隙，因此，间隙量稍有增加，即会导致齿轮泵的容积效率显著下降。一般中、小型齿轮泵的内端面间隙控制在0.02～0.05mm 之间。此外，还可采用浮动轴套、弹性侧板等端面间隙补偿措施来减小和消除端面泄漏。

2）径向泄漏。径向泄漏是指齿轮齿顶圆与泵体内腔表面之间的泄漏，约占总泄漏量的 15% 左右。为了保证齿轮传动过程中不产生“刮膛”现象，同时考虑制造误差，一般中、小型齿轮泵的径向间隙可达 0.1mm。尽管径向泄漏通道较长，但这种泄漏对齿轮泵的容积效率影响不大。有时，可采用在压油腔侧增设补偿侧板，利用高压油的作用使补偿侧板浮动在轮齿顶部，阻止低压油进入高压油腔。

3）啮合线泄漏。因有齿向误差，齿轮的全部宽度不可能都实现啮合，因此产生的泄漏称为啮合线，其泄漏在总泄漏量中所占的比例不足 5%。另外，随着齿轮泵工作压力提高，啮合点处接触更加紧密，通过啮合线处的泄漏量很小，因此，与上述两种泄漏相比，经常被忽略。

(3) 径向力 齿轮泵中主、从动齿轮受力如图3-7所示，由于高、低压油腔油液压力不同，油液压力由低压 p_d 逐渐向高压 p_g 过渡，在压油腔一侧齿轮受到较大的油液压力，其圆周液压力的合力为 F_p。两个大小相等方向相反的啮合力的作用方向与啮合线重合，将作用在啮合点处的啮合力 F_T 分别简化到主、从动齿轮中心 O_1 和 O_2 点上，并将简化后的径向力合成后可以看到，主动齿轮受力 F_1 小于从动齿轮受力 F_2。因此，一般情况下从动齿轮磨损较快。实际设计时，通常取 $F_1 = 0.75\Delta pBD_e$，而 $F_2 = 0.85\Delta pBD_e$，其中，Δp 为泵进出口压差，B、D_e 分别为齿宽和齿顶圆直径。

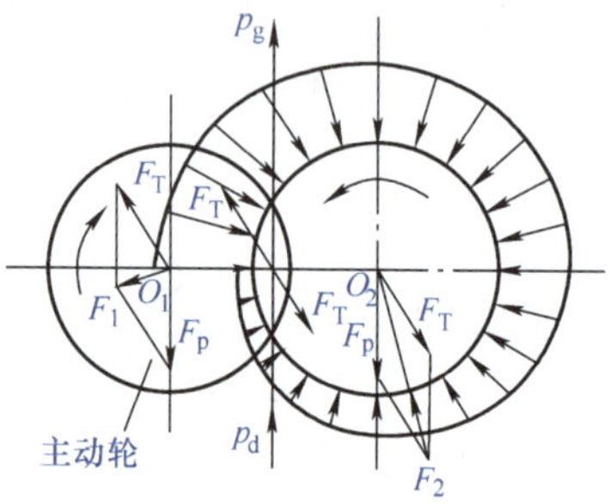

图3-7 齿轮受力分布

齿轮径向力不平衡不仅仅使齿轮磨损不均，还使轴承、齿轮轴等产生变形，降低齿轮泵的使用寿命。为了减轻和消除径向力不平衡现象，通常采用减小压油口直径，减小高压油对齿轮径向的不均衡作用的方法。有时，在泵端盖上原吸油腔对面开设两个平衡槽分别与吸、压油腔相同，以平衡径向不平衡力。但这种做法增大了泄漏量，使容积效率降低，仅适用于低压齿轮泵。

4. 外啮合齿轮泵的特点及应用

外啮合齿轮泵结构简单、重量轻、体积小，自吸性能较好，抗污染能力强，转速和流量调节范围大。一般为中、低压泵，常用压力8~16MPa，转速范围为1500~3000r/min。齿轮泵中齿轮的模数较大、齿数较少，一般排量的齿轮模数在2.5~4之间，中、低压齿轮泵齿轮的齿数在6~14范围内。齿轮泵的容积效率约为0.9~0.95，总效率为0.85~0.9。

由于所受径向力不平衡，齿轮泵磨损较严重，泄漏大、流量脉动大、噪音大，排量不可调。

外啮合齿轮泵在机床低压系统中应用比较广泛，进出油口不能反接。新泵或长期未使用的齿轮泵，应进行10min以上的空运转后再投入使用。

二、内啮合齿轮泵

内啮合齿轮泵的工作原理和主要特点与外啮合齿轮泵完全相同，主要有渐开线齿形和摆线齿形两种类型，摆线齿形泵也称转子泵。

1. 渐开线内啮合齿轮泵

(1) 工作原理 渐开线内啮合齿轮泵的工作原理如图3-8所示，一对具有渐开线齿形的小齿轮和内齿环，小齿轮为主动齿轮，内齿环为从动齿轮。相互啮合的两齿轮与侧板围成的密封容积被月牙板和齿轮啮合线分隔成互不相通的两部分，即吸油腔和压油腔。当传动轴带动小齿轮按图示方向旋转时，因轮齿啮合从而内齿环也同向旋转。图中左侧上半部轮齿脱离啮合，密封容积逐渐增大，内齿环齿隙之间形成真空，从吸油口吸入低压油；左侧下半部轮齿进入啮合，小齿轮的轮齿占据了内齿环齿隙的空间，使密封容积减小，内齿环齿隙内的油压升高，使油液从压油口挤出，实现压油过程。

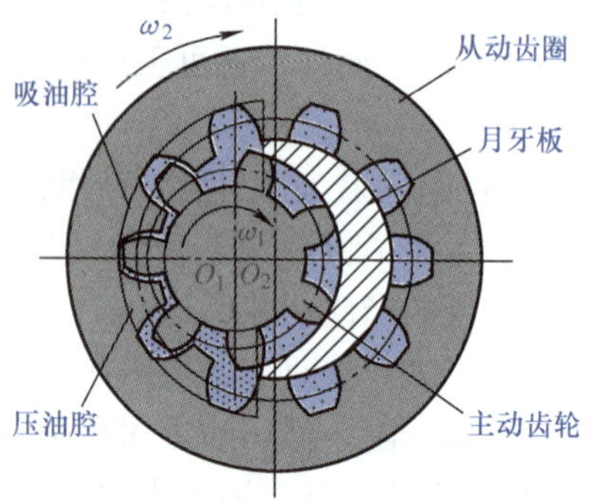

图3-8 渐开线内啮合齿轮泵的工作原理

渐开线内啮合齿轮泵中，小齿轮的齿数少于内齿环齿数，因此需靠月牙板将吸、压油腔分隔开。月牙板的外径与内齿环的齿根圆直径相等，且同心，月牙板的内径与小齿轮的齿顶圆直径相等，内圆心与小齿轮同心。

（2）特点　渐开线内啮合齿轮泵与渐开线外啮合齿轮泵的工作原理相同，因而其排量和流量的计算方法也相同。与外啮合齿轮泵相比，渐开线啮合齿轮泵的流量、压力脉动较小，其流量脉动系数在2% ~5%之间，仅为外啮合齿轮泵流量脉动率的1/10 ~1/20。由于采用滑动轴承，工作噪音很小；结构紧凑、重量轻；不产生困油现象；轮齿接触应力小，磨损小，使用寿命长。此外，内啮合齿轮泵允许使用高转速，高转速下的离心力可使油液更好地充入密封工作腔，可获得较高的容积效率。其缺点是轮齿形状复杂，零件加工难度大，成本高。

2. 内外转子式摆线泵

（1）工作原理　内外转子式摆线泵由偏心啮合的小齿轮、内齿环、泵体和端盖组成，其工作原理如图3-9所示，由于小齿轮和内齿环的齿形曲线采用摆线，故称摆线泵。内转子小齿轮为主动齿轮，外转子内齿环为从动齿轮，小齿轮比大齿环仅少一个齿，因而不需月牙板，小齿轮的每一个齿总是与内齿环的齿面接触，从而形成数个密闭的工作容腔。随着内外转子的啮合旋转，各密闭工作容腔发生周期性变化。如图3-9所示，小齿轮逆时针旋转时，带动内齿环向同一方向旋转。在上部的小齿轮与内齿环开始脱离啮合，内齿环的齿隙产生真空，油液在大气压力作用下通过泵盖上的月牙形吸油槽开始进入齿隙内。随着齿轮转动，内齿环的齿隙空间逐渐增大，不断吸入低压油。当内齿环旋转到最下部时，其齿隙容积最大，完成吸油过程，继续旋转。由于小齿轮逐渐咬入内齿环，使齿隙容积逐渐开始减小，油液压力升高从右侧泵盖上的月牙形排油槽排出泵口，完成排油过程。

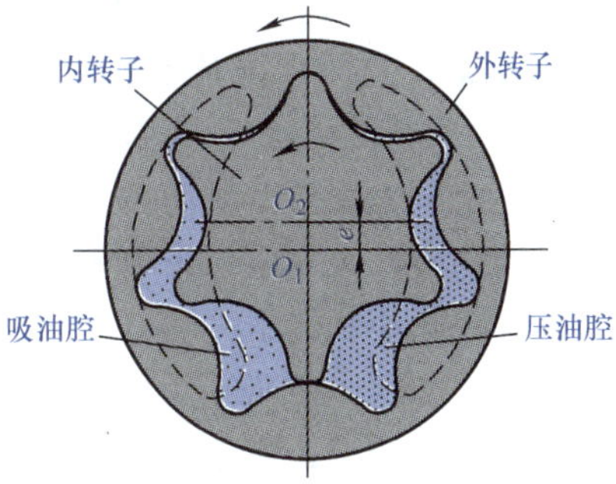

图3-9　内外转子式摆线泵工作原理

（2）特点及应用　内外转子式摆线泵结构紧凑、零件少，齿形大，工作容积较大；转速高、工作平稳、噪声小。内外转子式摆线泵工作时，吸油腔周期性地增大，压油腔周期性地缩小，承受着不平衡液压力的作用。另外，齿数较少，通常为4 ~7个，流量不均匀、脉动大；啮合处间隙泄漏较大。因此，常作为2.5 ~7MPa的低压系统中作补油、润滑等辅助泵使用。

第三节　叶　片　泵

叶片泵是利用转子旋转使叶片槽内叶片伸出、缩回，减小和扩大密闭工作容腔来实现吸、排油过程的液压泵。根据泵的结构不同，可分为单作用式和双作用式两种，其中，单作用式叶片泵是变量泵，双作用式叶片泵为定量泵。

一、双作用式叶片泵

1. 工作原理

双作用叶片泵由泵体、定子、转子、叶片、传动轴及左、右配流盘组成，其工作原理如图3-10所示。定子与转子同心，定子与泵体固定在一起，其内表面由与转子同心的两段半

径为 R 的大圆弧、两段半径为 r 的小圆弧及四段半径为 r_g 的过渡曲线所组成。在纸面前后各有一个配流盘，每个配流盘上开有 4 个对称布置的腰形通油窗口Ⅰ、Ⅱ、Ⅲ、Ⅳ，并配置在四段过渡曲线处。泵体上的内部通道使窗口Ⅰ和Ⅲ互通且与泵吸油口相通，窗口Ⅱ和Ⅳ互通且与泵排油口相通。

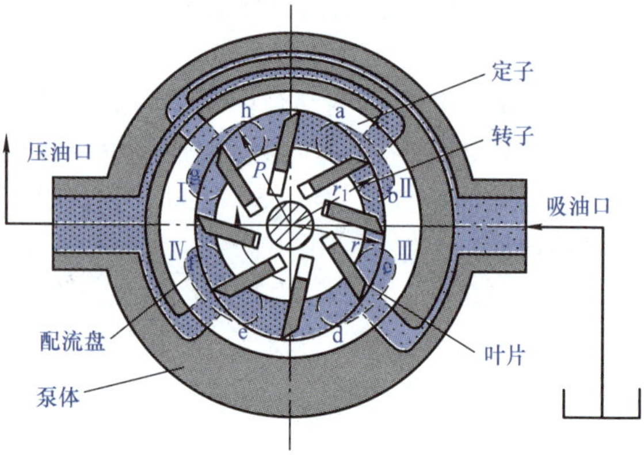

图 3-10 双作用式叶片泵工作原理

当传动轴带动转子旋转时，叶片以离心力在转子叶片滑槽内向外甩出，在叶片根部与泵压油腔相连的高压油作用下，使叶片紧贴在定子内表面上。于是，相邻的两叶片侧表面、定子内表面、转子外圆表面以及两个配流盘的内端面共同组成了一个密封容腔，并由四段圆弧隔成四个封油区。当相邻两叶片从定子小圆弧面经过渡曲面向定子大圆弧面滑动时，叶片向外伸出，使两叶片之间的密封容积增大而形成真空，油箱中的油液在大气压力作用下通过配流盘吸油窗口充入封闭容积，实现吸油过程；与此同时，两相邻叶片从定子大圆弧面经过渡曲面向小圆弧面滑动时，叶片受定子内表面限制，被压缩回转子槽内，使两叶片之间的密封容积减小，油液受挤压而压力升高，从配流盘的压油窗口压出进入系统，完成压油过程。转子按图示顺时针方向旋转时，a、b、e 及 f 腔密封容积减小，实现压油，c、d、g 及 h 腔密封容积增大，实现吸油。

由于双作用式叶片泵内有两个吸油腔和两个压油腔，转子每旋转一周，每个小密封容积都完成两次吸、排油过程，因此称作双作用式液压泵。而且两对吸、压油腔对称于转子中心，作用在转子的径向油液压力相互抵消，因而也称作泄荷泵或平衡泵。其排量不可调，因而属于定量泵。

2. 排量和流量

如图 3-11 所示，双作用叶片泵的排量 V 等于相邻叶片之间的最大容积与最小容积之差乘以叶片数 Z，由于转子旋转一周吸、排油两次，因此可计算如下

$$V_0 = V_1 - V_2 = 2\pi B\ (R^2 - r^2) \tag{3-16}$$

式中 B——叶片宽度；

R、r——定子内表面大、小圆弧半径。

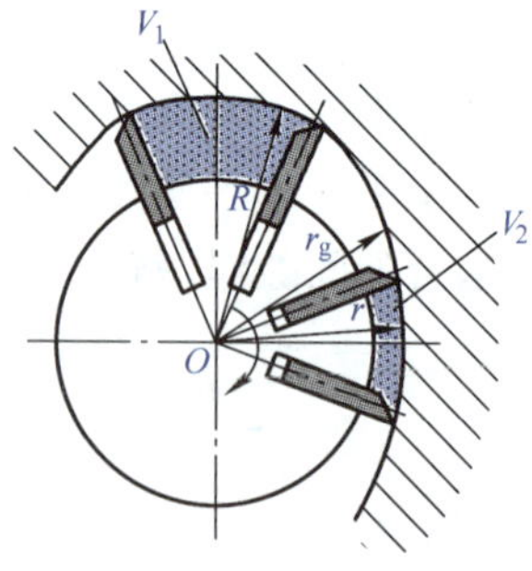

图 3-11 双作用叶片泵的流量计算

由于叶片具有一定厚度 δ，其本身所占空间在泵吸、排油过程中并不产生容积变化，因此，这部分叶片体积 V'不参与泵的吸、排油

$$V' = 2\delta B(R-r)\ Z/\cos\theta \tag{3-17}$$

式中 θ——叶片倾角，单位为 rad（弧度）。

实际双作用叶片泵的排量（单位：m^3/rad）为

$$\begin{aligned} V &= V_0 - V' = 2B[\pi\ (R^2 - r^2) - (R-r)\ \delta Z/\cos\theta]/\ 2\pi \\ &= B\ (R-r)[\ (R+r) - \delta Z/\pi\cos\theta] \end{aligned} \tag{3-18}$$

流量 q（单位：m^3/s）为

$$q = \omega B(R-r)[(R+r) - \delta Z/\pi\cos\theta]\eta_v$$
$$= (2\pi n/60)[(R+r) - \delta Z/\pi\cos\theta]\eta_v \tag{3-19}$$

从流量计算公式可以看到，双作用式叶片泵的排量随定子宽度和大、小圆弧半径之差增大而增加，因而可以保持泵的外形尺寸基本不变，适当改变这两个尺寸来改变泵的排量。

【例 3-3】 某叶片泵在输出压力为 6.5MPa 时的输出流量为 53L/min，实际输入功率为 7.3kW，如果该泵空载时的流量为 55L/min，求泵的容积效率是多少？总效率是多少？

解： 液压泵的空载流量可近似认为是理论流量，因此，其容积效率为

$$\eta_v = \frac{q}{q_t} \times 100\% = \frac{53\text{L/min}}{55\text{L/min}} \times 100\% = 96.4\%$$

根据式（3-5），可求出该液压泵的输出功率

$$P = \Delta p \cdot q = 6.5 \times 10^6\text{Pa} \times 53 \times 10^{-3}/(60\text{m}^3/\text{s}) = 5.74\text{kW}$$

因此，总效率为

$$\eta = \frac{p_t}{p_r} = \frac{5.74\text{kW}}{7.3\text{kW}} = 78.63\%$$

3. 结构特点

（1）定子工作表面曲线　定子工作表面曲线与叶片泵的性能，如流量脉动、效率、工作噪声及使用寿命等有很大关系。

1）大、小圆弧半径。定子内表面圆弧的大、小半径之差越大，泵的排量也越大。但过大的差值，容易使叶片在工作中产生卡死或折断现象。此外，定子内表面圆弧大、小半径差较大时，必须增大过渡曲线斜率。当叶片滑动到斜率很大的过渡曲线上时，因离心力不足，不能贴紧定子内表面而导致脱空现象，降低泵的容积效率和输出功率。

2）过渡曲线形状。理想的过渡曲线应保证叶片在转子槽中滑动时的径向速度和加速度变化均匀，叶片在从过渡曲线与圆弧交接点处不产生脱空现象，从而保证叶片对定子表面冲击小、磨损减轻，尽可能避免瞬时流量脉动。常用的定子过渡曲线有阿基米德螺线、等加-等减速曲线、正弦曲线及部分高次曲线等。其中，以阿基米德曲线作为过渡曲线，在与圆弧面相接处速度发生突然变化，会对定子内表面产生硬冲击；如果限制最大径向加速度值，利用等加-等减速曲线可以获得最大升程 $R-r$，减小流量脉动，但加速度仍有较小突变，即产生软冲击；如果采用某些高次曲线作为定子过渡曲线，可以较好地满足叶片泵对定子曲线径向速度、加速度和加速度变化率特性的要求，使叶片泵的性能大为提高。

（2）配流盘

1）消除困油现象，减轻压力、流量脉动和噪音。配流盘的作用是给泵配油，为了保证吸油腔与压油腔互不相通，配流盘上封油区包角（$\alpha+\gamma$）必须大于或等于相邻两叶片之间的夹角 β。如图 3-12 所示，当满足（$\alpha+\gamma$）$\geqslant\beta$ 时，即产生了两叶片之间围成容积在封闭状态下变化的困油现象。此外，这个密闭容积进入封油区时，其压力与吸油腔基本相同，但继续转过一个微小角度与压油腔相通时，腔内压力突然升高使油液产生压缩，压油腔中的高压油倒流进来，使泵的瞬时流量突然变小、输出压力降低，同时还会产生液压冲击和噪声。如果在配流盘上封油区进入排油区的排油窗口一侧开设一个三角形卸荷槽，使封闭容积内的油

液还没接通压油腔之前，通过三角卸荷槽逐渐与压油腔相通，使封闭容积内的压力逐渐上升，可消除困油现象，降低泵的压力脉动、流量脉动和噪声。三角卸荷槽的尺寸，通常根据试验决定。

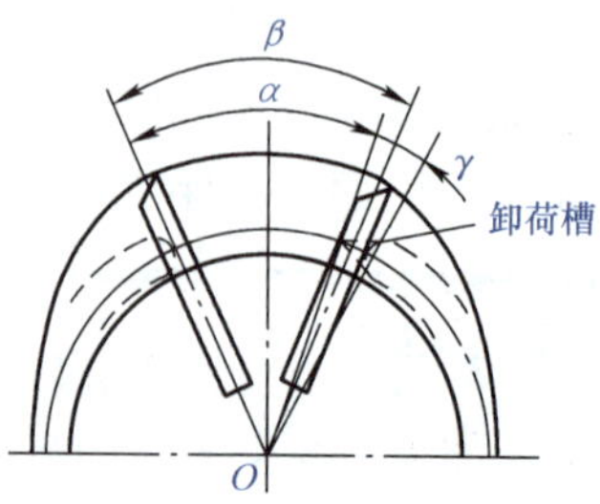

图 3-12 配流盘的封油角与减震角

2）保证叶片与定子内表面可靠接触。叶片泵工作中，当叶片处于吸油区时，依靠转子旋转产生的离心力可使叶片顶部贴紧定子内表面。但在压油区，叶片顶部作用有高压油，仅靠离心力不能保证叶片与定子的可靠接触。因此，通常在配流盘开出引油通道，将压油腔的高压油引入叶片槽根部，增大叶片径向顶出力，使叶片可靠地贴紧在定子内表面上。但当叶片处于吸油区时，由于叶片槽根部压力油的径向顶出力与转子旋转的离心力共同作用，导致叶片顶部与定子内表面产生较大磨损。因此，在高压叶片泵中采用了各种结构来减小叶片工作时对定子内表面的不良作用力。

（3）叶片倾角　由于叶片泵工作时叶片顶端与定子内表面必然产生滑动摩擦，在压油区，靠定子内表面形状迫使叶片沿叶片槽向内移动，叶片与定子内表面接触时有一定压力角，即定子曲线接触点处外法线与叶片之间的夹角。减小这个压力角，有利于减小摩擦力和因之而引起的磨损，所以目前使用的双作用叶片泵的叶片都不是沿转子径向安装的，而是将转子上的叶片槽按旋转方向向前倾斜一个角度。叶片前倾，使压力角减小，叶片在转子槽内运动时的摩擦阻力降低、磨损减轻，消除了叶片卡住或折断现象。但应注意，双作用叶片泵不允许反向旋转。

近年来的研究和生产实践表明，叶片倾角并非完全必要，有些高压双作用叶片泵的叶片就是径向安装的杆状的，并且使用效果也较好。另外，从制造、安装角度考虑，叶片沿转子径向布置较为方便。

（4）叶片数及叶片厚度　考虑到双作用叶片泵的结构特点，为使工作时的径向力平衡，叶片数应选偶数。确定叶片数时，需要考虑泵瞬时流量的均匀性，既要保证泵工作时吸、压油腔互不相通，不减小泵的排量，又不能削弱转子中心的强度。根据理论分析结果，叶片数为 4 的倍数时，流量脉动率最小，所以一般双作用叶片泵的叶片数常取 12 或 16。

如果不考虑叶片的厚度，双作用叶片泵在理论上不产生流量脉动。实际制造定子的内表面大、小圆弧既不可能完全同心，各自也存在圆度误差，因而其瞬时流量仍产生一定脉动，但其流量脉动率是除螺杆泵以外最小的一种泵。减小叶片厚度，可以提高泵的排量，但叶片太薄容易折断，叶片槽加工也很困难，因此，叶片厚度常取 1.8 ~ 2.2mm。

4. 双作用叶片泵的特点及应用

双作用叶片泵的优点是结构紧凑、体积小、重量轻、流量均匀、工作噪音较小。缺点是结构复杂、自吸性差、对油液污染较敏感、转速范围有限制。双作用叶片泵通常做成中、低压泵，但也可做成高压泵。高压叶片泵的工作压力可达 25 ~ 32MPa，泵的转速范围一般在 600 ~ 2000r/min，可应用于机床液压系统或工程机械、船舶、压铸机和冶金设备中。

二、单作用式叶片泵

单作用式叶片泵可通过改变转子和定子的偏心距来调节排量，根据其改变偏心距方向不同可分为单向变量泵和双向变量泵两种。所谓双向变量泵可在工作中更换吸、排油口，自动实现换向，使执行元件改变运动方向。

1. 工作原理

单作用叶片泵的结构组成与双作用叶片泵相似，主要由转子、定子、叶片、配流盘、泵体及端盖组成，与双作用叶片泵的主要差别在于它的定子是一个与转子偏心置放的环形圆柱体，配流盘上只开一个吸油窗口和一个压油窗口。单作用叶片泵的工作原理如图 3-13 所示，当转子旋转时，叶片在离心力作用下贴紧在定子内表面上，此时相邻两叶片与定子、转子及配流盘之间形成若干个密封容积，并随转子旋转发生周期性容积变化，实现吸油和压油过程。图示状态时，叶片 a 和 b 将定子与转子之间的空间分隔成左右两个密封腔，分别与吸油口和压油口相通。当转子按逆时针方向旋转时，处于右侧的叶片向外伸出，密封容积逐渐扩大形成真空，油箱中的油液由吸油口经配流盘上的吸油窗口进入密封容积内，实现泵的吸油过程；图中左侧的叶片在随转子旋转的过程中被定子内表面强行压入转子槽内，使密封容积逐渐减小，油液压力升高并经配流盘压油窗口被挤出而进入系统，完成压油过程。转子连续旋转，泵即可实现连续的吸、压油过程。

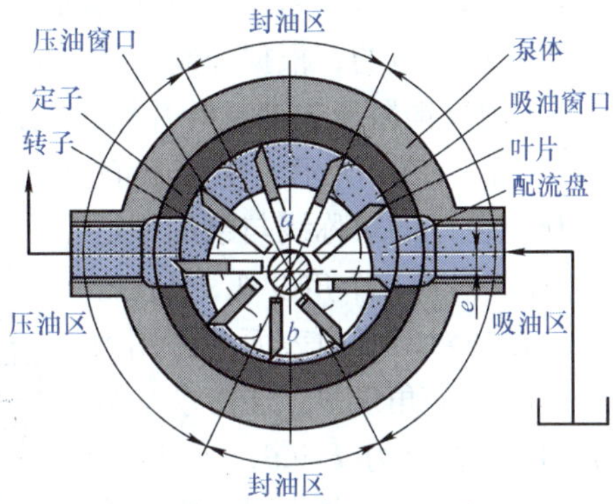

图 3-13 单作用叶片泵工作原理

因转子每转一周，两相邻叶片之间的工作腔吸、排油各一次，称为单作用式叶片泵。当定子或转子在垂直方向上做相对运动时，定子与转子间的偏心距 e 将改变，泵的排量随之变化，因此称之为变量叶片泵。由于吸、排油腔中存在压力差，使转子受到不平衡径向液压力作用，因而也称作非卸荷或非平衡式液压泵。

2. 排量和流量

如图 3-14 所示，当相邻两叶片处于最下方位置时其密封容积最小，而到达最上方位置时密封容积最大。对于具有 Z 个叶片且宽度为 B 的单作用叶片泵，如果不考虑叶片厚度，转子每转一周，相邻两叶片间密封容积的变化量近似为 $V_1 - V_2 = B\pi[(R+e)^2-(R-e)^2]/Z$，因有 Z 个密封容积，则泵的排量（单位：m^3/rad）为

$$V = B\pi[(R+e)^2-(R-e)^2]/(2\pi) = 2BeR \tag{3-20}$$

泵的流量 q（单位：m^3/s）为

$$q = 2BeR\omega\eta_v \text{或} q = (2\pi n/60)2BeR\eta_v \tag{3-21}$$

式中 B——定子宽度（m）；

R——定子内半径（m）；

ω——泵的角速度（rad/s）；

n——泵的转速（r/min）；

η_v——泵的容积效率。

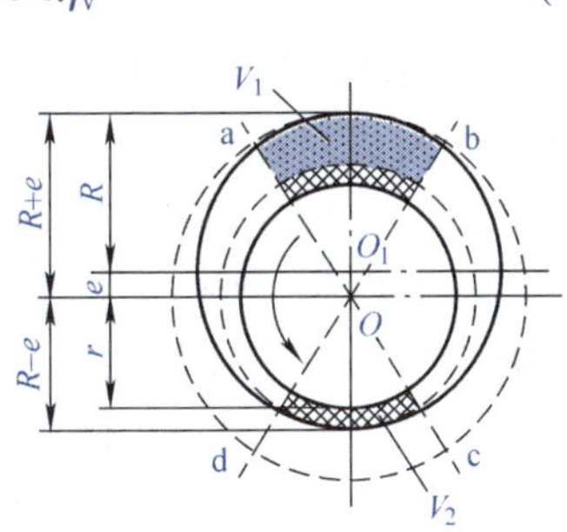

图 3-14 单作用叶片泵的排量计算简图

当单作用式叶片泵的叶片数为奇数时，泵的瞬时流量脉动小，所以单作用叶片泵的叶片数通常取奇数。

3. 单作用变量叶片泵

按照改变偏心的方式不同，可将单作用变量叶片泵分为手动调节变量泵和自动调节变量

泵两种。自动调节变量泵根据其压力-流量特性不同，还可分为恒压式变量泵、限压式变量泵和稳流量式变量泵等几种形式。目前应用较为广泛的是压力补偿型限压式变量叶片泵。

(1) 限压式变量叶片泵的工作原理及特性　限压式变量叶片泵是利用工作压力的反馈作用来实现变量的，根据控制方式不同可分为内反馈式和外反馈式两种。

1) 内反馈限压式变量叶片泵。内反馈限压式变量叶片泵的工作原理及压力-流量特性曲线如图 3-15a 所示。配流盘的吸、压油窗口的对称线与泵的中心线 (Oy) 偏斜一个角度 θ，泵在工作时，油压对定子内表面的作用力 F 也偏斜一个角度 θ，且在水平方向产生一个分力 $F\sin\theta$，当 $F\sin\theta$ 小于限压弹簧的预紧力时，定子在弹簧力的作用下始终紧靠在左侧的流量调节螺钉上。在此状态下，由于定子与转子的偏心距最大，泵的输出流量也最大。当 $F\sin\theta$ 随油压升高而增大到能够克服弹簧的预紧力时，弹簧被压缩，因定子向右移动而使偏心量 e 减小，输出流量随之而减小。当油压升高至泵内偏心所产生的流量完全用于补偿泄漏时，泵的输出流量为零。这种变量泵是依靠油压在泵腔内控制流量变化的，因而称为内反馈式变量泵。

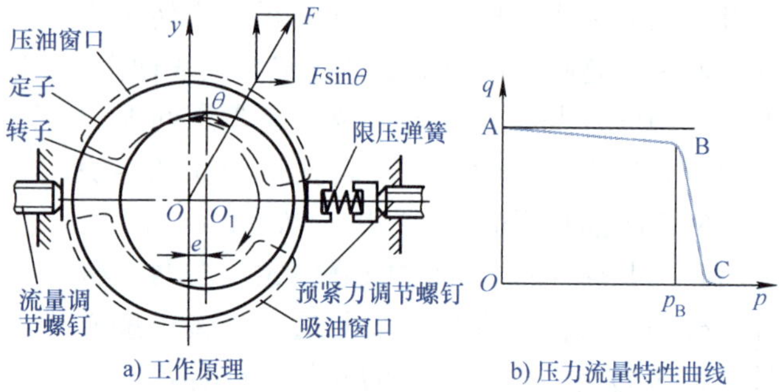

图 3-15　内反馈限压式变量叶片泵工作原理

内反馈式变量叶片泵的压力流量特性曲线如图 3-15b 所示，当定子处于最左侧时，定子与转子的偏心距最大，输出流量也最大，此时的压力流量变化曲线为 AB 段，随压力升高而流量略有下降是由泵的泄漏所引起的。当泵内油液压力超过限压弹簧力时，对应于图中压力 p_B，弹簧被压缩使偏心距减小，泵的输出流量随之减小，如图中 BC 段。因此，改变弹簧的预压缩量可以改变流量变化曲线的拐点 B 的压力 p_B，使 BC 线左右平移。更换不同刚度的弹簧则可得到不同斜率的 BC 线，即弹簧刚度越小，BC 线越陡，说明定子在泵内油液压力迅速右移使输出流量下降快。调节左侧的流量调节螺钉，可以改变最大偏心距和最大输出流量，可以使 AB 线上下平移。

在恒压式液压泵中，可以认为泵的流量自动变化以维持输出压力不变；而限压式液压泵则不能认为输出压力不变，其正是利用压力的变化对泵的输出流量起调节作用。

2) 外反馈限压式变量叶片泵。外反馈限压式变量叶片泵的结构原理与内反馈式基本相同，其工作原理如图 3-16 所示。转子的中心 O_1 固定，定子可作水平移动，配流盘上的吸油窗口和压油窗口对称于泵的中心线。定子在左侧限压弹簧的作用下被推向左端，定子中心 O 与转子转动中心 O_1 产生一个初始偏心量 e_0，旋动左端的调节螺钉可以调定泵的输出流量。工作时，泵出口压力 p 经泵内通道作用在左侧小柱塞上，其作用力 $F = pA$ 与右侧弹簧力相平衡，即

$$p_x A = kx_0 \tag{3-22}$$

式中　p_x——泵的限定压力 (MPa)；

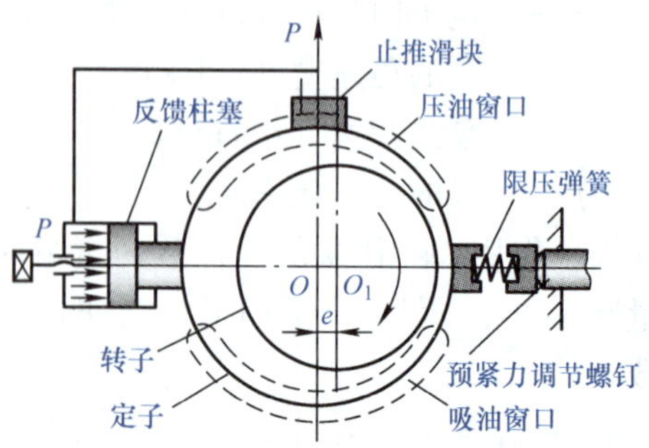

图 3-16　外反馈限压式变量叶片泵工作原理

A——小柱塞的有效工作面积（m^2）；

k——弹簧刚度系数；

x_0——弹簧的预压缩量（m）。

当系统压力 $p<p_x$ 时，$pA<kx_0$，定子不会移动，并保持最大偏心距，泵输出最大流量 q_{max}。如果系统压力 $p>p_x$ 时，$pA>kx_0$，泵出口压力油的作用力大于右端弹簧的作用力，这时，定子向右移动压缩右端弹簧，使定子偏心距减小，泵的出口流量也随之减小。此时，定子的受力平衡方程为

$$pA=k(x_0+x) \tag{3-23}$$

式中 x——当定子偏心量发生变化时弹簧增加的压缩量（m）。

此时，定子的实际偏心量

$$e=e_0-\frac{A(p-p_x)}{k} \tag{3-24}$$

由上述分析可见，系统工作压力 p 越高，定子的偏心量 e 越小，同时，泵的输出流量也越小。

外反馈限压式变量叶片泵与内反馈式的主要区别在于吸、压油窗口与水平和垂直轴对称布置，定子偏心量的改变由控制活塞来完成。控制活塞的左腔与泵的压油腔相连，活塞上作用的液压力小于右端弹簧力时，弹簧力把定子推向最左端，此时定子与转子的偏心距最大，泵的流量最大；活塞左端的作用力随油压升高而增大，当活塞作用力超过弹簧力时，弹簧被压缩，偏心距减小，流量随之减小，直至为零。这种泵中，定子、转子和叶片运动所需的轴向间隙由上述三者与衬圈的厚度公差来保证。

3）限压式变量叶片泵的应用。单作用限压式变量叶片泵因流量可变，常用来控制执行机构的运动速度。例如，将这种泵用于机床进给系统，在刀具尚未接触工件前，由于负载很小，泵以全流量进行工作，进给机构快速前进，刀具接触工件开始切削加工时，负载增大，执行机构中压力增加，进给机构自动减速以适应工进需要。

（2）稳流量式变量叶片泵 通常，液压泵的内部油液泄漏量随泵的工作压力大小而增减，系统负载变化时因泄漏量变化而导致泵的输出流量不稳定。如果采用稳流量式变量叶片泵，可以通过变量调节机构改变定子的偏心大小来补偿泵的内部泄漏，从而在系统负载变化时，泵能保持稳定的流量输出。图 3-17 所示即为稳流量式变量叶片泵的工作原理。

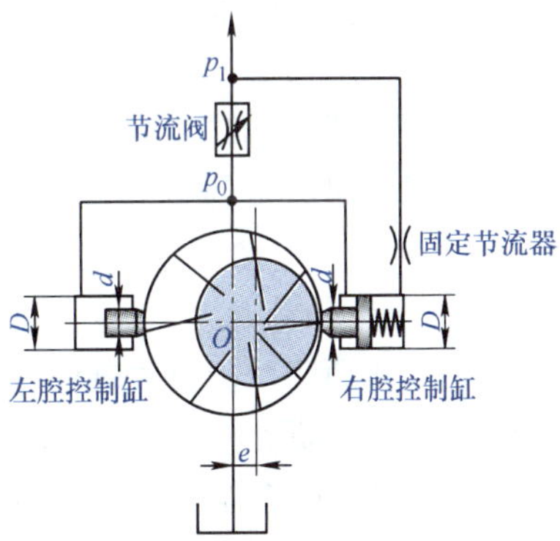

图 3-17 稳流式变量叶片泵工作原理

稳流量式变量叶片泵工作时，泵出口压力 p_0 分别引入左、右控制缸左腔，而经过节流阀后的系统压力 p_1 又经固定节流器节流后引至右控制缸右腔。由于左、右控制缸的缸筒内径 D 和与定子表面相接触的活塞外径 d 均相等。因此，定子受力平衡方程

$$p_0\frac{\pi d^2}{4}+p_0\pi(D^2-d^2)/4=p_1\frac{\pi D^2}{4}+F_s$$

$$p_0-p_1=F_s/\left(\frac{\pi D^2}{4}\right) \tag{3-25}$$

式中　F_s——弹簧的弹力（N）。

当定子与转子之间的偏心距 e 很小时，弹簧力基本为常数，节流阀上、下游的压力差 p_0-p_1 也近似为常数，因而通过节流阀的流量，即泵的输出流量为常数。当泵在某一稳定点工作时，如果系统压力 p_1 增高，式（3-25）中的平衡关系暂时受到破坏，右控制缸中的活塞将推动定子向左移动，使定子和转子的偏心距略有增大，泵输出流量增大。由于节流阀开口未变，其下游压力 p_0 增加，使 p_0-p_1 在新的平衡点仍能保持为常数，使式（3-25）中的平衡关系重新成立。

稳流量式变量叶片泵的工作实质是系统压力增加时，因泵的内泄漏增加，容积效率降低，实际流量减小。通过调节机构使泵的偏心距略有增大，泵的流量增加，而仍保持原有的实际流量。其中的固定节流器起阻尼作用，使偏心距不会变化太快而引起压力冲击。这种液压泵适用于对流量稳定性要求较高的场合。

第四节　柱　塞　泵

柱塞泵是利用柱塞在缸体中作往复直线运动，改变缸体内孔中密闭容积大小来实现吸、压油过程的液压泵。与齿轮泵和叶片泵相比，柱塞泵容积效率高，可达 0.92～0.98，因而额定工作压力高，可达 35MPa，可输出较高转速，功率与质量之比是所有液压泵中最大的。柱塞泵输出流量、压力脉动较小，运转平稳，易于改变排量，可制成各种类型的变量泵。但柱塞泵结构复杂，成本较高，使用时对油液的清洁度要求较高，自吸能力差，使用与维护要求高。由于柱塞泵的综合性能好，而被广泛应用于高压、大流量、大功率液压系统中，如冶金、工程机械、船舶、航空及武器装备等领域。

柱塞泵的种类很多，按柱塞的排列方向不同，可分为轴向柱塞泵和径向柱塞泵两大类。

一、轴向柱塞泵

轴向柱塞泵是将数个柱塞均匀地布置在一个多孔缸体的圆周上，且使柱塞轴线与缸体中心线平行或倾斜一个角度的柱塞式液压泵。

轴向柱塞泵按其配流方式不同，可分为配流盘配流和阀式配流两类。配流盘配流柱塞泵根据传动方式和结构特点不同，还可分为斜盘式（直轴式）和斜轴式（摆缸式）。这两类柱塞泵工作时，缸体都是旋转的，也有缸体不旋转而斜盘旋转的斜盘式柱塞泵，但应用较少。

1. 斜盘式轴向柱塞泵

（1）工作原理　斜盘式轴向柱塞泵的工作原理如图 3-18 所示，泵工作时，斜盘和配流盘固定不动，电动机带动传动轴、缸体及柱塞一起旋转。柱塞尾部置有弹簧，使柱塞的球头端始终与斜盘工作表面保持紧密接触，柱塞缸体内的柱塞孔壁及配流盘共同构成密封容腔。当传动轴按图示方向旋转时，位于最上端的柱塞在斜盘的约束下开始向右移动使密封容积减小，油液受到挤压而从配流盘压油窗口排入系统，实现压油过程；而位于图示最下端的柱塞在尾部弹簧力作用下沿着斜盘工作表面逐渐向左伸出，密封容积增大形成真空，油箱中的油液在大气压力作用下经过配流盘吸油窗口进入缸孔内，实现吸油过程。

（2）排量与流量　缸体旋转一周，每个柱塞完成一次吸、排油过程，因此，其排量 V（单位：m^3/rad）为

$$V=(\pi d^2/4)ZD\tan\alpha/(2\pi) \tag{3-26}$$

式中 d、D——柱塞、柱塞分布圆直径（m）；

Z——柱塞数；

α——斜盘倾角（°）。

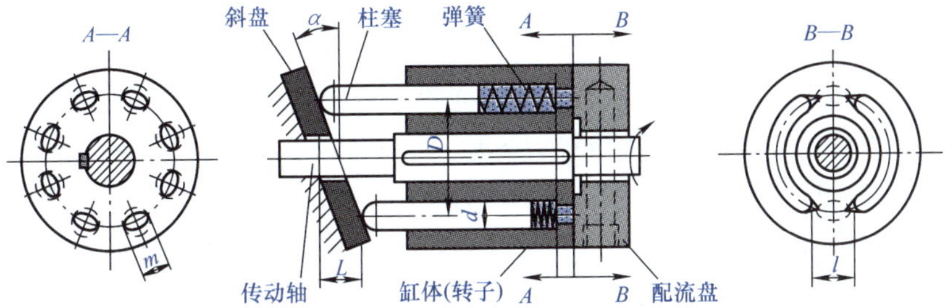

图 3-18 斜盘式轴向柱塞泵工作原理

泵的实际流量 q（单位：m^3/s）为

$$q=\omega\eta_V(\pi d^2/4)ZD\tan\alpha/(2\pi)$$

或 $$q=(2\pi n/60)\eta_V(\pi d^2/4)ZD\tan\alpha/(2\pi)=(n/60)(\pi d^2/4)\eta_V ZD\tan\alpha \tag{3-27}$$

式中 ω——泵的角速度（rad/s）；

n——泵的转速（r/min）；

η_V——容积效率。

由上述计算公式可以看出，改变斜盘的倾角 α 可以改变泵的排量，因此，斜盘式轴向柱塞泵是变量泵。

【例 3-4】 某轴向柱塞泵有 7 个柱塞，柱塞直径为 23mm，柱塞分布圆直径为 71.5mm，当斜盘倾角 $\alpha=20°$时，液压泵的排量是多少？当转速为 1 500r/min 时，容积效率为 0.93，此时液压泵的流量是多少？

解： 当斜盘倾角 $\alpha=20°$时，泵的每转排量

$$V=\frac{\pi}{4}d^2zD\tan\alpha=\left[\frac{\pi}{4}(23\times10^{-3})^2\times7\times(71.5\times10^{-3})\times\tan20°\right]m^3/r$$

$$=75.65\times10^{-6}m^3/r=75.65\times10^{-3}L/r$$

当 $n=1\ 500r/min$，$\eta_v=0.93$ 时，液压泵的流量

$$q=nV\eta_v=\left[75.62\times10^{-3}\times10^{-3}\times\frac{1500}{60}\times0.93\right]m^3/s=1.759\times10^{-3}m^3/s=105.5L/min$$

（3）结构特点

1）流量脉动。多柱塞泵解决了由于单柱塞半周吸油半周压油而引起的严重流量脉动问题，但由于柱塞在缸孔内的运动不是等速的，因而产生了瞬时流量按正弦规律变化的流量脉动性问题。如果设 $(q_{sh})_{max}$、$(q_{sh})_{min}$ 分别为泵的最大和最小瞬时流量，其流量不均匀系数 $\delta=[(q_{sh})_{max}-(q_{sh})_{min}]/q_t$。当取奇数个柱塞 Z 时，脉动系数 $\delta=(\pi/2Z)\tan(\pi/4Z)$；而当柱塞数 Z 为偶数时，$\delta=(\pi/Z)\tan(\pi/2Z)$。为了减小 δ 值，柱塞泵应采用奇数个柱塞，且柱塞数越多，其流量脉动系数越小。当 $Z=7$ 时，泵的流量脉动率约为 2.5%，已能满足大部分泵和马达的使用要求，因此，多数柱塞泵或马达都采用了 7 或 9 个柱塞。

2）困油。如图3-18中A-A剖面所示，在缸体右侧端面上与每一个柱塞的相应位置开有一个月牙孔，作为密封容腔与配流盘之间的通路。如B-B剖面所示，配流盘端面与缸体端面紧密贴合，其上开设两个分布直径与缸体月牙孔分布直径相等、宽度也相等的腰形配流槽。两腰形槽端头的距离 l 应与缸体小月牙孔的长度 m 相等，如果 $l<m$，当柱塞旋转到顶点时，两腰形槽将通过缸体上的小月牙孔相互连通，引起内泄漏；如果 $l>m$，柱塞旋转到顶点时，瞬间与两腰形配流槽都不相通，即不能吸油也不能排油，产生所谓困油现象。为了解决这一问题，可使两腰形配流槽的间距 $l>m$，而在两腰形槽的两个端头都开出小三角槽。使小三角槽尖角间的距离略小于柱塞孔底部小月牙孔的长度 m，当柱塞旋转到斜盘顶点时，配流槽通过小三角沟通，保证密封容腔中的压力平稳过渡，既可避免困油现象，又可减少油液泄漏。

3）滑靴与斜盘。在斜盘式轴向柱塞泵中，如以柱塞的球头直接与斜盘滑动接触，产生应力较大，柱塞头部与斜盘均会产生较大磨损，甚至会烧坏柱塞球头或斜盘工作表面而不能正常工作，这种接触方式仅能适用于低压场合。为了减小工作零件受力，在斜盘式轴向柱塞泵中，多采用如图3-19所示滑靴结构。使滑靴与柱塞球头之间进行球面接触，而滑靴底面与斜盘之间为平面接触，使柱塞工作受理状况得以改善。此外，根据静压平衡的理论，使压力油经柱塞中心孔，滑靴中心孔，从滑靴底面与斜盘底面之间的油室a向四面八方流出，使该部分环形密封带上压力升高。这样，高压油液既作用在滑靴端面上，也作用在斜盘上，产生一个垂直于滑靴端面的液压反推力 F_f。该力的大小与滑靴端面尺寸 R_1 和 R_2 有关，其方向与柱塞压油时对滑靴端面产生的压紧力 F 相反。因此，设计时常取二者的比值 $F_f/F=1.05\sim1.10$，这样可使液压反推力 F_f 不仅抵消了压紧力 F，而且可在滑靴与斜盘之间形成一定厚度的油膜，使相对摩擦变成液体摩擦，减小了零件磨损。

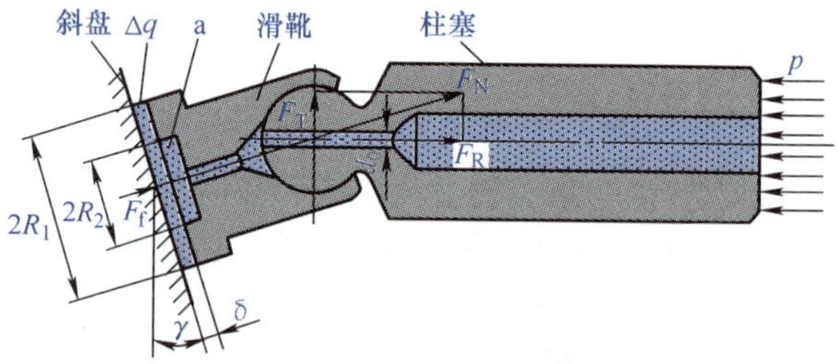

图3-19 滑靴静压支承原理

2. 斜轴式轴向柱塞泵

斜轴式轴向柱塞泵也称连杆式或摆缸式轴向柱塞泵，其工作原理与斜盘式柱塞泵相同，但结构有所不同。斜盘式轴向柱塞泵靠改变斜盘倾角变量，而斜轴式轴向柱塞泵则靠改变泵体的摆动角实现变量。

斜轴式轴向柱塞泵的工作原理如图3-20所示，图3-20a是摆角 α 为零时的视图。盘状主轴左端与原动机连接，右端圆盘上沿周向均布若干个球窝，支承柱塞和工作柱塞的球头插入主轴球窝内，并可在其内灵活转动。支撑柱塞的主要作用是支撑缸体，配流盘固定在摇架上，摇架的两个耳轴由泵体支撑，耳轴的端部有与固定轴套形成旋转接头。控制杆摆动时，可带动摇架绕 O-O 轴线摆动，并且柱塞、缸体、配流盘也和摇架一起摆动。不论耳轴摆动到什么位置，均可通过固定轴套上的径向孔吸、排油。图3-20b所示为去掉泵体和摇架的 A 向视图，即当摇架绕 O-O 轴摆动 α 角时，主轴轴线和缸体轴线的夹角也是 α。

当原动机带动主轴旋转时，带动缸体以同样的平均转速转动，同时又强制带动柱塞在缸体孔内作往复运动，二者的轴线又形成夹角，因此，工作柱塞相对于缸体产生位移，实现吸油和排油动作。当柱塞外伸时，柱塞底部的密封容腔逐渐增大，形成真空，油液经吸油窗口

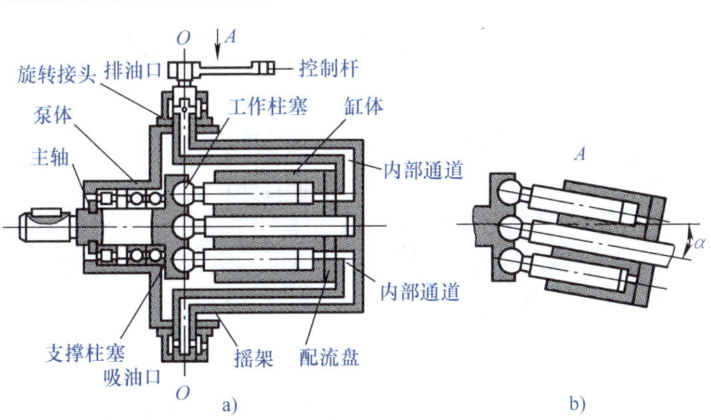

图 3-20 斜轴式轴向柱塞泵工作原理

吸入其内，而当柱塞缩回缸孔时，密闭容腔逐渐减小，油液受挤压，经排油窗口排出。缸体旋转一周，每个工作柱塞吸、排油各一次。如图 3-20a 所示，C 为吸油口，则油液经摇架的内部通道一进入活塞腔；相反侧活塞排出的油液则经摇架内部通道二至旋转接头，最终由排油口排出。

对于斜轴式柱塞泵，缸体旋转一周柱塞伸缩的行程长度与缸体的倾角大小有关，因此，改变缸体倾角大小即可改变泵的排量。设工作柱塞的直径为 d，缸体上柱塞孔分布圆的半径为 R，缸体倾角为 α，柱塞数为 z，则缸体每转一弧度，泵的理论排量 V（单位：m^3/rad）为

$$V=\frac{\pi}{2}zd^2R\sin\alpha/2\pi=\frac{1}{4}zd^2R\sin\alpha \tag{3-28}$$

与轴向柱塞定量泵相比，斜轴式轴向柱塞变量泵增加了一个改变缸体倾角的变量控制机构，缸体的倾角可以在最小和最大值之间调节。与斜盘式轴向柱塞泵相比，斜轴式轴向柱塞泵工作时因柱塞通过连杆拨动缸体，柱塞泵所受的液压径向力较小，柱塞受力状态比斜盘式轴向柱塞泵好，故结构强度较高，耐冲击性能好，变量范围也较大，主轴与缸体的轴线夹角最大可达 40°，所以更适合于大排量系统应用。但是斜轴式轴向柱塞泵体积较大，重量大、结构复杂，变量的调节靠摆动缸体来实现，运动部分的惯性大，动态响应较慢。斜轴式轴向柱塞泵适用于工作环境较差的矿山、冶金机械液压系统。

二、径向柱塞泵

径向柱塞泵是由若干个柱塞均匀地配置在一个具有相应数量缸孔的转子内，实现吸、排油过程的液压泵。通常可分为缸体旋转和缸体固定两大类，另外，根据配流方式不同，可分为轴配流和阀配流两种形式。

1. 轴配流式径向柱塞泵

（1）工作原理　图 3-21 是缸体旋转的轴配流式径向柱塞泵的工作原理图，主要由定子、缸体、衬套、柱塞及配流轴组成。其中，缸体内孔与衬套采用过盈配合，组成泵的转子。工作时配流轴不动，转子由套在传动轴上的法兰带动旋转。配流机构是利用配流轴将衬套的内孔分隔为上、下两个油室，这两个油室分别经由配流轴上的轴向孔 a 和 b 与泵的吸、压油口相通。由于定子与转子中心之间有一偏心距 e，当转子按图示方向旋转时，配流轴上部的柱塞在离心力作用下伸出缸孔，柱塞球头贴紧在定子上，缸孔内密封容积增大，油箱中的油液通过配流轴孔和衬套径向油孔进入缸孔内，实现吸油过程；同时，配流轴下部的柱塞则因定子内表面的约束向缸孔内缩回，缸孔内油液受到挤压而压力升高，通过衬套油孔和配流轴排

油孔道输入系统中，实现压油过程。转子旋转一周，每个柱塞完成一次吸、排油过程，柱塞连续旋转实现泵的连续供油。

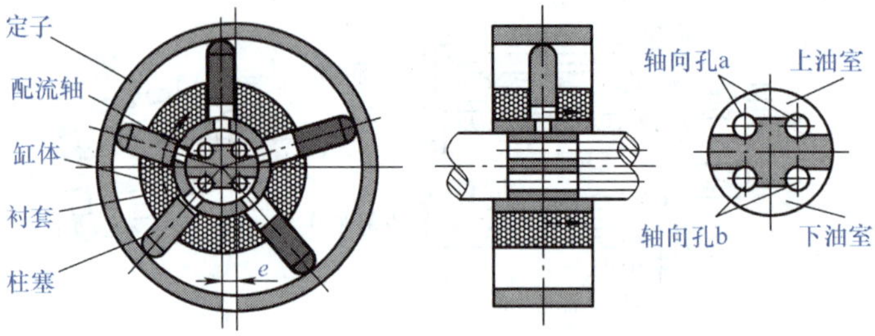

图 3-21 轴配流式径向柱塞泵工作原理

（2）排量和流量 当径向柱塞泵的转子和定子间的偏心距为 e 时，转子旋转一周每个柱塞在缸孔内的运动行程为 $2e$，如果柱塞数为 Z、柱塞直径为 d，则泵的排量 V（单位：m^3/rad）为

$$V=(\pi d^2/4)2eZ/(2\pi)=d^2eZ/4$$

泵的实际流量 q（单位：m^3/s）

$$q=\omega(\pi d^2/4)2eZ/(2\pi)=\omega d^2eZ/4 \tag{3-29}$$

或

$$q=(\pi d^2/4)2eZ/(2\pi)=\pi nd^2eZ\eta_v/120 \tag{3-30}$$

式中 ω——泵的角速度（rad/s）；

n——泵的转速（r/min）；

η_v——容积效率。

改变转子与定子的偏心距 e，可改变泵的排量；若改变偏心距的方向，则可使泵的进出油口换向。

由于柱塞在缸体中径向移动速度是变化的，而各个柱塞在同一瞬时的径向移动速度也不一样，因而径向柱塞泵的瞬时流量是脉动的。奇数柱塞要比偶数柱塞的瞬时流量脉动小得多，所以，径向柱塞泵采用奇数柱塞。轴配流径向柱塞泵的配流轴密封面磨损后无法补偿，泄漏较大，一般工作压力不超过20MPa；转速过高时，柱塞的离心力增大，柱塞球头与定子内表面的挤压力也较大，磨损严重。

2. 阀配流径向柱塞泵

阀配流径向柱塞泵的工作原理如图 3-22 所示，主轴与偏心轮做成一体，有时上面还配置一滚动轴承。柱塞在弹簧作用下紧压在偏心轮或滚动轴承上。偏心轮旋转一周，柱塞在缸体内运动一个往复行程，其行程长度即为偏心轮的偏心距 e 的 2 倍。柱塞、缸孔及吸、排油阀共同组成一个密封容腔，当柱塞下行时，容积内压力降低，排油阀关闭，油箱内的油液在大气压力作用下顶开吸油阀弹簧进入缸孔内，这是吸油过程；当柱塞在偏心轮作用下上行时，缸孔内油液压力升高顶开排油阀口输入至系统中，实现压油过程。

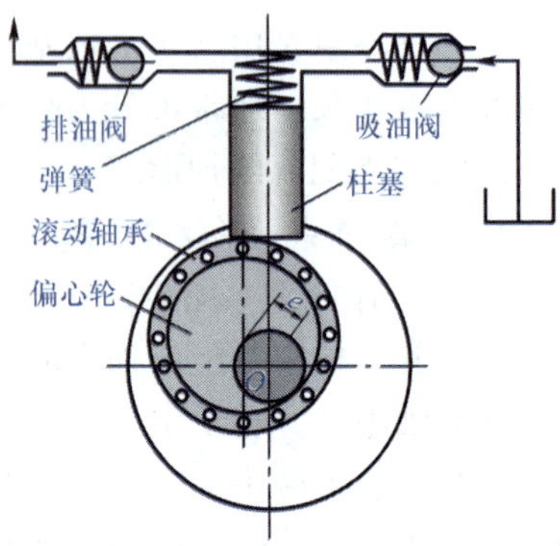

图 3-22 阀配流径向柱塞泵工作原理

阀配流径向柱塞泵有一个缺点，由于柱塞在运动换向时，吸、排油阀的动作滞后，致使开始吸油的瞬间可能会产生部分高压油压倒流回缸孔内，而开始压油的瞬间，因吸油阀未来得

及关闭使刚刚升压的油液被压回吸油腔。因此，导致泵的实际排量低于理论计算排量，并且泵的转速越高，吸、排油滞后现象越严重，这种缺陷使得阀配流径向柱塞泵的转速不宜过高。

为了抵消吸、排油滞后缺陷，可采用三个偏心轮，使三个偏心轮的偏心方向互成120°，每个偏心轮承载两个方向相反的柱塞运动。这样，既可以减轻吸、排油滞后缺陷，又可提高泵的排量，使阀配流径向柱塞泵的额定压力提高到32MPa，额定转速增至1500r/min。

第五节 其他液压泵简介

一、螺杆泵

螺杆泵实质上是一种外啮合摆线齿轮泵，泵内的螺杆可以有两个、三个或多个，因而常可分为单螺杆泵、双螺杆泵、三螺杆泵、四螺杆泵和五螺杆泵等。此外，按螺杆的横截面齿形，还可分为摆线齿形、摆线渐开线齿形和圆形齿形螺杆泵等。

图3-23所示为摆线三螺杆泵的工作原理图，在泵体或衬套内平行地置放三根双头螺杆，中间的驱动螺杆为凸螺杆，两边为两根从动螺杆即凹螺杆，两从动螺杆上下并排啮合。螺杆的啮合线将壳体或衬套内的容积分成若干个密封容积，主动螺杆每转一圈，每个密封工作腔便移动一个螺旋导程，并在右端消失。左端形成密封工作腔，容积不断增大，实现吸油；右端工作腔容积不断减小，将油液压出。随螺杆的转动，充满油液的工作腔不断把油液沿螺杆轴线方向从吸油腔向压油腔输送。螺杆泵的螺杆直径越大，螺旋槽越深，泵的排量就越大。螺杆越长，吸油口与压油口之间的密封层次就越多，密封就越好，泵的额定压力就越高。

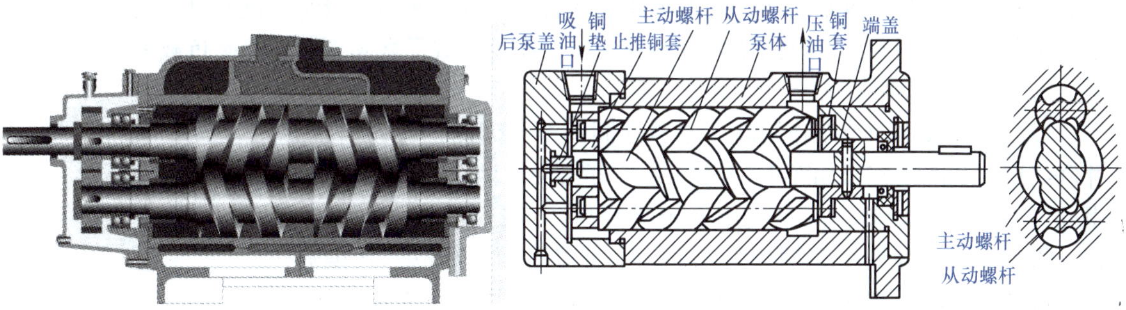

a) 实物剖分　　b) 剖视

图3-23 螺杆泵工作原理图

螺杆泵的特点是运转平稳，噪声低，瞬时流量十分均匀，竖放时占地面积小。螺杆泵工作时，允许采用高转速，容积效率可达90% ~95%，对油液的污染不十分敏感，因此，在一些精密机床的液压系统、舰船机器的润滑系统中应用广泛。由于螺杆泵内油液由吸油到排油是无搅拌提升，因此，也常用于抽送不宜搅拌的奶油、啤酒和原油等。螺杆泵的主要缺点是螺杆的形状复杂，加工较困难，制造要求比较高。

二、双级泵和双联泵

在液压系统中，有时为了获得较高的工作压力或提高系统功率匹配效果，经常采用双级泵或双联泵的形式。一般，利用齿轮泵、叶片泵和柱塞泵均可组成双级泵和双联泵。

1. 双级叶片泵

将两个普通液压泵串联安装在一个泵体内，即可构成双级泵，用以获得较高的工作压力。图 3-24 所示为两个排量相等的单级双作用式叶片泵串联组成的双级叶片泵。这种泵的转子、定子、叶片和配流盘等安装在同一根传动轴上，第一级泵的排油口与第二级泵的进油口相连，第一级泵的排油口排出压力为 p_1 的压力油进入第二级泵进一步升压，从第二级泵出油口排出的压力油升压为 p_2，因此，可以获得较高的工作压力。经两级液压泵升压后，所获得油液的压力可达单级叶片泵工作压力的 2 倍。图 3-24b 为双级叶片泵的图形符号，图 3-24c 为简化符号。

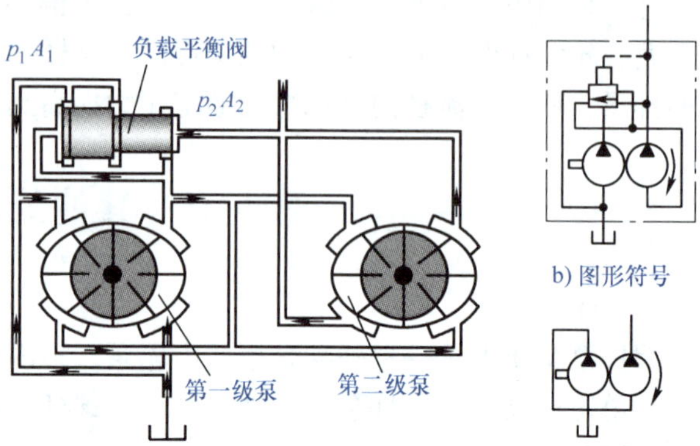

图 3-24 双级叶片泵工作原理

为了保证两级泵的负载相等，必须使第二级泵与第一级泵的输出压力之比 $p_1/p_2 = 1/2$。由于每个单级叶片泵的密闭容腔制造误差，它们的排量不能完全相等。因此，在两个泵的出油口之间设置了一个负载平衡阀，由大小滑阀组成，令其工作面积比 $A_1/A_2 = 2$。当两个叶片泵的输出流量相等时，负载平衡阀两端的阀口关闭，由于 $p_1A_1 = p_2A_2$，可以保证 $p_1/p_2 = 1/2$。如果工作中第一级泵的出口流量大于第二级泵时，因 p_1 增大而使 $p_1A_1 > p_2A_2$，平衡阀芯右移，第一级泵出油口的多余油液经左侧管路流回吸油口，保持平衡。如果第一级泵出油口的流量小于第二级泵时，p_1 降低使 $p_1A_1 < p_2A_2$，平衡阀芯向左移动，第二级泵出油口的多余油液从右侧阀口流回第二级泵的进油口，同样保持两泵的负载平衡。当第二级泵的压力发生变化时，通过负载平衡阀也会使两泵负载平衡。

2. 双联叶片泵

双联叶片泵由两个双作用叶片泵装在同一个泵体内，且在油路上并联组成，其图形符号如图 3-25 所示。双联泵中，两个叶片泵的转子由同一根轴带动旋转，两泵共用一个吸油口，各自具有独立的出油口。根据需要可使两个泵的流量相同，也可以不同，可以合并供油，也可以单独供油。双联泵常用于对机床执行元件有快速行程和工作进给的场合，这时双联泵由一个高压小流量单级叶片泵和一个低压大流量单级叶片泵组成。当执行元件空载快速运动时，两个泵同时低压供油，执行元件工作进给时，只由小流量泵单独供给高压油，而低压大流量泵泄荷。这种双联泵可以比采用一个高压大流量泵节省功率损耗，减少油液发热。双联泵也常用于机床等大型设备。

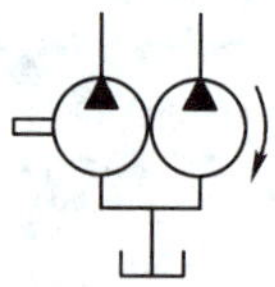
图 3-25 双联泵符号

第六节 液压泵的选择及使用

一、液压泵的选择

1. 常用液压泵的性能比较

常用齿轮泵的额定压力较低，通常为 2 ~ 3MPa，高压齿轮泵额定压力可达 16 ~ 21MPa。齿轮泵的主要缺点是不能做成变量泵，流量脉动大，噪声大。但其结构简单，价格便宜，抗污染能力强。叶片泵的额定压力一般为 6.3 ~ 10MPa，高性能叶片泵额定压力可达 14 ~ 21MPa，容积效率较低。其中，双作用叶片泵输出流量平稳，噪声较小，但只能做成定量泵；

单作用叶片泵一般做成变量泵，但额定压力较低。双作用叶片泵在结构上稍加改进即可作为马达使用，但只能使用于中速以上。柱塞泵的性能比较完善，额定压力通常可达 21 ~ 40MPa，容积效率比较高，可以变量，并有多种变量形式，且绝大多数泵和马达可互逆使用。

液压泵的种类比较多，各种类型液压泵的工作特性也有很大差别，表 3-1 列出了常用液压泵的基本性能，可供选用时参考。

表 3-1 常用液压泵的性能比较

性能	外啮合齿轮泵	双作用叶片泵	限压式变量叶片泵	径向柱塞泵	轴向柱塞泵	螺杆泵
输出压力	低压	中压	中压	高压	高压	低压
流量调节	不能	不能	能	能	能	能
效率	低	较高	较高	高	高	较高
输出流量脉动	很大	很小	一般	一般	一般	最小
自吸特性	好	较差	较差	差	差	好
对油污染的敏感性	不敏感	较敏感	较敏感	很敏感	很敏感	不敏感
噪声	大	小	较大	大	大	最小

一般，在负载和功率较小的系统中，可选用齿轮泵，双作用叶片泵；而对于精度要求较高的系统，可考虑选用螺杆泵、双作用叶片泵；在负载较大且具有快速和慢速工作行程的系统中，可选用限压式变量叶片泵；对于负载大、功率大的机床，如龙门刨床、拉床等，可选用柱塞泵等。

从使用性能来看，液压泵的优劣次序大致为柱塞泵、叶片泵、齿轮泵。从结构复杂程度、价格以及抗污染能力等方面来看，则齿轮泵最佳，而柱塞泵结构复杂价格最高，对液压油的清洁程度要求也最高。而螺杆泵由于其精度高，价格贵，仅在航空航天领域有部分应用。总之，每种液压泵都有它们的特点和合理的使用范围，选择液压泵的主要原则是满足系统的工况要求，并以此为根据，确定泵的输出流量、工作压力和结构形式。

2. 常用液压泵按用途分类

液压泵还因使用场合不同而分为两大类。一类用于固定设备的液压装置，如各类机床、液压机、注塑机及轧钢机等；另一类称为移动设备中的液压装置，如汽车、飞机及起重机中。这两类液压装置对泵的要求有所不同，它们的区别列于表 3-2 中。

表 3-2 用于固定设备或移动设备中液压泵的主要区别

固定设备用	移动设备用
原动机多为电动机，驱动转速较平稳，多为 1450r/min 左右	原动机多为内燃机，驱动转速变化范围大，一般为 500 ~ 4000r/min
多采用 7 ~ 21MPa 的中压范围，个别可达 25MPa	多采用 14 ~ 35MPa 的中、高压范围，个别高达 40MPa
环境温度较稳定，液压装置工作温度约 50 ~ 70℃	环境温度变化大，液压装置的工作温度为 -20 ~ 110℃
工作环境较清洁	工作环境较差，尘埃较大
因在室内工作，要求噪声低、应不超过 80dB	因在室外工作，噪声可相对大，允许达 90dB
空间布置尺寸较宽裕，利于维修保养	空间布置尺寸紧凑，不便于维修保养

3. 选择液压泵

液压泵是液压系统中的动力元件，在设计液压系统时，应根据系统所需压力、流量、工作性质及使用经济性、使用寿命、维修性等确定液压泵的结构类型和规格，同时还应考虑是否变量、变量方式、容积效率、工作噪声、压力脉动率及自吸能力等因素。

（1）计算液压泵的工作压力　液压泵的工作压力 p_y 可按下式计算

$$p_y = p + \Delta p \tag{3-31}$$

式中　p——执行元件的最大压力（MPa）；

Δp——进油路上的压力损失（MPa）。

其中，p 取决于最大外负载，而 Δp 则包括进油路上流量阀和压力阀的压力损失，以及方向控制阀和管路的局部、沿程压力损失等。在定量泵与流量控制阀组成的进、出油路节流调速系统中，液压泵的工作压力 p_y 是指溢流阀的调定压力值；对于利用变量泵的调速系统和旁路节流调速系统，p_y 由外负载决定，其值随外负载的变化而变化。

通常，为保证系统的工作可靠性和延长液压泵的使用寿命，应使泵的工作压力 p_y 低于其铭牌所标注额定压力的 80%。

（2）计算液压泵的最大输出流量　液压泵的输出流量 q_y 为

$$q_y = kq_{max} \tag{3-32}$$

式中　k——考虑系统泄漏和溢流阀最小溢流量的系数；

q_{max}——执行元件同时动作时所需的最大流量（m^3/s）。

系统中泵和马达以及各种阀类元件都有一定泄漏，另外，进、出油路调速系统的溢流阀在定压过程中也会产生一定的溢流损失。因此，应使泵的输出流量大于执行元件所需的最大流量，通常取系数 $k = 1.1 \sim 1.3$。如果单泵供油时还不能满足系统的流量要求时，可考虑采用多泵并联供油。

（3）确定电动机功率　计算液压泵需要输入的功率

$$P = \frac{p_y q_y}{\eta} \tag{3-33}$$

式中　η——液压泵的总效率。

根据液压泵所需输入的功率，以及泵所规定的额定转速选取相应的驱动电动机。

二、液压泵的使用

使用液压泵时主要有以下注意事项

1）液压泵开动之前，必须保证泵腔内已充满油液，否则，液压泵会很快损坏，有的柱塞泵会立即损坏。

2）应避免在油温过低或过高的情况下起动液压泵，油温过低时，油液黏度大不利于吸油而容易损坏泵。油温过高时，油液黏度低而不能在金属零件表面形成正常油膜，因润滑效果差而导致泵内摩擦副发热产生烧结。

3）对于大功率液压系统，电动机和液压泵的功率大，油液流量和压力都很高，容易产生较大振动。因此，应尽可能采用橡胶软管连接油箱和液压泵的吸油口，以防止这种振动直接传到油箱而引起油箱共振。

4）液压泵的吸、排油口应设置过滤器，并应定期进行清洗。否则，会因污物或杂质等造成滤网堵塞，使液压泵工作噪声增大、压力波动严重或通过油量不足，导致液压泵产生更严重的损坏。特别是自吸性能较差的液压泵，过滤器堵塞使压降增加，使泵的最低吸入压力得不到保证，会因吸油不足导致泵工作时产生较大噪声和振动而损坏液压泵。

5）液压泵的吸油管不应与系统回油管相连接，避免系统排出的高温油液未经冷却而直接吸入泵内，否则，会使液压泵甚至整个系统油温上升，引起元件或系统发生故障。

泵的常见故障及排除

1. 齿轮泵

(1) 供油量不足 吸油不畅、严重漏油及旁通回油、泵转速过高、溢流阀等失灵等均可能导致泵吸油不足。因此，应经常清洗滤油器，保证通油能力约大于泵流量的两倍；按规定选用油液黏度，正确确定泵的转速和吸油高度；经常检修泵的配合间隙及溢流阀等控制元件。

(2) 压力提不高 这种现象可能与泄露严重或供油量不足有关。需要及时检修泵使输油量和配合间隙是否符合规定以及溢流阀等元件，以消除泄漏环节。

(3) 噪声过大 与机械振动、油液中含有气穴或工作中产生液压冲击有关。可给电动机装防振垫，提高联轴器安装的同轴度精度；安装吸油管时要严防漏气并使其伸入液面应为油深的2/3，尽可能降低吸油高度（<500mm）；确保油液黏度适当并定期清洗滤油器，检查溢流阀阀芯的移动是否自如。

(4) 过热 齿轮泵工作时因摩擦、散热效果不好时容易造成过热。可更换黏度适当的油液、检修元件的滑动表面以降低摩擦、适当增大油箱容积，同时改善泵和邮箱的散热条件。

2. 叶片泵

(1) 不吸油或无压力 这种现象通常是因叶片与叶片槽配合太紧或油液黏度过大等原因所致。应检查配油盘是否变形或困油槽堵塞；研修叶片保证其与转子叶片槽、定子、配油盘等接触良好；适当提高转速、油箱补油至最低液面；同时还应疏通管路、检查吸油管密封并清洗过滤器。

(2) 输油量不足或压力不够 该故障主要与叶片滑动不畅、与定子内表面接触不良等有关。应更换不灵活叶片或拆卸后单独配研：清洗过滤器或向油箱内补油；对吸油区定子磨损发生的双作用叶片泵，可将定子旋转180°后重新定位装配；检查叶片是否装反，修磨配油盘。

(3) 吸油不充分及流量不足 当入口过滤器或管道堵塞时，容易发生这种故障。因此，应清洗过滤器或管道，选择不小于泵吸油口通径的吸入管；选用适当黏度的工作油，并补充油液至最低油标以上。

(4) 噪声及振动 配油盘上未设困油槽或困油槽长度不够，定子内表面磨损或刮伤都会引发导致泵工作时的噪声和振动。应给配油盘按照要求开设困油槽；抛光修复定子内表面；研磨叶片使其与转子叶片槽、定子、配油盘等接触良好。适当降低油液黏度，减低转速。

(5) 泄漏 密封件老化、进出油口连接部位松动、密封面磕碰或泵壳体出现砂眼将导致叶片泵外泄漏。需更换密封、紧固管接头或法兰螺钉、修磨密封面或更换壳体。

3. 轴向柱塞泵

当存在泄漏、配油盘与缸体或柱塞与柱塞孔配合面磨损时，会导致供油量不足和压力提不高两种故障，应修复或更换磨损零件、紧固各管接头和结合部位、调整好变量机构弹簧、检查电动机是否接反或电磁换向阀安装是否有误、检查油液中是否进水或混有杂质，尽可能减少进油管长度及弯头个数。

当油液黏度过高或工作温度过低，中心弹簧损坏，斜盘倾角太小或柱塞卡死时会产生泵不吸油的故障，应更换合适黏度的油液，控制工作油温在15℃以上；更换中心弹簧，修复变量机构，使斜盘倾角变化灵活。

当泵内零件磨损、回油管露出油箱油面、吸油阻力过大或吸油管路有空气进入时，会导致工作噪声过大的现象。应修复或更换磨损零件；加大吸油管径应使回油管插入油面以下200mm；用黄油涂在管接头上检查，重新紧固后排除空气。

若变量机构阀芯卡死、与阀套或斜盘间连接部位磨损致使转动失灵、遮盖量不够或变量机构控制油路堵塞时会使变量机构失灵，则需要将泵拆开清洗，必要时更换阀芯；修复相关连接部位。

习 题

3-1 容积式液压泵的工作原理是什么？它需要具备哪些工作条件？

3-2 液压泵铭牌上标注的额定压力的意义是什么？其与泵的实际工作压力有何区别？

3-3 什么是液压泵的排量？它与泵的流量有何区别？

3-4 通过试验测量液压泵的总效率 η 时，需要测量出哪些参数？泵的机械效率能直接测出吗？为什么？怎样才能得到泵的机械效率值？

3-5 液压泵工作时会产生哪些能量损失？产生这些损失的原因是什么？

3-6 某液压泵的排量为200cm^3/r，转速1450r/min，排油压力为10MPa，容积效率 $\eta_v=0.95$ 总效率 $\eta=0.85$。求液压泵的输出功率是多少？驱动液压泵的电动机所需功率是多少？

3-7 泵的额定流量为100L/min，额定压力为2.5MPa，当转速为1450r/min时，机械效率为 $\eta_m=0.9$。由实验测得，当泵出口压力为零时，流量为106L/min，压力为2.5MPa时，流量为100.7L/min。求：

1）泵的容积效率；

2）如果泵的转速下降到500r/min，在额定压力下工作时，估算泵的流量为多少？

3）上述两种转速下泵的驱动功率是多少？

3-8 什么是液压泵的困油现象？困油现象有哪些危害？如何消除或减轻困油现象？简述各种液压泵工作时产生困油的主要原因。

3-9 什么是液压泵的流量脉动？对工作部件有何影响？哪种液压泵流量脉动最小？

3-10 试分析泵的流量脉动在实际使用时对执行元件速度、转矩以及系统压力的影响。

3-11 齿轮泵存在哪几种缺陷？分别采用哪些措施来克服或减轻？

3-12 某齿轮泵的齿轮模数为4mm，齿数为9，齿宽为18mm，在额定压力下，转数为2000r/min时，泵的实际输出流量为30L/min，求泵的容积效率。

3-13 两相同标准齿轮组成的齿轮泵中，齿数Z=13，齿顶圆直径 $D_e=75$mm，中心距A=65mm，齿宽B=35mm，如果用转速为1500r/min的电动机带动该齿轮泵，泵的流量是多少？（设该泵的容积效率 $\eta_v=0.9$）

3-14 双作用叶片泵具有哪些结构特点？为什么称之为泄荷泵？

3-15 双作用叶片泵的结构参数如下：定子长圆弧半径 $R=33.5$mm，短圆弧半径 $r=29$mm，叶片厚度 $\delta=2.25$mm，叶片宽度 $B=21$mm，转子叶片槽倾角 $\theta=13°$，叶片数 $Z=12$，转速 $n=950$r/min，工作压力 $p=6.3$MPa，容积效率 $\eta_v=0.85$，总效率 $\eta_p=0.75$，试求：

1）该叶片泵的理论流量；

2）驱动该泵运行的电动机功率。

3-16 与双作用叶片泵相比，单作用叶片泵有哪些结构特点？

3-17 单作用叶片泵的转子半径 $r=41.5\text{mm}$，叶片宽度 $B=30\text{mm}$，转子与定子的最小间隙 $\delta=0.5\text{mm}$。试求：

1）排量 $V=16\times10^{-3}\text{L/r}$ 时，其偏心量为多少？

2）泵的最大排量是多少？

3-18 轴向柱塞泵的柱塞数通常选用奇数还是偶数？为什么？

3-19 为什么斜轴式轴向柱塞泵中主轴与缸体的轴线夹角可以超过25°，甚至可达40°？

3-20 斜盘式轴向柱塞泵的斜盘倾角 $\alpha=22°30'$，柱塞直径 $d=22\text{mm}$，柱塞分布圆直径 $D=68\text{mm}$，柱塞数 $Z=7$，设该泵的容积效率 $\eta_v=0.98$，机械效率 $\eta_m=0.90$，转速 $n=960\text{r/min}$。计算该泵的平均理论流量和实际流量；设该泵的输出压力 $p=10\text{MPa}$，求驱动该泵的电动机功率。

3-21 径向柱塞泵通常采用哪几种配流方式？各有什么特点？

3-22 与其他类型液压泵相比，螺杆式液压泵具有哪些特点？

第四章 液压执行元件

学习要点：液压马达的最重要参数也是排量，不同类型的马达具有不同的额定压力，这两个参数是液压马达的重要输出特性。在确定液压马达输出转速时，首先要知道输入它的流量，而输入流量是系统工作的需要，并不是液压马达本身的参数。还应注意，额定压力体现了液压马达的能力，但在运行过程中液压马达的实际输出转矩是随外界负载变化的。容积效率影响液压马达的实际转速，而机械效率则影响液压马达的实际输出转矩。效率是输出和输入之比，液压泵和液压马达的输出和输入参数恰好互易。

液压执行元件是将由液压泵所输出油液的压力能转换成机械能输出的液压元件，按输出运动形式不同，可分为输出旋转运动的液压马达和输出直线往复运动的液压缸两大类。

第一节 液压马达

液压马达是将泵所输出油液的压力和流量转换成转矩和转速输出的液压执行元件。液压马达与液压泵从工作原理上是可逆的，都是靠密封容积的变化来进行工作的，但由于功用完全不同，两者的实际结构也有所区别。有些类型的液压泵与液压马达在结构上基本相同，如齿轮泵和齿轮式液压马达、叶片泵和叶片式液压马达、轴配流柱塞泵和轴向柱塞式液压马达等。从原理上来讲，上述三种液压泵可以倒过来作为相应的液压马达使用。而对于大多数液压马达，需要考虑正反转并要求结构对称，因而不适宜互换使用，如各种低速大转矩马达就有其独特的结构特征。

一、液压马达的分类及特点

1. 液压马达的分类

液压马达的分类方法与液压泵基本相同，即按结构形式分类，主要有齿轮式、叶片式和柱塞式液压马达。另外，还可根据液压马达输入排量是否可调，分为定量式和变量式，图4-1所示为马达的图形符号。

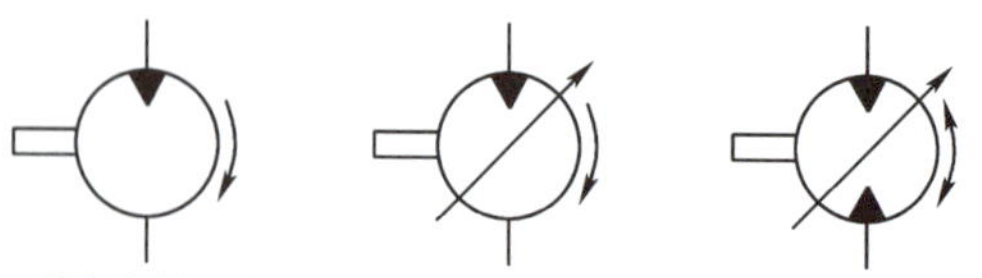

a) 单向定量马达　b) 单向变量马达　c) 双向变量马达

图 4-1　液压马达的图形符号

在工程应用中，常根据液压马达的输出性能将其分为高速液压马达和低速大转矩液压马达两大类。通常，将额定转速高于 500r/min 的液压马达称为高速马达；而将额定转速低于 500r/min 的称为低速马达。

高速液压马达的转子转动惯量小，起动和制动反应迅速，调速和换向灵敏度高，但其输出转矩相对较小，通常低于 1000N · m。各种类型的液压马达几乎都可做成高速马达，由于容积效率较低，高速液压马达不适用于低速工作场合，必要时，可利用减速器进行中间减速。

低速液压马达的主要特点是排量大、转速低，由于转子转动惯量大，可输出较大转矩，有些甚至高达几万 N · m；可在很低速度下工作，实现每分钟几转的低速并保持较好的低速稳定性，因而可直接与工作机构相连接，常用于船舶锚机及工程机械的传动装置。

2. 液压马达的特点

同类型液压马达与液压泵虽然结构非常相似，但由于作用过程相反，而导致二者在某些结构上有所不同。了解这两种液压元件的相同点和不同点，有助于学习和掌握它们的基本工作原理和功用。

（1）液压马达与液压泵的相同点

1）液压马达和液压泵都是利用密封容积周期性变化来进行工作的，除去齿轮马达和泵以外，它们都需要具有相应的配流装置，须在工作容腔内部将高、低压区分隔开。

2）液压马达和液压泵最重要的工作性能参数都是排量，排量的大小直接反映了这两种液压元件的性能。

3）由于二者均属于容积式液压元件，因而都存在困油、泄漏、输出脉动以及工作径向力不平衡等结构缺陷。

4）液压泵将机械能转换成液体的压力和流量输出，液压马达将液体的压力能转换为转矩和转速输出，因此，二者都存在容积效率、机械效率和总效率问题。虽然容积效率和机械效率对于马达或泵性能影响程度不同，这三个效率之间的关系和计算方法基本相同。

（2）液压马达和液压泵的不同点

1）液压马达靠输入压力油来起动工作，输入参数是油液的压力和流量，输出参数则是转矩和转速；液压泵由电动机带动工作，输入参数是电动机的转矩和转速，而输出的是油液的压力和流量。

2）液压马达没有自吸性要求，因此有正反转要求，液压马达的配流机构要求对称，进出口大小一致；但液压泵必须具有相应的自吸能力，工作时一般都是单向旋转，因此，配流机构及工艺泄荷槽等不对称设置，而且通常进油口应大于出油口。

3）液压泵产生的流量脉动可直接引起后续执行元件的速度脉动，即引起速度不均匀；输入液压马达的流量即使没有脉动现象，在一转内不同角度上，其转速也会产生时快时慢的变化。

4）液压马达要求具有较大的起动转矩，以克服由静止状态下起动的较大静摩擦力。为了使起动转矩尽可能接近工作状态下的转矩，要求马达转矩的脉动要小，因而齿轮马达的齿数就不能像齿轮泵的齿数那样少；而对于液压泵来说，相应匹配的电动机具有足够的功率可克服泵内运动副之间的静摩擦力。

二、液压马达的主要性能参数

1. 压力、流量及排量

液压马达入口处的油液压力即为工作压力，马达按照标准规定允许连续运转的最高压力称为额定压力，其受组成零件强度和泄漏的限制，超过此值即会过载。

液压马达入口处的输入流量称为实际流量，而理论流量是指在输出额定功率条件下，其密封容积变化所需要的油液流量，实际流量与理论流量之差即为泄漏量。

在不考虑泄漏的情况下，液压马达每转 1rad 所需输入液体的体积称为马达的排量。

2. 转速和容积效率

液压马达的理论角速度 ω_t（单位：rad/s）是指输入油液的流量 q 与马达本身密封容积所决定的排量 V 之比

$$\omega_t = q/V \tag{4-1}$$

其理论转速 n_t（单位：r/min）

$$n_t = (60/2\pi)\ q/V \tag{4-2}$$

由于液压马达工作时会产生不同程度的泄漏 Δq，其正常运转时所需的实际流量 $q = q_t + \Delta q$，因此，其容积效率

$$\eta_v = q_t/q = (q - \Delta q)/q = 1 - \Delta q/q \tag{4-3}$$

而液压马达的实际输出角速度和实际输出转速

$$\omega = \eta_v q/V$$

$$n = \eta_v (60/2\pi)\ q/V \tag{4-4}$$

3. 转矩和机械效率

通常液压马达出口排出油液的压力很低，如果近似地认为出口压力为零，那么，其进口压力即为工作压力，因此，根据能量守恒定律则有 $T_t\omega_t = pq$，因此，其理论输出转矩 T_t（单位：N·m）为

$$T_t = pq/\omega_t = pV \tag{4-5}$$

液压马达实际工作时，由于各零件之间相对运动和液体与零件之间相对运动的摩擦产生转矩损失 ΔT，使得实际输出转矩 T 比理论转矩要小，因此其机械效率

$$\eta_m = T/T_t = (T_t - \Delta T)/\ T_t = 1 - \Delta T/\ T_t \tag{4-6}$$

液压马达的实际输出转矩

$$T = T_t\eta_m = pV\eta_m \tag{4-7}$$

4. 功率和总效率

液压马达输入油液的压力和流量，输入功率为液体的压力能；而输出转矩和转速，即输出机械能。

液压马达输入功率

$$P_r = pq \tag{4-8}$$

理论输出功率 P_t 等于理论输入功率 P_r。

实际输出功率

$$P = T\omega \tag{4-9}$$

总效率

$$\eta = P/\ P_r = T\omega/pq = T(\eta_v q/V)/pq = \eta_v(T/pV) = \eta_v(T/\ T_t) = \eta_v\eta_m \tag{4-10}$$

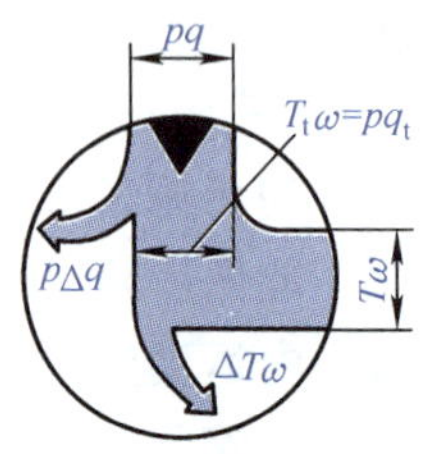

图 4-2 液压马达的功率流程图

液压马达的功率流程如图 4-2 所示。

【例 4-1】　某液压马达的进油压力为 10MPa，已知排量为 200×10^{-3} L/r，总效率为 0.75，机械效率为 0.9，试计算：

1）该马达能输出的理论转矩；

2）如果马达的转速为 500r/min，则输入马达的流量是多少？

3）若外负载为 200N · m，转速为 $n=500$r/min 时马达的输入功率和输出功率各为多少？

解：1）马达的理论转矩

$$T_t=\frac{pV}{2\pi}=\left[\frac{10\times10^6\times200\times10^{-3}\times10^{-3}}{2\pi}\right]\text{N}\cdot\text{m}=318.3\text{N}\cdot\text{m}$$

2）转速 $n=500$r/min 时，马达的理论流量为

$$q_t=nV=(200\times10^{-3}\times500)\text{L/min}=100\text{L/min}$$

由于马达的容积效率为

$$\eta_v=\frac{\eta}{\eta_m}=\frac{0.75}{0.9}=0.83$$

所以，马达输入流量应为

$$q=\frac{q_t}{\eta_v}=\left(\frac{100}{0.83}\right)\text{L/min}=120.4\text{L/min}$$

3）当马达进口压力为 10MPa 时，它输出的实际转矩为 $318.3\times0.9=286.5$N · m。如果外负载为 200N · m，则马达进口压力将下降，即达不到 10MPa，而是 $[200\times10\times10^6/286.5]\text{Pa}=6.98\times10^6\text{Pa}$。所以，此时马达的输入功率为

$$P=pq=p\frac{nV}{\eta_v}=\left[\frac{6.98\times10^6\times200\times10^{-6}\times500}{60\times0.83\times1000}\right]\text{kW}=14\text{kW}$$

输出功率为

$$P=P_t\cdot\eta=14\times0.75=10.5\text{kW}$$

三、高速液压马达

1. 齿轮式液压马达

（1）工作原理　齿轮马达与齿轮泵结构相似，但进、出油口大小一致，通常有外啮合与内啮合两种类型，图 4-3为外啮合式齿轮马达的工作原理。一对几何尺寸完全相同的啮合齿轮置于泵壳内，由啮合点 K、两齿轮的齿廓曲线、马达壳体及两端盖将马达分隔为两个密封容腔，其中一个齿轮与马达输出轴用键连结在一起。因马达输出轴上有一定负载力矩，当压力油输入后，分别作用在输入侧两个齿轮的轮齿上，形成的液压力矩与负载力矩相平衡，带动输出轴旋转。由于进口处输入油液具有一定流量，故推动齿轮旋转经输出轴输出一定转速。齿间油液旋转至排油腔时，经排油口排出。进油口不断输入高压油，输出轴向工作机构连续输出转矩和转速，互换进、出油口，可以改变马达的旋转方向。

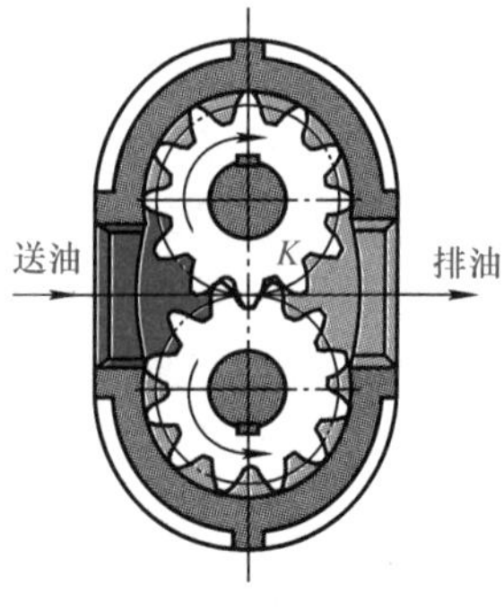

图 4-3　外啮合式齿轮马达工作原理

齿轮马达工作时，并非高压油作用的轮齿都能产生转矩，齿廓两侧均作用有高压油但相互平衡的齿廓就不产生转矩，只有作用有高压油且齿廓两侧形成不平衡的轮齿才使齿轮产生转矩。马达输出轴上的瞬时转矩是两个齿轮形成的瞬时力矩之和。可以证明，即使输入压力稳定，但输出转矩仍是变化的，即存在转矩脉动。由于齿轮马达工作时有正反转要求，泄漏到马达壳体内的油液需通过单独的泄油口流回油箱。

（2）特点及应用　齿轮液压马达零件数目少、结构简单、抗污染能力强。但由于受径向不平衡力的作用，使径向间隙增大，容积效率较低，低速稳定性较差。因此，适用于负载转矩不大、速度平稳性要求不高、噪声限制不严格的中、低压系统。

2. 叶片式液压马达

（1）工作原理　叶片式液压马达有单作用叶片式和双作用叶片式两种类型，图 4-4 所示为双作用叶片式液压马达的工作原理。当压力油经配流盘高压窗口输入进油腔后，叶片 b、f 处于进油腔，d、h 处于回油腔，由于叶片两侧所受油液作用力大致相等，不产生转矩。叶片 a、e 和 c、g 处于封油区，因叶片本身将两侧分隔成高、低压油区，因而每片叶片两侧分别受到高压油作用和低压油作用。由于叶片 c、g 处于定子大半径圆弧侧，伸出长度比处于小半径圆弧侧的 a、e 要长，尽管叶片两侧所受压差相同，但由于作用面积不同，叶片 c、g 受力要大得多。因此，在油液压力作用下转子产生图示的顺时针方向转动，并驱动输出轴带动负载做功。处于低压区的叶片 d、h，因靠近传动轴侧的叶片根部作用有高压油，产生一个向外推出叶片的作用力，在过渡区，这一推力的反力作用在与定子接触点的法线方向，而其切向分力则对叶片产生一个逆时针方向的转矩，形成转子工作转动的阻力矩，另外，转子带动叶片旋转时，还需要克服各种相对运动零件之间的摩擦力矩，这些反力矩使马达机械效率降低。

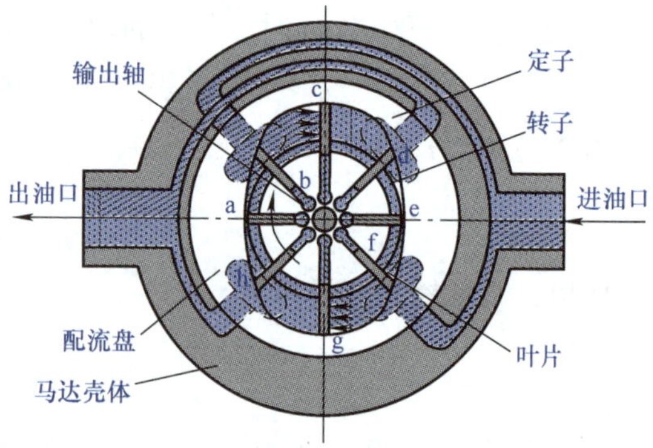

图 4-4　双作用叶片马达工作原理

（2）特点及应用

1）结构特点。为了满足马达正、反转要求，与叶片泵不同，叶片必须沿转子径向安装，进、出油口通径需大小一致，而且叶片根部必须与进油口的高压油相通，以保证叶片顶部与定子内表面紧密接触。为了适应正、反转要求，还应将叶片顶部做成对称圆弧形状，减小与定子内表面的滑动摩擦。此外，为了保证叶片与定子内表面接触良好，可在叶片根部的压力油路上设置单向阀，并在叶片侧面装入碟形弹簧向外顶出叶片，以防止转子起动时叶片两侧高、低压油腔相通，而保证马达输出足够的起动转矩。

2）应用。叶片式液压马达体积小、转动惯量小、运转均匀、脉动较小、动作灵敏，调速和换向性能较好。缺点是起动转矩较低，泄漏量大导致容积效率低，低速稳定性较差。另外，叶片马达机械性能较软，即当负载增大时，转速将迅速降低。因此，叶片马达适用于低转矩、高转速、高频率换向及动作要求灵敏的工作场合。常用于磨床回转工作台的驱动、内圆磨床和外圆磨床的工件驱动等。

叶片式液压马达的转速范围为 100～2000r/min，工作压力为 6MPa，输出转矩可达 72N·m。

3. 轴向柱塞式液压马达

轴向柱塞式液压马达可分为斜盘式和斜轴式两种，其结构与轴向柱塞泵基本相同。现简要介绍斜盘式轴向柱塞马达。

图 4-5 所示为斜盘式轴向柱塞马达的工作原理。斜盘与配流盘固定不动，缸体与马达传动轴用键固联，工作时可一同转动。斜盘轴线与缸体轴线倾斜夹角 α，柱塞轴向安装在缸体内。当压力油通过配流盘窗口输入到缸体柱塞孔内时，对柱塞产生一个轴向顶出力，迫使柱塞球头部紧紧顶在斜盘工作表面上。斜盘对每一个柱塞施加一个沿接触点法线方向的反作用力 F，如将这个反作用力分解成平行于柱塞轴线的分力 F_x 和垂直于其轴线的分力 F_y，则前者与柱塞所受液压推力相平衡，而后者 F_y 则对缸体轴线产生一个顺时针方向的转矩，从而驱动马达传动轴沿其本身轴线转动并输出转矩和转速。如果改变配流盘输油方向，可使马达改变转动方向。改变斜盘倾角 α，可以改变泵的排量，即成为变量马达。

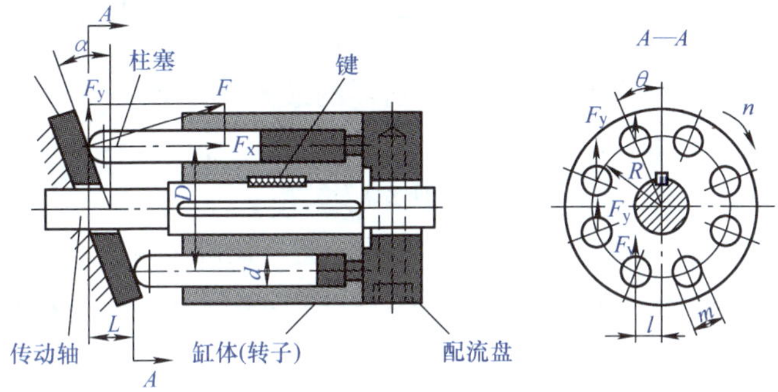

图 4-5 斜盘式轴向柱塞马达工作原理

马达工作时，柱塞受到轴向分力 F_x 和径向分力 F_y 分别为

$$F_x = \frac{\pi}{4}d^2 p \tag{4-11}$$

$$F_y = F_x \tan\alpha = \frac{\pi}{4}d^2 p\tan\alpha \tag{4-12}$$

式中 d——柱塞直径（mm）；

p——工作压力（MPa）。

径向分力 F_y 使处于压油区的每个柱塞对缸体轴线产生一个转矩，其大小由柱塞在进油区所处位置决定，这些转矩的总和即为驱动缸体带动传动轴作顺时针转动的总转矩。其中一个柱塞产生的瞬时转矩

$$T_1 = F_y L = \frac{\pi}{4}d^2 p\tan\alpha R\sin\theta$$

总的理论转矩即为所有与进油口相通的柱塞转矩之和

$$T = \sum\left(\frac{\pi}{4}d^2 p\tan\alpha R\sin\theta\right) \tag{4-13}$$

由上式可见，这种马达输出的转矩随柱塞转角 θ 而瞬时变化，因此，总的输出转矩是脉动的。柱塞数越多，且柱塞数为奇数时转矩脉动越小。斜盘式轴向柱塞马达为适应正、反转要求，配流盘应做成对称结构。

【例 4-2】 一轴向柱塞马达，其平均输出转矩 $T=30\text{N}\cdot\text{m}$，工作压力为 $p=5\text{MPa}$，最小转速 $n_{min}=600\text{r/min}$，最大转速 $n_{max}=2000\text{r/min}$，容积效率 $\eta_v=0.96$。求所需的最小流量和最大流量是多少？

解： 马达的排量

$$V=\frac{T}{\Delta p}=\frac{30\text{N}\cdot\text{m}}{5\times10^6\text{Pa}}=0.6\times10^{-5}\ (\text{m}^3/\text{rad})$$

输入马达的流量

$$q=\frac{\omega V}{\eta_v}=\frac{2\pi n}{60}\times V$$

当液压马达的转速 $n_{min}=600\text{r/min}$ 时，所需的最小流量为

$$q_{min}=\frac{2\pi n_{min}V}{60\eta_v}=\frac{2\pi\times600(\text{r/min})\times0.6\times10^{-5}(\text{m}^3/\text{rad})}{60\times0.96}=0.039(\text{m}^3/\text{s})$$

当液压马达的转速 $n_{max}=2000\text{r/min}$ 时，所需的最大流量为

$$q_{max}=\frac{2\pi n_{max}V}{60\eta_v}=\frac{2\pi\times2000(\text{r/min})\times0.6\times10^{-5}(\text{m}^3/\text{rad})}{60\times0.96}=0.13(\text{m}^3/\text{s})$$

斜盘式轴向柱塞马达既有定排量型也有变排量型，在机床液压系统中应用较多。

四、低速大转矩液压马达

低速液压马达的输出转矩通常较大，因而常称为低速大转矩液压马达。与泵的情况相反，低速大转矩马达一般采用径向柱塞式，常用的主要有单作用连杆型柱塞马达、多作用内曲线型柱塞马达以及静力平衡式柱塞马达等。

1. 单作用连杆型柱塞式液压马达

（1）基本结构　马达的基本结构及工作原理如图 4-6 所示，主要由壳体、柱塞、连杆、曲轴（偏心轮）及配流轴等组成，壳体圆周上放射状地均布有五或七个外伸的缸孔，其中配有柱塞，由于外形像星，因此常称为星形马达。

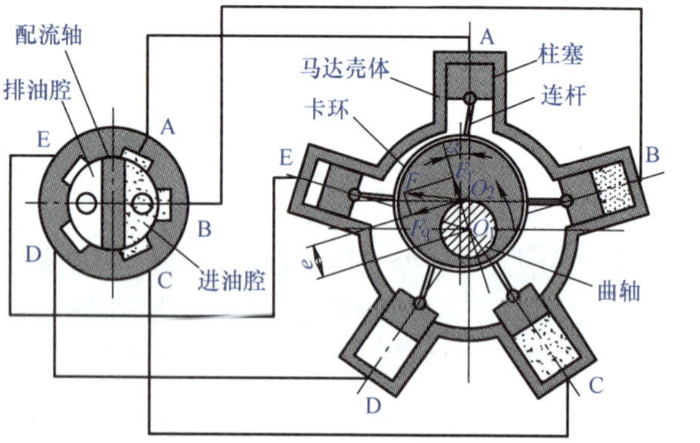

图 4-6　单作用连杆型径向柱塞马达的工作原理

每个柱塞通过球铰与连杆相连接，连杆的另一端为圆弧表面，圆弧半径与偏心轮的半径一致。利用两个卡环锁紧连杆的圆弧外表面，使连杆既能沿着偏心轮的圆弧表面滑动而又不能脱开。偏心轮与作为输出轴的曲轴做成一体，其自身的圆心 O_2 与曲轴的旋转中心 O_1 具有一个工作偏心距 e。曲轴的一端通过十字头联轴器与配流轴相连接，保证配流轴与曲轴同心且同步旋转。配流轴以其旋转中心（即 O_1）与偏心轮中心 O_2 的连线做成隔断，将轴内部分成进油腔和回油腔。每个柱塞缸孔通过马达壳体中的油槽与配流轴相连，因曲轴与配流轴同步转动而顺序接通进油腔或回油腔。

(2) 工作原理　马达工作时，高压油经过油槽分别进入 A、B、C 三个柱塞孔内，产生在柱塞外端面的压力经连杆传递到偏心轮上。如果不考虑连杆与偏心轮圆弧表面的摩擦力，则连杆对偏心轮作用力的合力将沿连杆中心线和偏心轮半径指向其中心 O_2，如果将此力分解为沿曲轴与偏心轮中心连线 O_1-O_2 的法向分力 F_f 和相对于曲轴中心 O_1 的切向分力 F_q，则后者对曲轴产生一个逆时针方向旋转的转矩。A、B、C 三个柱塞所产生的转矩之和，迫使与偏心轮做成一体的曲轴绕其自身中心逆时针旋转输出转矩和转速。

马达旋转的同时，柱塞缸 D、E 的密封容积逐渐减小，油液通过壳体油槽经配流轴的排油腔排出。

(3) 特点及应用　单作用连杆型径向柱塞马达在工作过程中，会产生配流轴内的“隔断”封闭油槽的现象。对于五个柱塞的马达，同时同压力油的柱塞数量在 2~3 中间变化，因此，将发生转矩脉动和油液泄漏现象。另外，在连杆两端球铰及其与偏心轮的圆弧表面间形成较大摩擦力，使马达的机械效率降低，通常在结构上引入压力油形成静压支承，以减轻机械摩擦损失。

这种低速大转矩液压马达的特点是排量大、输出转矩大、低速运转平稳、结构较简单、工作可靠及耐冲击，并可直接与工作机构连接，使传动装置紧凑。如果将马达的曲轴固定，进、排油直接接通到配流轴中，可使马达壳体旋转，用来驱动车轮或卷筒十分方便。其缺点是体积和重量较大、转矩脉动较大。

单作用连杆型径向柱塞式液压马达广泛应用于运输、工程机械、船舶及矿山机械等工业领域。

2. 多作用内曲线径向柱塞式液压马达

(1) 基本结构　多作用内曲线径向柱塞式液压马达的基本结构如图 4-7 所示，定子内表面由 x 个形状完全相同的行程曲线均布而成。每个行程曲线的凹部顶点将曲线分成对称的两个区段，一侧为进油区段，即工作区段，另一侧为回油区段，也称空载区段。马达的缸体即转子，其圆周方向上均布有 z 个径向柱塞缸孔，在每个缸孔底部设置一配流窗孔，与配流轴上的配流孔道相通。配流轴上有 $2x$ 个均布的配流窗孔，其中，x 个配流窗孔与压力油相通，

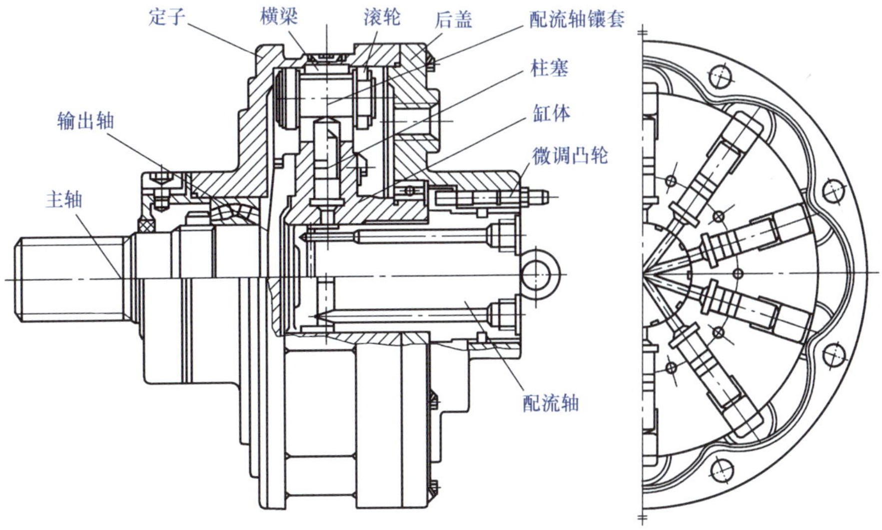

图 4-7　多作用内曲线径向柱塞式液压马达

另外 x 个配流窗孔与回油通道相连，这 $2x$ 个配流窗孔分别与 x 个定子内曲面的进油区段和回油区段相对应。在马达后端盖上设有微调凸轮，旋动微调凸轮可使配流轴作微小转动，以调节配流轴上的配流窗孔与定子内曲面上进油区段对应相位角间的误差。

（2）工作原理　当柱塞内腔通入压力油时，液体压力通过柱塞、横梁和滚轮作用于定子内表面。将定子内表面所受作用力分解为柱塞轴向分力及垂直于柱塞轴线方向的切向分力，则定子内表面对柱塞产生轴向反力与液体压力平衡，而切向分力通过横梁作用于转子（即缸体），产生使缸体旋转的转矩。这样，柱塞外伸的同时，随缸体一起旋转。当柱塞到达定子内曲面凹部顶点时，柱塞底部的油孔被配流轴的隔墙封闭，与高、低压腔都不接通。当柱塞越过曲面的凹部顶点进入回油区段时，柱塞轴向油孔与配流轴的回油通道接通。转子旋转一周，柱塞将沿其轴线往复运动 x 次，即该往复运动次数为定子内表面曲线的行程次数 x。工作时，配流轴不转动，转子每旋转一周，配流轴应能配流多次。马达的排量

$$V=\frac{\pi}{4}d^2xzl \tag{4-14}$$

式中　d——柱塞直径（m）；

x——定子内曲线行程数；

z——柱塞数；

l——柱塞行程（m）。

（3）特点及应用　与单行程马达相比，多作用内曲线柱塞马达的排量增加 x 倍。由于当量柱塞数增加，使马达输出转矩增大，同时，减小了转矩脉动。如果将马达做成多排，使柱塞数增多，可进一步减小转矩脉动，并增大输出转矩。

多作用内曲线柱塞式马达可获得很大排量，转速范围一般为 0～100r/min，适用于负载转矩很大，转速低，平稳性要求高的工作场合。例如，用于挖掘机、拖拉机、起重机及采煤机牵引系统等。

五、液压马达的选择及使用

1. 液压马达的选用

选用液压马达时，应尽可能与系统中的液压泵相匹配，以减少损失，提高效率。选用时，应先确定马达的主要参数，然后根据系统工作性质及其要求的运行性能最后确定马达的类型参数等。

（1）确定液压马达的主要参数　液压马达的主要参数有排量、工作压力、输出转矩和调速范围等。

液压马达所需的排量 V 可根据 $\Delta pV\eta_m=T$ 的关系计算

$$V=\frac{T}{\Delta p\eta_m} \tag{4-15}$$

式中　T——液压马达实际输出转矩（N·m）；

Δp——液压马达进、出口压力差（MPa）；

η_m——液压马达的机械效率。

确定液压马达的工作压力时，为了提高马达的使用寿命，通常需使其工作压力略低于其额定工作压力。根据马达的排量和工作压力，选择马达的型号、规格，并注意使马达的调速范围满足工作机械的使用要求。

液压马达所需输入流量可根据其排量和旋转角速度来计算

$$q = \frac{V\omega_{max}}{\eta_v} \tag{4-16}$$

式中　ω_{max}——液压马达的最大旋转角速度（rad/s）；

η_v——液压马达的容积效率。

由上式可见，液压马达的排量大，则系统所需的流量也随之增大，液压泵的输出流量增大。有时，为了降低系统的流量，可以考虑提高系统的工作压力，以使马达的排量减小。

（2）确定液压马达的工作性能

1）起动性能。液压马达由静止到开始转动的起动状态，其输出的转矩要比运转中的转矩小，这给液压马达的起动造成了困难，所以，起动性能对液压马达来说非常重要。起动转矩降低的原因是静止状态下的摩擦系数最大，在摩擦表面出现相对滑动后，摩擦系数明显减小，这是机械摩擦的普遍性质。

考虑到各种类型的液压马达具有一定的结构差异，其起动性能也不相同。如齿轮马达的机械效率只有0.6左右，高性能低速大转矩马达的机械效率可达0.9。因此，需要根据系统的工作性质，具体选用具有相应起动机械效率的液压马达。特别是需要液压马达带载起动时，必须注意选择起动性能较好的液压马达。

2）转速及低速稳定性。液压马达的转速取决于泵的供油流量和马达本身的排量，输入马达的流量是根据系统执行工作需求确定的，不是马达自身的参数。一般马达内部难免有泄漏，因而导致实际转速比理想情况要低。特别是马达在低速下运转时，往往无法保持稳定的转速，而出现时转时停的所谓爬行状态。因此，在选择低速马达时，应注意它的低速稳定性。

3）调速范围。液压马达常需要带动负载从低速上升到高速，因此必须要求其能在较大的速度范围内正常工作，否则，需要配置相应的变速机构。因此，在选择马达时，应尽可能选用调速范围较大的马达。一般马达的调速范围采用允许的最大转速和最小转速之比 $i = n_{max}/n_{min}$ 表示，调速范围大的马达应具有较好的高速性能和低速稳定性。

（3）确定液压马达的种类　齿轮马达和齿轮泵基本上可以互逆，但由于转速脉动较大，噪声大，齿轮马达应用不广。双作用叶片泵在结构上稍加改进即可作马达使用，但只宜在中速以上使用。柱塞式液压马达性能比较好，额定压力高、容积效率高，而且绝大多数液压泵和液压马达稍加改进即可互换使用。

2. 使用液压马达的注意事项

1）液压系统的回油一般具有一定压力，因此，不允许将液压马达的泄油口与其他回油管路连接在一起，防止引起马达轴封损坏，导致漏油，即不允许液压马达的泄油腔有压力。

2）当驱动大惯性负载时，不应简单地用关闭换向阀的方式使马达停车。因为马达突然停车时，由于惯性作用会使马达回油路上的压力大幅升高，造成管路上的薄弱环节冲击损坏，严重时甚至导致马达内部的零部件断裂。为了防止这种现象发生，通常需在马达的回油管路上设置适当的安全阀，以保证系统正常启闭。

3）应为液压马达配置具有相应黏度的液压油，以防止马达起动时过低黏度的液压油使马达的润滑性降低；对于黏度过高的液压油，同样会使马达的局部得不到相应的润滑。

4）由于液压马达总会存在一定的油液泄漏，因此，依靠关闭马达的进、出油口来保持其制动状态是不可靠的。通常，当仅仅关闭马达进、出油口时，马达的转轴仍会持续轻微的转动，如果需要较长时间保持制动状态，就需要给马达设置相应的制动装置。

液压马达常见故障及排除

（1）输出转速过低　主要由于油液黏度过小、端面或径向间隙过大、配合件磨损严重等形成泄漏使供油量减少等所致。因此应使油液黏度、泵的转速等符合规定要求；检修液压马达的配合间隙；清洗或更换过滤器滤芯；检修或更换变量机构。

（2）转速过高　一般认为液压马达转速过高因供油量过大所致。可检查液压泵驱动电动机是否转速过高、变量泵供油流量是否设置过大、调整即适当减小流量阀通流截面面积。

（3）噪声过大　该故障与振动有关，主要由机械噪声、流体噪声和空气噪声三大部分组成。产生原因通常为端面间隙等过大或配合件磨损严重、供油量不足或旁通、溢流阀泄漏等。应检修马达的配合间隙或更换零件；检修泵和溢流阀等元件，修复密封容积泄漏使供油压力正常。

（4）输出转矩过低　形成原因主要有马达制造精度不高、个别零件损坏、联轴器松动或同轴度差或管接头泄漏、滤油器堵塞等。需要检修或更换损坏的零件；重新安装联轴器管件等，使其连接严密；滤油器应经常清洗并更换清洁油液。

（5）马达泄漏　检修结合面密封是否紧密、必要时更换密封圈；检查内部零件易磨损部位，必要时更换新零件。

第二节　液　压　缸

液压缸是把液体的压力能转换成机械能，用来驱动工作机构作直线往复运动或往复摆动的液压执行元件。其中，普通液压缸的输入量是液体的流量和压力，输出量是直线速度和力；摆动液压缸（或称摆动马达）的输入量也是液体的流量和压力，而输出量则是角速度和转矩。摆动液压缸或摆动马达与普通液压马达不同，摆动缸可以实现摆动往复运动，摆动角小于360°；普通液压马达输出的角位移则是无限的。液压缸和摆动马达具有作往复运动的共性，而普通液压马达则具有连续旋转的工作特性。

一、液压缸的分类及特点

液压缸的种类较多，通常按照其结构形式不同，可分为活塞缸、柱塞缸、伸缩缸、摆动缸等，每一种类的液压缸都有不同的特点及适用范围。表4-1中列出了按照液压缸的作用数和结构形式进行分类的常用液压缸及其特点。

表4-1　常用液压缸的分类及其特点

分类	名　称	简　图	特　点
单作用液压缸	柱塞式液压缸	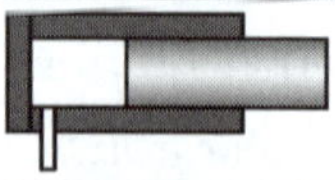	柱塞在油液压力作用下仅能单向伸出，对工作机构输出单向推力，返程依靠自重或相应负载
	单活塞杆液压缸	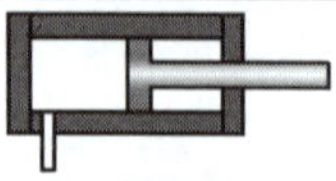	活塞杆在油液压力作用下仅能单向伸出，对工作机构输出单向推力，返程依靠自重或相应负载
	双活塞杆液压缸	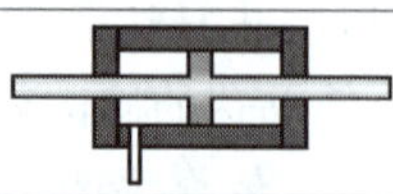	双活塞杆在油液压力作用下可实现一侧伸出，另一侧缩回，伸出侧可对工作机构输出推力，缩回侧可对工作机构输出拉力，返程依靠弹簧或相应负载
	伸缩式液压缸	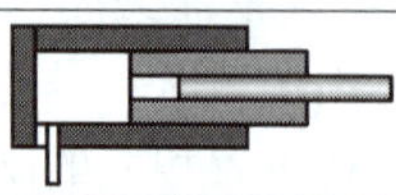	若干节活塞在油液压力作用下可由大到小逐节推出，既可获得较长行程，又可对工作机构输出相应的推力，返程须靠适当的外力使其由小到大缩回

（续）

分类	名　称	简　图	特　点
双作用液压缸	单活塞杆液压缸	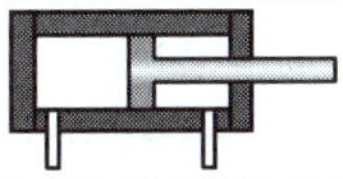	单活塞杆在双向油液压力作用下可实现伸出和缩回，分别对工作机构输出推力和拉力，该推力和拉力大小以及伸出和缩回速度不等
	双活塞杆液压缸	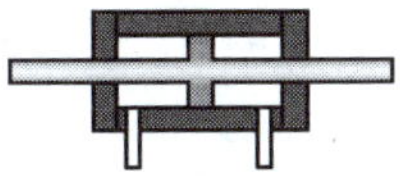	双活塞杆在油液压力作用下可同时实现双向伸出、缩回，分别向工作机构输出相等的推力和拉力，并输出速度相等的往复直线运动
	伸缩式液压缸	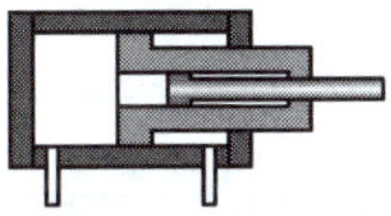	若干节活塞在双向油液压力作用下可由大到小逐节推出并由小到大逐节缩回，可获得较长行程，向工作机构输出相应的推力和拉力
组合液压缸	弹簧复位液压缸	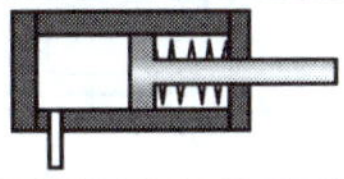	实现单向液压驱动，活塞向外伸出，对工作机构输出推力，返程靠弹簧反力
	串联液压缸	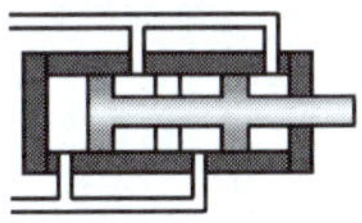	油液压力同时作用在两个活塞有效工作面积上，可获得较大推力
	增压液压缸	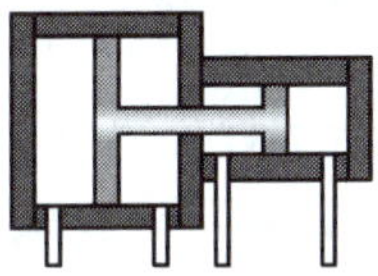	油液压力驱动大活塞运动将推力通过较小活塞，在较小液压缸内产生较大压力，向系统提供高压油源
	齿轮齿条式液压缸		液压缸两端驱动使活塞作往复直线运动，利用活塞杆上齿条与外接齿轮之间的啮合，向工作机构输出往复回转运动

二、液压缸的典型结构及工作原理

1. 活塞式液压缸

活塞式液压缸是液压系统中应用最广泛的执行元件，可分为单出杆和双出杆两种类型，固定方式也有缸筒固定和活塞杆固定两种。

（1）双活塞杆液压缸　双活塞杆液压缸两侧都有活塞杆伸出，也称双出杆活塞缸。如果两侧活塞杆直径相同，两侧进、出油压力和流量不变，则活塞在两个方向上输出的压力 F（单位：N）和速度 v（单位：m/s）都相等

$$F=(p_1-p_2)A\eta_m=\eta_m(p_1-p_2)(D^2-d^2)\pi/4 \tag{4-17}$$

$$v=\eta_v q/A=4q\eta_v/[\pi(D^2-d^2)] \tag{4-18}$$

式中　p_1、p_2——缸的进、出口压力（MPa）；

A——缸的有效作用面积（m^2）；

D、d——活塞、活塞杆的横截面积（m^2）；

q——缸的输入流量（m^3/s）；

η_m、η_v——缸的机械效率和容积效率。

如图 4-8 所示，双出杆活塞缸主要由缸体、活塞、活塞杆及缸盖组成，缸体与缸盖用法兰连接，活塞与活塞杆用柱销连接，活塞外圆与缸筒内圆采用间隙密封。这种液压缸可用于要求往复直线运动速度相同且输出推力不大的场合，多数用于机床液压传动，如外圆磨床的工作滑台的驱动等。双出杆活塞缸有两种固定方式，图 4-8a 所示为缸体固定，即将缸体固

定在机床床身或工作台上，工作时由活塞杆带动工作台作往复直线运动。这种固定形式可使工作机构往复移动占据的距离约等于活塞杆有效行程 l 的 3 倍，多用于中、小型设备。另一种固定方式如图 4-8b 所示，将活塞杆固定在机床床身两侧的支架上，缸体与工作台相连。如果进、出油口在缸体上，需要利用软管与系统连接，如果采用空心活塞杆，可使油液从活塞杆两端进、出。这种安装形式的工作台往复移动占据的距离约等于缸体有效行程 l 的 2 倍，可用于大、中型设备。

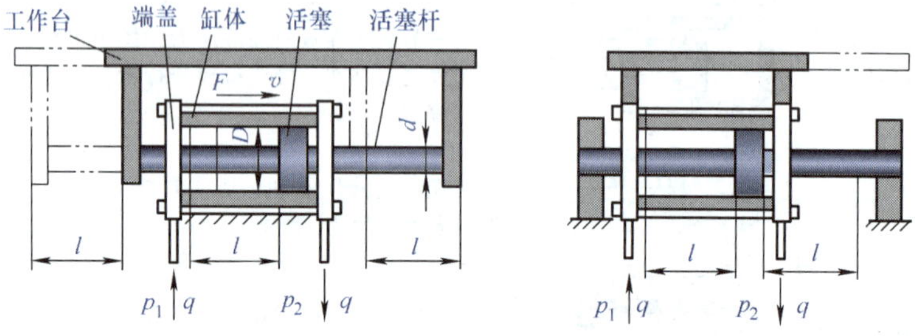

a) 缸筒固定　　b) 活塞杆固定

图 4-8　双活塞杆液压缸

（2）单活塞杆液压缸　单杆活塞缸只有一侧有活塞杆，也称单出杆活塞缸。活塞两侧液压油的有效作用面积不同，因此，当分别向液压缸两端的油口输入相同的压力 p_1 和流量 q_1 时，液压缸从另一端输出的压力和活塞运动速度 v 不相等。

1）无杆腔进油、有杆腔回油时，如图 4-9a 所示，活塞杆向右的推力

$$F_1=(p_1A_1-p_2A_2)\eta_v=[p_1\pi D^2/4-p_2\pi(D^2-d^2)/4]\eta_m \tag{4-19}$$

式中　D、d——分别为无杆腔和活塞杆的直径（m）；

η_m——液压缸的机械效率。

活塞向右的运动速度

$$v_1=q_1\eta_v/A_1=4q_1\eta_v/(\pi D^2) \tag{4-20}$$

式中　η_v——液压缸的容积效率。

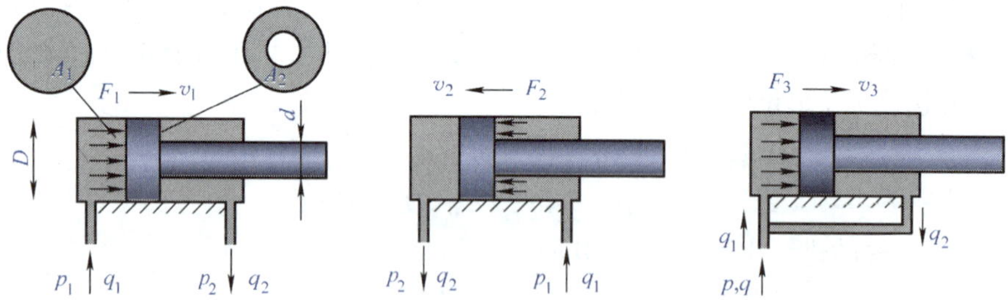

a) 无杆腔进油　　b) 有杆腔进油　　c) 差动连接

图 4-9　单活塞杆液压缸

2）有杆腔进油、无杆腔回油时，如图 4-9b 所示，活塞杆向左的拉力

$$F_2=(p_1A_2-p_2A_1)\eta_v=[p_1\pi(D^2-d^2)/4-p_2\pi D^2/4]\eta_m \tag{4-21}$$

活塞向左的运动速度

$$v_2=q_1\eta_v/A_2=4q_1\eta_v/[\pi(D^2-d^2)] \tag{4-22}$$

由于单出杆活塞缸中活塞两侧有效作用面积 $A_1>A_2$，使得无杆腔进油时的输出推力大

于有杆腔进油时产生的拉力，即 $F_1 > F_2$；同样由于活塞两侧有效作用面积不同，导致无杆腔进油时的活塞运动速度小于有杆腔进油时的运动速度 $v_1 < v_2$。这就意味着如果分别进入两腔的流量均为 q，进口压力均为 p，则 q 进入无杆腔时，活塞的运动速度较慢，而输出力较大；q 进入有杆腔时，活塞的运动速度较快，而输出力较小。因此，通常将压力油进入无杆腔的情况作为工作行程，而把压力油进入有杆腔的情况作为空回行程。

此外，由于活塞两侧作用面积不同，无论从哪个方向进油，其进油量 q_1 与回油量 q_2 都不相等。

对于同一个单出杆活塞缸在相同压力和流量条件下，改变进、出油口获得的速度比

$$\phi = v_2/v_1 = A_1/A_2 = D^2/(D^2 - d^2) = 1/[1 - (d/D)^2] \tag{4-23}$$

由上式可见，单出杆活塞缸的活塞运动速度与活塞有效面积呈反比；活塞输出的力与活塞的有效面积成正比。活塞杆直径 d 越小，其速度比越接近于1。也就是说，减小活塞杆直径可使工作机构往复运动的速度差减小，反之，工作机构在两个方向上的速度差就越大。

3）如图4-9c所示，将单出杆活塞缸的两端同时接入高压油时，可组成“差动连接”回路，使液压缸成为差动连接缸。差动连接时，活塞两侧的工作腔压力相等，但由于无杆腔有效工作面积 A_1 大于有杆腔的有效工作面积 A_2，因此，无杆腔产生的液压推力 F_3 大于有杆腔的液压推力 F_2。这样，活塞将向右移动，并使有杆腔中的油液流入无杆腔，产生向右的液压推力

$$F_3 = p(A_1 - A_2)\eta_m = p\eta_m[D^2 - (D^2 - d^2)]\pi/4 = p\eta_m d^2\pi/4 \tag{4-24}$$

设差动连接时活塞向右移动的速度为 v_3，则从有杆腔中流出的油液流量 $q_2 = A_2v_3$，由于这部分油液又与泵输出的油液汇合而一起流入无杆腔，则进入无杆腔内油液的总流量 $q_1 = q + q_2 = q + A_2v_3 = A_1v_3$（此流量即是推动无杆腔内活塞向右移动的流量）。因此，差动连接时活塞向右运动的速度

$$v_3 = q\eta_v/(A_1 - A_2) = q\eta_v/A_3 = 4q\eta_v/(\pi d^2) \tag{4-25}$$

与非差动连接相比，差动连接提高了运动速度，但减小了液压推力。若取 $A_2 = A_1/2$，即 $D = (2)^{1/2}d$ 时，利用差动连接方法，可以获得活塞在两个方向上的运动速度相等，输出力也相等，可证明如下：

设活塞左行的速度为 v_2，则 $v_2 = q/A_2 = q/[\pi(D^2 - d^2)/4] = 4q/(\pi d^2) = v_3$

设活塞左行的输出力为 F_2，则 $F_2 = pA_2 = p\pi(D^2 - d^2)/4 = p\pi d^2/4 = F_3$

由上述分析可见，差动连接时活塞上的实际有效作用面积是活塞杆的横截面积。在实际应用中，可通过控制阀来改变单出杆活塞缸的回路连接，使其实现一缸多速功能，如可获得快速进给（差动连接）—工作进给（无杆腔进油）—快退（有杆腔进油）的工作循环等。差动连接是在不需增加液压泵流量的条件下，实现快速运动的有效方法，因此，这种连接方法广泛应用于组合机床和各类专用设备的液压系统中。

单出杆活塞缸的结构与双出杆活塞缸基本相同，通常将缸体和缸盖焊接成一体，活塞与活塞杆用螺纹、缸盖与缸体用螺纹连接。如图4-10所示，在使用时也有将缸体固定或活塞杆固定两种固定方式，与其相连接的机床工作台的移动所占用的范围都是活塞或缸筒有效行程 l 的二倍。

2. 柱塞式液压缸

柱塞式液压缸是单作用液压缸，靠液压力只能实现一个方向的运动，回程需依靠自重或其他外力。有时，为了获得双向运动，可以成对使用。

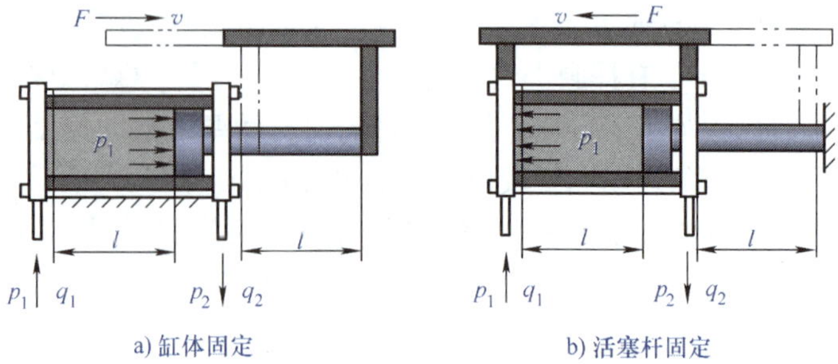

图 4-10 单活塞杆液压缸固定方式

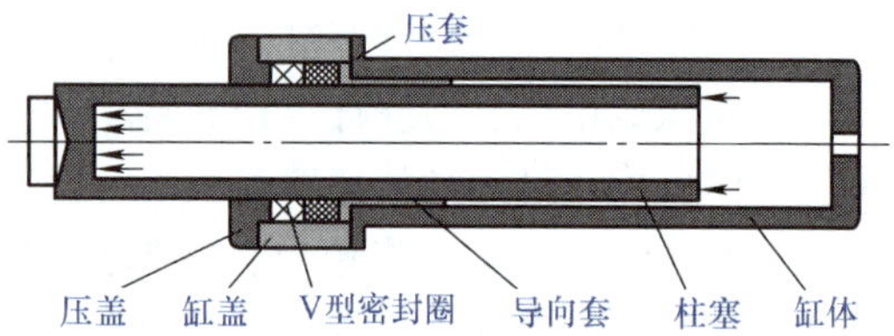

图 4-11 柱塞式液压缸

柱塞缸的基本结构如图 4-11 所示，主要由柱塞、缸体、端盖及压盖等组成。由于柱塞重量较大，水平安装时容易产生单边磨损，因而柱塞缸宜于垂直安装，为防止柱塞自重下垂，通常要为柱塞设置辅助支承。为了减轻柱塞重量，提高其工作稳定性，可将其做成空心或采用无缝钢管作为柱塞。柱塞与缸筒内壁不接触，靠置于端盖中的导向套导向，因此缸体内壁只需粗加工即可。工作时，柱塞总是受压，因此必须保证柱塞具有足够的刚度。

柱塞式液压缸适用于需要较长行程的工作条件，因而在龙门铣、龙门刨及大型拉床中得到广泛应用，此外，水压机缸筒以及液压电梯的长油缸也采用这种结构。

3. 组合式液压缸

通常由两个以上缸组成的液压缸称为组合式液压缸，这类液压缸都是根据特殊使用要求设计制造的，因而都具有普通液压缸所没有的特殊功能。

(1) 伸缩式液压缸　伸缩缸由两个或多个活塞缸套装而成，图 4-12 所示为其结构示意图，主要组成零件有缸体、活塞、套筒活塞、各类缸盖及各种密封装置。这种组合缸的前一级活塞是后一级活塞缸的缸体，具有双重作用。当右端油口通入压力油时，先推动有效作用面积最大的一级活塞伸出，输出最大推力和较低的移动速度。当一级大活塞左行至终点时，会被套筒活塞端盖限定位置，压力油继续作用使二级活塞伸出向左移动，因其有效作用面积较小，所以运动速度快，但推力相对小。最后一级活塞有效作用面积最小，因此，最后推出时所输出的推力最小，而运动速度最快。回程时，左端油口通入压力油，最小的活塞先退回至终点，然后上一级活塞开始返程，即返程时的顺序是由小到大，缸内油液通过右端油口

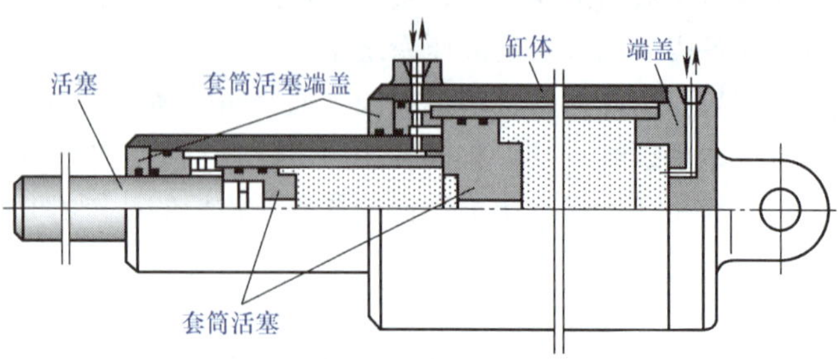

图 4-12 伸缩式液压缸的结构示意

排出。

伸缩式液压缸结构紧凑，适用于安装空间受到限制而行程要求又较长的场合，如翻斗汽车、起重机的伸缩臂，以及火箭发射架等液压系统。

（2）步进液压缸　步进液压缸是将特制的多节活塞套装在一个缸体内，利用相应个通油口分别控制各节活塞的伸出动作，实现活塞不同的行程位置。图 4-13 所示为三节活塞组成的步进液压缸的基本工作原理示意图，压力油单独输入 a 口，活塞产生位移 $s_1=(2^0)\ l=l$；b 口单独通入压力油，活塞产生位移 $s_2=(2^1)\ l=2l$，c 口单独通入压力油，活塞位移 $s_3=(2^2)\ l=4l$。如果分别组合 a、b、c 三个油口的通油状态，可以获得 8 种不同的输出状态，如果设活塞数为 n，则活塞杆可以输出 $Z=2^n$ 个等距离位置。表 4-2 为该例步进液压缸活塞杆的输出位置，在液压系统中应用步进液压缸时，各油口的通断可利用换向阀来控制。

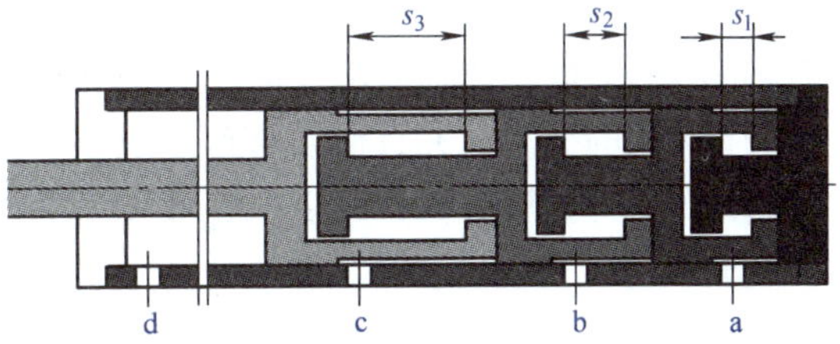

图 4-13　步进液压缸工作原理

表 4-2　步进液压缸活塞杆的输出位置

各油口通断情况	a	−	+	−	+	−	+	−	+
	b	−	−	+	+	−	−	+	+
	c	−	−	−	−	+	+	+	+
活塞杆的行程 l		0	1	2	3	4	5	6	7

（3）串联液压缸　串联液压缸也称增力缸，通常由两个液压缸组成串联液压缸，也可采用多缸串联。如图 4-14 所示，将缸筒联在一起，两个缸分别有各自的进、排油口，并将两个缸的进油口相连，两个排油口也相连，两个活塞固结在一根活塞杆上。当具有压力 p 的油液通入两个缸的左腔时，串联活塞向右移动，两缸右腔的油液同时排出。串联液压缸输出的力是两个缸输出力之和

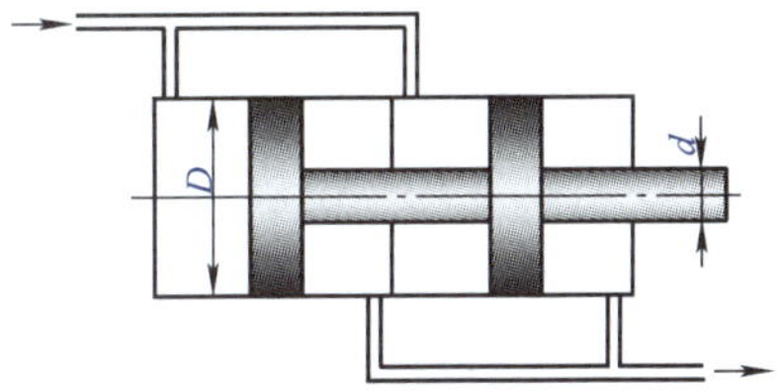

图 4-14　串联液压缸

$$F=p\pi(2D^2-d^2)/4 \tag{4-26}$$

串联液压缸可在不增加供油压力和液压缸径向尺寸不变的情况下，增大液压缸的输出力。

（4）增压液压缸　增压液压缸也称增压器，其工作原理如图 4-15 所示。用一根活塞杆连结两个直径大小不同的活塞，当低压油进入大活塞缸时，推动活塞向右运动，由于两个活塞位移相同而有效作用面积不同，因而小液压缸即可输出较大压力的油液。增压缸输出油液的压力

$$p_2=p_1(A_1/A_2)=(D^2/d^2) \tag{4-27}$$

即大直径 D 与小活塞直径 d 之比越大，输出油液的压力也越大。

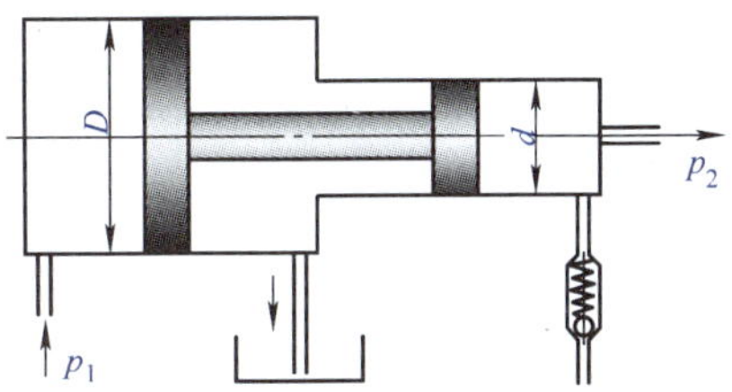

图 4-15　增压液压缸

当增压缸反向通油时，活塞空回行程，无高压油输出，因此，这种液压缸不能连续输出高压油。若需

连续输出高压油时，可改进缸和活塞的结构和连接方式，并增设控制油路。增压缸可用于一般液压泵难于达到的高压系统，或系统局部回路需要高压的场合。

(5) 增速液压缸　所谓增速液压缸实际是利用液压缸的结构实现系统的速度换接需要，其工作原理如图 4-16 所示，当先从 a 口供油时，因油液的有效作用面积较小，可使活塞产生较快的右移速度。当需要减速时，可使 b 口供油，由于活塞左端有效作用面积较大，因而可以产生较大的推力，并且使右移速度减小。如果反向从 c 口通入压力油，则由于活塞作用面积较小而获得较快的返程速度。在液压系统中使用增速液压缸时，通常采用换向阀控制各油口的通断。

(6) 齿条活塞液压缸　齿条液压缸是由活塞缸与齿轮齿条机构联合组成的液压缸，如图 4-17 所示。缸体通常由两个零件焊接而成，在双活塞的杆部加工出齿条，而齿轮与输出轴用键连结成一体。当液压缸左端通入高压油右端回油时，推动齿条活塞向右运动并带动齿轮及输出轴逆时针旋转，向外输出转矩和转速。当右端通入高压油时，输出轴随齿轮顺时针旋转，输出反向转矩和转速，实现往复回转运动。

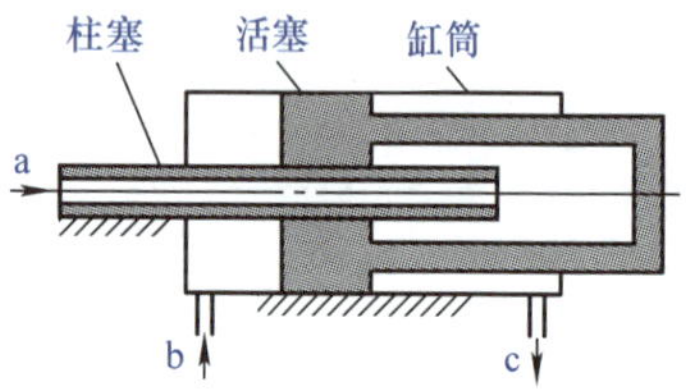

图 4-16　增速液压缸工作原理

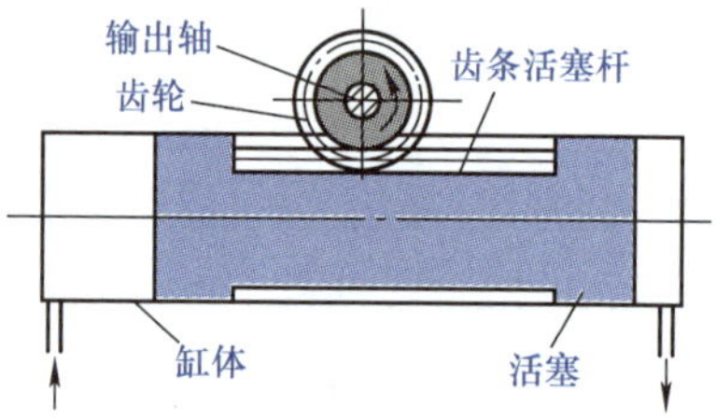

图 4-17　齿条活塞液压缸

齿条液压缸将活塞的往复直线运动转换为往复回转运动，结构简单、使用方便，常用于机械手、自动线的转位机构、磨床的进给机构和组合机床的回转工作台等的液压系统。

4. 摆动液压缸

摆动液压缸可以直接输出转矩，并实现小于 360°角度的摆动往复运动，因此也称为摆动马达。图 4-18 所示为单叶片摆动液压缸的基本结构和工作原理示意图，叶片与输出轴固结在一起，当从进油口输入高压油液时，叶片即可带动输出轴一起顺时针摆动，同时输出转速并克服负载，低压油从另一个油口排出。当从另一个油口输入高压油液时，叶片则向逆时针方向旋转，不断更换进、出油口，即可实现往复摆动。

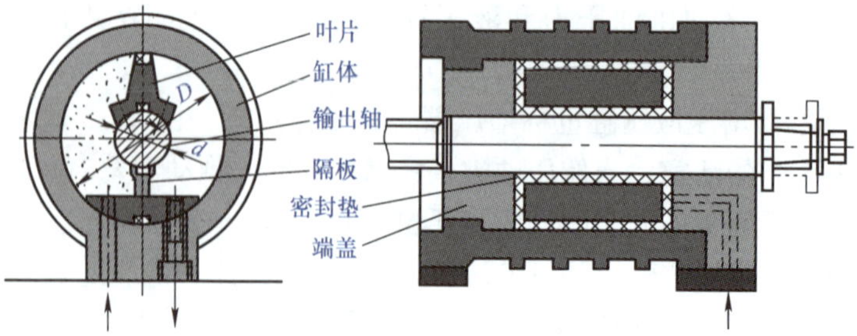

图 4-18　单叶片摆动液压缸

根据输入单叶片摆动缸的油液流量 $q=\eta_v\omega B(R^2-r^2)/2$ 的关系，可计算其输出角速度和转矩分别为

$$\omega = 2q/[B(R^2 - r^2)\eta_v] \tag{4-28}$$

$$T = \eta_m pB(R^2 - r^2)/2 \tag{4-29}$$

式中 r、R——叶片内、外径（输出轴外径、缸体内径）（m）；

B——叶片宽度（m）；

p——缸进口油液压力（MPa）；

η_v、η_m——摆动缸的容积效率及机械效率。

单叶片摆动液压缸工作时产生径向力不平衡，叶片与缸体、隔板之间密封较困难，限制了工作压力及其输出转矩的提高。因此，这类摆动液压缸的工作压力通常小于10MPa，摆动角度小于280°。

图4-19所示为双叶片和三叶片摆动液压缸的工作原理，图4-19a所示为双叶片摆动缸，由于结构对称，可使工作时的径向力相互抵消。在径向尺寸和工作压力相同的情况下，其输出转矩为单叶片摆动缸的2倍，但摆动角度一般小于180°。图4-19b的三叶片摆动缸可获得的转矩是单叶片摆动缸的3倍，摆动角度小于120°。

摆动式液压缸通常用于机床或夹具的夹紧装置、送料装置、转位装置及一些作周期性进给机构的中、低压系统及工程机械。图4-20所示为利用单叶片摆动缸驱动转位分度机构的示意图。该驱动系统工作时，液压油进入摆动缸的一个工作腔内，推动叶片带动传动轴转动，经超越离合器使齿轮a、b啮合旋转，带动水平转台转位。水平转台转过一个角度后，定位器定位，转台固定。此时，液压油进入单叶片摆动缸的另一个工作腔内，推动传动轴向反方向转过一个角度，液压缸叶片复位。由于超越离合器的作用，叶片复位时传动轴空转，即齿轮a、b不发生转动啮合，因而水平转台保持原位不动，实现定角度摆动。

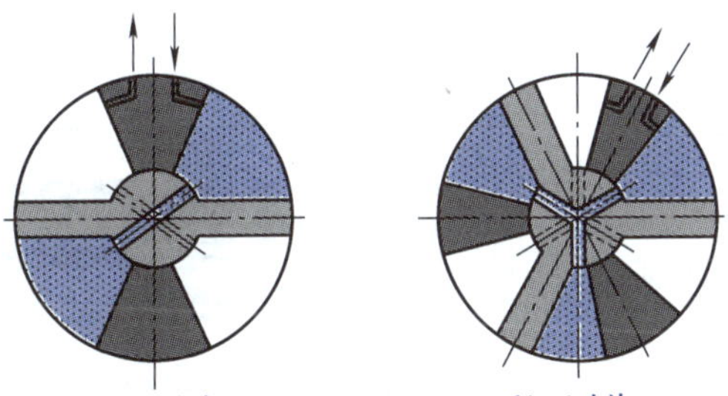

图4-19 多叶片摆动液压缸

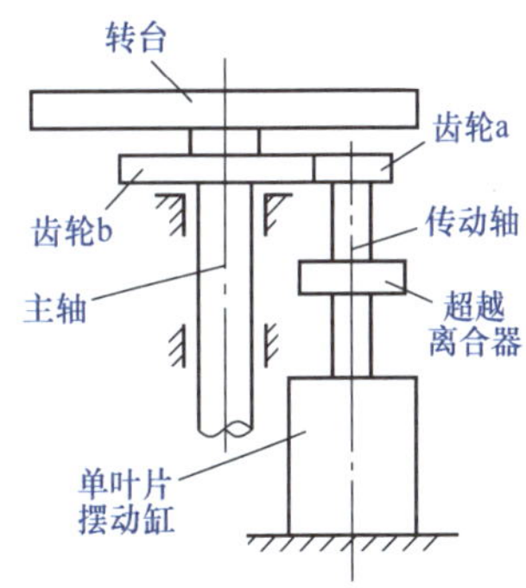

图4-20 转位分度机构示意图

三、液压缸的辅助装置

液压缸的辅助装置，主要包括密封装置、缓冲装置及排气装置等。

1. 液压缸的密封装置

密封装置在液压缸中的作用是防止泄漏和污染，用于活塞与缸筒、活塞杆与缸盖之间的密封，其密封性能好坏，直接影响到液压缸的工作性能和效率。由于密封件已基本实现标准化和系列化，因此，应根据液压缸的不同工作条件合理确定密封方式及选用密封件。现介绍选用密封件的基本要求和几种常用的密封形式。

（1）选用密封件的基本要求　液压传动系统中的密封件不仅要求具有良好的密封性能，其密封件还应具备随压力增高而增强的性能。选用密封件应与液压缸的结构形式及配合特点相适应，工作中应保证摩擦阻力要小，耐磨损，并且在一定磨损量之内，应具有相应的自动补偿能力。另外，要求密封件具有较好的耐油性和抗腐蚀性，较长的使用寿命。考虑到维修更换方便，密封件应便于拆卸。

（2）密封形式　液压缸配合件之间的密封形式较多，根据使用位置，通常可分为间隙密封、活塞环密封及密封圈密封等。

1）间隙密封。所谓间隙密封是指利用相对运动零件滑动面之间的微小间隙来实现密封的简单方法，其密封性能与滑动配合间隙大小、配合面长度、直径、配合表面精度及压力差等有关。如图 4-21 所示，尽可能减小活塞外径与缸筒内径的径向间隙 δ，以达到防止泄漏的目的。这种密封措施结构简单、摩擦小，但对配合表面的加工精度和表面粗糙度要求较高，而且不能完全消除泄漏，因而只能用于低压、小直径且活塞运动速度较快的液压缸密封。

为了提高密封能力，也可在活塞外环上开出几条较小的矩形环槽，以增大液流阻力，并将活塞自动对中，同时，可减小配合表面之间的摩擦力。

2）活塞环密封。活塞环密封是指在活塞的环形槽内置入由金属或尼龙制成的开口活塞环，如图 4-22 所示。利用活塞环弹性变形产生的张紧力使其自身贴靠在缸体内壁上，从而实现密封。活塞环可适应较大压力变化和速度变化，密封效果好，可耐一定高温，使用寿命较长。活塞环制造工艺较复杂，适用于高压、高速和密封性能要求较高的场合。

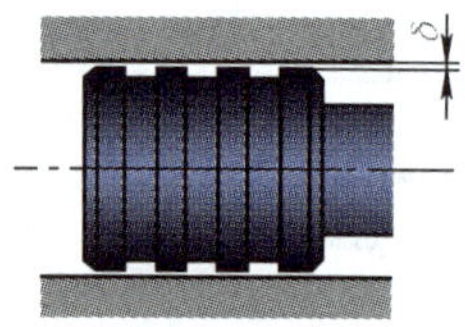

图 4-21　间隙密封

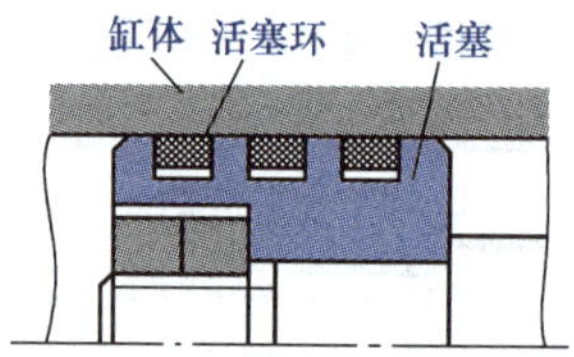

图 4-22　活塞环密封

3）密封圈密封。液压缸密封采用最多的形式是密封圈密封，密封圈的种类较多，通常多采用 O 形、V 形或 Y 形等。

① O 形密封圈。O 形密封圈通常装于外圆或内孔的矩形环槽内，用来进行动配合密封。O 形密封圈通常由橡胶或塑料制成，其横截面为圆形，如图 4-23 所示。O 形密封圈的内、外侧面及端面都可起密封作用，由于在装配时密封圈被压缩，因而靠其装配后的反向胀力可以实现较好的密封性能，应用较为广泛。选用 O 形密封圈时，应保证密封圈的预压缩量适当，过小或过大都可能对零部件运动和密封性能造成不良影响。

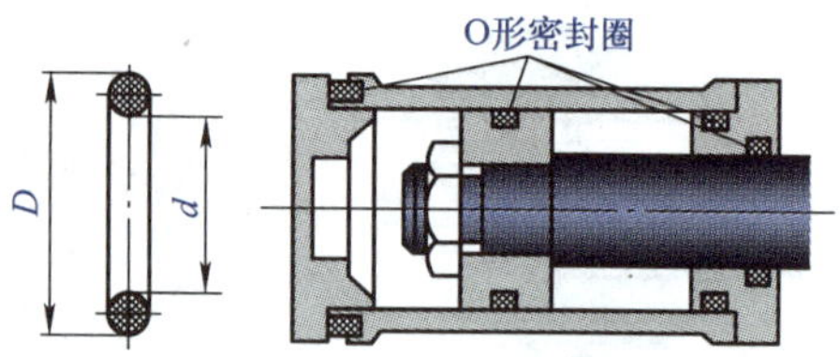

图 4-23　O 形密封圈及其应用

对于静态密封或动压力较小的情况下，可将 O 形圈置入相应的密封位置，如图 4-24a 所示。对于动密封，当压力大于 10MPa 时，为防止 O 形圈被高压油液挤入配合间隙内造成损坏，常在 O 形圈的低压单侧置入挡圈，如图 4-24b 所示。挡圈通常由聚氯乙烯或尼龙制成，厚度为 1.25 ~ 2.5mm。如果 O 形圈两侧均承受高压油作用，则应如图 4-24c 所示，在 O 形圈两侧均置入挡圈。

O 形密封圈摩擦阻力较小，安装方便，但密封处要求精度较高，启动阻力较大，使用寿命较低。一般适用于温度范围为 −40 ~ 120℃，要求运动零件的运动速度在 0.005 ~ 0.3m/s

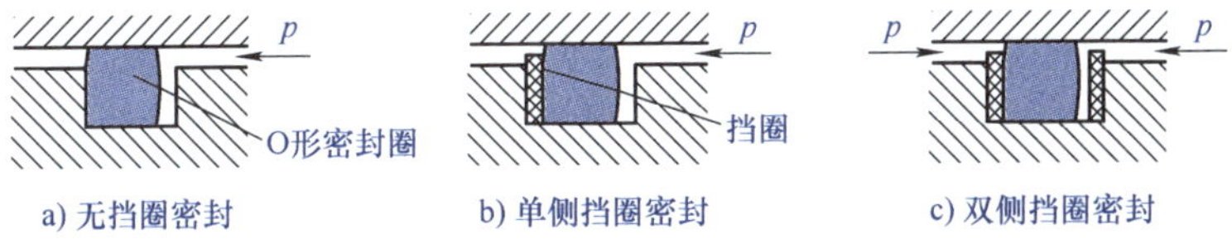

图 4-24　密封挡圈的置放

范围内。

② V 形密封圈。V 形密封圈由带有夹织物的橡胶压制而成，其形状结构如图 4-25 所示。图中分别展示了 V 形密封圈的三个组成部分，即压紧环、密封环和支撑环，分别如图 4-25a ~ c 所示。其中，压紧环的作用是压紧密封环，支撑环使密封环变形而起密封作用，只有密封环起密封作用。使用时，这三部分必须组合安装，使密封环的开口面向压力油腔。当工作压力高于 10MPa 时，应增加密封环的数量，以保证 V 形密封圈的密封质量。

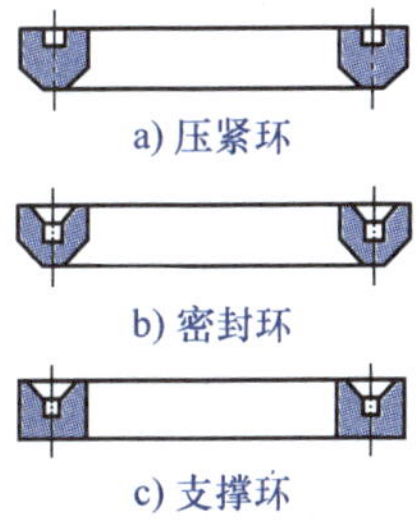

图 4-25　V 形密封圈

V 形密封圈的密封可靠，可承受较高压力，在 50MPa 的高压下工作。但由于密封接触面积较长，摩擦阻力大，组装后的体积较大，多用于相对运动速度不高的场合，如大直径、高压柱塞或活塞和活塞杆的密封。V 形密封圈不易在过高温度下工作，通常适用于 -40℃ ~ 80℃温度范围。并且根据活塞的运动速度不同，应选用不同材质的 V 形密封圈，丁腈橡胶制 V 形密封圈可用于 0.02 ~ 0.3m/s 的速度范围；带夹织物橡胶制 V 形密封圈可用于 0.005 ~ 0.5m/s 的速度范围。

③ Y 形密封圈。Y 形密封圈是典型的唇形密封圈，其截面形状呈"Y"形，如图 4-26a 所示。Y 形密封圈利用唇边对配合表面的过盈量实现密封，安装时使唇口端面向压力较高的一侧。工作时，在压力油作用下两唇张开，分别贴靠在外圆表面和内孔壁上实现密封。这种密封圈内、外唇对称，两个唇边都能起密封作用，对孔和轴的密封都适用。当缸内压力较大，活塞运动速度较高时，应加设金属支承环，以防止密封圈翻转，如图 4-26b 所示。Y 形密封圈具有随压力升高而密封能力增强的特点，且在磨损后因有良好的外胀力而产生一定的自动补偿。

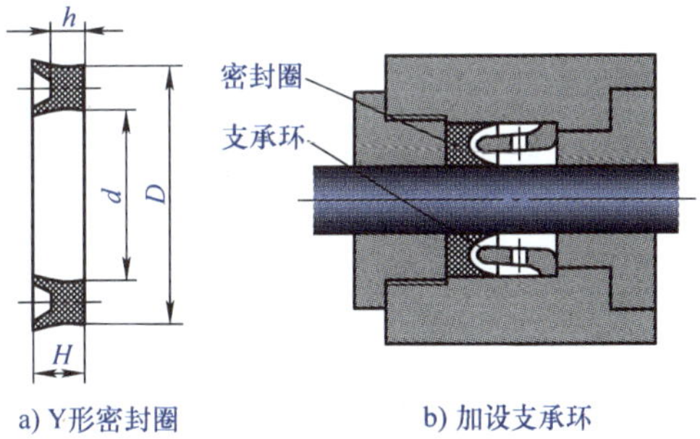

图 4-26　Y 形密封圈

Y 形密封圈摩擦力小，密封可靠，并能自动补偿磨损，密封稳定性较好。Y 形密封圈的工作温度为 -30℃ ~100℃，可用于运动速度小于 0.5m/s，工作压力小于 20MPa 的场合。

2. 液压缸的缓冲装置

液压缸在工作中，活塞的运动速度较高（$v>0.1$m/s）或驱动负载质量较大时，必然会伴随有一定的运动惯性，常导致活塞发生前冲现象。为了避免活塞在到达行程终点时与液压缸缸盖或缸底发生碰撞，避免因此而产生的冲击和振动噪音甚至损坏液压缸，一般液压缸必须设置缓冲装置。

液压缸缓冲主要有两种基本方式，一种是在缸的出油口以外设置缓冲回路，另一种则是在缸的端部设置缓冲装置。液压缸缓冲原理基本相同，即在活塞或缸筒运动将至终端之前的一段距离内，使活塞排出的油液不能经出油口回流，而使其必须通过某一节流口或节流缝隙排出。这样使缸内回油形成活塞或缸体的运动阻力，降低其运动速度，形成一种缓冲力，避免活塞与缸体冲撞。液压缸常用缓冲方式可分为两大类，即固定节流缓冲和可变节流缓冲。

（1）固定节流缓冲

1）圆柱形环隙式节流缓冲装置。圆柱形环隙式节流缓冲结构如图 4-27 所示，缓冲柱塞与缸盖缓冲孔设有一径向尺寸为 δ 的环形缓冲间隙。缓冲柱塞进入缓冲孔时，孔内油液只能经环形间隙排出，产生一个与活塞运动方向相反的阻力，使活塞减速缓冲。

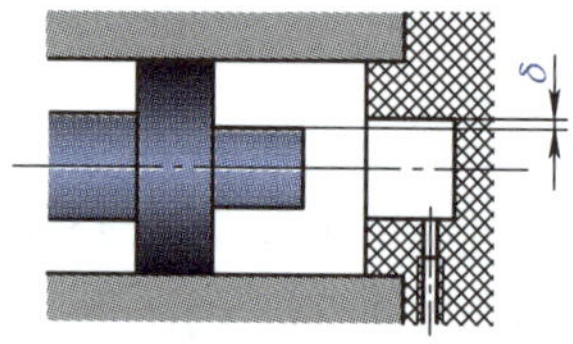

图 4-27　圆柱形环隙式节流缓冲装置

圆柱形环隙式缓冲是典型的固定式缓冲，由于缓冲柱塞与缓冲孔之间的环形缝隙大小不变，缓冲开始时产生的缓冲制动力很大，但随活塞前行逐渐降低，缓冲效果相对较差。但由于缓冲结构简单，制造容易，多数液压缸采用这种缓冲结构。

2）圆锥形环隙式缓冲装置。如图 4-28 所示，将圆柱形环隙缓冲结构中的缓冲柱塞和缸盖缓冲孔均改成圆锥形后，可以提高缓冲效果。缓冲柱塞开始进入缸盖缓冲孔时，其环形间隙随活塞前行而变化，即缓冲节流面积随活塞行程增大而减小，可获得相对稳定的持续缓冲效果。

（2）可变节流槽式缓冲　所谓可变节流缓冲是指在缓冲制动过程中保持缓冲压力不变，这样可获得更加稳定的缓冲效果。图 4-29 所示即为可变节流槽式缓冲结构，由于在缓冲柱塞沿其轴向开出多条由深至浅的三角节流沟槽，其沟槽横截面积随缓冲行程增大而逐渐减小，因而使缓冲力变化更加平缓。

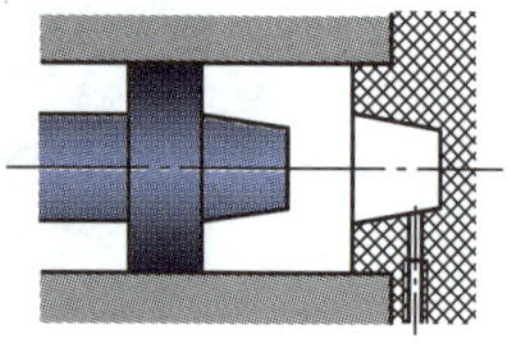

图 4-28　圆锥形环隙式节流缓冲装置

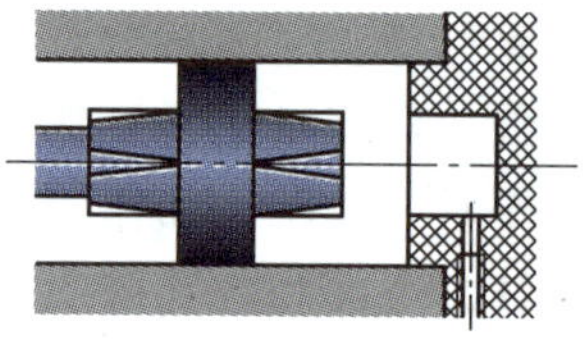

图 4-29　可变节流槽式缓冲装置

（3）可调节流缓冲　图 4-30 所示为将节流缓冲装置固定在缸外的可调节流缓冲的工作原理简图。在活塞顶端设置一缓冲柱塞，活塞运动到行程终端，缓冲柱塞尚未进入端盖缓冲孔前，无杆腔油液经下面出油口回油。当缓冲柱塞进入端盖缓冲孔时，迫使其内油液必须经过固定节流器才能流回油箱。即利用固定节流器较小通孔的阻尼作用，使无杆腔油液压力升高，降低活塞运动速度，从而起到缓冲作用。

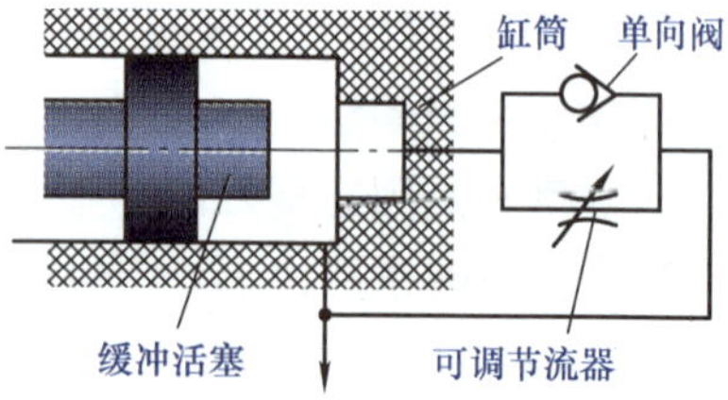

图 4-30　缸外固定节流缓冲装置

3. 液压缸的排气装置

液压系统在安装或工作过程中难免侵入空气，油液中渗入的气体具有很大的可压缩性，可导致系统工作不稳定，使液压泵产生气蚀，液压缸工作时产生爬行，或引起振动和噪声等。因此，设计液压缸时，应采取相应措施，保证及时排出积留在缸内的气体。

液压缸的排气装置有多种形式，如图4-31所示。图4-31a所示为设置在液压缸缸盖上面的排气孔，活塞运动过程中即可将缸内浮动的气体经排气孔排出。对于速度稳定性要求较高的液压缸或大型液压缸，可在缸的最高处设置排气塞，如图4-31b所示。当松开排气塞螺钉后，在低压状态下，使活塞往复运动几次，带有气泡的油液就会排出，之后拧紧螺钉即可正常工作。也可以如图4-31c所示，在缸的上端设置排气阀，松动排气螺钉，使活塞往复运动几次，直到排气螺钉中喷出的不是气体而是油液，且油液中不含气泡时，即可认为空气基本排出后拧紧螺钉。

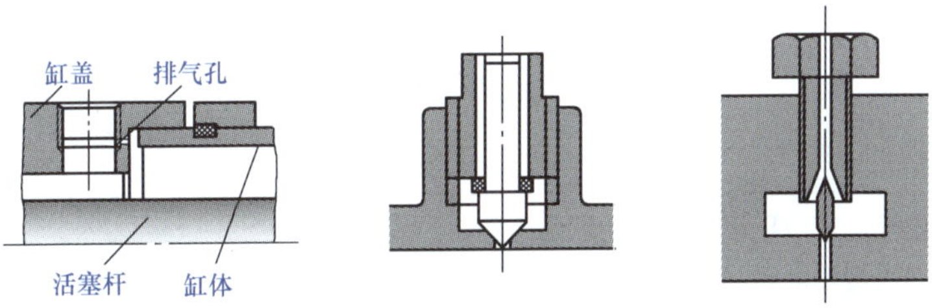

a) 排气孔　　b) 排气塞　　c) 排气阀

图4-31 液压缸排气装置

对于要求不是很高的液压缸，往往不设专门的排气装置，可利用空气较轻的特点，将进、出油口设置在缸体端的最高处，这样可使缸内的气体随油液排入油箱，再从油箱逸出。另外，安装使用过程中还应保证拧紧系统所有管接头等，以防气体侵入。由于已溶解于油液中的气体很难排出，因此，不但安装调试系统时需排气，而且系统工作一段时间后仍需排气。

液压缸常见故障及排除

（1）活塞移动速度下降　主要因系统供油量少、严重泄漏或外载过大所致。应检修泵、并适当调节流量和控制阀等元件；检查液压缸的装配精度，保证密封件的质量和工作性能；选用合适的液压油黏度。

（2）活塞推力不足　在出现此类故障时应更换或重装磨损、老化或唇口可能装反的密封件，避免缸内泄漏；检查缸体与活塞、活塞杆与导向套等的配合间隙是否过小，是否有脏物进入滑动部位，进行适当调节或研配，以避免活塞移动阻力过大；重新调整系统压力。

（3）液压缸爬行　缸内有空气或油液中有气泡，活塞摩擦力或阻力变化大，缸体与活塞、导向套与活塞杆配合间隙过小或缸工作系统刚性差等都会导致爬行。应拧紧管接头，减少进入系统的空气；设置排气装置，减小缸至换向阀间的管道容积，避免管道中存气排不尽；检查配合间隙，修配导向套孔，达到要求的配合间隙；重新装配和安装，更换不合格零件。

（4）活塞行程终点速度过慢或出现撞击噪声　应正确调节固定式节流缓冲装置配合间隙，避免间隙过小或过大；调节缓冲装置中的节流元件至合适位置并紧固；检查缓冲装置的装配精度，避免单向阀装反或阀座密封不严。

（5）活塞杆不能动作　由于系统未供油、换向阀未换向或内部泄露导致的压力不足，活塞端面与缸体前端面紧贴在一起因工作面积不足而不能起动，以及缓冲装置的缸体上单向回路被活塞堵住等可能引起活塞不动作。因此，需要检查供油系统是否通畅；紧固活塞并更换密封件；检查调整时换向阀或调速阀是否正常工作；检查并研配滑动配合间隙；注意应使缸体进出油口位置与活塞端面错开一定距离。

（6）活塞速度达不到规定值　产生原因主要是密封件磨损等导致内泄漏或滑配间隙过小，油液黏度低或温度过高，选用压力过低或外载过大，活塞、活塞杆与缸盖之间同轴度差或缸与工作台平行度差等。因此，需要适当检修更换已磨损密封件，调整各滑配间隙；更换黏度适宜的液压油并清除混入脏物；根据元件功能尽可能调大工作压力；按设计要求调整相关元件的几何精度和几何公差。

习　题

4-1　液压马达与液压泵的最本质区别是什么？

4-2　相同类型的液压马达和液压泵，在结构上有何区别？

4-3　相同类型的液压马达和叶片泵，为什么马达的进、出油口尺寸一般都相同？而泵的进油口尺寸通常大于出油口尺寸？

4-4　为什么实际输入液压马达的流量比其理论计算流量大？

4-5　为什么液压马达的实际输出转矩小于理论输出转矩？

4-6　试分析马达的转矩脉动在实际使用时对执行元件速度、转矩以及系统压力的影响。

4-7　某液压马达的进口压力为 100×10^5Pa，排量为 200mL/r，总效率为 0.75，机械效率为 0.9，试计算：

1）该马达能输出的理论转矩；

2）若马达的转速为 500r/min，则输入马达的流量为多少？

3）若外负载为 200N · m（$n=500$r/min）时，该马达输入功率和输出功率各为多少？

4-8　有一液压泵，当负载压力为 80×10^5Pa 时，输出流量为 96L/min，而负载压力为 100×10^5Pa 时，输出流量为 94L/min。用此泵带动一排量 $q=80\text{cm}^3/\text{r}$ 的液压马达，当负载转矩为 120N · m时，液压马达机械效率为 0.94，其转速为 1100r/min。试求此时液压马达的容积效率。

4-9　为什么齿轮马达的齿数通常比齿轮泵的齿数要多？

4-10　某齿轮液压马达的排量 $V=10\text{mL/r}$，供油压力 $p=10\text{MPa}$，供油流量 $q=4\times10^{-4}\text{m}^3/\text{s}$，容积效率 $\eta_v=0.87$，机械效率 $\eta_m=0.87$，试求马达的实际转速、理论转矩和实际输出功率。

4-11　某叶片马达的排量 $V=0.00001/(2\pi)\ \text{m}^3/\text{rad}$，供油额定压力 $p=10\text{MPa}$，流量 $q=0.024/60\text{m}^3/\text{s}$，总效率 $\eta=0.84$。试求在额定压力时，该马达的理论输出转矩 T_t、理论角速度 ω_t、理论转速 n_t，和实际输出功率 P。

4-12　某径向柱塞马达的平均输出转矩 $T=250\text{N}\cdot\text{m}$，工作压力 $p=10\text{MPa}$，最小角速度 $\omega_{min}=2\times(2\pi/60)\text{rad/s}$，最大角速度 $\omega_{max}=300\times(2\pi/60)\text{rad/s}$，容积效率 $\eta_v=0.94$。试求所需最小流量和最大流量为多少？

4-13　根据图 4-32 所示的条件，判断叶片马达的旋转方向。

4-14　液压缸的运动速度如何确定？其工作压力由什么决定？

4-15　如图 4-33 所示，向一差动连接液压缸供油，液压油的流量为 q，压力为 p。当活塞杆直径变小时，其活塞运动速度 v 及作用力 F 将如何变化？要使 $v_3/v_2=2$，（其中 v_2 为非差动连接时活塞左行的运动速度）则活塞与活塞杆直径之比应为多少？

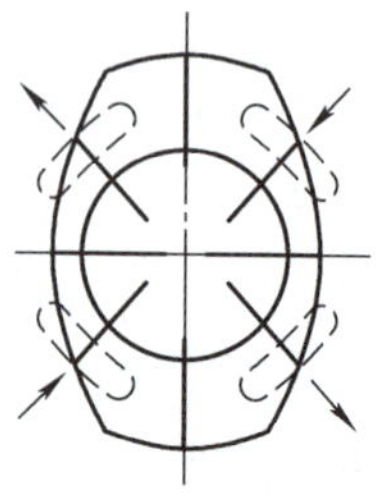

图 4-32　题 4-13 图

4-16　差动液压缸活塞直径为100mm，活塞杆直径为65mm，现以流量40L/min，压力5MPa的液压泵供油驱动之，试求差动工作状态活塞最大输出工作速度及活塞缸能输出最大力（忽略摩擦损失、液压损失及容积损失）。

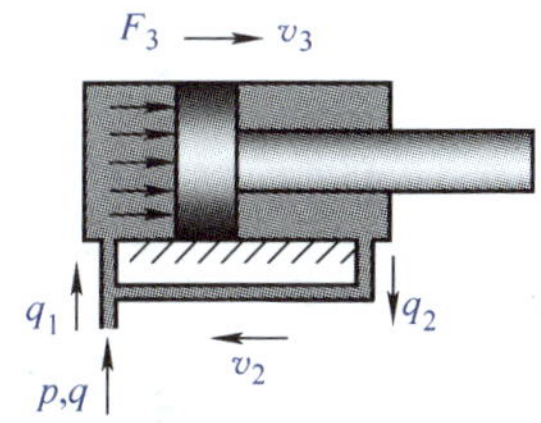

图4-33　题4-15图

4-17　简述伸缩液压缸的工作结构，它主要应用在什么场合？

4-18　液压缸密封通常有哪几种形式？各有什么优缺点？

4-19　液压缸为什么要设置缓冲装置？

4-20　液压缸中的排气装置有什么作用？试绘出两种液压缸排气装置的简图。

第五章 液压控制元件及其应用

学习要点：液压系统是由各种液压阀来实现控制的，液压系统的运行功能在很大程度上取决于由液压阀所组成的控制系统。因此，液压阀在系统中的作用非常重要。通过本章的学习，应熟悉和掌握各类液压阀的基本工作原理、基本结构及其功用，为学习后续常用液压回路和典型液压系统内容做好基础准备。在本章的三种基本阀类中，压力阀是靠液压力与弹簧力的平衡工作的，应了解直动式压力阀与先导式压力阀在控制方式上的区别；节流阀与调速阀在节流调速性能方面的区别；各种换向阀使油路换向、切换油路的功能及三位换向阀的中位机能等。

第一节　液压控制阀分类及其主要性能

液压控制阀是在液压系统工作中控制和调节液体流动方向、压力和流量的控制元件，用以实现执行元件所需的起动、停止、换向，改变输出力或力矩、速度或转速、动作顺序和克服负载功能等。

一、液压阀分类

1. 按功能分类

按照液压控制阀的使用功能，可将其分为方向控制阀、压力控制阀及流量控制阀三大类。在实际使用中，还可根据需要将两种阀组成组合阀。如单向节流阀、单向顺序阀、调速阀及电磁溢流阀等，这些组合阀可在系统工作时实现两种或两种以上的控制调节功能。

2. 按控制方式分类

根据使用液压控制阀时的操纵方式可分为手动、机动、电磁、液压等多种形式，还可利用机液、电液及气液组合方式进行操纵。此外，还有比例控制阀，是利用与输入输出成比例的电信号来控制液体通路，可连续成比例地控制液压系统的压力、流量及油液的流动方向等，用于开环程序控制系统；伺服控制阀可将微小电信号转换成较大的功率输出，用以控制系统的压力、流量及油液流动方向，多用于要求精度高、响应迅速的闭环液压控制系统；电液数字控制阀则是用数字信息直接控制的阀。

3. 按阀的结构形式分类

主要有滑阀、锥阀、球阀、转阀、喷嘴挡板阀、射流管阀等。

4. 按阀的安装连接方式分类

可分为管口螺纹连接、法兰连接、板式连接、叠加式连接阀以及插装式连接阀等。

二、液压阀的主要参数

液压阀主要有规格参数和性能参数，它们是选用的基本依据。

1. 规格参数

阀的规格参数表示阀的大小及其适用范围，规格大小主要用公称通径 D_g 表示（单位为mm）。公称通径代表阀的通流能力，在正常工作条件下，阀工作时的实际流量应小于或等于阀规格所允许的最大流量值。D_g 是阀连接口的名义尺寸，其与连接口的实际尺寸不一定相等。如通径同为10mm的阀，有些电磁换向阀连接口的实际直径为11.2mm，而直角单向阀连接口的实际直径则为14.7mm。按旧标准生产的阀，其规格参数主要是额定流量。

2. 性能参数

阀的性能参数表示阀工作的品质特征，如最大工作压力、开启压力、许用背压、额定压力损失、压力调定范围、最大及最小稳定流量等，其中主要是额定压力和额定流量。有时还给出压力-流量、压力损失-流量等特性曲线。公称压力表示阀在额定工作状态下所允许的最高压力，阀工作时的实际压力应小于或等于阀的公称压力。

第二节　压力控制阀及其应用

压力控制阀有时简称压力阀，它是用来控制系统内液体压力或利用压力信号控制其他元件产生动作的控制阀。压力控制阀有一个共同的特点，即都是利用阀芯上的液体压力与弹簧的平衡作用控制阀口的开启大小来进行工作的。

压力控制阀主要包括溢流阀、减压阀、顺序阀、压力继电器等。

一、溢流阀及其基本应用

溢流阀在液压系统中有多种作用，但其基本功用也是最主要的用途有两个，一是作为定压阀，保证系统或回路中的压力恒定，并将液压泵多余的油液溢流回油箱，正常工作时处于开启状态。另一个则是作为安全阀，在系统中起安全保护作用，防止系统超载而引起管路或元件的损坏，只是在系统压力大于或等于其调定压力时阀口才打开，而系统正常工作时阀口处于关闭状态。

1. 工作原理及基本结构

根据结构不同，溢流阀可分为直动式和先导式两类。

（1）直动式溢流阀　按阀芯形式不同，常用直动式溢流阀可分为球式、锥式和滑阀式三种。

图5-1所示为直动式溢流阀的工作原理图，其结构主要由阀体、阀芯、调压弹簧和调压手柄等组成。压力为 p 的油液进入P口后，经阀芯径向小孔和轴向阻尼孔流至阀芯下端，产生一个向上的推力 pA（A 为阀芯下端有效工作面积），阀芯上端调压弹簧的预紧力为 F_s。当溢流阀入口压力所产生的轴向推力 pA 小于弹簧预紧力、阀芯自重 G 以及阀芯与阀体腔内表面的摩擦力 F_f 时，阀芯处于图5-1a所示位置，即阀口关闭，溢流阀没有工作。

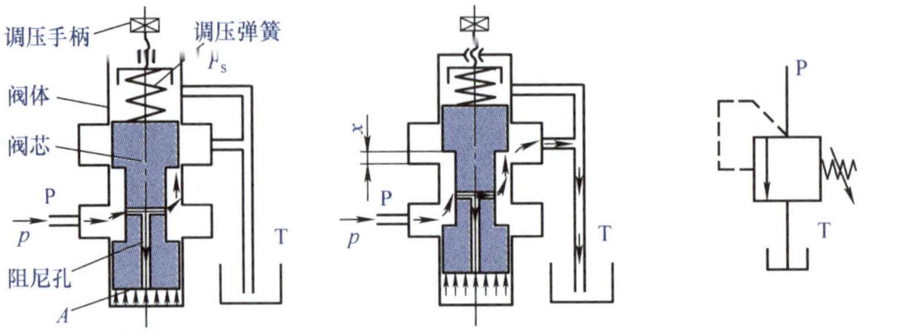

a) 主阀阀口关闭　　b) 主阀阀口开启溢流　　c) 直动式溢流阀图形符号

图 5-1　直动式溢流阀工作原理及职能符号

当系统压力升高，作用在阀芯下端的推力 pA 增大到恰好能够克服上述阻力时，阀芯将开始在压力油液推力作用下向上移动，根据阀芯的受力平衡关系 $p_kA = F_s + G$，其阀口临界开启压力

$$p_k = (F_s + G + F_f)/A = (kx_0 + G + F_f)/A \tag{5-1}$$

式中　k——弹簧刚度（N/m）；

x_0——弹簧预紧量（m）。

当系统压力继续升高时，阀芯将向上移动，阀口开启，如图 5-1b 所示，进口压力油通过阀口流入油箱，即开始产生溢流。当阀芯上移，处于某一平衡位置时，弹簧将被压缩一定距离 x，此时，阀芯的受力平衡方程变为 $pA = k(x_0 + x) + G + F_f$，即溢流阀进口压力

$$p = [k(x_0 + x) + G + F_f]/A \tag{5-2}$$

由上式可以看到，溢流阀的进口压力不受流量 q 变化的影响，受弹簧刚度、预紧力、阀芯自重、滑动摩擦力及液动力影响。当阀芯处于不同位置时，溢流压力是变化的。但由于弹簧的压缩量 x 相对于预紧量 x_0 来说较小，因而可以认为溢流压力 p 基本保持恒定。

液压系统因惯性和外负载变化，可能导致系统压力变化，因此可利用溢流阀实现压力调节。如果系统压力升高，超过调定值，溢流阀阀口开度 x 增大，溢流阻力减小，使系统压力降至调定值；如果系统压力低于调定值，则阀口开度 x 减小，溢流阻力增大，使系统压力升高至调定值。

对于直动式溢流阀，可以通过调整手柄（螺母）改变弹簧的预紧量 x_0 来改变溢流压力 p。为了防止阀芯上端调压弹簧的空间部分形成封闭油腔而影响阀芯的工作运动精度，通常在阀盖和阀体上开出通道，使弹簧腔与回油口相通。因此，不论从溢流或泄油来看，溢流阀的回口都要接油箱。阀芯上轴向小孔的直径很小，既可对阀芯的运动形成阻尼，又可避免阀芯产生振动，使溢流阀工作平稳。

这种溢流阀是直接利用阀芯底端油液压力与其顶端弹簧力之间的平衡来进行工作的，因此称作直动式溢流阀。如果系统所需溢流压力较高，则要求弹簧具有较高的强度，当系统流量较大时，还需加大阀芯直径以增大溢流口。另外，不但手动调节困难，而且对于不同溢流量，阀口开度大小变化使弹簧压缩量改变，导致溢流压力产生的变化比较显著。因此，直动式溢流阀一般只能用于低压、小流量系统或作为先导阀使用。

（2）先导式溢流阀　如图 5-2 所示，先导式溢流阀主要由先导阀与主阀两部分组成。其中，用于调压的先导阀部分与普通直动式溢流阀相似，通常采用锥阀或球阀形阀座结构。压力油经 P 口进入阀腔，经轴向孔向下流入主阀芯下腔，油液压力作用在主阀芯底端；同时经轴向阻尼孔进入主阀芯上腔，而主阀芯上腔压力受先导锥阀的控制和调整。当系统压力低于溢流阀调定压力及先导阀弹簧力时，先导锥阀不动，阻尼孔内油液没有流动，保持阻尼孔两端压力相同。由于主阀芯上、下端有效作用面积 A_1/A 稍大于 1（其比值通常为 1.03 ~ 1.05），在主阀芯上的压力差及主阀弹簧力作用下，主阀芯位于最下端不动，阀口关闭，不产生溢流。阀腔内压力随系统压力升高而增大，当系统压力增大到阀的调定压力，即足以克服先导阀弹簧预紧力时，先导锥阀被顶起，形成自进油口经主阀芯阻尼孔、先导锥阀阀口、主阀中心孔至油箱的油液流动。油液流经阻尼孔时产生流动损失，导致主阀上、下腔中的油液产生一个随先导阀流量增加而增加的压力差，当这个作用在主阀芯上、下端面的总压力差足以克服主阀弹簧力 F_{s2}、主阀芯自重 G 和摩擦力时 F_f，主阀芯将被抬起使阀口开启。由于进油口 P 与回油口 T 经主阀阀口导通，液压泵出口油液产生溢流而使系统保持恒定压力。

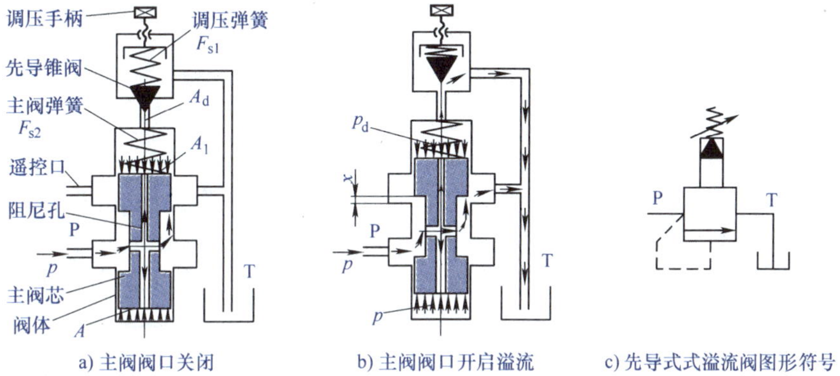

图 5-2　先导式溢流阀的工作原理及职能符号

主阀芯与先导阀芯的力平衡方程分别为

$$pA - p_d A_1 = k_{s2}(x_{0s2} + x_{s2}) + G \pm F_f \quad 及 \quad p_d A_d = k_{s1}(x_{0s1} + x_{s1})$$

联立上述二式可求得溢流阀进口压力

$$p = (A_1/A)\ k_{s1}(x_{0s1} + x_{s1})/A_d + [k_{s2}(x_{0s2} + x_{s2}) + G \pm F_f]/A \tag{5-3}$$

式中 k_{s1}、k_{s2}——先导阀弹簧及主阀弹簧刚度（N/m）；

x_{0s1}、x_{0s2}——先导阀弹簧及主阀弹簧的预紧量（m）；

x_{s1}、x_{s2}——先导阀与主阀阀口的开启量（m）；

A_d——先导阀阀座孔的面积（m^2）；

G——主阀自重（N）；

F_f——主阀芯与阀腔内表面间的摩擦力（N）。

先导式溢流阀工作时，主阀芯开度靠上、下端压差形成的液压力与弹簧力相互作用来调节，所以主阀弹簧的刚度很小，仅用来克服阀芯运动时的摩擦力。由于主阀弹簧刚度 k_{s2} 远小于先导阀弹簧刚度 k_{s1}，又因先导阀阀座孔面积 A_d 也远小于主阀芯端面面积 A，所以上式第二项中 x_{s2} 的变化对溢流压力的影响也远小于第一项中 x_{s1} 的影响。即主阀因溢流量变化而发生的位移不会引起被控压力的显著变化。当主阀溢流量发生很大变化时，由于阻尼孔的作用，只引起先导阀流量的微小变化。由于主阀溢流量大幅度变化时，被控压力变化不大，因此先导式溢流阀的定压精度较高。一般，先导阀的溢流量仅为主阀溢流量的1%左右，调压弹簧的刚度也不必太大。先导式溢流阀工作时，主阀开口大小根据阀的溢流流量而自动调节。

先导式溢流阀中，先导阀的作用是控制和调节溢流压力，主阀的功能则在于溢流。由于其恒定压力的性能优于直动式溢流阀，因此，被广泛应用于高压大流量系统。但先导阀是两级阀，其反应不如直动式溢流阀灵敏。

在先导式溢流阀主阀上腔开有一遥控口，如将其接入其他管路或控制阀，可以实现各种功能。如将其与调整压力小于先导阀调定压力的远程调压阀接通时，可以实现系统远程调压；接通油箱时，可以实现系统卸荷，而不用时，可用螺塞将其堵住。

2. 溢流阀的主要性能

溢流阀的特性主要包括静态特性和动态特性。

（1）静态特性　溢流阀的静态特性是指其在稳定工作状态下的压力调节范围、压力-流量特性、启闭特性及压力稳定性等。

1）压力调节范围。是指溢流阀在规定范围内调节时，系统压力能被控制平稳上升或下降的最大和最小调定压力的差值。一般直动式溢流阀的压力调节范围较小，而先导式溢流阀的压力调节范围大。

2）压力-流量特性　也称溢流特性，它表征溢流量变化时溢流阀进口压力的变化情况，即稳压性能。理想的溢流特性曲线应是一条平行于流量坐标轴的直线，即进口压力达到调压弹簧所确定的压力时立即溢流，并且不论溢流量大小，压力始终保持恒定。图5-3为溢流阀的压力-流量特性曲线，阀的溢流量达到额定溢流量 q_n 时，所对应的压力 p_n 称为溢流阀的调定压力。溢流阀刚开启时，阀进口的压力 p_k 称为开启压力。调定压力 p_n 与开启压力 p_k 的差值称为调压偏差，其值越小，溢流特性就越好。弹簧刚度越小，曲线越陡，溢流量变化所引起的压力变化量就越小，定压性能越好。溢流阀的结构形式不同，其定压性能也不同，由图可以看出，先导式溢流阀的定压性能优于直动式溢流阀。

3）压力稳定性。溢流阀工作压力的稳定性可由两个指标来衡量，一是在调定压力下，其进口压力在规定时间内的变动值，其之所以发生变动的原因主要和阀芯摩擦力、油温变化、油液清洁度有关，常用额定压力和额定流量下一定时间内压力变动量的大小衡量；二是在整个调压范围内，通过额定流量 q_n 时进口压力的波动或振摆值，它与泵的流量脉动及阀和管路的动态特性有关，属于综合动态指标。一般溢流阀的偏移值和振摆值都不超过±0.2MPa。

4）启闭特性。溢流阀从开启到闭合过程中，被控压力与溢流阀溢流量之间的关系称为溢流阀的启闭特性。一般采用开启压力比和闭合压力比来衡量其启闭特性，开启压力比是指溢流阀处于额定流量和额定压力 p_s 时，开始溢流的开启压力 p_k 之比 $(p_k/p_s)\times100\%$ 来表示；而闭合压力比则用停止溢流的闭合压力 p_b 与额定压力之比 $(p_b/p_s)\times100\%$ 来表示。这两个指标越大及二者越接近，溢流阀的启闭特性越好，一般溢流阀的开启比不小于90%，而闭合比不小于85%。

5）卸荷压力　用溢流阀作卸荷阀使用时，额定流量下进、出油口的压力差称为溢流阀的卸荷压力，其与通道阻力和平衡弹簧的预紧力有关。

（2）动态特性　在系统负载发生突然变化时，溢流阀阀口压力迅速升高，开口增大并超过额定压力的调定值 p_y，然后逐步衰减到稳定溢流，使压力恢复到调定值，完成其动态过程中的特性称作溢流阀的动态特性。溢流阀的动态特性曲线如图 5-4 所示，其主要指标有压力超调量、过渡过程时间和振动次数等。

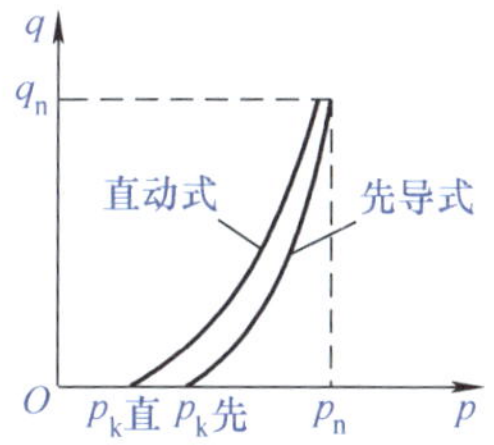

图 5-3　溢流阀的压力–流量特性曲线

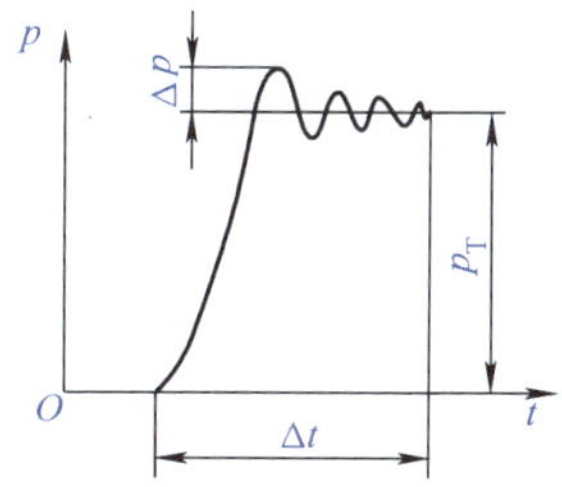

图 5-4　溢流阀的动态特性曲线

1）压力超调量 Δp。是指最高瞬时压力峰值与额定压力调定值的差值。溢流阀开始工作时，在阀口将要打开的瞬间，出现系统压力高于调整压力的现象，称为压力超调现象。液压系统工作中，压力升高到调定值时，阀口来不及打开，因此压力将继续升高，当压力升高到超过调定压力后，阀芯才移动打开阀口开始溢流。之后，压力因阀口溢流而有所下降，经过一段时间衰减后才稳定到调定压力上。也就是说，溢流阀的压力超调量越小，阀的动作灵敏度越高。一般溢流阀的压力超调量为该阀公称压力的 10% ~30%。

2）过渡过程时间 Δt。是指溢流阀从一种稳定工作状态过渡到另一种稳定工作状态所经历的时间。如图 5-4 所示，溢流阀控制压力从零开始上升到调定值，经过振荡后进入稳定溢流状态的过渡过程时间 Δt 越小，溢流阀的动态性能越好。普通先导式溢流阀的过渡过程时间在 0.2 ~0.3s 范围内。

3. 溢流阀的基本应用

溢流阀在液压系统中的应用方式很多，主要可起溢流定压、安全保护、使泵卸荷、使缸回油腔形成背压、远程调压及多级调压等作用。

（1）溢流定压　在采用定量泵节流调速的液压系统中，通常在进油路或回油路上设置节流阀或调速阀，用以调节进入执行元件的流量，从而改变其运动速度。而多余流量则需通过与泵并联的溢流阀溢流回油箱，如图 5-5 所示。溢流阀在这种回路中工作时，阀口是常开的。当通往系统的流量发生变化时，流经溢流阀的流量也变化，但其仍能保持溢流阀的进口即泵出口压力基本不变。

（2）作安全阀　如图 5-6 所示容积调速回路中，采用变量泵供油，泵的全部流量进入执行元件，并且供油量随负载运动变化自动调节到需要值。在这种回路中的溢流阀阀口是常闭的，只有当系统压力超过溢流阀调定压力时，阀口才开启，油液经阀口流回油箱，使系统压力降下来。因而可以防止系统过载，起安全保护作用。

（3）作卸荷阀　图 5-7 所示回路中，二位二通阀处于断路位置时，溢流阀的遥控口不能与油箱相通，溢流阀以调定压力正常工作。当接通二位二通阀使溢流阀与油箱相通时，相当于先导阀调定值为零，溢流阀主阀芯上腔没有压力，主阀芯在进口压力很低时即可抬起，阀口开度达最大，泵排出的油液全部经溢流阀流回油箱，泵口压力下降。定量泵虽排出了恒定流量，但压力很小，输出功率接近于零，因而相当于泵和原动机被卸荷，以减少能量损耗及泵的磨损。

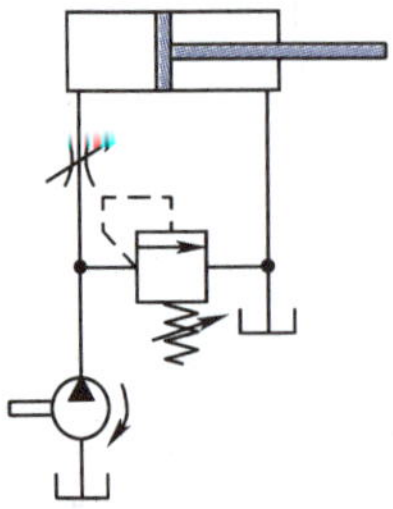

图 5-5　溢流定压

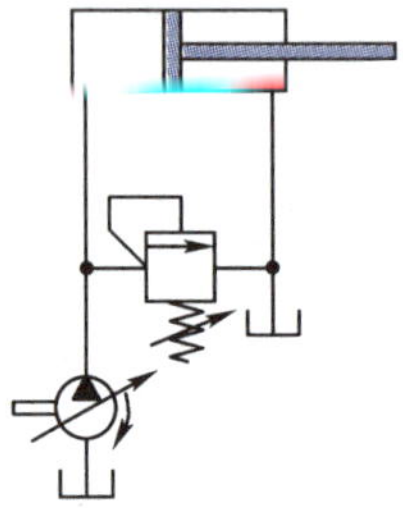

图 5-6　作安全阀

（4）作背压阀　如图 5-8 所示，将溢流阀串接在液压缸回油路上，使液压缸的回油形成一定压力，通常称为背压。在执行元件回油路上设置背压可使负载突然减小时避免活塞前冲，增加执行机构的运动平稳性。调节溢流阀的调压弹簧，即可调节背压力的大小。

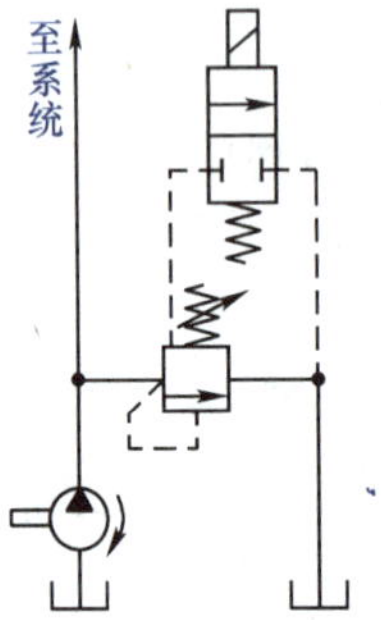

图 5-7　作卸荷阀

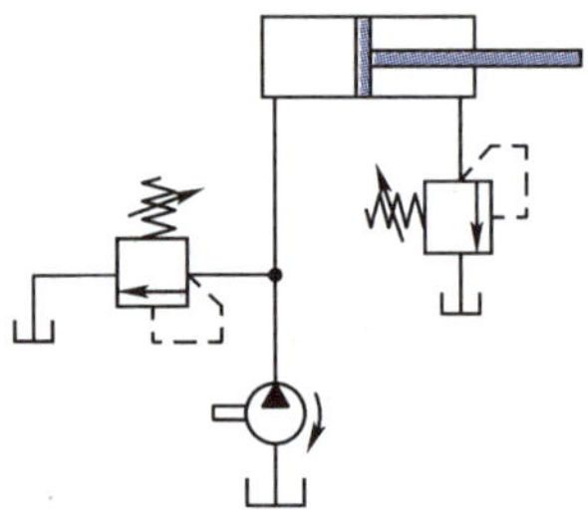

图 5-8　作背压阀

（5）远程调压　将先导式溢流阀的远程控制口与远程调压阀的进油口接通，而远程调压阀的出口接油箱，即构成远程调压回路，如图 5-9 所示。工作时，先导式溢流阀主阀上腔只要达到远程溢流阀的调定值，主阀芯即可抬起溢流，实现远程调压。应注意的是，只有主阀的调定压力高于远程调压阀的调定压力时，远程调压阀才能起作用。在进行远程调压时，主阀中的先导阀处于关闭状态。图示状态下，主阀自身的先导阀不再起调压作用，如果使电磁阀换位，则可由主阀自身的先导阀调压，实现对另一级较高压力的控制。

（6）多级调压　利用溢流阀可在液压系统中构成多级调压回路，图 5-10 所示的二级调压回路，常用于压力机的液压系统。活塞下行使滑块实施工作行程，需要输出较高压力，因此，由高压溢流阀限制系统最高压力。活塞上行为非工作行程，将一低压溢流阀接于活塞缸有杆腔与油箱之间，其调节压力只需克服运动部件的自重和摩擦阻力即可。

溢流阀使用过程中的故障及排除

（1）溢流阀工作振动和噪声　溢流阀工作时因阀芯配合不良、阀盖松动、调压弹簧装偏或弯曲等使锥阀产生振荡；回油管高出油面、贴近油箱底面，或系统有空气混入时会产生机械振动及液压冲击。对此需要检查并修研阀内各配合表面并拧紧各紧固螺钉；重新安装或更换弹簧；保证回油管与油箱底面距离大于 50mm；紧固并密封系统内管接头，排除混入的空气。

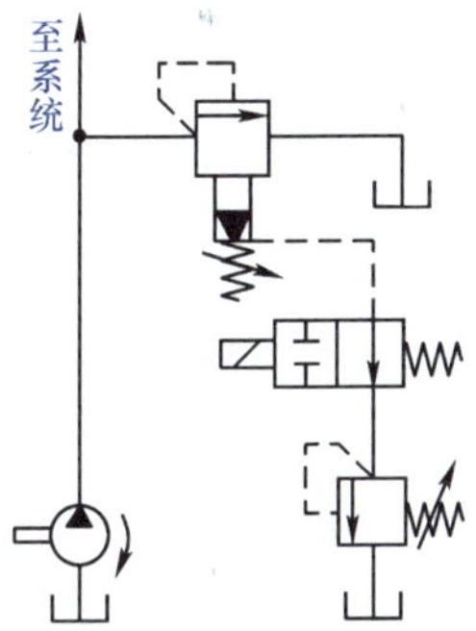

图 5-9　远程调压

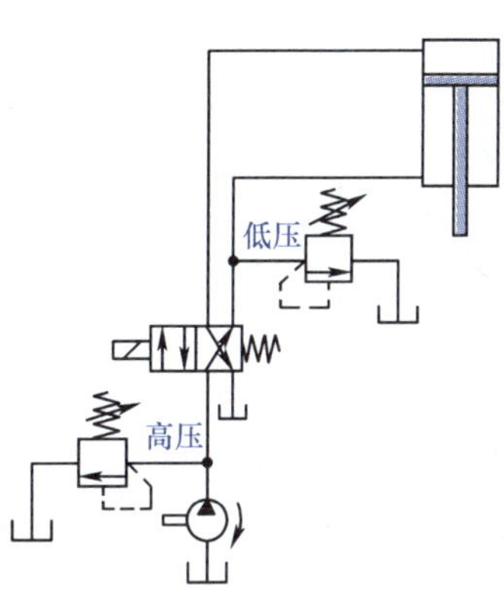

图 5-10　二级调压回路

(2) 不能建立压力或压力不足　溢流阀进、出口装反、先导阀孔堵塞或导阀芯与阀座处密封不严、主阀芯卡阻时将产生压力不足或根本不能建立压力的现象。这时，首先要检查或更正进、出口方向；其次检查导阀孔是否堵塞，如正常，再检查主阀芯是否因划伤而卡阻。必要时应检查并清洗导阀和阻尼孔，同时检查油液污染情况，必要时应更换洁净油液。

(3) 工作噪声和振动　该故障通常是因先导阀弹簧自振频率与调压过程中产生的压力-流量脉动合拍而共振所造成。因此，应调整调节螺杆的位置，使之离开共振区；也可适当在先导阀高压油进口处增加阻尼，以缓冲先导阀的先导压力-流量脉动。

(4) 压力波动不稳定　阀体和阀芯配合间隙不当或阻尼孔断续堵塞、阀体变形、阀芯划伤、弹簧变形、供油泵的流量和压力脉动等均可能导致主阀阀口压力的不规则变化。这时可过滤或更换油液；修复或更换弹簧或相关零件；同时应提高供油泵的工作性能。

(5) 压力超高调不低　如果溢流阀进、出油口接反、弹簧弯曲等使先导阀打不开或主阀芯在关闭状态下卡死等会导致主阀阀口闭死不调压现象。因此，需要检查并重装进、出油口；更换具有适宜刚度的弹簧；另外需检查组成零件的加工精度并控制油的清洁度。

二、减压阀及其基本应用

减压阀是利用孔口或缝隙的节流作用所产生的压力损失，使其出口压力低于进口压力的控制阀。减压阀主要用于降低系统某一支路的油液压力，使同一系统形成两个或多个不同压力的回路。减压阀的进油口一般与液压系统的高压主干线并联，出油口与低压支路串联，输出的油液用来作为压力较低回路的能源。减压阀的功用是降低支路压力，并当进口压力出现波动或通过阀的流量发生变化时，仍能保持阀的出口压力基本恒定。

按照调节的要求不同，可将减压阀分为定压输出减压阀、定差减压阀和定比减压阀三种类型。其中，定压输出减压阀应用最广，通常简称为减压阀，它可以保持出口压力为定值，使液压系统中某一支路的压力低于系统压力且保持压力稳定。如果按照其工作原理，减压阀也有直动式和先导式之分。

1. 定压输出减压阀

定压输出减压阀可分为直动式和先导式两种类型，而在先导式定压输出减压阀中又有“出口压力控制式”和“进口压力控制式”两种控制方式。

(1) 直动式减压阀　直动式减压阀主要由阀体、阀芯、调压手柄及调压弹簧等组成，其工作原理如图 5-11 所示。压力为 p_1 的油液由进油口 P 进入减压阀工作腔，经由减压口后从出油口输入液压支路中。由于油液经由减压口的缝隙时产生压力损失，所以，出油口输出的油液压力 p_2 低于进油口油液压力 p_1。油液在流向出油口的同时，一部分油液经出口侧通孔流入阀芯下腔，当这部分油液作用在阀芯底端所产生的向上推力小于调压弹簧的预紧力 F_s 时，阀芯处于最下端位置，减压口全开，不起减压作用，此时 $p_1 \approx p_2$，如图 5-11a 所示。

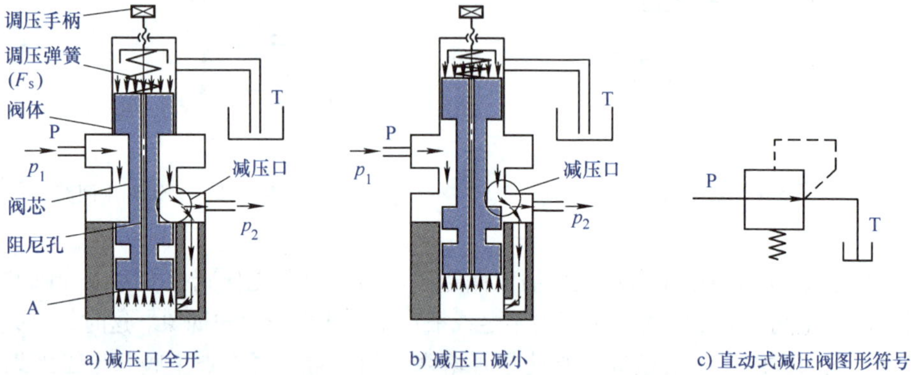

图 5-11 直动式减压阀工作原理及职能符号

当出口油液的压力大于调压弹簧预紧力，即 $p_2 \geqslant F_s$ 时，阀芯在下腔油液压力作用下克服调压弹簧的预紧力向上移动，使减压口减小，如图 5-11b 所示。此时，油液经由减压口时产生压力损失，使出口压力 p_2 减小并稳定在调压弹簧的反力范围。根据出口压力与调压弹簧力的平衡关系 $p_2A = k(x_0 + \Delta x)$，可求得减压阀出口压力

$$p_2 = k(x_0 + \Delta x)/A \tag{5-4}$$

式中 k——弹簧刚度（N/m）；

x_0——弹簧预压缩量（m）；

Δx——减压口变化量（m）；

A——主阀芯底端有效作用面积（m^2）。

由上式可以看出，如果减压口变化量 Δx 很小，即远远小于弹簧预压缩量 x_0 时，减压阀出口压力 p_2 可以保持基本稳定。直动式减压阀的职能符号如图 5-11c 所示。

直动式减压阀的调节精度受弹簧刚度影响较大，在高压大流量情况下，需要弹簧刚度较大，此时，减压口的微小变化量对压力控制精度的影响很大。因此，直动式减压阀在液压系统中单独使用的情况较少，通常采用直动式结构的定差减压阀作为调速阀的组成部分来使用，或者用于压力精度要求不是很高的中低压、小流量液压系统。

（2）先导式减压阀　先导式减压阀由先导阀和主阀两部分组成，先导阀配有先导阀芯、调压弹簧及调压手柄等，先导阀芯通常采用锥阀形阀座结构，主阀包括主阀芯和主阀弹簧，其工作原理及符号见图 5-12。

先导式减压阀的主阀芯设有径向孔、轴向孔和轴向阻尼孔，压力为 p_1 的油液从进油口 P 进入阀腔，经减压口减压后，输入到后续低压支路。油液经减压口流向出口时，有一部分经主阀芯径向孔和轴向孔进入主阀芯下腔，对主阀芯形成向上的推力 p_2A。还有一部分经阻尼孔进入主阀芯上腔，形成对主阀芯向下的推力和对先导锥阀向上的推力。当出口压力低于

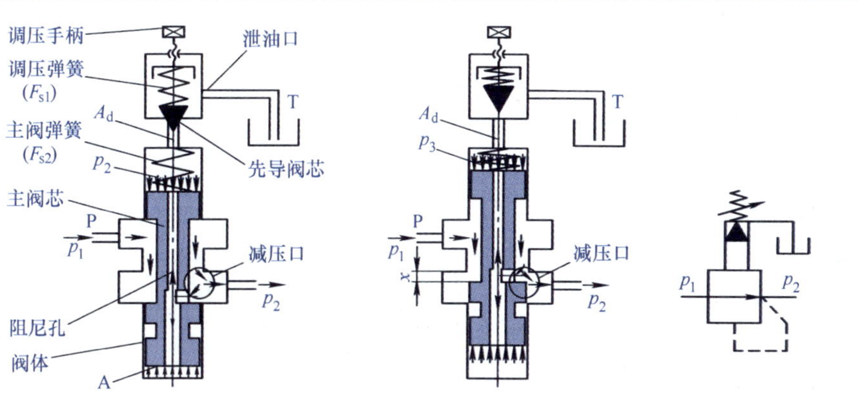

a) 减压口完全打开　　b) 减压口减小　　c) 先导式减压阀图形符号

图 5-12 先导式减压阀工作原理及职能符号

先导阀调定压力时，先导阀口关闭，阻尼孔内没有油液流动，主阀芯上、下端作用的油液压力相等，在主阀弹簧力作用下处于最下端位置，减压口全开，不起减压作用，$p_2 \approx p_1$，如图 5-12a所示。

当减压阀出口压力达到（先导锥阀）调定压力时，锥阀开启，阀出口部分油液经阻尼孔、先导锥阀口和阀盖上的泄油口流入油箱。由于阻尼孔内有油液流过而产生了压力损失，使得阻尼孔两端油液压力发生了变化，主阀芯上、下端产生压差，$p_2 > p_3$。当此压差对主阀芯产生的作用力大于主阀弹簧预紧力时，主阀上移使减压口减小，液阻增大，出口压力减小，直至出口压力 p_2 稳定在先导锥阀所调定的压力值。此时，若忽略阀口变化引起的稳态液动力，先导阀和主阀受力平衡方程为

$$p_3 A_d = k_{s1}(x_{0s1} + \Delta x_{s1}) \quad 及 \quad p_2 A = p_3 A + k_{s2}(x_{0s2} + x_{s2max} - \Delta x_{s2})$$

联立上述二式，可求得减压阀出口压力

$$p_2 = (x_{0s1} + \Delta x_{s1})k_{s1}/A_d + (x_{0s2} + x_{s2max} - \Delta x_{s2})k_{s2}/A \tag{5-5}$$

式中 k_{s1}、k_{s2}——先导阀和主阀弹簧刚度（N/m）；

A_d、A——先导阀和主阀有效作用面积（m^2）；

x_{0s1}、Δx_{s1}——先导阀弹簧预压缩量和先导阀开口量（m）；

x_{0s2}、x_{s2max}、Δx_{s2}——主阀弹簧预压缩量、阀口最大开口量及阀口实际开口量（m）。

如果减压阀进口压力 p_1 升高，而主阀芯仍位于 p_1 升高前的位置，则出口压力 p_2 也将升高，使主阀芯向上移动，减压口减小，p_2 又降低，在新的位置上取得平衡，而出口压力 p_2 基本保持不变，如图 5-12b 所示。

液压系统工作过程中，由于减压阀的开口能随进口压力的变化而自行调节，因而能自动保持出口压力恒定。由于先导式减压阀的进、出油口均接压力油，所以泄油口需单独接油箱。调节先导阀弹簧预紧力 F_{s1} 可以改变减压阀的调定压力值，可以在主阀上腔接出遥控口，利用外接调压阀控制主阀上腔压力，实现远程调压或多级调压。图 5-12c 为先导式减压阀的职能符号。

2. 定差减压阀

定差减压阀的主要功能是使减压阀进、出口压力差为恒定值，图 5-13 所示为定差减压阀的工作原理及其图形符号。高压油 p_1 进入减压阀腔经节流减压口后减为低压 p_2 流出，并通过阀芯的轴向通孔进入阀芯左腔，如果合理分配阀芯左右端面的有效作用面积，则可利用

左右端油液压力差与弹簧预紧力相平衡来使进、出油口压差基本保持不变。其压差为

$$\Delta p = p_1 - p_2 = k(x_0 + x)/[(D^2 - d^2)\pi/4] \tag{5-6}$$

式中 k——弹簧刚度（N/m）；

x_0、x——弹簧预压缩量和移动量（m）；

D、d——阀芯大、小端直径（m）。

定差减压阀的精度主要取决于弹簧的刚度、工作压缩量和预压缩量，只要尽量减小弹簧刚度，使其工作压缩量与预压缩量相比非常小，即可使进、出口压力差近似不变。

定差减压阀通常与节流阀串联组合成调速阀，消除或减轻通过节流阀口流量所受压力变化的影响。

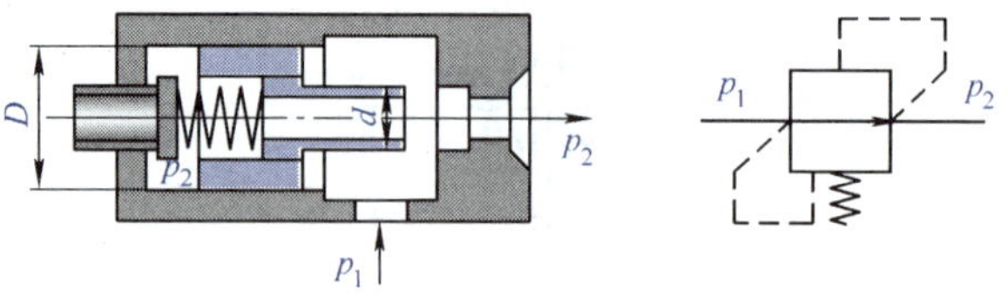

图 5-13 定差减压阀工作原理及职能符号

3. 定比减压阀

定比减压阀在工作中，能够保持阀的进、出口压力之间成一定比例，其工作原理及图形符号如图 5-14 所示。压力为 p_1 的油液引入进口后作用在小柱塞底端面上，经减压口输出的部分油液被引入大柱塞上腔，即大柱塞作用有出口油 p_2，如果忽略刚度很小的弹簧力，阀芯具有 $p_1/p_2 = D^2/d^2$ 的受力平衡关系。这样，如果适当选择大、小柱塞的直径比，即可获得相应的进、出口压力比。

4. 减压阀的基本应用

利用减压阀可以实现液压系统向两个或多个执行元件提供不同压力，使两个执行机构的负载不会相互影响各自的动作。图 5-15 的减压回路中，泵同时向两个液压缸供油。假设两个缸的负载大小不同，$F_A > F_B$，如果不设置减压阀和节流阀，工作时右缸将首先动作，只能待右缸活塞行至终点系统压力继续升高后，左缸才能动作。如果在较小负载的支路上加设减压阀，则可使两缸同时动作而不相互干扰。（回路中设置节流阀的目的是防止右缸负载为零时，减压阀出口压力为零，减压口不起减压作用使减压口两端无阻力地沟通，导致减压阀进口压力降低为零而造成减压阀进口压力失压现象发生。）

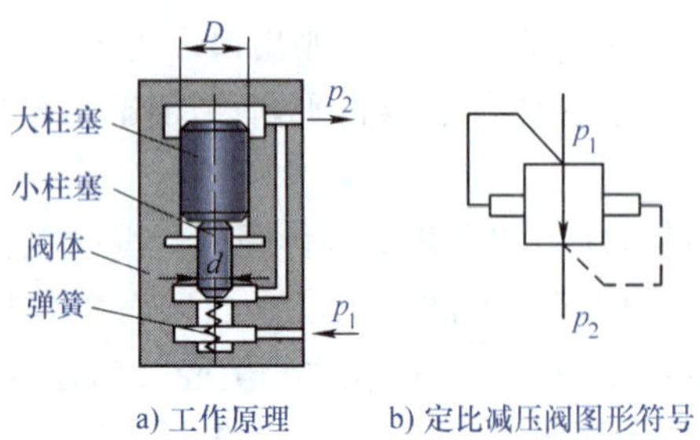

图 5-14 定比减压阀工作原理及图形符号

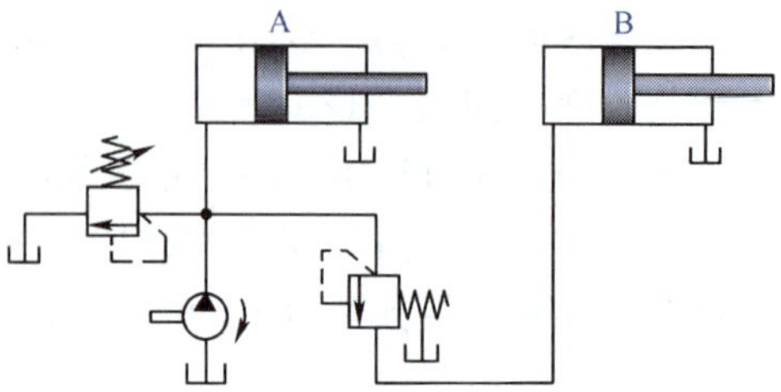

图 5-15 减压回路

一般减压阀调整的最高值应比系统中控制主回路压力的溢流阀调定值低 0.5 ~ 1MPa。

减压阀使用过程中的故障及排除

（1）出口压力不稳定 配合间隙和阻尼孔时通时堵、弹簧刚度不足使阀芯移动不灵

活以及阀芯和阀孔刮伤变形或几何精度不良等都可能导致主阀芯移动不规则，产生出口压力不稳定现象。此时应当检查修研、更换相关零部件及弹簧，或适当过滤或更换工作油液。

（2）出口压力过高，不起减压作用　产生原因主要是调压弹簧太硬、弯曲或变形，阻尼孔堵塞、先导阀打不开或回油管道不通、主阀芯在全开位置上卡死或阀口开启过大、泄油口回油不畅或漏接等。这时，需要更换弹簧；疏通阻尼孔，更换或过滤液压油；修复或更换相关零部件；配研主阀芯，也可考虑将回油管单独接入油箱。

（3）出口压力过低　先导阀内、外泄漏，调压弹簧过软或断裂，主阀芯在接近闭死状态时被卡住等使主阀阀口开启过小，均可能导致出口压力过低。此时需要检查并配研锥阀密封带，拧紧结合面处螺钉以防外泄；更换主阀弹簧；检查并疏通泄油通道，提高主阀芯移动灵活度。

三、顺序阀及其基本应用

顺序阀在液压系统中的功用相当于自动开关，利用液压力作为控制信号来控制油路的通断，从而使多个执行元件按照预定顺序进行动作。

根据控制压力的来源不同，顺序阀可分为内控顺序阀和外控顺序阀两大类。其中，内控顺序阀直接利用进油口的压力控制阀口启闭，而外控顺序阀则是利用独立于进油口的外来压力控制阀口启闭，通常也称为液控顺序阀。按照结构不同，还可分为直动式和先导式顺序阀两种，直动式顺序阀的应用相对广泛。

1. 顺序阀的基本结构和工作原理

顺序阀的结构与溢流阀相似，主要由上、下阀盖、阀体、阀芯、调压弹簧及手柄等组成。其与溢流阀的区别在于顺序阀的出油口不接油箱，而直接与后续回路相连，其输出压力由出口负载所决定。因此，顺序阀内的泄漏油液不能通入出油口，而必须利用专门通道引出阀体之外通入油箱。

顺序阀的基本结构、工作原理及职能符号如图 5-16 所示。做内控顺序阀使用时，将外控口用螺塞封闭。压力为 p_1 的油液进入进油口后，受阀芯阻碍，只能通过 a、b 通道进入阀芯下腔。油液压力没有达到调定值时，阀芯位于最下端，出油口封闭，如图 5-16a 所示。如果进口压力 p_1 达到调定值，即克服调压弹簧力、阀芯自重及滑动摩擦阻力将阀芯顶起打开出油口，如图 5-16b 所示。压力油经过顺序阀后产生很小的压力降，以压力 p_2 向回路输出。阀芯上移时，上腔内的油液经泄油口排出阀体外，因而称为外泄式。

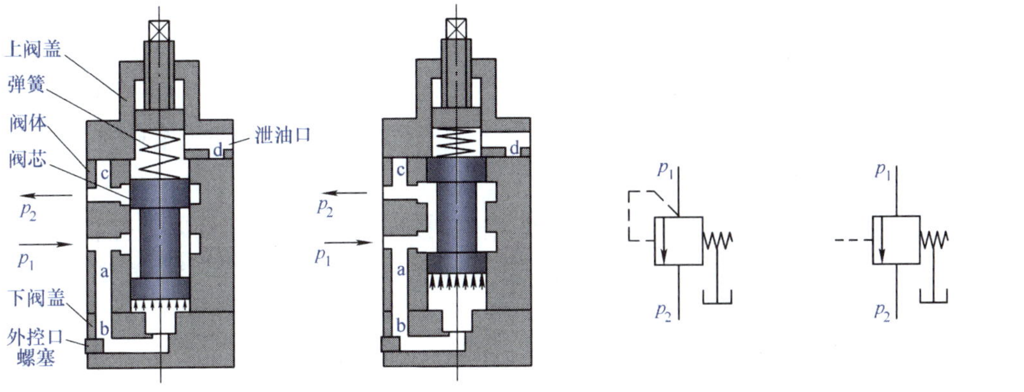

a) 出油口闭合状态　b) 出油口开启状态　c) 内控式顺序阀图形符号　d) 外控式顺序阀图形符号

图 5-16　直动式顺序阀的工作原理及图形符号

如果将泄油口用螺塞封闭，再将上阀盖旋转180°使d孔与阀体中的c孔接通，阀芯上腔的泄漏油液即可从出油口排出。这种泄油方式即称为内泄式，一般只有输出压力 p_2 很低时，才允许使用内泄式。

上述作用于阀芯下腔的油液是从进油口通过阀内通道引入的压力油，因此称为内控式。如果将下阀盖转动一个角度，在外控口接入外来的压力油液，这种控制阀芯上移开启顺序阀出油口的方式即为外控式。内、外控式顺序阀的图形符号如图5-16c和5-16d所示。

顺序阀为使执行元件准确地实现顺序动作，要求阀的调压偏差小，因而调压弹簧的刚度要小，并尽可能减小阀在关闭状态下的内泄漏量。另外，顺序阀阀口的封油长度大于溢流阀，所以在进口压力 p_1 低于调定值时，阀口全闭；当进口油压达到调定值时阀口开启，进、出油口接通。直动式顺序阀的工作压力和通过阀的流量都有一定限制，对于性能要求较高的高压大流量系统，应采用先导式顺序阀。先导式顺序阀与先导式溢流阀的结构大体相似，工作原理也基本相同。先导式顺序阀图形符号如图5-17所示。

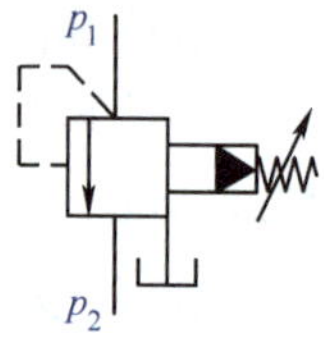

图5-17 先导式顺序阀图形符号

2. 顺序阀的基本应用

多执行元件的液压系统中，利用顺序阀可以使两个以上的执行元件按预定顺序动作，还可将顺序阀用作平衡阀、背压阀、卸荷阀等使用。

（1）实现执行元件顺序动作　图5-18所示顺序动作回路中，为了实现缸A、B的顺序动作，要求缸A到达终点后缸B开始动作，应当在两缸进油路上并联一个顺序阀。工作时，泵口排出的高压油同时进入缸A和顺序阀，缸A在压力油作用下带动负载右行。为了使缸B滞后动作，将顺序阀的调定压力调至比缸A的负载压力高0.5MPa，保证缸A运动时顺序阀关闭。当缸A到达终点后，其工作腔内的油液压力继续升高，达到顺序阀开启压力时，顺序阀进、出油口接通，缸B开始动作。

（2）作平衡阀　将顺序阀与单向阀并联装入一个阀体中，可组成单向顺序阀。与顺序阀相同，单向顺序阀也有内控和外控之分，图形符号如图5-19所示。

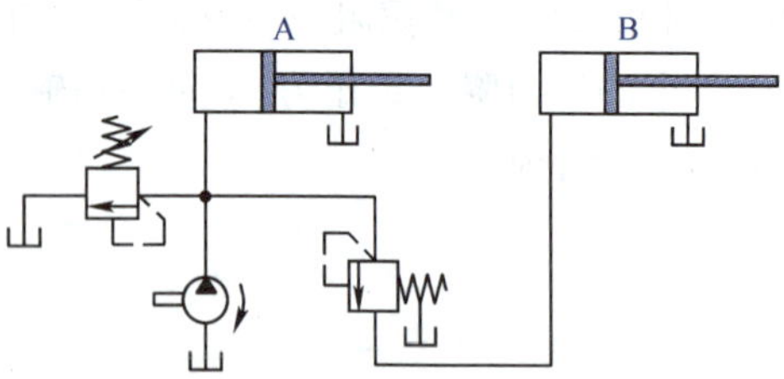

图5-18 顺序动作回路

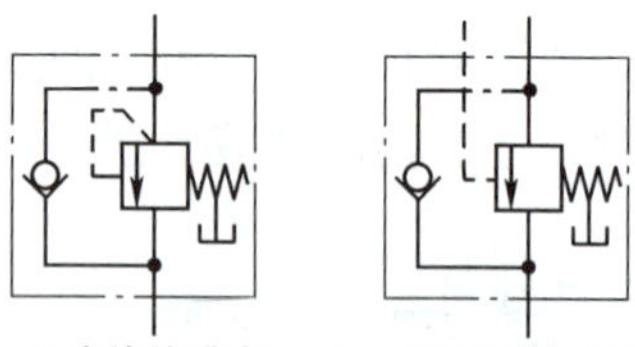

图5-19 单向顺序阀图形符号

如果将内泄式顺序阀与单向阀并联后，使其出口接油箱，即构成平衡阀。所谓平衡阀与单向顺序阀的区别，仅在于其出口接油箱，这种阀也分内控和外控两类，其图形符号如图5-20所示。

在立置液压缸的回路中，为防止负载因悬空停止时因自重而下滑，或防止活塞下行时因负载重量而产生超速和冲击，通常在液压缸回油路上串联一平衡阀，使缸的回油压力略大于因负载自重产生的油液压力，如图5-21a所示。此时，顺序阀的开启压力应足以支承运动部件的自重，当换向阀处于中位时，平衡阀闭锁，可保证缸悬停在任意位置。考虑到活塞下行时有较大的功率损失，也可采用如图 5-21b 所示的外控平衡阀。活塞下行时，控制压力油打开顺序阀，背压较小，相应地提高回路效率。一旦负载超速下行时，液压缸有杆腔内压力减小，同时平衡阀控制口的压力降低使顺序阀开口减小，缸的回油阻力增加，使负载连同活塞的下行速度减慢。

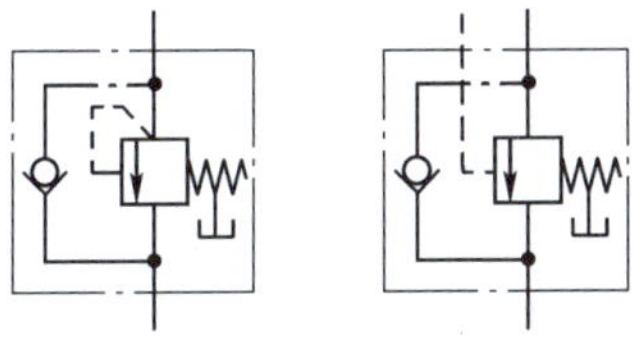

a) 内控内泄式　a) 外控内泄式

图 5-20　平衡阀图形符号

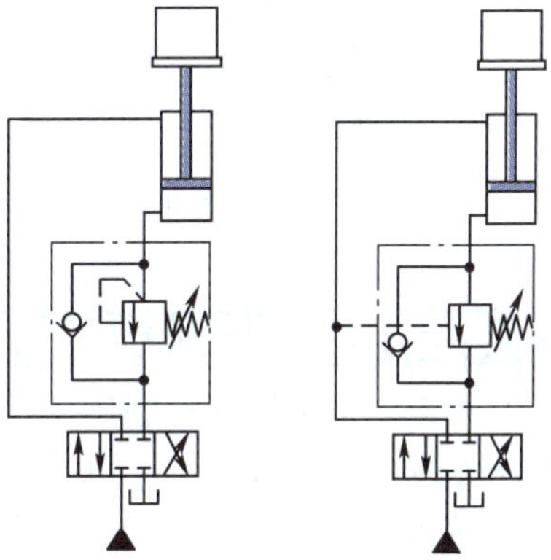

a) 用内控平衡阀　b) 用外控平衡阀

图 5-21　平衡回路

采用圆柱形阀芯的普通顺序阀作平衡阀用时，阀芯与阀体之间存在径向间隙，因少量油液泄漏，即便换向阀处于中位，也难于保证负载悬停位置准确。另外，普通顺序阀通常按照开关功用设计，未考虑阀芯浮动，但作为平衡阀使用时，阀芯因控制压力变化而随时浮动，此时阀芯容易产生振动。

(3) 作卸荷阀　将外控式顺序阀的出油口接通油箱，使阀的外泄变为内泄，即可构成卸荷阀，其图形符号如图 5-22 所示。

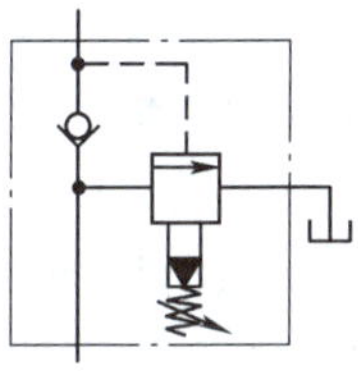

图 5-22　卸荷阀图形符号

在液压系统的实际应用中，通常需要执行元件根据工作状况实现快进、工进及快退动作，此时，可采用如图 5-23 所示设置卸荷阀的双泵供油系统。当执行元件快速前进时，所需压力较低，低压大流量泵 B 输出压力较低的油液经单向阀与高压小流量泵 A 的油液汇合后进入系统，此时，作为卸荷阀的先导式顺序阀关闭；当执行元件带动负载进行工进运动时，系统压力升至卸荷阀的调定值，阀口开启，使低压大流量泵卸荷。由于单向阀的隔断作用，系统只由高压小流量泵 A 提供较小流量，从而实现执行元件带动负载作低速运动；当执行元件返程时，系统压力降低使顺序阀阀口关闭，双泵同时供油。采用双泵供油系统可使大流量泵在带动负载工作时产生卸荷，相应地减小系统功率损失。

(4) 利用顺序阀保证回路的最低压力　图 5-24 所示为利用顺序阀来保证油路中最低压力的回路。当液压缸 A 的活塞开始上升后，利用顺序阀来保证通向液压缸 B 的油路中的最低压力。即当该油路中的压力超过顺序阀的调定压力时，液压缸 B 才能动作。这样，在液压缸 B 工作时，不致因油路压力过低而导致液压缸 A 的活塞因自重而下落。

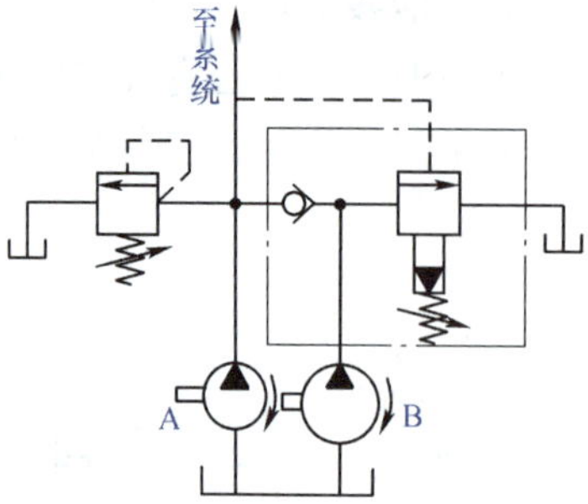

图 5-23　带卸荷阀的双泵供油系统

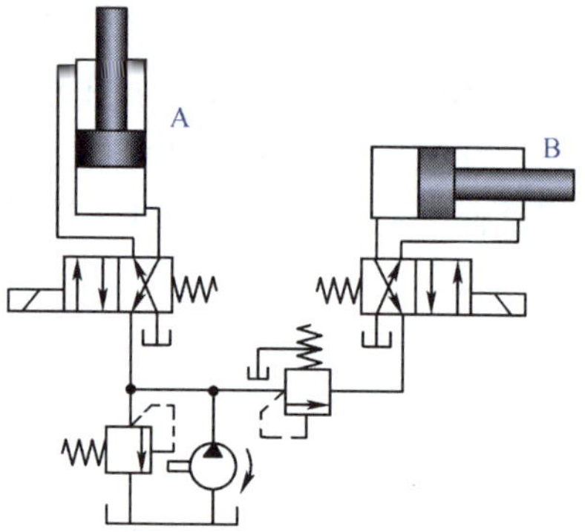

图 5-24　利用顺序阀保证回路的最低压力

顺序阀使用过程中的故障及排除

（1）始终出油无顺序控制作用　当在打开位置上主阀芯卡死，单向阀卡死或密封不良，调压弹簧太软或断裂，锥阀或钢球碎裂等可能导致阀口常开。此时需要检查配合间隙，保证阀芯移动灵活和单向阀密封带不漏油；更换具有相应刚度的调压弹簧；检查锥阀和钢球的完整及灵活性；适当过滤或更换工作油液。

（2）不出油，不起顺序控制作用　主阀芯和锥阀芯在关闭位置上卡死、阻尼孔或遥控管路堵塞导致控制油液流通不畅和压力不足、泄油管路背压过高或调节弹簧过硬等，均可能导致出油口无油液输出。对此，应更换弹簧或过滤油液，保证滑阀移动灵活；疏通阻尼孔或遥控管路；使泄漏口管道单独接回油箱。

（3）调定压力值不符合要求或压力控制不灵　调压弹簧变形、失效或弹簧调定值与系统不匹配、滑阀移动时阻力变化太大或卡死，会导致调压不合理或弹簧力、摩擦力等变化无规律。为排除故障，首先考虑更换合适的调压弹簧；重新调定所需要的压力，保证各压力元件的调整值之间不矛盾；检查滑阀的配合间隙，保证阀芯移动灵活；必要时还应考虑过滤或更换工作油液。

（4）振动与噪声　通常是由于回油背压过高、或油温升高所致。这种情况下应降低回油阻力并将油温控制在规定范围内。

四、压力继电器及其基本应用

压力继电器是一种液-电信号转换元件，可利用液体压力来启闭电触点发出信号，控制电动机、电磁铁等电气元件动作，使油路卸压、换向、执行元件实现顺序动作或关闭电动机等，进而调节和控制液压系统的运行。

压力继电器主要有柱塞式、膜片式、弹簧管式和波纹管式四种结构形式，其中柱塞式压力继电器应用最广泛。

1. 压力继电器的基本结构与工作原理

柱塞式压力继电器的组成和基本结构及其图形符号如图 5-25 所示，其主要由柱塞、顶杆及调压弹簧等组成。压力油经控制口进入柱塞底部，油液对柱塞底端面产生的压力达到压力继电器的调定值时，柱塞上移并由锥面推动小球水平移动，触动微动电气开关使其发出电信号控制液压元件动作。改变弹簧的预压缩量，可以调节压力继电器的动作压力。

压力继电器进口压力升高至使其发出信号时的压力称为开启压力，进口压力降低而切断电信号时的压力称为闭合压力。开启时，柱塞、顶杆移动时所受的摩擦力与压力方向相反，闭合时两者方向相同，因此，开启压力大于闭合压力。压力降至调定压力时，压力继电器并不能够迅速复位，而需继续下降一定量后才能复位，这个压力称作复位压力。开启压力与复位压力之差称为通断往返区间，这一区间需有足够的大小，否则，系统压力有脉动时，压力继电器发出的电信号将产生断续，一般通断往返区间的调节范围为 0.35 ~0.8MPa。

2. 压力继电器的应用

将压力继电器置于液压系统中，利用其发出的电信号来控制电磁铁、继电器等，可实现电液控制。

（1）用于程序控制　在图 5-26 所示回路中，将节流阀装于进油路上，压力继电器装于节流阀与液压缸之间。在图示状态，液压缸活塞在节流阀节流作用下向右“工进”。活塞右行碰到挡铁后，液压缸的进油腔压力升高，当达到压力继电器的调定值后发出信号使二位四通阀电磁铁断电，二位二通阀磁铁通电，缸右腔进油，活塞左移实现快退。如果二位二通阀和二位四通阀同时通电，活塞向右实现快进。

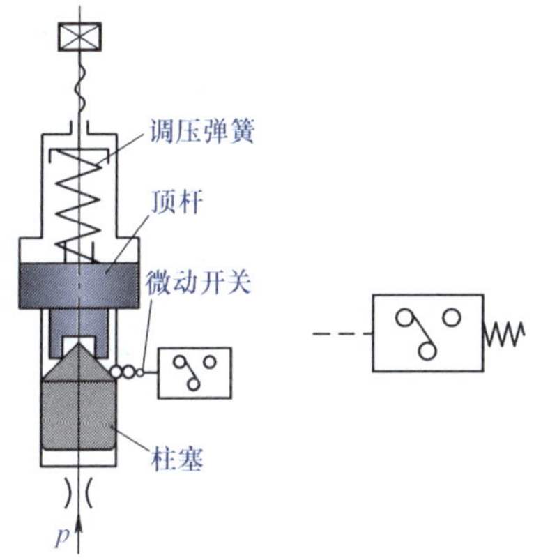

a) 压力继电器组成　　b) 图形符号

图 5-25　液压柱塞式压力继电器

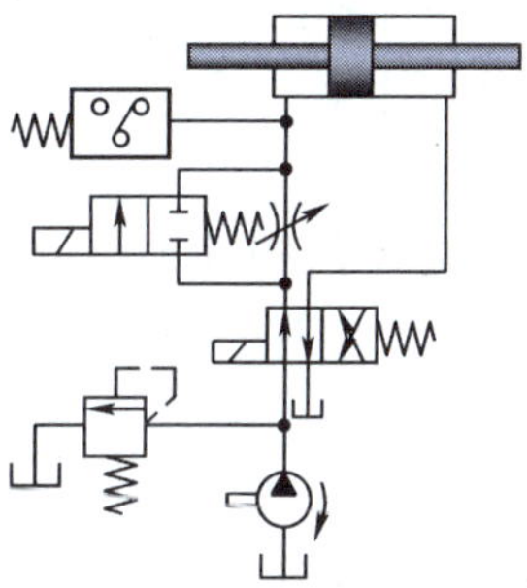

图 5-26　压力继电器控制动作程序

应注意，压力继电器要置于压力有明显变化的地方时，才能发出信号。如果将压力继电器置于节流阀与液压泵之间，因泵供油压力不论执行元件是否碰上死档铁都不变，所以不能取得下一动作开始的信号。如果将压力继电器置于回油路上，由于油路直接接通油箱，压力也没有变化，所以压力继电器也不会动作。

（2）用于卸荷保压　在液压系统中接入压力继电器，可实现保压卸荷，如图 5-27 所示。当 1YA 通电时，活塞右移，夹具接触工件开始夹紧时缸内压力升高，同时可向蓄能器供油。当压力达到要求的夹紧力时，压力继电器发出信号使 3YA 通电导通先导式溢流阀，液压泵卸荷。如果系统产生泄漏，可由蓄能器向液压缸补油。如果系统压力降至压力继电器复位压力，则 3YA 断电，泵再次向液压缸和蓄能器充油，进而使系统实现长时间保压。

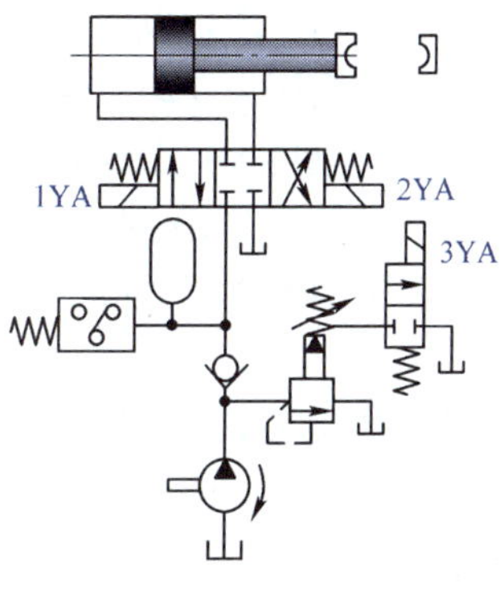

图 5-27　压力继电器用于保压卸荷

第三节　流量控制阀及其应用

在液压系统中，用来控制和调节流量的阀统称为流量控制阀。流量控制阀通过调节阀口通流面积来改变通过阀口的油液流量，从而控制执行元件的运动速度。流量控制阀主要有节流阀、调速阀、分流-集流阀及其他组合式流量阀等。

一、节流孔的流量特性

根据孔口缝隙流动理论，通过节流阀的流量可以表示为

$$q = kA\Delta p^m \tag{5-7}$$

式中　k——节流系数（取决于节流孔口的断面形状和油液性质）；

A——节流孔口的通流面积（m^2）；

Δp——节流口前、后的压力差（MPa）；

m——节流孔形状指数。

一般节流口属于薄壁小孔，节流系数 $k = C_d(2/\rho)^{1/2}$，其大小取决于流量系数 C_d 和油液密度 ρ，C_d 并不是常数，它受节流孔形状、前后压差和油液性质的影响而变化，通常取 $C_d = 0.6 \sim 0.8$；节流孔形状指数 m 也受多种因素影响，一般薄壁小孔 $m = 0.5$。因此，上式中包含很多不确定因素，只能提供一个对流量进行概略计算的简明表达式。

如果忽略上述几个非确定参数的影响，则流量 q 主要随节流口通流面积 A 而变化，并且希望对于确定的通流面积 A，应有一个稳定的流量 q。将式（5-7）做成曲线图 5-28，将其称为节流口的静特性曲线，它表示节流口通流面积 A 为一定值时，通过节流口的流量 q 与节流口两端压力差的关系。由图可见，当 A 一定时，q 随 Δp 增加而增大；对应同一 Δp 值，由于 $A_2 > A_1$，则有 $q_2 > q_1$。现将节流阀的刚度作为衡量其静特性的判据，则定义节流阀的刚度 T 为节流阀前后压差的变化 Δp 与流量 q 波动值之比，即流量曲线上某点的切线与横坐标夹角 α 的余切

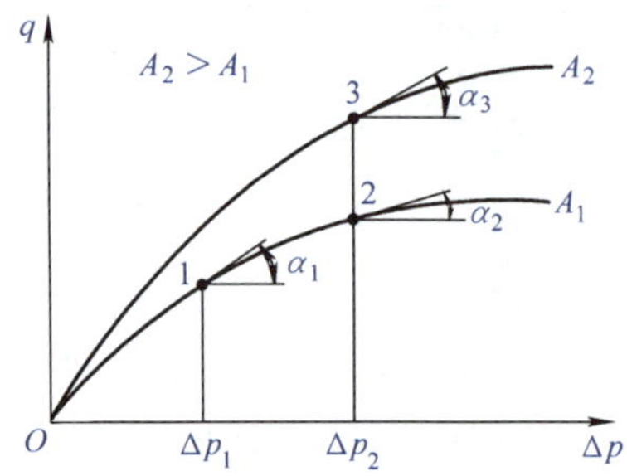

图 5-28　节流口的特性曲线

$$T = \mathrm{d}\Delta p/\mathrm{d}q = \cot\alpha \tag{5-8}$$

节流阀刚度的物理意义表明当 Δp 有某一增量时，q 值相应地也有某一增量，q 的增量值越大，说明流量的波动量也越大，而其刚度越小；反之，则刚度大。也就是说，节流阀的刚度反映了它在负载压力变动时保持流量稳定的能力。节流阀前后压差 Δp 相同时，节流口通流面积 A 小时，刚度大；节流口 A 一定时，前后压差 Δp 越小，刚度越低。因此，节流阀只能在大于某一最低压差 Δp 的条件下才能正常工作。通过对节流阀刚度的分析可得出结论，在满足使用要求的条件下，应尽可能减小节流口通流面积 A，另外，节流口前后压差 Δp 不宜过小。

二、节流阀及其基本应用

节流阀是最基本的流量控制阀，它靠调节阀芯与阀体内孔的通流面积来改变通过节流口的油液流量，来达到控制执行元件运动速度的目的。

1. 节流阀的基本结构及工作原理

节流阀主要由阀体、阀芯、复位弹簧及调节螺母等组成，其基本结构如图5-29a所示。工作时，压力油从进油口进入阀体，经阀芯端部的轴向三角槽节流后，从出油口排出。调节螺母可以通过推杆调节阀芯的轴向位置，改变通流面积，从而改变通过节流阀的流量。图5-29b是节流阀的图形符号。

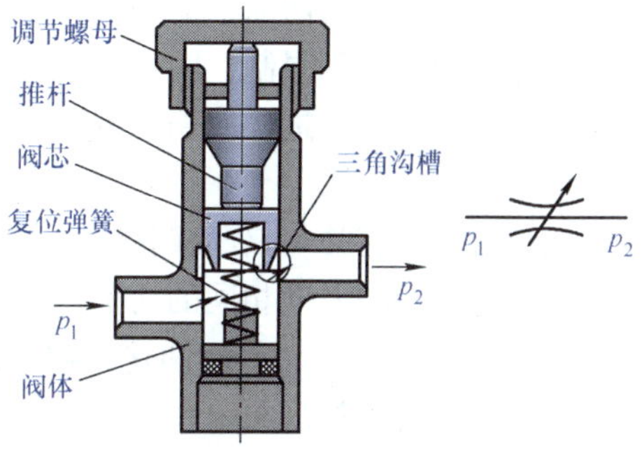

a) 节流阀基本结构　b) 节流阀图形符号

图5-29　筒式节流阀基本结构和图形符号

节流阀的节流口通流面积调定后，如果节流口前后压差稳定时，输出流量相对稳定，但负载变化时，节流阀出油口处压力升高会导致前后压差增大，因而使输出流量不稳定。另外，节流阀在小开口下工作时，容易产生流量脉动现象。

2. 节流阀的基本应用

普通节流阀只是一个可调的液阻，调整好后在液压系统中就是一个固定液阻。由于节流阀没能很好解决负载与油温变化对输出流量稳定性的影响，因此只适用于速度稳定性要求不高的液压系统。节流阀通常用于定量泵供油的调速回路中，根据节流阀在回路中的位置，可分成三种形式，即进油节流调速、回油节流调速和旁油路节流调速。

（1）进油节流调速　如图5-30a所示，将节流阀串联在泵和缸之间，用来控制进入缸的油量，以调节活塞的运动速度。在这种定量泵节流调速回路中，只有将节流阀与溢流阀一起用使定量泵输出的多余油量溢流回油箱，才能解决节流调速问题，并使泵出口压力保持在溢流阀调定压力值上不变。因此，泵出口处并联的溢流阀必须处于阀口开启的工作状态，是这种调速回路正常工作的必要条件。

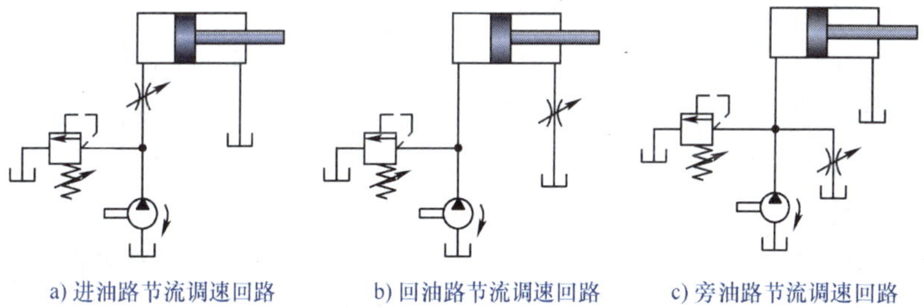

a) 进油路节流调速回路　b) 回油路节流调速回路　c) 旁油路节流调速回路

图5-30　采用节流阀的节流调速回路

在进油节流调速系统中，当负载变化时将引起节流阀口前后压差变化，使通过节流阀口的油液流量发生变化，即负载变化将导致节流阀后执行元件的运动速度发生变化。也就是说，尽管节流口通流面积A一定，但随负载增加，则执行元件的运动速度减小。特别是当负载增加非常大时，会使节流口前后压差等于零，此时将导致通过节流口的油液流量等于零，即执行元件停止运动。节流阀进油节流调速回路的工作效率受负载变化影响非常明显，因此，这种调速回路只适用于轻载、低速、负载变化不大和对速度稳定性要求不高的小功率液压系统。

（2）回油节流调速　将节流阀串联在液压缸的回油路上，利用节流阀控制液压缸的排量来实现节流调速，称为回油节流调速，如图5-30b所示。由于液压缸排油量受到限制，使无杆腔的进油量同样受到限制，因而多余油量仍需从溢流阀溢流回油箱。

采用节流阀组成的进、回油节流调速回路，其承载能力、速度负载特性等基本相同，但也存在一些区别。

1）速度失控。在回油节流调速中，节流阀置于缸回油路上形成背压（$p_2 \neq 0$），特别是产生与执行元件运动方向相同的所谓负值负载时，活塞的运动速度仍受到限制，因此不会产生速度失控。而对于进油节流调速回路，由于缸出口压力近似于零，排油路上几乎没有阻尼，容易产生速度失控现象。

2）运动平稳性。节流阀置于缸排油路上组成的回油路节流调速回路，不仅起到限制执行元件运动速度的作用，而且作为阻尼力还可抑制运动元件产生的振动，提高运动元件的运动平稳性。从这一点来看，回油节流调速的运动稳定性比进油节流调速好。但由于单杆缸的无杆腔进油量大于有杆腔的回油量，在缸径、缸速相同的情况下，进口节流阀的阀口开度较大，低速时不宜堵塞。而从这一点来看，进油节流调速回路可获得更低的稳定速度。

3）起动前冲。回油节流调速系统的工作间歇时间较长时，回油腔油液可能产生部分泄漏，重新起动时会发生活塞前冲现象。而进油节流调速回路中，由于节流阀在缸进油路上的限制作用，产生的起动前冲现象要小得多。

4）油液发热的影响。在进油节流调速回路中，经节流阀阀口阻尼后的发热油液直接进入缸的进油腔，引起液压缸泄漏并影响稳定性。而回油节流调速回路中，经节流阀口发热后的油液直接流回油箱冷却。

（3）旁路节流调速　将节流阀接在与执行元件并联的旁油路上，即构成旁路节流调速回路，如图5-30c所示。定量泵输出的油液流量，一部分进入液压缸进油腔，另一部分流量通过节流阀流回油箱。由于定量泵的输出流量一定，通过节流阀回油箱的流量大，则进入缸进油腔的流量就减小，因此，只要调节通过旁路节流阀的流量，即可调节进入缸进油腔的流量，从而调节活塞的运动速度。

由于旁路节流阀的进口压力直接受液压缸无杆腔工作压力的影响，即受到负载力的变化影响，因此，负载变化将使旁路节流阀进油压力发生变化。尽管节流阀口面积A不变，因节流口前后压差变化，也会影响到经节流口流入油箱的油液流量发生变化，间接地引起进入液压缸无杆腔流量变化，因而也就使活塞运动速度发生不稳定变化。

旁路节流调速回路只有流量损失而无压力损失，比前两种节流调速回路功率损失小、效率高；低速承载能力较差，调速范围小，一般用于功率较大且对速度稳定性要求不高的系统。

三、调速阀及其基本应用

1. 调速阀的基本结构与工作原理

调速阀由定差减压阀与节流阀串联组成，是进行了压力补偿的节流阀。节流阀用来调节通过的流量，定差减压阀可自动保持节流阀前后压差恒定，使执行元件的运动速度不受负载变化的影响，从而提高流量稳定性。调速阀的工作原理及其图形符号如图5-31所示，压力油p_1进入调速阀时先经减压阀口被减压为p_2后进入节流阀，p_2同时还进入减压阀阀芯小端左腔a和大端左腔b；由节流阀口流出的油液变为负载压力p_3，同时p_3又经过阀内通道引入减压阀阀芯大端右腔c。减压阀阀芯大端所处c腔的有效工作面积A是大端左腔b和小端左腔 a 有效工作面积之和，即 $A=A_1+A_2$，若不计摩擦力和液动力的影响，阀芯处于平衡时的作用力又可以写作 $p_3A+F_s=p_2A_1+p_2A_2$，因此，节流阀两端的压差

$$\Delta p=p_2-p_3=F_s/A \tag{5-9}$$

式中　F_s——弹簧力（N）。

由于工作时减压阀阀芯的移动量不大，弹簧的刚度也较小，弹簧力 F_s 近似为常数，因此，可以保证节流阀前后的压差 $\Delta p=p_2-p_3$ 基本为常数。当调速阀入口压力 p_1 为常数，而负载突然增大使节流阀出口端压力 p_3 增大，由于 $p_3A+F_s>p_2(A_1+A_2)$，迫使减压阀阀芯左移，阀口开大，油液流经阀口时的液阻减小，使 p_2 也增大，仍保持节流阀前后端压差 Δp 不变；当 $p_2-p_3=F_s/A$ 时，减压阀阀芯又保持在新的平衡位置上。反之，当节流阀出口端负载压力 p_3 减小时，减压阀阀芯将在压力作用下右移，使减压阀口减小，液阻增大，减压阀出口端压力 p_2 减小，仍能保持节流阀前后端压差 Δp 不变。

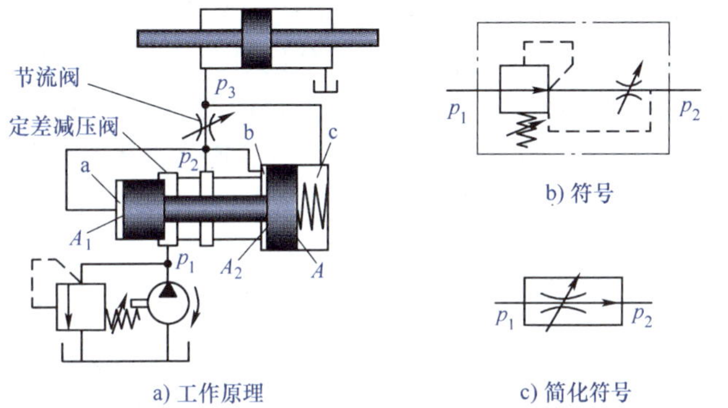

图 5-31　调速阀的工作原理及图形符号

按照上述分析方法，当调速阀进口压力 p_1 发生变化时，节流阀前后端压差 Δp 同样能保持基本不变。

图 5-32 所示为节流阀与调速阀的流量特性曲线。对于调速阀，当压差小于 Δp_{min} 时，减压阀阀芯两侧压差很小，阀芯仅受弹簧作用力被压向左端，此时阀口开得很大，由于阀口液阻很小，对油液减压作用也很小，节流阀阀口前后端压差得不到补偿，因而调速阀在这一段的流量特性曲线与节流阀重合。压差大于 Δp_{min} 后，由于定差减压阀的补偿作用使调速阀的输出流量基本不受阀前后压差的影响，得到稳定输出。

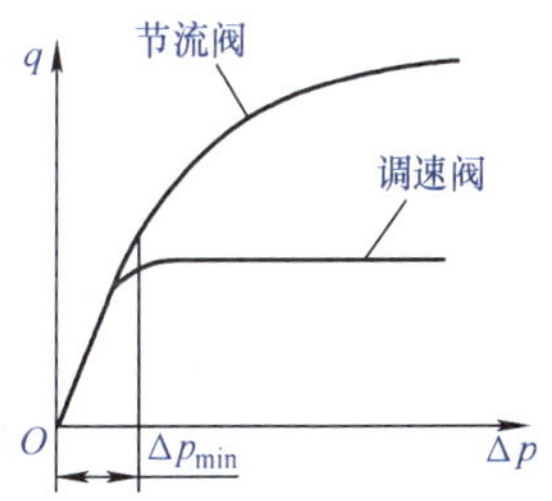

图 5-32　节流口的流量特性曲线

为了保证调速阀具有较好的流量输出稳定性，通常在设计液压系统或使用调速阀时，使调速阀的最小工作压差大于 Δp_{min}。一般调速阀的工作压差需保持在 0.5MPa 以上，高压调速阀为 1MPa。

2. 调速阀的基本应用

在速度调节回路中，利用调速阀代替节流阀可以获得较好的速度稳定性。将调速阀置于执行元件的进油、回油及旁油路上，都可以达到改善速度负载特性，使速度稳定性提高的目的。在进、回油节流调速回路中，溢流阀的调定压力需根据最大负载、管路和其他阀的压力损失以及调速阀所必须的最小压差来调节。由于调速阀的最小压差比节流阀的压差（一般

为0.2～0.3MPa）大一些，所以，采用调速阀的调速回路比节流阀调速回路的功率损失要大。

在采用调速阀的旁路节流调速回路中，速度刚度比采用节流阀要高，但由于泵泄漏对速度的影响使速度刚度不如进、出油节流调速回路高。通过调速阀的流量不受负载影响，其能承受的最大负载只受安全阀调定压力限制，因而与节流阀旁路节流调速回路相比较，采用调速阀时的低速承载能力有很大提高。

3. 其他节流阀

为了补偿节流阀前后端压力差变化引起的流量变化，还可以采用其他组合或相应措施，以达到不同的目的，如组成溢流节流阀、温度补偿调速阀等。

（1）溢流节流阀　溢流节流阀也是一种压力补偿型节流阀，有时称为旁通调速阀，其功能与调速阀相同，都是为了补偿由节流阀前后端压力差变化引起的流量变化。溢流节流阀的工作原理及图形符号如图5-33所示，主要由溢流阀和节流阀并联组成。阀的进口压力为溢流阀口前端压力 p_1，进口处的高压油 p_1 中一部分经过节流阀口压力减为 p_2 再进入执行机构，另一部分经溢流阀口回油箱。其中，溢流阀出口油液一部分经通道a引入溢流阀阀芯大端上腔b，作用在阀芯上端面。节流阀入口处油液经通道c进入溢流阀芯大端下腔，另一部分经通道e进入溢流阀阀芯小端下腔f，共同对阀芯产生一个向上的推力。

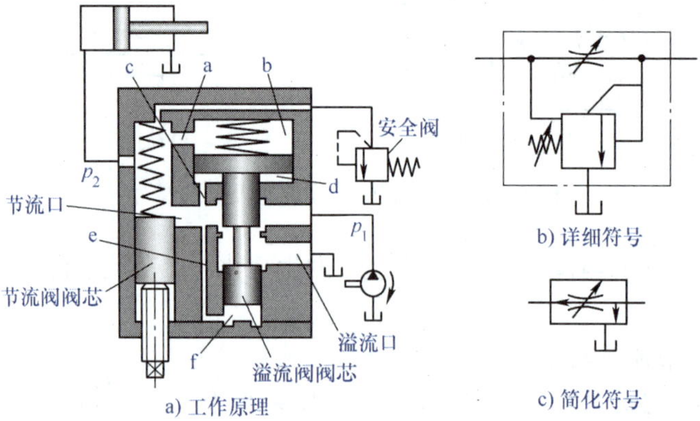

图5-33　溢流节流阀的工作原理及图形符号

液压缸负载压力增加使节流阀出口压力 p_2 增大，同时进入b腔的油液压力增大导致溢流阀阀芯向下移动，破坏了原有的平衡位置，并使溢流口关小而增大溢流阻力，因而进口压力 p_1 增大，保持节流口前后压差基本不变。这样，使流过溢流口的流量及节流阀出口流量基本稳定，保证执行元件运动速度不会因负载增大而产生变化。

如果不考虑各种参数的过渡过程及液动力等的影响，溢流阀阀芯处于稳定状态时的受力平衡关系为 $p_2A+F_s=p_1A_1+p_1A_2$，如果使溢流阀阀芯大端上表面面积 A 和大、小端下表面面积 A_1、A_2 具有 $A=A_1+A_2$ 的关系，则与调速阀类似有

$$\Delta p=p_1-p_2=F_s/A \tag{5-10}$$

通常将上图所示安全阀一同置入溢流节流阀阀体内，溢流节流阀正常工作时，安全阀不开启，主要用于防止系统过载。与调速阀不同，溢流节流阀必须接在执行元件的进油路上。工作时，泵口（即溢流节流阀进口）压力 p_1 随负载压力 p_2 的变化而变化，属变压系统，其功率利用合理。

调速阀和溢流节流阀的比较见表 5-1。

表 5-1　调速阀和溢流阀性能比较

调　速　阀	溢流节流阀
定差减压阀与节流阀串联	溢流阀与节流阀并联
泵出口压力，即阀的进口压力为恒压，不随执行元件负载压力的变化而变化	泵出口压力，即阀的进口压力是变化的，负载压力越大，阀的进口压力也就越高
只有泵的部分流量流过阀，减压阀阀芯运动时阻力较小，减压阀弹簧较软	泵的全部流量都流过阀，溢流阀阀芯运动时阻力较大，溢流阀弹簧较硬
节流口上的压差较小，约为 0.1～0.3MPa	节流口前后端压差较大，约为 0.3～0.5MPa
泵消耗的功率较大，发热也较大	泵消耗的功率较小，发热也较小

（2）温度补偿调速阀　所谓温度补偿调速阀，是在普通调速阀中的节流阀阀芯与推杆之间加装一个热膨胀系数较大的聚氯乙烯温度补偿杆。当油温升高时，该补偿杆膨胀伸长，自动关小阀口，正好可抵消由于黏性降低使流量增加的影响。采用这种结构，可以适当补偿温度升高造成的流量变化，进而提高流量稳定性。

四、分流集流阀

在液压系统中，经常会有一个泵向两个执行元件供油，或两个液压缸带动同一个工作机构运动的工况，这时就出现一个执行元件同步运动的问题。分流集流阀可以使两个出流或入流流量相等，从而实现两个执行元件的速度同步，因此也称其为同步阀。分流集流阀是分流阀、集流阀和分流-集流阀的总称。

1. 分流阀的工作原理

图 5-34 所示为分流阀的工作原理及图形符号。压力为 p_0、流量为 q 的油液进入分流阀，分别通过两个固定节流孔经阀芯内腔、可变节流孔后，各自由出油口通向执行元件。如果两个执行元件的负载相等，则有 $p_{A2}=p_{B2}$，由于阀内两个支流道的形状尺寸完全对称，所以输出油液的流量 $q_A=q_B=q/2$，且 $p_{A1}=p_{B1}$。当执行元件负载大小不同时，将导致两个出口压力不同 $p_{A2}\neq p_{B2}$。假设 $p_{A2}>p_{B2}$，此时，阀芯来不及运动而处于原始平衡位置上，由于两支流道上的总阻力相同，因而导致 $q_A<q_B$，同时 $(p_0-p_{A1})<(p_0-p_{B1})$，则 $p_{A1}>p_{B1}$，于是勾在一起的左右阀芯将在不对称液压力作用下向右移动，使左端可变节流孔增大，右端可变节流孔减小，其结果是 p_{A1} 减小，p_{B1} 增大，q_A 增大，q_B 减小，直至 $q_A=q_B$，$p_{A2}=p_{B2}$，阀芯在一个新的平衡位置上稳定下来，由此确保两个输出口流量相等。

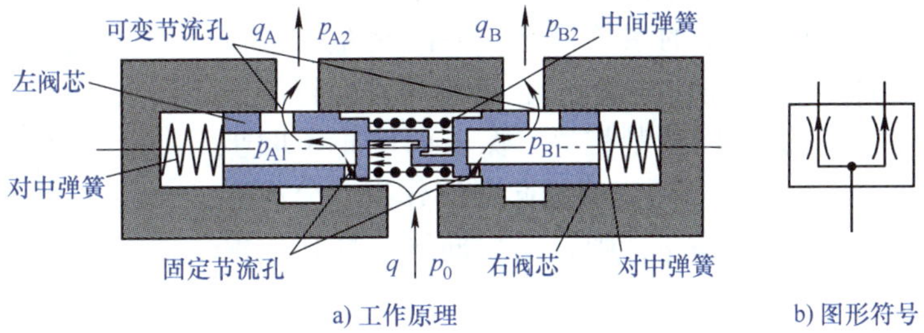

图 5-34　分流阀工作原理及图形符号

2. 集流阀的工作原理

集流阀是按固定比例将两股液流合成单一液流的流量控制阀，其工作原理如图 5-35 所示。由于 p_0 小于 p_{A1} 和 p_{B1}，因此左右两阀芯处于相互靠近状态。假设负载压力 $p_{A2}>p_{B2}$，如果两阀芯仍处于原始的中间位置，则有 $p_{A1}>p_{B1}$，此时靠紧成一体的阀芯右移，使左端可变节流孔减小，p_{A1} 减小；右端可变节流孔增大，p_{B1} 增大。p_{A1} 减小直至 $p_{A1}=p_{B1}$，阀芯停止运动，使 $q_A=q_B$，不受进口压力变化的影响。

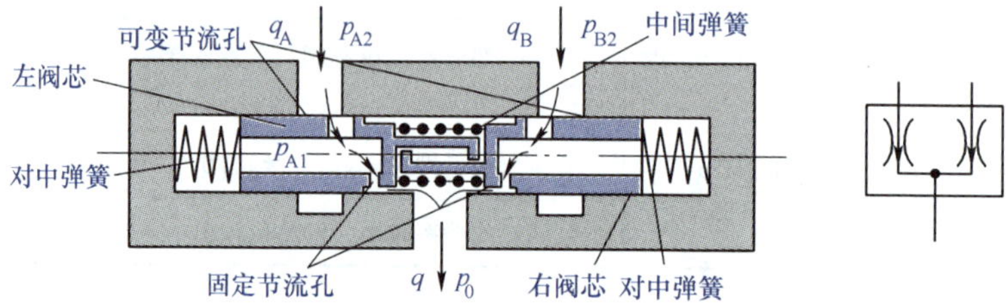

a) 工作原理　　b) 图形符号

图 5-35 集流阀工作原理及图形符号

使用集流阀的系统同样采用恒压能源，压力恒定的油液分别进入两个缸的工作腔，而从两个缸排出的油液分别进入集流阀的两个进油口，经过两个可变节流孔压力分别降低，再经过固定节流孔后降为同一个压力。

3. 分流-集流阀

分流阀安装在执行元件的进油路上，保证进入执行元件的流量相等或成一定比例（比例分流），以实现两个执行元件的运动速度同步或定比关系。集流阀安装在执行元件的回油路上，保证执行元件的回油量相等。分流-集流阀是兼有分流和集流两种功能的流量控制阀，也是利用负载压力反馈并通过阀芯的运动改变可变节流孔的开口面积来实现压力补偿的。分流-集流阀的图形符号如图 5-36 所示。

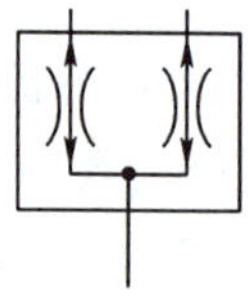

图 5-36 分流-集流阀图形符号

4. 分流-集流阀的基本应用

分流-集流阀因有固定和可变两重节流口，阀进、出油口之间的压力损失较大，通常不宜用于低压系统。为了提高同步精度，应使阀芯的轴线处于水平位置。另外，分流-集流阀在过渡过程中不能保证同步精度，也不宜用于频繁换向的液压系统。

图 5-37 所示为利用分流-集流阀控制行走机械（如拖拉机）两侧驱动轮双向同步运动的系统回路。换向阀左位工作时，两个液压马达的回油路分别进入分流-集流阀，即将压力油集流，并控制两个马达的回油量相等，保证两侧轮子同步旋转。换向阀右位工作时，分流-集流阀起分流作用，分成流量相等的两股油液分别进入马达，则输出反向同步转速，保证倒车行驶同步。

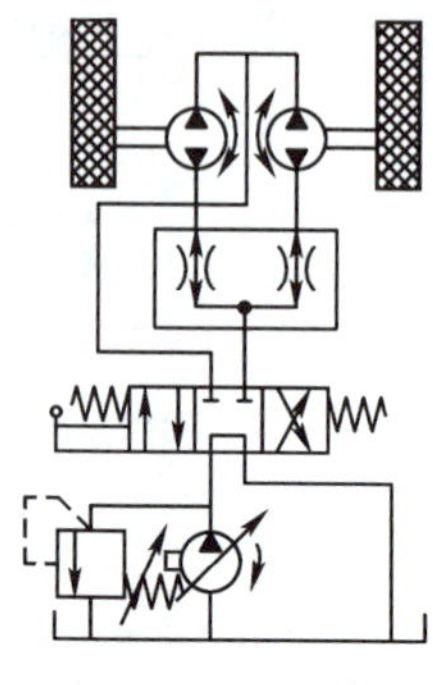

图 5-37 利用分流-集流阀的同步回路

分流-集流阀由分流到集流的转换，是由外加换向阀控制油液流动方向实现的。分流-集流阀的同步精度约在 2% ~

5%，阀本身和由它组成的液压系统都比较简单，但受温度影响较大，并且阀本身的压力损失也较大。

流量控制阀使用过程中的故障及排除

(1) 输出流量不稳定 通常压力补偿阀芯工作不灵敏，阻尼孔时通时堵或在全开位置卡死，弹簧弯曲变形使阀芯卡住，阀芯与阀套精度差，间隙小等会引起压力补偿器故障。而节流口有污物，外负载变化引起流量变化，油液脏或油温过高以及内、外泄漏等会引起节流阀故障。这些因素都会导致输出流量不稳定。因此，需要检修，使阀芯移动灵活，清洗阻尼孔并过滤油液，更换弹簧，消除泄漏等。对负载变化较大，速度稳定性要求较高的系统应采用调速阀，修复调速阀中的减压阀或温度补偿装置。

(2) 不起节流作用或调节范围小 阀的配合间隙过大产生内泄，单向节流阀中的单向密封不良或弹簧变形，小开口时节流口堵塞，大开口时阀芯卡死等，都会因通过流量阀的油液过多而失去节流作用。因此，需要拆开清洗并修复阀体或更换阀芯；研磨单向阀阀座，更换弹簧；清洗、过滤工作油液。

(3) 调速阀流量不稳定 调速阀进、出口接反，减压阀不起作用，节流口堵塞，内泄漏量过大或油温过高都会导致调速阀流量不稳定。因此，应检查并正确连接进、出口；锁紧调节螺钉；拆洗或更换节流阀阀芯与密封元件；适当降低工作时的油液温度。

第四节 方向控制阀及其应用

方向控制阀是通过改变阀芯与阀腔之间的相对位置，来控制系统中各油路通断，进而改变油液流动方向的液压控制阀。

普通方向阀包括单向阀和换向阀两大类。

一、单向阀及其基本应用

单向阀包括普通单向阀和液控单向阀两种。

1. 普通单向阀

普通单向阀在系统中的作用是控制液流只能沿一个方向流动，而反向截止，有时也称止回阀，工作原理如图 5-38 所示。单向阀由阀体、阀芯及弹簧等组成，阀芯通常采用锥阀或球阀。当右端 P_1 口油液压力小于左端 P_2 口压力时，阀芯在左端油液压力和弹簧力共同作用下，紧紧顶在阀口上，如图 5-38a 所示，两端油液不能相通。如果右端 P_1 口油液压力较高，液压合力能够克服弹簧预紧力时，将推动阀芯向左移动打开阀口，右端 P_1 口高压油经阀口、阀芯径向和轴向通道从左端 P_2 口流出，如图 5-38b 所示，图 5-38c 是单向阀的图形符号。

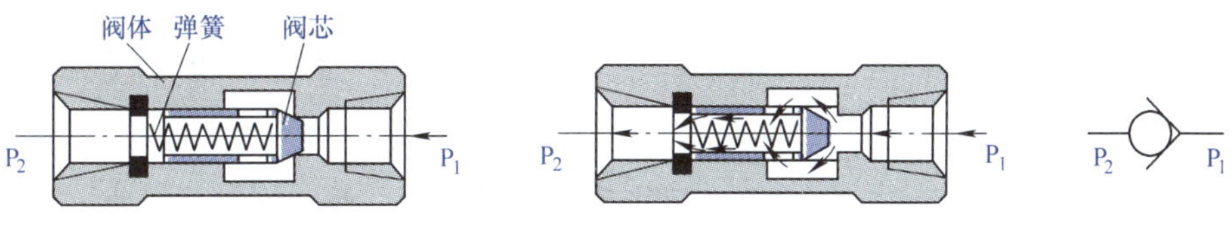

a) 阀芯闭合状态　b) 阀芯开启状态　c) 图形符号

图 5-38 管式连接单向阀工作原理

管式连接单向阀的油口可通过管接头和油管连接，阀体的重量靠管路支承，因此阀的体积不能太大。单向阀要求具有较小的开启压力，一般当正向压力达到0.04MPa时，应使阀口开启，因此，单向阀的弹簧较软。如果将软弹簧换成适当的较硬弹簧，可作为背压阀使用。

2. 液控单向阀

液控单向阀是通入控制油液后允许油液双向流动的方向控制阀，如图5-39所示，液控单向阀是在单向阀的基础上增加了控制油腔和控制活塞而组成。当控制油口K无压力油输入时，其作用与普通单向阀完全相同，进油口P_1通入高压油作用在阀芯左端面上，液压合力的作用力克服弹簧预紧力将阀芯推向右端，阀口开启，油液从P_1流向P_2，实现单向导通。反之，油液从P_2口进入，阀截止，P_1口无输出。

如果控制油口K输入压力油作用在活塞左端，当液压合力足以克服弹簧预紧力及活塞和阀芯的滑动摩擦力时，活塞向右运动，其右端油液通过泄油口排入油箱，并通过推杆推动阀芯，压缩弹簧，使阀芯向右移动，打开阀口，此时，正反方向均可通过油液，使阀变为双向均可导通的双向阀。

用于液控单向阀开启的控制油液，一般由主油路中单独引出，其压力不应低于主油路压力的30%～50%。液控单向阀的主要性能与单向阀差不多，具有良好的密封性能，其泄漏量可为零，因此，有时称为液压锁。

3. 单向阀的基本应用

单向阀的开启压力仅有0.03～0.1MPa，在回路中可用于阻止油液逆向流动。如更换成较硬弹簧，使其开启压力达到0.2～0.6MPa，可作背压阀用。液控单向阀通常用于保压、锁紧或平衡等回路，也常用于防止立置液压缸停止运动、突然断电或要求任意位置停留时重物因自重而下滑的场合。

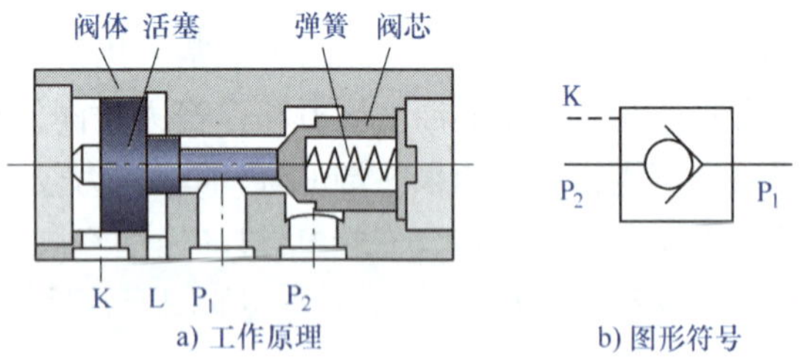

图5-39 液控单向阀工作原理

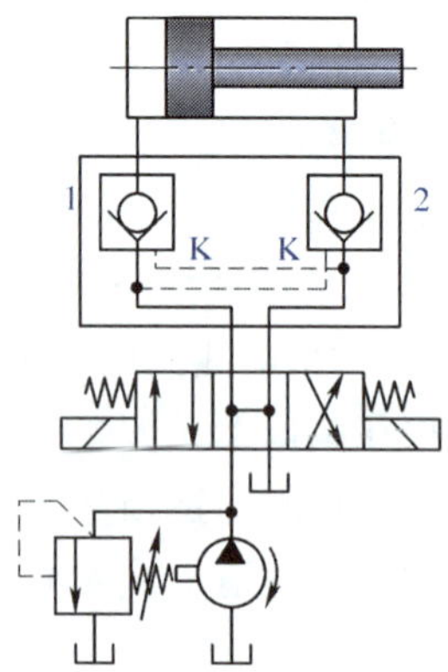

图5-40 利用液控单向阀的双向闭锁回路

将两个液控单向阀装于同一阀体中，可组成双向液控阀，通常称为双向液压锁多用于汽车起重机液压支腿的油路中。图5-40所示为利用两个液控单向阀构成的双向闭锁回路。当三位四通换向阀左位工作时，液控单向阀1通过高压油进入液压缸左腔，同时另一部分高压油通入液控单向阀2的控制口，使其阀口开启。液压缸活塞右行，排出低压油经液控单向阀

2 排入油箱。当三位四通换向阀右位工作时，与前述同样，泵出口的高压油经换向阀右位、液控单向阀 2 后进入液压缸右腔使活塞左行，同时进入阀 2 之前的一部分油液作为阀 1 的控制油将阀口打开，使液压缸左腔排出的油液通过阀 1 经换向阀后进入油箱。

二、换向阀及其应用

换向阀的基本作用是利用阀芯与阀体的相对运动控制回路中油口接通或断开，或改变油液的流动方向。按阀的结构形式可分为滑阀式、转阀式、球阀式和锥阀式等，其中，滑阀式换向阀应用最为广泛。

1. 滑阀式换向阀的工作原理

滑阀式换向阀是靠阀芯在阀腔内作轴向滑动，改变工作位置使阀的各进、出油口接通或断开，从而改变回路中某一部分的油液流动方向。滑阀式换向阀的换向工作原理如图 5-41 所示。该二位阀阀芯具有三个阀肩，阀体内腔均匀分布五条沉割槽，每条沉割槽都通过相应的孔道与外部相连，其中 A、B 口通向执行元件，P 口为进油口，T 口与油箱连通。当阀芯处于图 5-41a 所示位置时，通过阀腔内的环形槽使 P 与 B、A 与 T 相通，液压泵出口的高压油进入活塞缸有杆腔，推动活塞向左运动，无杆腔内的油液经由 A 及 T 流回油箱；当阀芯在外力作用下移至图 5-41b 所示位置时，P 与 A、B 与 T 接通，泵输出的液压油进入活塞缸无杆腔，推动活塞向右运动。

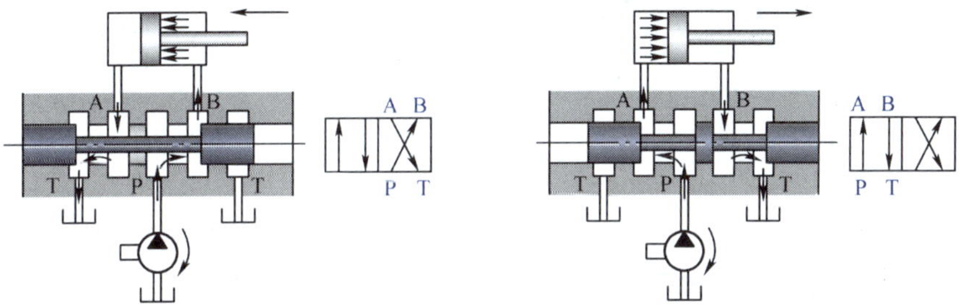

a) 换向前右位工作　　b) 换向后左位工作

图 5-41　滑阀式换向阀工作原理

2. 换向阀的图形符号、滑阀机能及操作方式

(1) 图形符号　换向阀的功能主要由它控制的通路数和工作位置数所决定，按阀芯工作的位置不同，可将其分为二位、三位及多位换向阀。根据主油路进、出口数目不同，又可分为二通、三通、四通及五通等，常用滑阀式换向阀的主体结构原理及图形符号见表 5-2。

(2) 滑阀机能　所谓滑阀机能也称三位换向阀的中位机能，是指三位阀处于常态位即中位时油口的接通状态，进而对系统产生的控制性能，常用英文大写字母“像形”地表示。不同的滑阀机能可满足系统的不同要求，而不同机能的阀，其阀体通用，仅阀芯的阀肩结构、尺寸和内部通孔设置不同。表 5-3 所示为几种常用三位换向阀的中位机能。

有时根据特殊的使用要求，可将滑阀某一端或左右两端的连通方式设计成特殊的机能，此时，通常采用第一个字母、第二个字母和第三个字母表示阀中位、右位和左位的滑阀机能，如组成 OP 型特殊机能换向阀。

表 5-2 常用滑阀式换向阀主体结构原理及图形符号

名　称	结构原理图	图形符号	图形符号的含义
二位二通	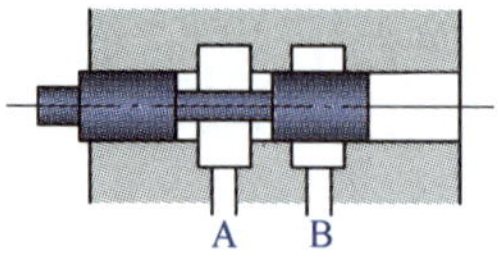	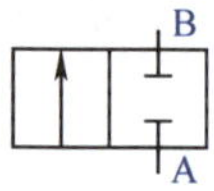	（1）位数　是指图形符号中的方框数，它表示阀的工作位置，有几个方框即表示有几“位” （2）通数　是指阀的接油口数，方框内有几个接出头，则表示该阀即为几“通” 方框内的箭头表示油路属于接通状态，但箭头方向并不一定表示油液的流动方向；“ㄒ”和“⊥”则表示该油路不通 （3）字母　“P”代表阀的进油口；“T”或“O”代表阀与系统回路的回油口；A、B 表示阀与执行元件相接的出油口；“L”表示阀的泄漏油口；换向阀方框符号外面的虚线表示与阀相接的控制油路，有时用字母“K”表示 （4）常态位　二位阀侧面画有弹簧的方框和三位阀中间的方框称为换向阀的常态位，是指阀芯在未受到弹簧力操纵时原始状态下的通路情况，其余方框则为经控制操纵后达到的位置 绘制液压系统回路图时，油路与换向阀的连接一般应画在常态位方框上。但对于常闭式二位二通阀，其常态位则是靠近弹簧侧的方框
二位三通	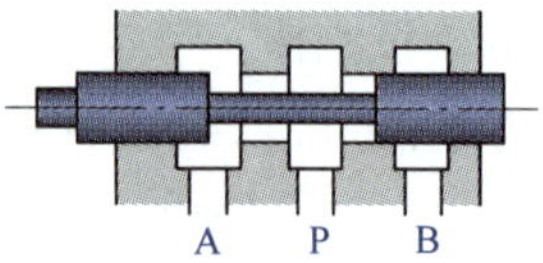	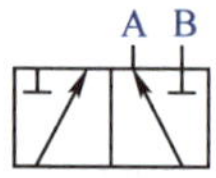	
二位四通	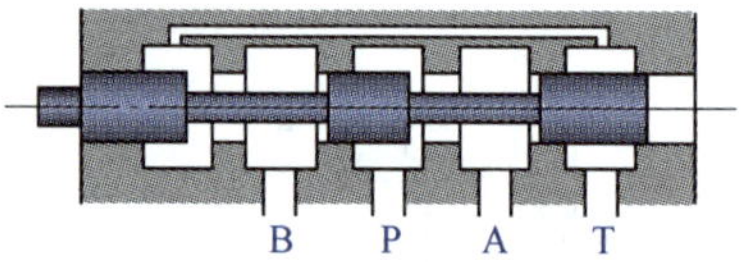	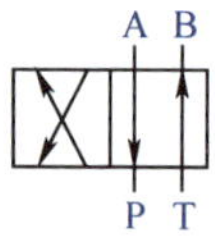	
二位五通	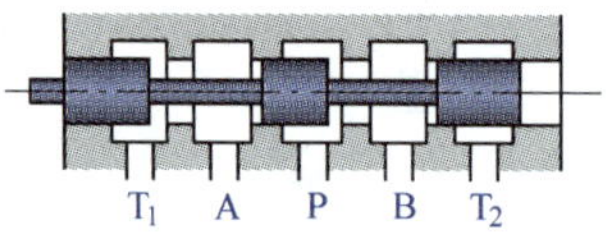	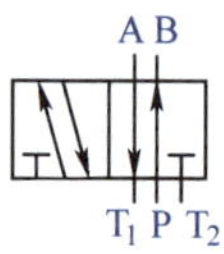	
三位四通	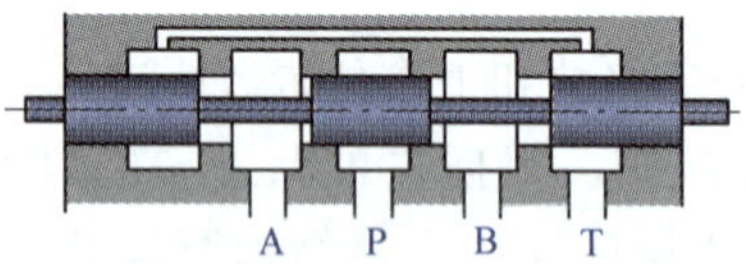	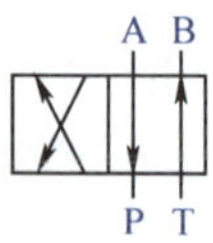	
三位五通	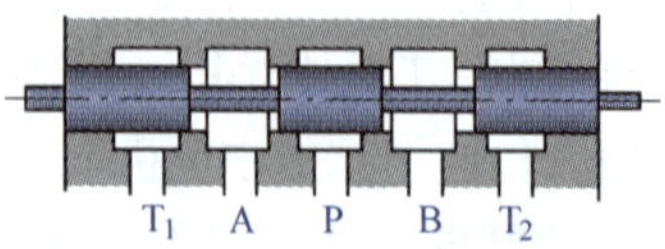	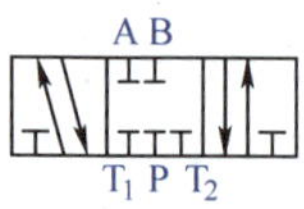	

表 5-3 常用三位换向阀的中位机能

机能代号	阀芯处于中间位置时的油口通断状态	中间位置的符号		机能特点及作用
		三位四通	三位五通	
O	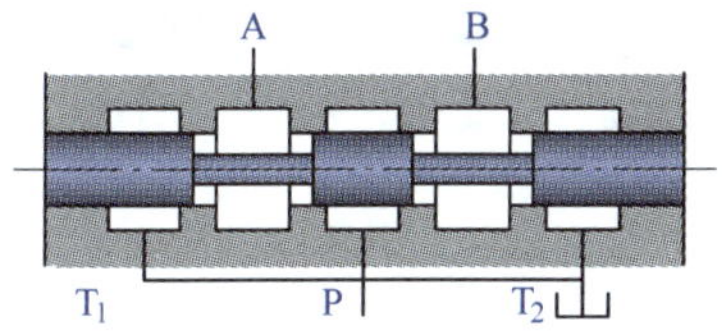	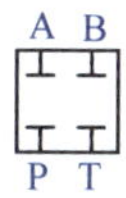	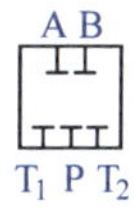	各油口全部封闭，缸两腔封闭，系统保持压力不卸荷。液压缸充满油，从静止到启动平稳，制动时运动惯性引起液压冲击较大；换向位置精度高
H	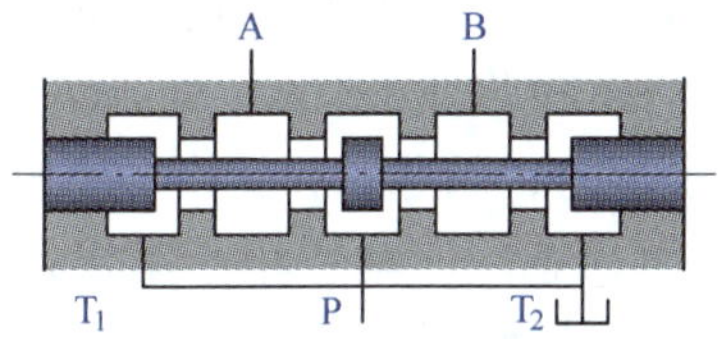	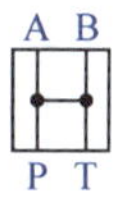		各油口全部连通，系统卸荷，液压缸活塞处于浮动状态。液压缸两腔均通油箱，从静止到启动有冲击；制动时油口互通，制动平稳性优于 O 型中位机能，但换向位置变动大
P	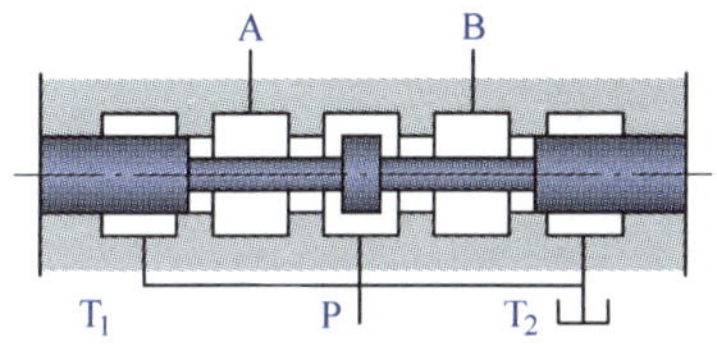	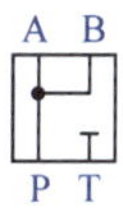		可用于实现液压缸差动连接；回油口封闭，从静止到启动较平稳；制动时液压缸两腔均通压力油，因而制动平稳；换向位置变动比 H 型中位机能小，应用广泛
Y	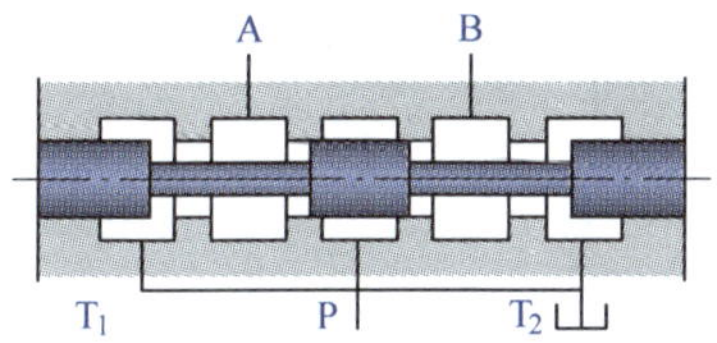	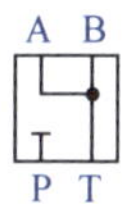		液压泵不卸荷，液压缸两腔均通油箱，活塞成浮动状态，从静止到启动有冲击，制动性能介于 O 型与 H 型之间
K	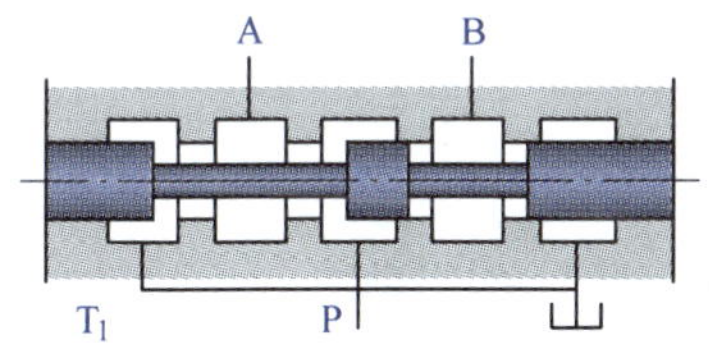	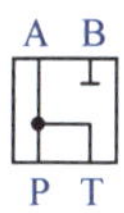	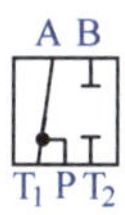	液压泵卸荷，液压缸一腔封闭，另一腔接回油，两个方向的换向性能不同
M	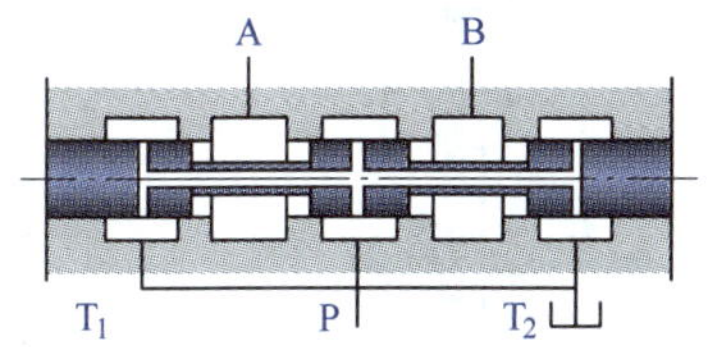	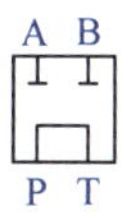	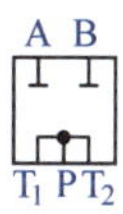	液压泵卸荷，液压缸两腔封闭，从静止到启动较平稳；制动性能与 O 型阀相同，可用于液压泵卸荷并锁紧液压缸的回路
X	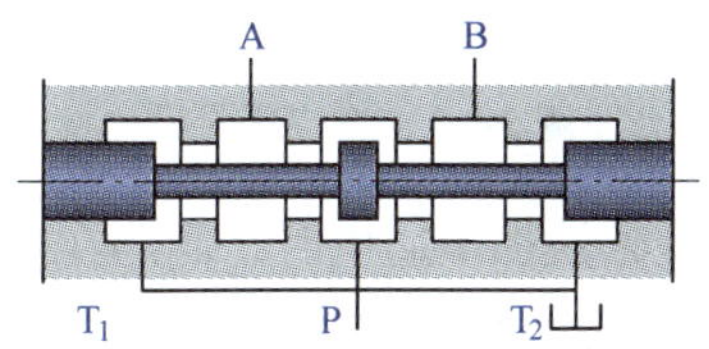		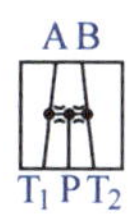	中位各油口处于半开启接通状态，P 口保持一定压力，换向性能介于 O 型阀与 H 型阀之间

（3）操纵方式　如图5-42所示，换向阀的操作方式可分为手动、机动、电磁动、弹簧复位、液动、电液动等。

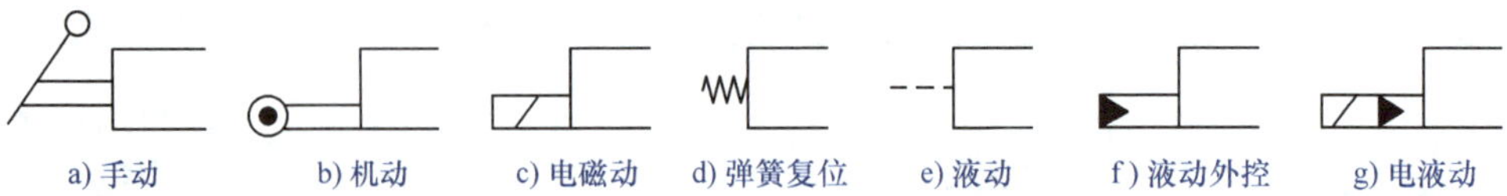

图5-42　常用换向阀的操纵方式

1）手动换向阀。图5-43所示为弹簧自动复位式三位四通手动换向阀的结构示意图。推动手柄向右使阀芯向左移动至左位，进油口P与输出口B连通，由B口向后续执行元件输出高压油，而回油经A口从T口流入油箱。向左推动手柄使阀芯处于右位，P与A、B与T连通，换向阀换向使后续执行元件改变运动方向。松开手柄时，阀芯靠弹簧恢复原位如图示状态，此时P、A、B、T各口互不相通，换向阀处于关闭状态。该阀适用于工作持续时间短、动作频繁的场合，操作比较安全，常用于工程机械。手动换向阀有弹簧钢珠定位和自动复位两种形式。

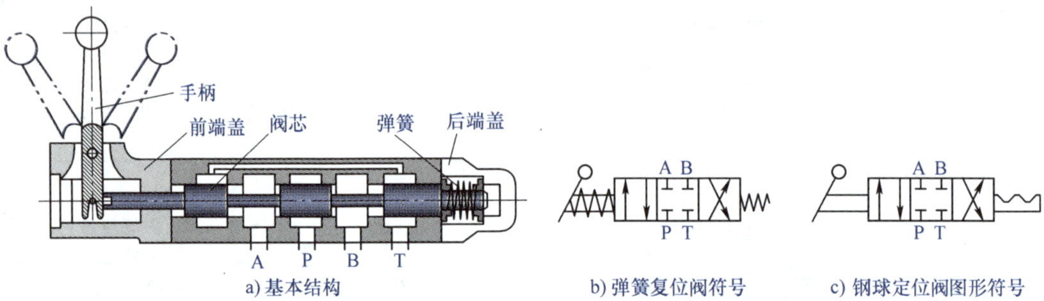

图5-43　三位四通手动换向阀

2）机动换向阀。机动换向阀又称行程换向，是利用挡块或滚轮的运动推动阀芯移动来控制油路的方向，实现液流换向。图5-44所示为二位三通机动换向阀的工作原理。阀芯处于常态位时，P与A连通；当行程挡块向左移动压下滚轮时，阀芯向下移动至下位，P与B连通，使阀后油路中的油液改变流动方向。阀芯的轴向小孔是油液的泄漏通道。

机动换向阀通常是两位阀，行程换向是刚性接触，动作可靠，通过合理设计挡块或滚轮接触面的斜度或行程来控制阀芯的移动速度，可获得较好的换接性能，广泛应用于机床液压系统的速度换接回路中。

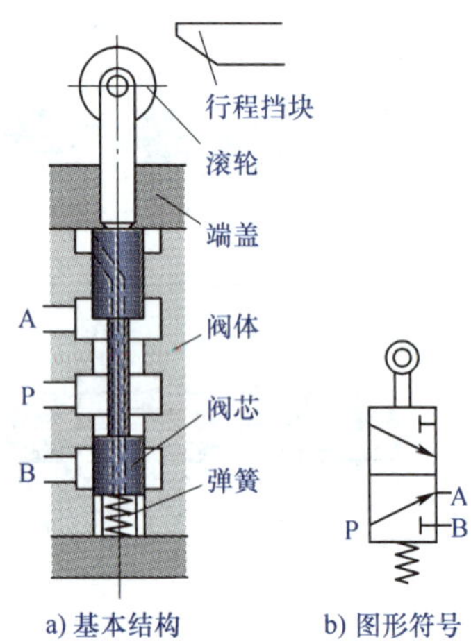

图5-44　二位三通机动换向阀

3）电磁换向阀。电磁换向阀是利用电磁铁推动阀芯来控制阀内油液的流动方向的换向阀，图5-45所示为三位四通电磁换向阀的基本结构和图形符号。当两边电磁铁都不通电时，阀芯在两端对中弹簧的作用下处于中位，P、A、B、T四个油口互不相通；当右侧电磁铁通电吸合时，衔铁通过推杆将阀芯推至左端，P与B连通，高压油从B口输出，A与T连通，低压油经A口从

T 口排出；当左边电磁铁通电吸合时，P 与 A 连通，B 与 T 连通。

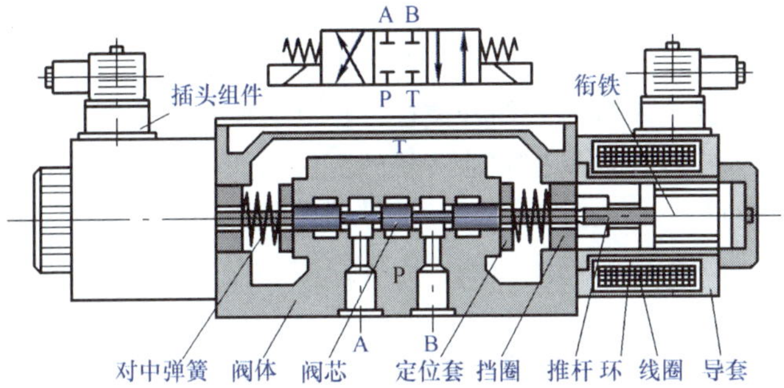

图 5-45 三位四通电磁换向阀

电磁换向阀所用电源有交流和直流两种，交流电磁铁具有气动力大、换向时间短（吸合与释放的时间约为 10ms）的特点，但换向冲击较大，工作可靠性较差，切换频率不许超过 30 分/次。直流电磁铁工作性能相对好，切换频率通常为 120 次/min，但无直流电源时，需另置整流设备。由于电磁铁的吸力有限，通常小于 120 N，因此，电磁换向阀只适用于流量不太大的场合。对于大流量液压系统，应采用液动或电液控制。

4）液动换向阀 液动换向阀利用控制油液的作用力改变阀芯的工作位置，实现液流换向。液动换向阀的特点是适用于大流量系统，按其换向时间的可调性，可分为可调式和不可调式两种。对于三位换向阀，按阀芯的对中形式，还可分为弹簧对中型和液压对中型。

图 5-46 所示为不可调式三位四通液动换向阀的基本结构及其图形符号。控制油口 K_1、K_2 均不通入控制油液时，阀芯在对中弹簧的作用下处于中位；当 K_1 通入压力油，K_2 与油箱接通时，阀芯在控制压力油的作用下向右移动，P 与 A、B 与 T 接通；反之，当 K_2 通入压力油，K_1 接通油箱时，阀芯左移，使 P 通 B、A 通 T。对于换向性能要求较高的系统，在液动换向阀两端设置可调单向节流阀，可实现对阀芯移动速度的调节。

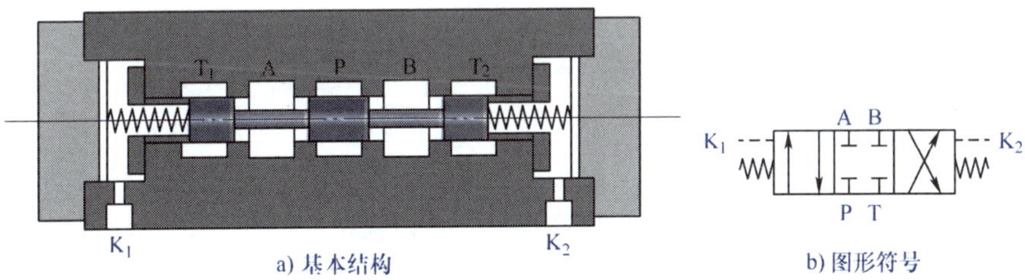

图 5-46 三位四通液动换向阀

对液动换向阀换向平稳性要求较高时，应采用可调式液动换向阀，即在滑阀两端 K_1、K_2 控制油路中加装阻尼调节器。所谓阻尼调节器由一个单向阀和一个节流阀并联组成，单向阀用来保证滑阀端面进油畅通，节流阀用于滑阀端面回油的节流。调节节流阀开口大小，即可调整阀芯的动作时间。

5）电液动换向阀。电液动换向阀由电磁换向阀和液动换向阀组合而成。电磁阀作为先导阀，用来切换控制油路；液动阀作为主阀，用以切换系统主油路。液动换向阀利用了反应灵敏的小型电磁阀控制大流量液动换向阀，即利用电信号操纵液动换向阀控制大流量液压回路的通断和流动方向。

电液动换向阀也分液压对中和弹簧对中两种形式。此外，按控制压力油及其回油方式则有内控式、外控式、内排式及外排式四种类型。控制主阀的压力油直接从主油路中引入，并在阀体内接通，称为内控式；如果控制油液从外部引入，则称外控式；从主阀两端排出的控制油液经先导阀流回油箱，称为外排式；经先导阀再经主阀后流回油箱，称为内排式。即外部控制、外部回油；外部控制、内部回油；内部控制、内部回油；内部控制、外部回油等四种类型。

图 5-47 所示为内控外排式三位四通电液动换向阀的组合结构及其符号，其结构由电磁阀和液动阀组合而成。当电磁阀阀芯处于中位时，液动阀在两端对中弹簧作用下，也处于中位，主阀 P、A、B、T 四个油口互不相通。电磁阀左端电磁铁通电吸合，控制油液经电磁阀左位、左端单向阀进入液动阀左腔，推动主阀芯向右移动，此时由于主阀芯右移使主阀右腔所积原始控制油液经右端节流口、电磁阀流回油箱，而主阀右移使 P 通 A、B 通 T。反之，电磁阀右端电磁铁通电吸合，而主阀左移使 P 通 B、A 通 T，通过电液动换向阀的液流实现换向。

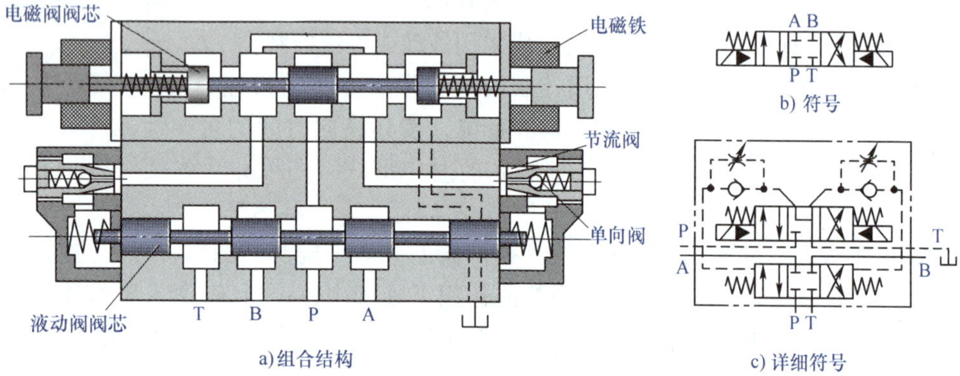

图 5-47 三位四通电液动换向阀及符号

在电液动换向阀中，主阀芯的移动速度可由单向节流阀来控制，调节节流阀开口大小，还可调节主阀换向时间，以保证执行元件换向时平稳，减轻换向冲击现象。

3. 其他结构形式的换向阀简介

(1) 转阀式换向阀　转阀式换向阀是利用可转动阀芯相对于阀体做旋转运动来实现油路换向的方向控制阀，一般采用手动或机动操纵。与滑阀式换向阀相同，转阀式换向阀也可按照其工作位置数和控制油路数分类。

图 5-48 所示为三位四通转阀式换向阀的工作原理及图形符号。图 5-48a 所示转阀手柄处于左位时，高压油从 P 口进入，经阀芯凹槽由 A 口输出至液压执行元件。执行元件的回油进入 B 口，经阀芯中的通孔由 T 口流回油箱。当顺时针转动手柄至图 5-48b 所示位置时，P、T、A、B 四个油口互不相通，换向阀处于截止状态，液压缸活塞被闭锁。再继续顺时针转动手柄至图 5-48c 所示位置，阀的进油口 P 与输出口 B 相同，而执行元件的回油进入 A 口，经阀芯内通道由 T 口流至油箱。该阀在旋转过程中，P、T、A、B 四个油口都不通，故其中位机能为 O 型。

转阀工作时，因有不平衡的径向力存在，操作很费劲，阀芯易磨损，内泄较大，通常只

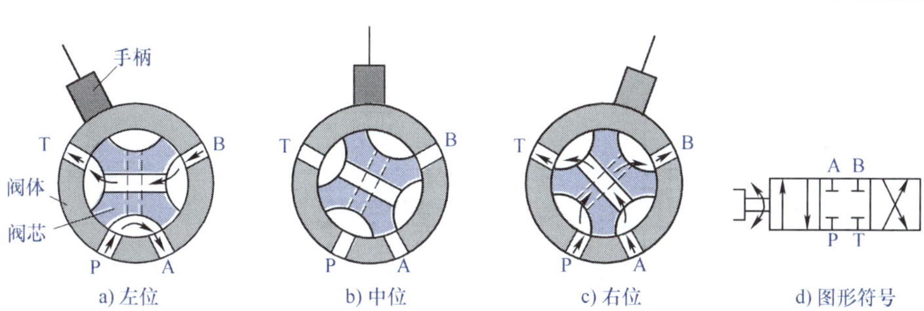

图 5-48　三位四通转阀式换向阀及图形符号

能用于低压小流量的系统中用作先导阀或小型换向阀。

（2）球阀式换向阀　球阀式换向阀是通过变换球阀阀芯在阀体内的相对工作位置来改变各油路通断的换向阀，它属于座阀式换向阀的一种形式。球阀式换向阀有手动、机动、电磁、液动和电液动等多种形式。

球阀式电磁换向阀工作原理如图 5-49 所示。图 5-49a 为二位三通换向阀电磁铁失电时所处位置，右端弹簧通过右推杆将球阀芯推向左侧，紧紧压在左阀座上。此时，P 与 A 连通，P 口进油从 A 口输出，而 A 口与 T 口不通。当电磁铁通电吸合时，通过杠杆将电磁力传递给左推杆，克服右端弹簧力通过左推杆推动小球压在右阀座上。如图 5-49b 所示，P 口与 A 口断路，系统油液通过 A 口经阀内通道从 T 口流出。

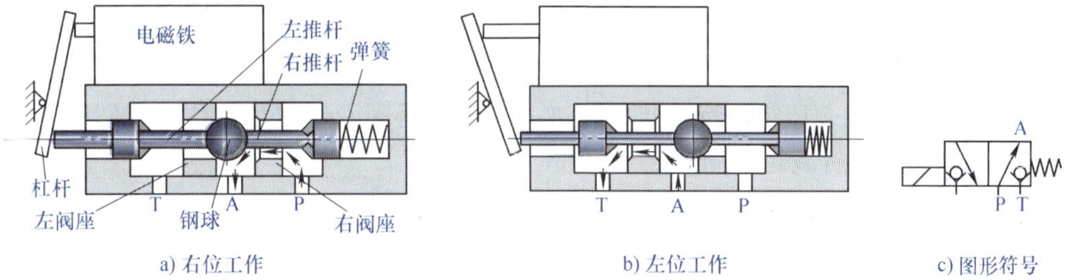

图 5-49　二位三通球阀式电磁换向阀及图形符号

图 5-50 所示为二位四通球阀式换向阀的基本结构和工作原理，该阀是由一个二位三通球阀和一个活塞组件组合而成。当球式换向阀阀芯处于左位时，如图 5-50a 所示状态，二位三通球阀的钢球在弹簧力和 P 口进入压力油的作用下压在左端阀座上，P 口与 A 口连通，B 口与 T 口连通。油液在通往 A 口的油路中，一部分压力油进入活塞组件中活塞大端的左腔，由于活塞大端有效作用面积大于小端，推动活塞右移，活塞小端紧紧压在右侧阀座上。如图 5-50b所示，当二位三通球阀在电磁力作用下使钢球压缩弹簧而右移，进油口 P 与 A 口的通道被切断，且由两阀之间的通道 a 使得 A 与 T 相通。由于活塞大端左腔压力降低，而活塞小端在 P 口引入高压油的压力作用下向左移动，使 P 与 B 连通，实现液流换向。

球阀式换向阀的阀芯不易卡死，即不易产生液压卡紧现象，换向和复位力较小。因钢球工作时位移较小，可通过杠杆机构将电磁力放大 3～4 倍，足以克服弹簧反力。球阀阀芯换向可靠，密封性能好，换向速度快，允许使用较高的换向频率。球阀式换向阀可用于高压系统（可在 63MPa 高压系统中使用），在小流量系统中使用时，可直接用于控制主油路，在大流量系统中可作为先导控制元件。电磁球阀的缺点是在组成位、通形式和多种中位机能形式

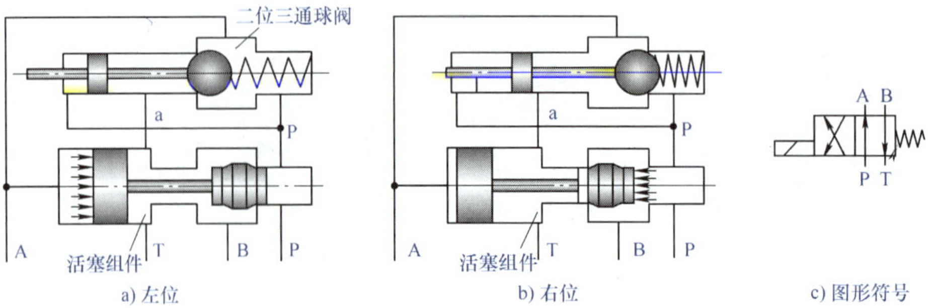

图 5-50 二位四通球阀式换向阀及图形符号

受到一定限制，因此，常在电液阀及插装阀中作先导阀使用。

4. 换向阀的基本应用

换向阀是换向回路中的主要操纵元件，也是液压传动与控制系统中的常用元件，几乎每一种液压回路中都设有换向阀。根据系统功能和换向回路的要求不同，需要选用不同种类与型号的换向阀。

（1）利用机动阀作先导阀实现连续往复运动　为了实现液压缸活塞的连续往复运动，如图 5-51 所示回路采用了两个机动阀作为先导阀控制活塞换向。在图示位置时，压力油经具有定位机构的二位四通液动阀进入缸右腔，活塞左行，无杆腔经阀右腔回油。当活塞杆挡铁压下机动阀 A 后，该阀上位进入工作状态，控制油液通向二位四通阀左端，使其左位进入工作状态，而二位四通阀右腔控制油液经阀 B 下腔流回油箱。此时，泵口压力油经二位四通阀左腔进入液压缸无杆腔，活塞右行并释放阀 A。当活塞行至机动阀 B 上方，压下阀杆使阀 B 上腔进入回路时，控制油液经其上腔进入二位四通阀右端使其右位接通回路，活塞即向左移动，实现连续往复运动。

（2）利用电磁换向阀实现工作循环运动　图 5-52 所示为具有快进、工进、快退及停止功能的完整工作循环运动回路，液压缸活塞的相应动作由两个三位四通电磁换向阀控制。当 1YA、3YA 通电时，换向阀 A 和 B 左位接入回路，压力油经阀 A 左位进入缸左端无杆腔，有杆腔回油经阀 B 左腔后与阀 A 左腔进油合成一路，形成差动连接，实现活塞快进右行；3YA 断电，阀 B 中位接入回路，活塞继续右行，液压缸有杆腔回油经阀 B 中位流回油箱，实现活塞工进右行；当 1YA 断电，2YA 和 4YA 通电时，泵口高压油经阀 A 右位和阀 B 右位进入缸有杆腔，活塞左行，由于活塞有效作用面积减小而实现快退；2YA 和 4YA 断电时，泵口输出压力油经阀 A 中位卸荷，活塞停止运动，实现完整的工作循环。

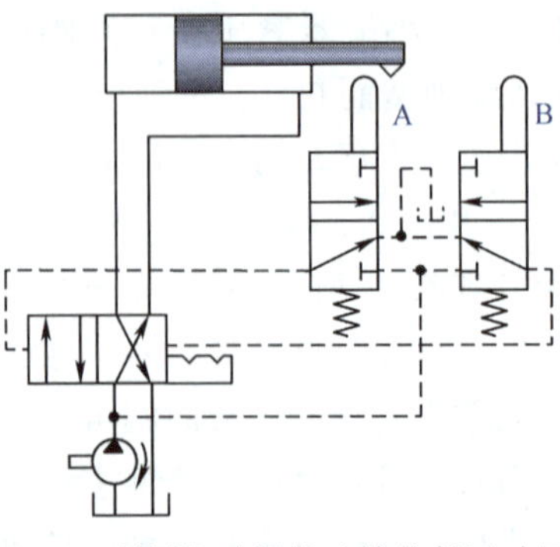

图 5-51 利用机动阀的连续往复运动回路

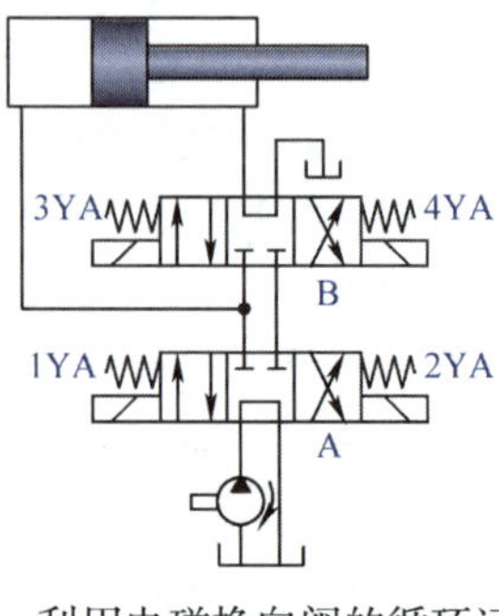

图 5-52 利用电磁换向阀的循环运动回路

方向控制阀使用过程中的故障及排除

（1）普通方向控制阀

1）阀芯不能移动。如果阀芯与阀体几何精度差造成配合过紧或表面有毛刺，复位弹簧过软或过硬，油液黏度过大或温度过高造成热变形，控制压力不足等均可导致系统运行时方向阀阀芯不动作。因此，需要严格检查并调整阀的制造及装配精度；更换刚度适宜的复位弹簧；按设计要求调整油液的黏度、工作温度、清洁度以及工作压力。

2）换向冲击、振动与噪声。电磁铁铁芯吸合面接触不良或固定螺钉松动、推杆过长或过短、阀芯移动可调装置故障等都可导致换向冲击、振动及噪声。因而需要修复或更换可调装置、紧固电磁铁；调整或更换长度适当的推杆；大通径时可采用电磁换向阀。

3）通过的流量不足或压降过大。由于推杆过短或复位弹簧刚度过小使得阀口开口量不足，最终会导致通过流量不足或压降过大。对此，通常需要更换适当的推杆和弹簧。

4）单向阀逆向不密封。产生原因主要是阀芯与阀座接触不均匀、复位弹簧刚度不足或变形。因此，应按照锥面与导向圆柱面轴线的同轴度公差来重新研配或更换并安装阀芯与阀座；更换弹簧，修复密封带；如果油液污染严重，则需重新过滤或更换清洁油液。

5）单向阀启闭不灵活。造成阀芯卡阻的原因主要是阀体内孔与阀芯的加工精度过低、工作时滑动间隙不当、弹簧刚度不足而弯曲或油液污染严重。对此，应按照设计要求研配并正确安装阀体内孔与阀芯；检查并更换已变形弹簧；过滤或更换洁净的液压油。

6）液控单向阀油液不逆流。由于控制压力过低、背压过高、控制阀芯或单向阀卡死等都会导致工作油不逆流现象。这时需要消除控制油路中的泄漏和堵塞；修复或清洗阀芯使其移动灵活；对于回路中背压较高的情况，可考虑采用复式或外泄式液控单向阀。

（2）电磁（液）换向阀

1）主阀芯不动作。由于电磁铁失灵造成电气控制线路故障、先导阀或阀芯与阀体孔卡死或弹簧弯曲变形太大、阀芯损伤或与阀体孔配合精度低、间隙过大造成先导阀或主阀失灵，以及控制油路无油液或压力低等原因都会导致电磁换向阀主阀芯不动作。这时，需要根据上述可能出现的情况查找原因，及时修理或更换。

2）流量不足。电磁阀推杆过短、阀芯移动不到位或弹簧刚性差等都会导致阀口开口量不足。因此，可以考虑更换推杆；重新配研阀芯；更换具有适宜刚度的弹簧。

3）主阀芯换向速度调节性能不良。这种现象主要是因为单向阀密封不良、节流阀性能差或排油腔盖处泄漏所致。对此，需要检查可调环节故障，及时修理或更换相关零部件；加强密封并拧紧各处紧固螺钉。

4）换向冲击、振动。工作中电磁铁吸合速度、波动阀芯移动速度太快或单向阀故障，通常会导致换向冲击，而振动的产生原因通常与电磁铁紧固螺钉松动有关。排除故障时需要调节节流阀；检修单向阀动作是否灵活；拧紧紧固螺钉等。

5）电磁铁过热或线圈烧坏。通常是由于供电电压不稳定，铁芯与阀芯同轴度误差过大，回油口背压过高，换向压力或流量超过预定值，线圈绝缘不良或推杆过长以及装配精度不良等所致。应保证系统运行时的电压变化值在额定电压的10%以内；重新安装铁芯与阀芯，保证同轴度；检修线圈是否绝缘；修磨或更换推杆；建议尽可能选用直流电磁铁或更换电液换向阀。

第五节　新型液压元件及其应用

上述介绍的三大类液压控制阀，大都是靠手动调节和开关式控制，而对于开关式控制的液压阀，其输出参数无法在其处于工作状态下进行调节。由于液压传动技术的发展，要求系统压力和流量应能连续地按比例随输入信号的变化而自行调整。因此，在三大基本阀类的基础上发展了许多新型液压控制阀类，如电液比例阀、插装阀、电液数字控制阀、电液伺服阀及叠加阀等，它们具有各自突出的优点，因而在液压传动与控制技术中得到了迅速发展和应用。

一、电液比例控制阀

电液比例控制阀简称比例阀，它是一种输出量与输入信号成比例的液压控制阀，可以按给定的输入信号连续地、按比例地控制液流的压力、流量和方向。

1. 比例阀的分类及特点

（1）比例阀的分类　利用电-机转换器取代普通液压阀原有的控制部分，即可构成比例阀。比例阀的形成渠道有两种，一种是在普通液压控制阀的结构基础上加入比例电磁铁，用来代替手柄控制这些阀的阀芯，实现连续控制。另一种是把电液伺服阀的结构简化，降低制造精度而成。

根据使用用途和工作特点不同，可将比例阀分为比例电磁铁、比例压力阀、比例流量阀和比例方向阀等。其中，比例压力阀中包括比例溢流阀、比例减压阀和比例顺序阀；比例流量阀中主要有比例节流阀和比例调速阀；比例方向阀主要是指比例方向节流阀和比例方向调速阀。

近年来，又出现了比例阀功能复合化的发展趋势，即比例阀之间或比例阀与其他元件之间的复合。例如，利用比例阀与变量泵组成比例复合泵，可根据要求向系统按比例输出流量；将比例阀与液压缸组合成比例液压缸，可按比例控制活塞位移和运动速度。

（2）比例阀的特点

1）比例阀可将电气信号的快速传递与液压大功率传动特点结合起来，实现自动控制、远程控制和程序控制。可连续、按比例地控制液压执行元件的输出力、速度和方向，可避免系统压力或流量变化或元件换向时引起的冲击现象。

2）比例阀的输入量是控制它的信号，输出量是与输入量成正比的压力或流量，主要用于开环系统，也可组成闭环系统。

3）比例阀的使用条件与普通液压阀基本相同，可使系统简化，减少元件的使用量；比例阀制造简单，价格介于伺服阀与普通液压阀之间。

4）比例阀具有优良的静态性能和适当的动态性能，其动态性能低于伺服阀，但可满足一般工业控制要求，其效率比伺服阀高。

5）采用比例阀的液压系统中，须在输入信号与比例阀之间设置直流比例放大器，使系统费用升高。

比例阀用于模拟控制，是介于普通开关控制与伺服控制之间的控制方式，它也特别适宜于设备的革新或改造，使设备自动化控制水平提高。

2. 电-机械转换器

由于比例阀利用相应的电-机转换器来控制各类液压阀的阀芯动作，因此，学习比例阀，首先应了解电-机械转换器的工作原理。目前比例阀上采用的电-机械转换器主要有比例电磁铁、动圈式马达、力矩马达、伺服电机和步进电机等几种形式。

（1）电磁铁　常用电磁铁是一种通电后可使铁磁物质产生电磁吸力，把电能转换为机械能的电气元件。液压系统中，常用的电磁铁主要有开关型电磁铁和比例型电磁铁两类。

1）开关型电磁铁。开关型交流电磁铁的工作原理如图5-53所示，当线圈通电后，在轭铁和线圈中形成磁通，所产生的电磁吸力将衔铁吸向轭铁，输出位移。衔铁运动时，气隙发生变化。当气隙δ很小时，开关电磁铁的吸力很大；δ变大时，吸力急剧减小。

2）比例电磁铁。比例电磁铁的工作原理与开关型电磁铁基本相同，如图5-54a所示。通电后，衔铁上受的电磁力与弹簧力相平衡，电磁铁输出位移。其与开关型电磁铁最显著的区别是气隙的结构形式不同，衔铁运动时，气隙δ保持恒定不变，所以比例电磁铁的吸力F与气隙δ无关。

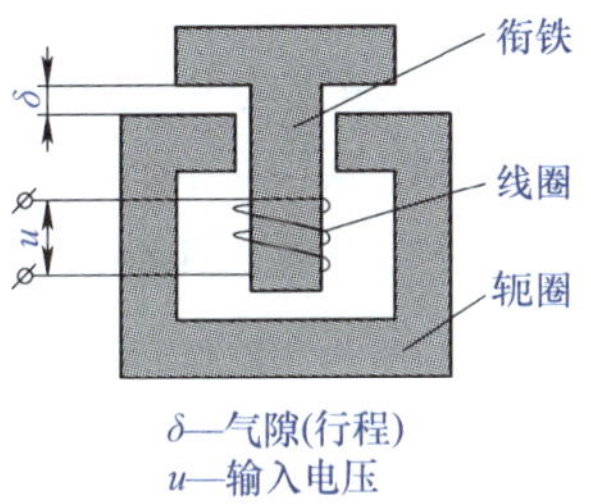

图5-53　开关型交流电磁铁原理图

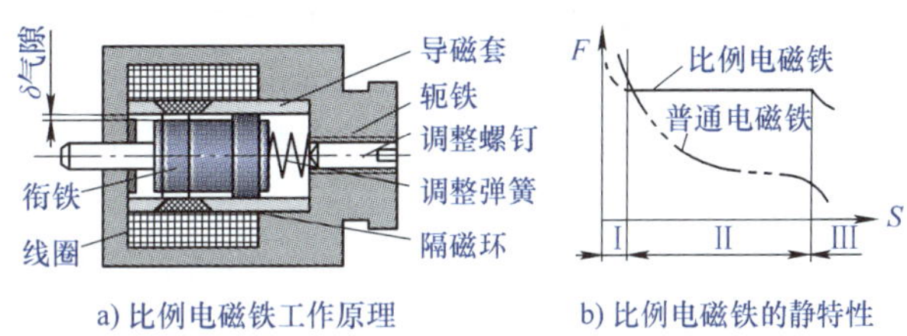

图5-54　比例电磁铁

比例电磁铁的静特性曲线如图5-54b所示，其吸力F与衔铁行程S的关系可分为三个区段。在气隙很小的区段Ⅰ，吸力虽大，但随位置改变而急剧变化；而在气隙较大的区段Ⅲ，吸力明显下降；吸力随位置变化较小的区段Ⅱ是比例电磁铁的工作区段。由于在此区段内具有基本水平的位移特性，所以改变线圈中的电流，即可在衔铁上得到与其成比例的吸力。如果要求比例电磁铁的输出为位移时，可在衔铁左侧加一弹簧，便可得到与电流成正比的位移。利用比例电磁铁代替螺旋手柄来调整液压阀，就能使输出压力或流量与输入电流对应成比例地发生变化。

（2）动圈式力马达　如图5-55所示的动圈式力马达是一种移动式电-机械转换器，工作运动件是可动控制线圈而不是衔铁。当线圈中通入控制电流时，线圈本身在由永久磁铁产生的磁场中受力而移动，其受力大小与磁场强度及电流大小成正比，力的作用方向由电流方向及固定磁通方向按左手定则确定。

动圈式力马达的线性行程范围可达±2～4mm，滞环小，可动质量小，工作频率宽，结构简单，因而应用广泛。但如果采用湿式方案，油液对动圈的运动阻尼较大，降低工作频宽，适用于气动比例元件或伺服元件的电-机械转换。

（3）力矩马达　力矩马达是一种输出力矩和转角的电-机械转换器，它可由永久性磁铁或激磁线圈来产生磁场，图5-56所示为一种动铁式永磁力矩马达。这种力矩马达由上、下两块导磁体和左、右两个永久磁铁构成马达框架，将缠绕两个控制线圈的衔铁悬挂在作为扭轴的弹簧管上，工作时，衔铁可以绕扭轴在a、b、c、d四个气隙中摆动。如果线圈中的控制电流为零，因两侧永久性磁铁所产生固定磁场中的磁通均布在四个气隙中，衔铁因作用于其上的吸力相等而处于中位平衡状态。通入控制电流后，产生的控制磁通和固定磁通叠加而使其中两个气隙中磁通增大，而另外两个气隙中的磁通减少，衔铁因吸力失去平衡而产生力矩并偏转。如果作用在衔铁上的电磁力矩与扭轴的弹性变形力矩及负载力矩产生平衡时，衔铁便可平衡在某一相应位置上。

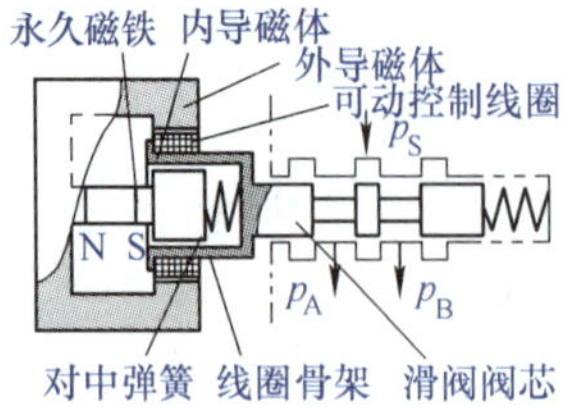

图 5-55 动圈式力马达

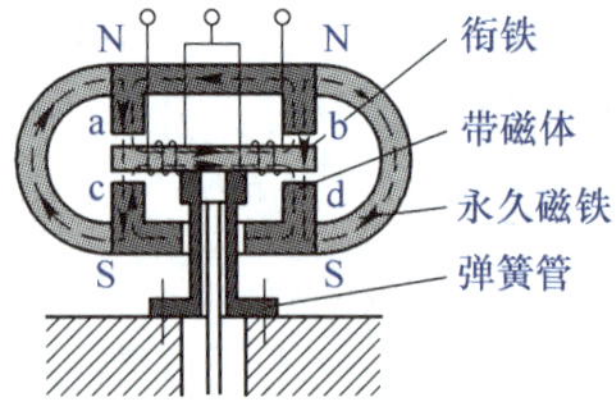

图 5-56 力矩马达

力矩马达自振频率高，功率/重量较大，抗加载零漂性能好。但其输出力矩较小，由于气隙的形式导致其工作行程通常小于0.2mm，因而仅适用于控制喷嘴挡板类的先导级阀。另外，力矩马达制造精度要求高，价格贵，其抗干扰能力也不如动圈式力马达和动铁式比例电磁铁。

（4）伺服电动机　伺服电动机是可以连续旋转的电-机械转换器，其输出转速与输入电压成正比，并可实现正、反向速度控制。用于控制液压阀类的伺服电动机多属于功率很小的微型特种电动机，其输出转速与输入电压的传递函数可近似视为一阶延迟环节，机电时间常数一般在十几毫秒到几十毫秒之间。液压系统中常用的伺服电动机主要有永磁式直流伺服电动机和并激式直流伺服电动机。

伺服电动机具有启动转矩大、调速范围宽、机械特性和调节特性的线性度好、控制方便等优点。小功率的直流伺服电动机的额定转速在3000 r/min以上，甚至大于10000 r/min。因此，作为液压阀的控制器需配用高速比的减速器。直流力矩伺服电动机属于低速直流伺服电动机，可在每分钟几十转的低速下，甚至在长期堵转的条件下工作，用于直接驱动时可不需减速。

（5）步进电动机　步进电动机是一种数字式旋转运动的电-机械转换器，它可将脉冲信号转换成相应的角位移输出。步进电动机工作时，每输入一个脉冲信号，电动机即转过一个对应的步距角，其转角与输入的数字式信号脉冲数成正比，转速随输入的脉冲频率变化而变化。对于步进电动机来说，步距角越小，驱动电源和电动机结构越复杂，常见步距角为0.375°、0.75°、1.5°、3°等。步进电动机需要专门的驱动电源，包括变频信号源、脉冲分配器和功率放大器等。如果向步进电动机输入反向脉冲，则其将输出反向旋转。

步进电动机直接由数字量控制，不经数-模转换即可与计算机联用，控制方便，调速范围也较宽。另外，其位置精度高，工作时的步数不易受电压波动和负载变化的影响。

3. 比例压力阀及应用

液压比例压力阀有多种类型，按其用途不同，可分为比例溢流阀、比例减压阀和比例顺序阀。根据其结构形式不同，各种比例压力阀还可分为直动式比例压力阀和先导式比例压力阀。

（1）直动型比例压力阀　用比例电磁铁代替溢流阀的调压旋扭，即构成比例溢流阀，如

图 5-57 所示直动锥阀式比例溢流阀及其图形符号。工作时，比例电磁铁通电产生吸力，经推杆和传力弹簧作用在锥阀上，其吸力大小与控制电流成正比。当锥阀芯左端作用的液压力大于电磁吸力和弹簧力之和时，锥阀阀芯被顶开，压力油通过出口被排出。如果连续改变控制电流的大小，即可连续地按比例控制锥阀的开启压力。

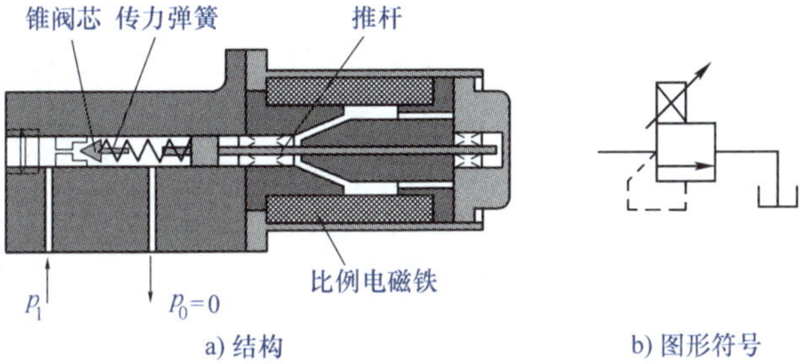

图 5-57　直动锥阀式比例溢流阀及图形符号

直动型比例溢流阀可以直接使用，也可用来作为导阀以组成先导式比例溢流阀、比例减压阀或比例顺序阀等。电磁比例压力阀能做高精度、远距离的压力控制。由于它响应较快且压力变换连续，因而能减少压力变换时的冲击，并可减少系统中所用元件的数量。比例压力阀的抗污染能力较强，工作可靠，价格比较低廉。

（2）先导型比例溢流阀　一般来说先导型比例压力阀的主阀部分与普通压力阀工作原理相同，结构大同小异。其先导阀部分的工作原理及图形符号如图 5-58 所示。比例电磁铁的线圈通电时产生电磁力，该电磁力大小与线圈中的输入电流成正比，通过钢球和传力弹簧将电磁力传到锥阀芯的右端。当锥阀芯左端作用的液压力与电磁力平衡时，弹簧受到一定程度压缩。所以锥阀芯的上游压力 p_1 正比于线圈中的电流，锥阀芯下游通油箱，压力为零。衔铁通过顶杆控制先导锥阀，从而控制溢流阀芯上腔压力，使控制压力与比例电磁铁输入电流成正比。

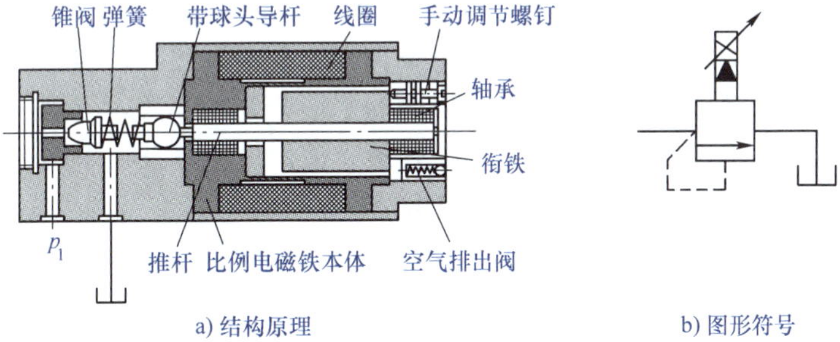

图 5-58　先导型比例溢流阀

在比例先导阀的有效工作行程内，电磁力的大小只取决于线圈中控制电流大小，而与衔铁的位移无关。因而连续调节控制电流时，先导阀的调定压力 p_1 也成正比地变化。其中，传力弹簧只起传递力的作用，与普通先导阀的调压弹簧不同，它不需要预压缩量。所以弹簧刚度可较大，其刚度不影响阀的静特性。阀的流量变化时，虽然锥阀的开度发生变化，但只要比例电磁铁的控制电流不变，弹簧的压缩量也就不变。当比例电磁铁出现故障时，可用调节手动调节螺钉。若压力摆动严重，可将空气排出阀中的钢球压下，排出空气。这种先导阀也可作为直动式比例溢流阀单独使用。

（3）比例压力阀的应用　用一个比例先导压力阀可以代替若干个先导压力阀和换向阀来实现系统中的多级压力控制回路，这不仅使系统简化，并可实现远距离控制。而且要求的压力级数越多，其优越性越明显。比例压力阀用于自动控制系统的方式很多，图 5-59 所示即为利用比例溢流阀来保证带状材料张力恒定的自动控制系统。图中卷筒用来卷取带状材料，由液压马达拖动。如果保持液压马达的供油压力不变，则卷筒的转矩不变。为了避免生产中随卷筒直径的增加而导致卷取带材张力的减小，必须根据卷筒直径的增加量适当增大卷筒转矩。因此，可以利用比例溢流阀调整系统压力。使小滚轮与卷筒外径接触，并通过杠杆与电位计的动臂相连，随着卷筒直径增加，动臂在电位计上截取的电压也增加，通过放大器使供给比例溢流阀的电流增加。这样，比例溢流阀所调整的系统压力，即液压马达的输出转矩也随之增加，使带材的张力保持恒定。这是一个开环控制系统，其控制精度主要取决于比例溢流阀和电位计等的线性精度。

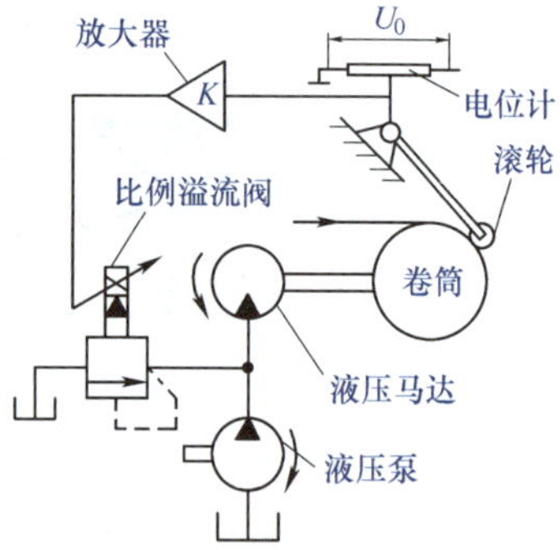

图 5-59　利用比例溢流阀的恒张量控制系统

4. 比例流量阀及应用

比例流量阀是通过控制电-机比例转换器中的电流改变阀芯的开度，实现对输出流量的连续成比例控制。比例压力阀的阀芯具有调压特性，靠先导压力与比例电磁力相平衡，来调节先导压力的大小。而比例流量阀的阀芯具有节流特性，它是靠弹簧力与比例电磁力相平衡，来调节通过阀口的流量大小和方向。比例流量阀可分为比例节流阀和比例调速阀两大类，主要应用于液压缸或液压马达的位置或速度控制。

（1）比例节流阀　比例节流阀是在普通节流阀的基础上，设置电-机械比例转换器，用以控制节流阀口油液流量。比例节流阀所用电-机械比例转换器，可根据节流阀的形式而选用。一般，对于移动式节流阀，常采用比例电磁铁来控制节流阀芯运动。而对于旋转式节流阀，可采用伺服电机经减速后来驱动。将节流阀的手动调节部分换成比例电磁铁后，即可成为比例节流阀。这时，比例电磁铁要装入一根弹簧，使比例电磁铁输出的推力变为位移，以实现用电信号控制阀口开度，从而控制油液流量。

（2）比例调速阀　比例调速阀的基本结构、工作原理及图形符号如图 5-60 所示。比例电磁铁的衔铁通过推杆作用于节流阀阀芯上，使其开口随电流大小而改变。为了便于用比例电磁铁控制开口大小，节流阀开口做成轴向形式。由于采用比例电磁铁直接推动节流阀，比例电磁铁必须有足够大的推力，以克服节流阀上的液压卡紧力、稳态液动力及弹簧力等。这在大流量阀中是有困难的，有时还会导致阀的动、静态特性发生变化。因此，可在比例流量阀中增加一级先导阀。

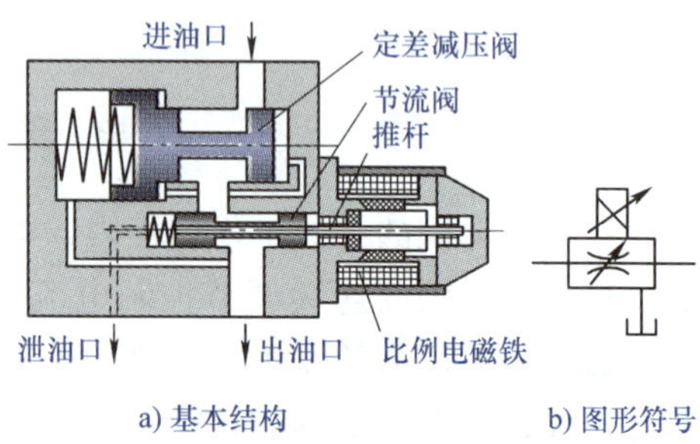

a) 基本结构　b) 图形符号

图 5-60　比例调速阀及图形符号

例如，采用先导压力阀来控制节流阀的右腔压力，从而改变节流阀的开口。

在比例电磁铁的线圈上，除控制电流外，可加上颤振电流分量使节流阀芯产生高频、小振幅的振动，进而消除节流口的阻塞现象。

(3) 比例流量阀的应用　如图 5-61 所示液压系统中，液压缸需要有三个速度段，如用普通调速阀组成该系统如图 5-61a所示，须设置三个手控调速阀。而采用比例调速阀组建该系统如图 5-61b所示，只需一个比例调速阀即可实现系统要求的三个速度段。即同样功能的调速回路，采用比例调速阀可简化回路结构，减少阀的数量，而且液压缸活塞的工作速度也更符合加工工艺或设备工况要求。实际上，采用比例调速阀还可从有级切换变成无级切换。图 5-61中所示的 I_1、I_2、I_3、I_4 表示输入不同电流可以获得多速调节。

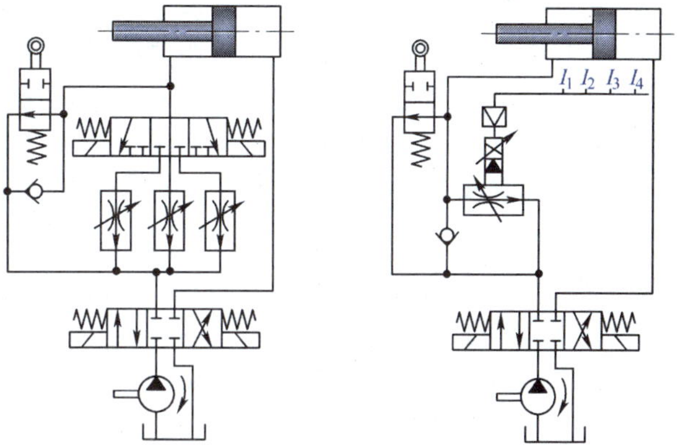

a) 用普通调速阀调速　　b) 用比例调速阀调速

图 5-61　两种调速回路

5. 比例方向阀及比例复合阀

(1) 比例方向阀　将普通二位四通电磁换向阀中的电磁铁换成比例电磁铁，使其开口能随给定电流而改变，即可改造成比例方向阀。在比例方向阀中，电流的极性决定液流方向，电流大小决定阀开口大小。从输入和输出特性以及从结构上看，比例方向阀与电液伺服阀相似，只是前者性能指标低些，但制造精度也可降低些，且对油液的污染程度要求相对宽松。通常可将比例方向阀分为比例方向节流阀和比例方向调速阀两类。

比例方向阀的行程可以与输入电流对应连续或按比例改变，阀芯上的轴肩可以制作出三角形阀口。因而利用比例换向阀不仅能改变执行元件的运动方向，还能通过控制换向阀的阀芯位置来调节阀口的开度，从而控制流量。因此，它同时兼有方向控制和流量控制两种功能。

(2) 比例复合阀　所谓比例复合阀是指在比例方向阀中增加一个定差减压阀，与调速阀相似，可以避免输出流量受节流口前后压差的影响，有时也称比例方向调速阀。比例复合阀工作原理如图 5-62 所示。压力油通过定差减压阀进入主阀，当左端比例电磁铁通电时，其近接锥阀开口关小，使经过减压阀由左端锥阀、节流小孔及减压阀组成的辅助油路（液压半桥）工况变化。主阀左端压力增加，向右产生位移使主阀开口，其开口大小与左端比例电磁铁中的电流大小成正比。右端比例电磁铁通电时，主阀右端压力增加，阀芯向左移动，其位移量与右端比例电磁铁中的电流成正比例。这

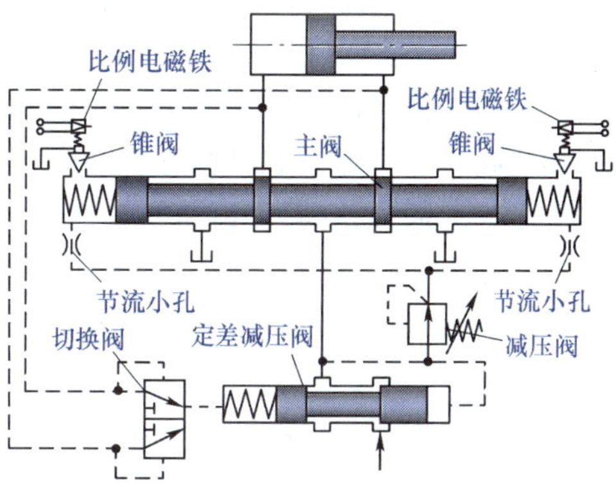

图 5-62　比例复合阀工作原理

样，左右比例电磁铁、锥阀与主阀构成一个比例方向阀。

为了保持主阀节流口两端压力差不受负载变化的影响，接入一个定差减压阀，利用主阀节流口两端的压差来控制定差减压阀的开口，从而改变通过定差减压阀的压力降，或改变进入主阀的油液压力。接入切换阀是为了利用它可根据负载压力的方向进行自动切换的功能，以保证定差减压阀弹簧腔与主阀工作节流口下游接通。实际上，比例复合阀就是由上述比例方向阀与切换阀和定差减压阀所构成，除了具有比例方向阀的功能外，还能保证通过的流量不受负载变化的影响。比例复合阀适用于开环自动控制系统。

二、插装阀

由于传统液压元件受压力、流量及与之相应的阀体体积等因素的限制，已不能满足液压技术向高压、大流量和集成化方向发展的需求，20 世纪 70 年代初期出现的插装阀为液压集成化技术开辟了新的途径。

1. 插装阀的特点、基本结构及工作原理

（1）插装阀的特点　普通液压阀的体积决定于通过该阀的流量，对于大流量液压系统，通常会因单个阀的体积增大而导致系统体积增大。而采用先导阀来控制大流量阀时，仅仅解决了控制部分体积减小的问题，并不能减小主阀的尺寸。另外，普通液压阀功能单一，其通径最大不超过 32mm，而且结构尺寸大，不适应小体积、集成化的发展方向和大流量液压系统的应用要求。特别是对于超大流量的系统，无法用普通液压阀实现。采用插装阀可将若干个不同机能的锥阀组件装入同一个阀体中，使结构紧凑，显著减小了液压阀体积。与普通液压控制阀相比，插装阀具有如下特点：

1）一般，液压系统的功能越复杂，所需控制阀数量越多，对于实现同样的系统功能，采用插装阀可使阀类元件数减少。但对于简单液压系统，插装阀的优势不明显。

2）当液压回路的正反向功能不同时，使用普通液压阀控制时，需增加较多单向阀配合，而采用插装阀，可省去这些单向阀。

3）对于普通液压阀控制的回路，一旦组装完毕后，很难改变整个回路的结构，如采用插装阀控制，可便于调整系统结构。

4）插装阀的结构要素相近，便于实现集成化。可将多个插装组件装于一个阀体中，使插装块具有多项功能。

5）对于大流量回路，所需传动液体量较大而多采用高水基传动液作为工作介质，而插装阀适合于使用高水基工作介质。

6）插装阀多用座阀结构，其静特性和动特性优于采用滑阀结构的普通阀。

插装阀利用“通”和“断”两种信号实现对液压系统的主要控制，与二通阀相似，因而常称为“二通插装阀”，以前，也称其为逻辑阀。插装阀是一种阀座，结构简单，切换时响应快，冲击小，泄漏小，稳定性好，制造工艺性好，便于维修更换，它的出现为高压、大流量液压系统操纵部分的集成化创造了有利条件，因而被认为是一种很有发展前途的液压元件。

插装阀可实现一阀多机能，即由一个或几个插装组件的组合可以实现一种或多种功能。标准化、通用化程度高，通流能力大，密封性能和动态性能好，并且适宜在低黏度介质中使用。一般在大流量时采用插装阀可获得较好的经济性，目前在冶金、轧钢、锻压、塑料成形及船舶等行业中得到广泛应用。

（2）插装阀的基本结构及工作原理

1）基本结构。插装阀通常由插装组件、控制盖板和先导阀组成，图 5-63 所示为锥阀组件及控制盖板部分的基本结构。

主阀组件也称功率组件，主要包括锥阀、阀套、弹簧和阀体，它的功能是控制油路的液流流量、压力及其通断。主阀组件有两个主油口 A 和 B，一个控制油口 K。阀芯结构有滑阀或锥阀，通常采用锥阀，因而也称为锥阀组件。阀芯与阀套配合较精密，工艺要求高。而阀套和阀体间在工作时没有相对运动，依靠橡胶密封圈来密封。阀的功能不同，如控制压力、流量或方向，其插装组件的结构也不相同。

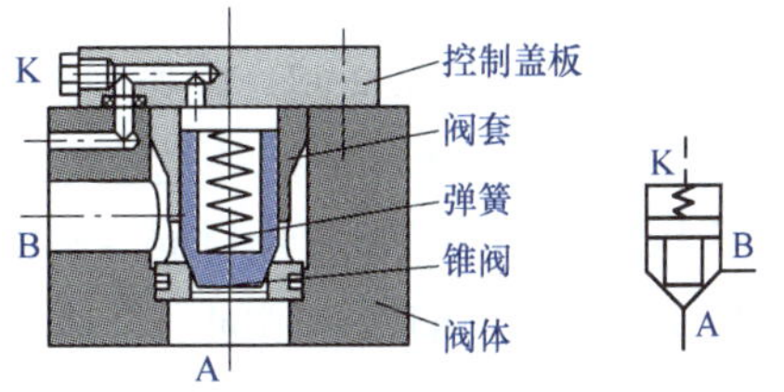

a) 基本结构　　b) 图形符号

图 5-63　插装式锥阀

控制盖板的作用主要是在其上安装先导阀和插装组件，并沟通先导阀与插装组件之间的油路。此外，也可在其上安装节流器、传感器或行程开关等零部件。阀的功能不同，控制盖板的结构也不相同，一般将具有两种以上功能的盖板称为复合控制盖板。

阀体可由使用者自行加工，同一阀体内可装入若干具有不同机能的锥阀组件。

先导阀（图中未画出）的作用是对插装组件的动作进行控制，先导阀一般选用小通径的标准阀，常用通径为 $\phi6$ 和 $\phi10$。

2）工作原理。在插装阀中，如果 A、B、K 三个油口流经的油液压力分别为 p_A、p_B、p_K，有效工作面积分别为 A_A、A_B、A_K，且有 $A_A+A_B=A_K$，弹簧作用力为 F_s，如果忽略阀芯质量、液动力和摩擦力等因素的影响，插装阀阀口的通断可有三种情况：

当 $p_AA_A+p_BA_B<p_KA_K+F_s$ 时，锥阀闭合，油口 A 与 B 不通；

当 $p_AA_A+p_BA_B>p_KA_K+F_s$ 时，锥阀打开，油口 A 与 B 导通。即当 p_A、p_B 一定时，油口 A 与 B 的通断，可由控制油口的油液压力 p_K 来控制。并且 A 腔或 B 腔的压力都有可能单独使阀门打开。

当控制口 K 接油箱 $p_K=0$，而锥阀下部的液压力超过弹簧力时，锥阀打开，使油路 A、B 连通，此时，如果 $p_A>p_B$，则油液由 A 流向 B；若 $p_B>p_A$，则油液由 B 流向 A；

当 $p_K\geqslant p_A$，$p_K\geqslant p_B$ 时，锥阀关闭，A、B 不通。

有时，为了改善阀的动态性能，还可根据需要在插装阀锥阀芯上开阻尼孔，或在端部开节流三角槽。也可以将锥阀阀芯制成 A_K 与 A_A 的不同面积比。将插装阀进行适当组合，并利用小流量方向阀、压力阀作为先导阀，对插装阀组合油路进行相应调控，可实现不同控制功能。

2. 插装式方向控制阀

插装式方向控制阀可根据控制口 K 的通油方式来控制主阀芯的启闭，如果 K 口通油箱，则主阀阀口开启；若 K 口与主阀进油路相通，则主阀口关闭。插装方向阀的先导阀一般采用二位二通电磁阀、二位四通电磁阀或三位四通电磁阀。控制盖板中带有节流器，用图形符号表示时，通常省略控制盖板。插装方向控制阀常可分为插装单向阀和插装换向阀。

（1）插装式单向阀　插装单向阀还可分为普通插装单向阀与插装液控单向阀两种。

1）插装式单向阀。将插装阀的 A 口或 B 口与控制口 K 直接接通时，即构成大流量插装式单向阀。在图 5-64a 中，当阀的 B 口通压力油时，A 口无油压。压力油顶开插装组件的阀芯自 A 口流出，阀单向导通。若 A 口通压力油时，压力油还同时到达插装组件的控制口 K，压力油作用于插装组件阀芯的上端面上，阀芯的上端面面积大于下端面面积，故阀芯不开启，B 口与 A 口不通，油液不能反向流动。同样，图 5-64b 中的 B 口与 K 相连，可以阻断油液从 B 流向 A。

2）插装式液控单向阀。在控制盖板上接入一个二位三通液动换向阀，用以控制锥阀上腔的通油状态，即可构成插装式液控单向阀，如图 5-65 所示。当 K 口无控制油输入时，其功能相当于单向阀。如果 K 口通入控制油液，二位三通阀右位接入回路使 B 口与锥阀上腔油路断开，上腔通油箱，则油液可从 B 流向 A。

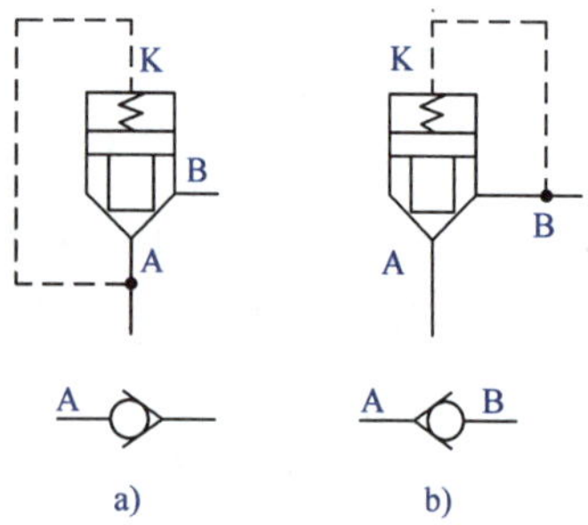

图 5-64　插装式单向阀

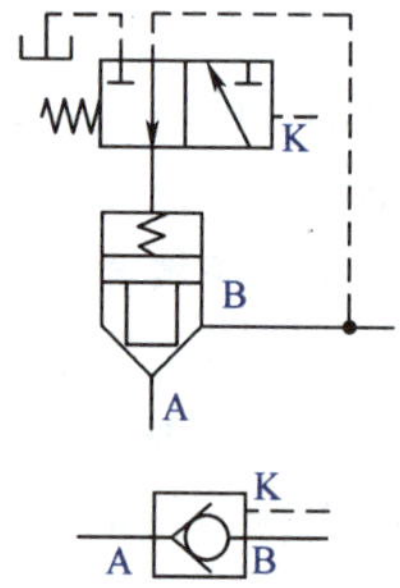

图 5-65　插装式液控单向阀

（2）插装式换向阀

1）插装式二位二通换向阀。实际上，图 5-65 所示插装式液控单向阀就是一个可实现单向切断的二位二通换向阀，即在图示中二位三通液动换向阀无控制油时可以阻断 B 口向 A 口的油液流动，但不能阻断 A 流向 B。如果需要使阀在两个方向上都能起阻断作用，则可在辅助回路中增加一个梭阀，如图 5-66 所示。当二位三通电磁换向阀断电时，梭阀可以保证 A 或 B 油路中压力较高者经梭阀和先导阀进入 K 腔，使主阀可靠地关闭，实现液流的双向切断。如果供给电磁先导阀的辅助压力独立于 A 和 B 腔且高于 A 和 B 腔，则可省去梭阀，同样可实现双向切断。

2）插装式二位三通换向阀。如图 5-67 所示，利用两个插装组件和一个二位四通电磁换向阀组成插装式二位三通换向阀。当电磁铁断电时，二位四通阀左位工作，插装组件 1 的控制腔通压力油，主阀阀口关闭，即 P 封闭。插装组件 2 的控制腔通油箱，主阀阀口开启，A 与 T 相通。当电磁铁通电时，电磁换向阀右端接入回路，插装组件 1 的控制腔接通油箱，主阀口开启，P 与 A 相通。而插装组件 2 的控制腔通压力油，主阀阀口关闭，T 封闭。这种阀相当于一个二位三通电磁换向阀。

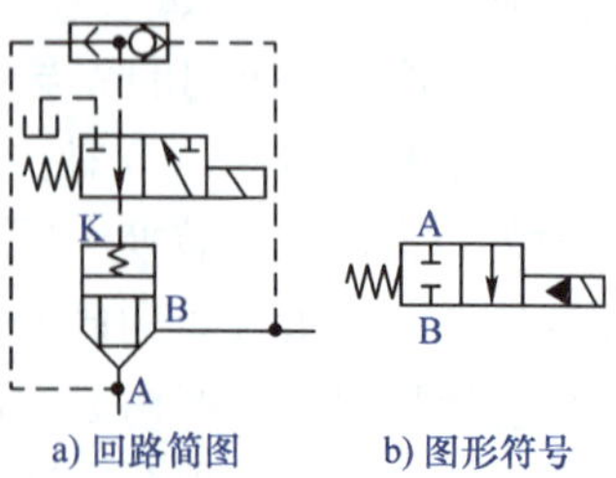

图 5-66　插装式二位二通换向阀及图形符号

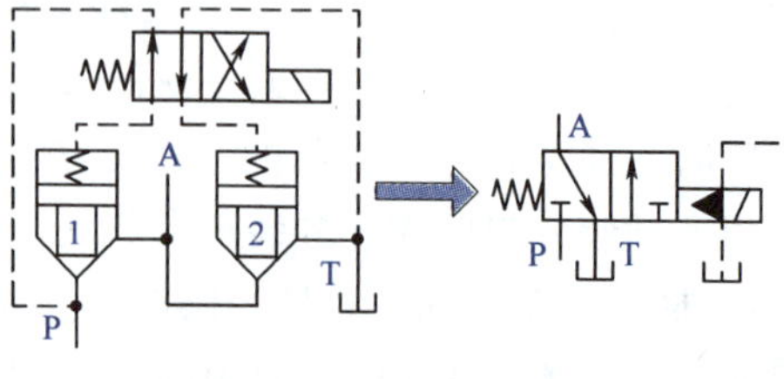

图 5-67　插装式二位三通换向阀

3）插装式二位四通换向阀。将一个小规格二位四通电磁换向阀作为光导阀，控制四个插装式锥阀（简称为锥阀）上腔的通油状态，可构成二位四通换向阀，如图 5-68 所示。当电磁铁不通电时，锥阀 1 和 3 因上腔通油箱，使主油路可互通，实现 A 通 T，P 通 B；锥阀 2 和 4 因上腔通控制压力油而关闭，保证 A 不通 P，B 不通 T。当电磁铁通电时，实现 A 通 P，B 通 T。

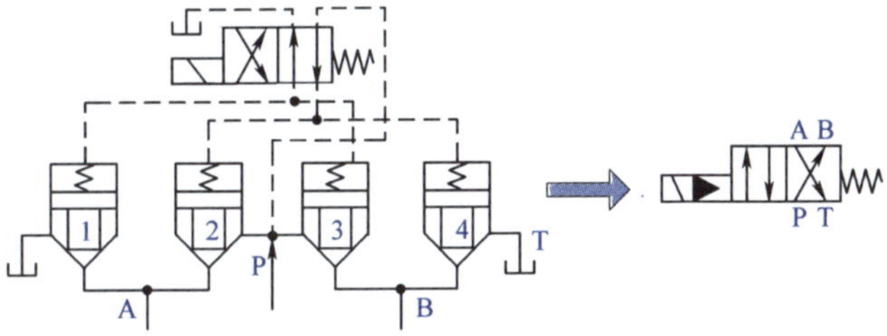

图 5-68　插装式二位四通换向阀

4）插装式三位四通换向阀。利用一个三位四通换向阀作先导阀，控制四个插装组件可构成一个插装式三位四通换向阀，如图 5-69 所示。当电磁阀处于中位时，四个插装组件的控制腔均通压力油，则油口 P、A、B、T 封闭。当电磁阀左位接入回路时，插装组件 1 和 3 的控制腔通压力油，2 和 4 的控制腔通油箱，此时，P 与 A 相通，B 与 T 相通。当三位四通电磁阀右位接入回路时，插装组件 1 和 3 控制腔接油箱，2 和 4 控制腔接入控制油，可使 P 与 B 相通，A 与 T 相通。这种插装式三位四通换向阀相当于一个具有 O 型中位机能的三位四通电液换向阀。

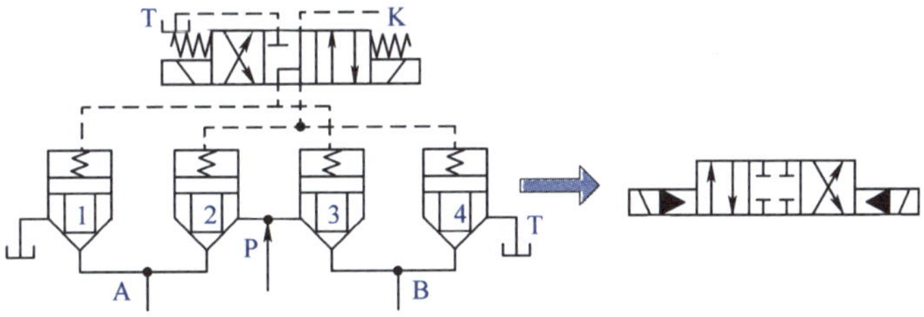

图 5-69　插装式三位四通换向阀

由上述举例可见，选用不同先导换向阀或用不同个数先导换向阀与插装阀组合，可以得到不同工作状态的插装换向阀。所以，采用插装换向阀时，可供选择的范围更广、更灵活。

3. 插装压力控制阀

如图 5-70 所示，利用一个直动式溢流阀作为先导阀，对插装式锥阀的控制油腔的油液压力进行控制，即可构成插装式压力阀。这种插装阀的控制盖板中装有节流器，插装组件和方向阀的插装组件大同小异，只是阀芯上多了一个阻尼孔。插装压力阀主要用来控制高压大流量液压系统的工作压力，通常可分为插装式溢流阀、插装式减压阀和插装式顺序阀等。

（1）插装式溢流阀　插装式溢流阀工作原理如图 5-71 所示，当插装组件进油口 A 的压力小于先导阀的调定压力时，先导阀不开启，插装组件阻尼孔上、下游的压力相等。插装组件的阀芯不上升，进油口 A 和出油口 B 断路。当插装组件 A 腔的压力升高至先导阀的调定压力时，先导阀打开，油液流经主阀芯阻尼孔时造成阀芯上、下端产生一定压力差，使主阀芯抬起，A 腔压力油经主阀口由 B 口流回油箱，实现稳压溢流。当阀进入稳态后，阀芯保持一定开口，使 A 口的压力基本上保持常数。其维持进口为恒压的工作原理与先导式溢流阀完全相同，可实现的功能也相同。

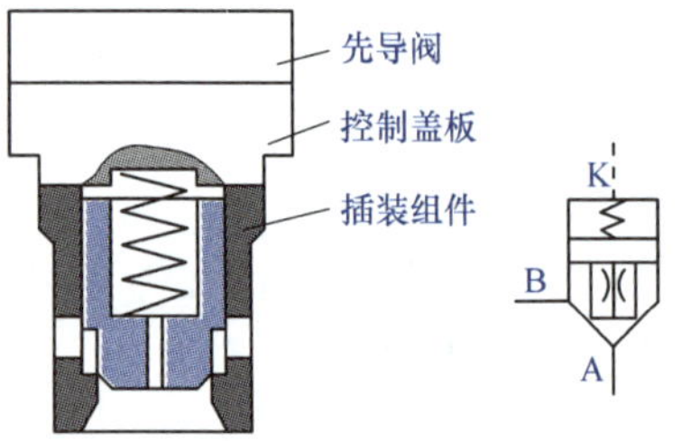

a) 结构原理　　b) 图形符号

图 5-70　插装式压力阀

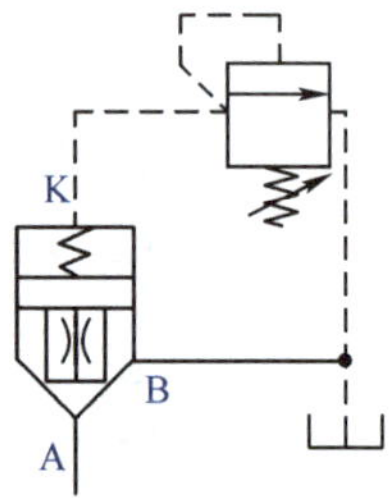

图 5-71　插装式溢流阀

（2）插装式减压阀　如图 5-72 所示，插装组件采用常开式阀芯，出油口接后续压力回路，而将先导阀出口直接接油箱，即构成插装式减压阀。其中，B 为一次压力 p_1 进口，A 为出口，A 腔的压力油经节流小孔与控制腔相通，并与先导阀进口相通。由于控制油取自 A 口，因而能获得恒定的二次压力 p_2。这种减压阀的工作原理与先导式减压阀相同，相当于定压输出减压阀。

（3）插装式顺序阀　插装式顺序阀的工作原理如图 5-73 所示。当 A 口压力小于先导阀的调定压力时，插装组件的阀芯不开启，油口 A 和油口 B 断路。当 A 口压力接近先导阀的调定值时，阀芯上升，油口 A 和油口 B 互通。从油口 B 排出的油液不回油箱，通向其他回路。

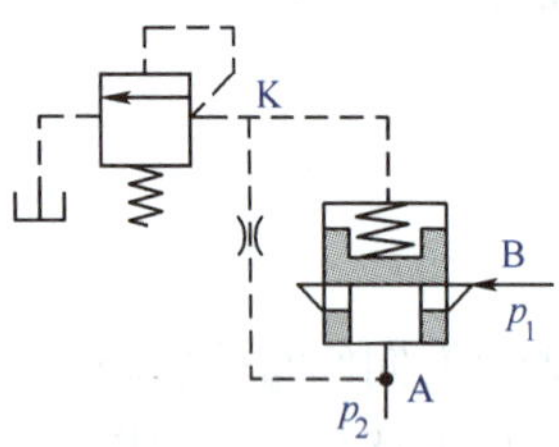

图 5-72　插装式减压阀

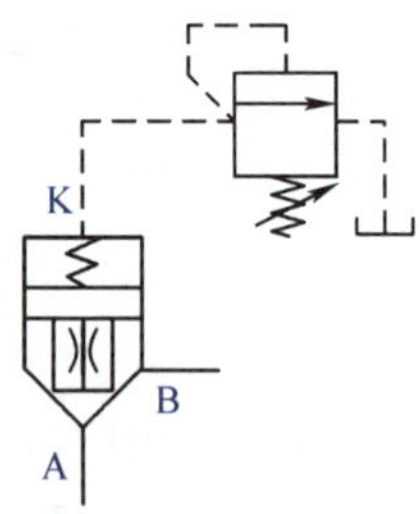

图 5-73　插装式顺序阀

如果用比例流量阀作先导阀代替直动式溢流阀，还可构成插装式比例溢流阀或插装式比例减压阀，用于高压大流量系统的多级控制和连续控制。

4. 插装式流量控制阀

（1）插装式节流阀　图 5-74 所示为插装式节流阀结构原理图及其图形符号。锥阀单元尾部带有节流窗口，锥阀开启高度可由调节螺母来控制，进而控制通过阀口的流量。该阀中的弹簧与压力阀中的弹簧作用不同，它只在阀芯开启过程中起缓冲作用，而不参加阀芯力的平衡，阀芯所受全部外力在其到位后全部由控制杆承受。有时，根据需要还可在控制口 K 与阀芯上腔之间加设固定阻尼孔。

（2）插装式调速阀 上述节流插装组件可以作为独立元件使用，也可以和其他插装组件联合使用，例如和具有圆柱形双套筒的减压阀结合，即可构成插装式调速阀，如图 5-75 所示。定差减压阀阀芯两端分别与节流阀进、出口相通，从而保证节流阀进、出口压差不随负载变化。

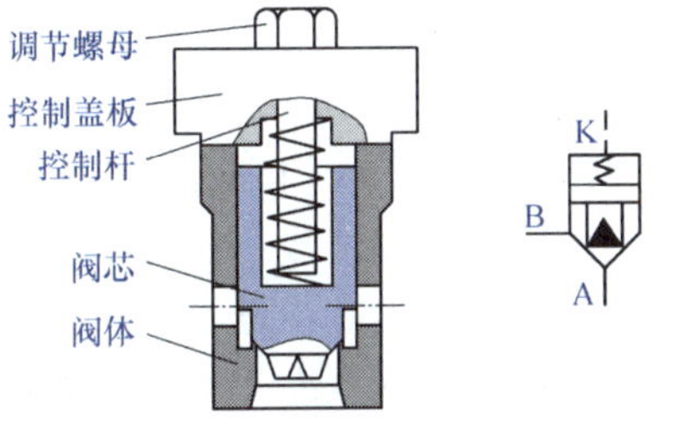

a) 结构原理　　b) 图形符号

图 5-74 插装式节流阀及图形符号

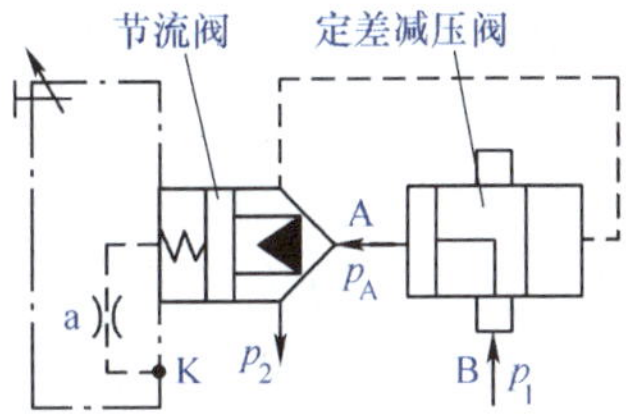

图 5-75 插装式调速阀

5. 插装阀的应用

图 5-76 所示为采用插装阀控制的液压回路。三位四通电磁换向阀阀芯处于中位时，四个锥阀 C、D、E、F 的上腔均通入控制压力油，阀口均关闭，使主油路各油口被封闭。1YA 通电时，换向阀左位接入回路使 C、E 锥阀上腔通入压力油，D、F 上腔接通油箱。这时，D、F 阀开启，主油路压力油经 D 阀进入液压缸有杆腔，活塞右行，回油经 F 阀进入油箱。1YA 断电，2YA 通电时，换向阀右位工作。控制油进入 D、F 阀上腔，使其关闭，而阀 C、E 上腔接通油箱，此时，C 阀开启，E 阀开至调定的节流开口度，主油路压力油经 E 阀节流后进入液压缸无杆腔，活塞以调定速度左行，回油经 C 阀排入油箱。

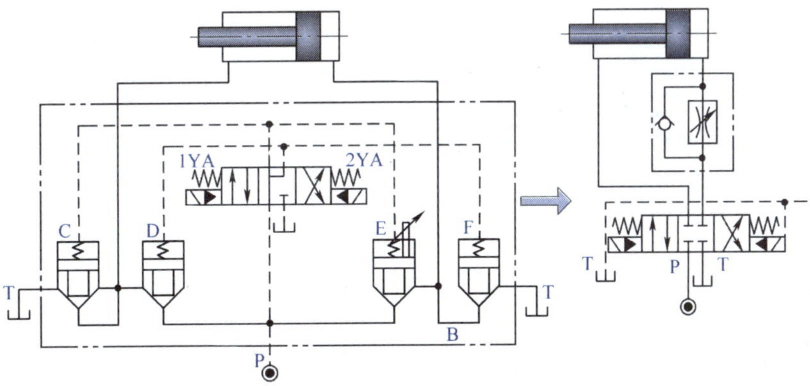

图 5-76 使用插装阀控制的液压回路

一般控制油路或主阀芯上有阻尼孔的为压力阀单元，而无阻尼孔的为方向阀单元，而流量控制单元的图形符号通常具有明显的特点。

三、电液数字控制阀

电液数字阀也称数字阀，是指利用计算机的数字信息直接控制的液压阀。随着科学技术的发展，许多液压传动系统需要利用计算机进行控制，但由于电液比例阀或伺服阀仅可接收连续变化的电压或电流，很难直接实现计算机“1”或“0”的信息指令。因此，出现了可与计算机直接接口，而不需通过数/模转换器的电液数字阀。与电液比例阀和电液伺服阀相比，数字阀结构简单，工作稳定可靠，重复性好，功耗较小，另外抗污染能力强。因此，电液数字阀在液压传动技术中的应用越来越广泛。

可直接接受计算机数字信息控制的方法有很多种，目前较常用的主要有增量控制和脉宽调制控制两种，因而电液数字控制阀也分为增量式数字阀和脉宽调制式数字阀。其中，增量式数字阀是利用步进电动机驱动的液压阀，其应用技术比较成熟，使用也比较广泛。

1. 增量式数字阀

增量式电液数字阀对液体进行控制的部分与普通液压阀相似，工作原理也基本相同，但其调控部分是由步进电动机驱动的调控装置。计算机发出的脉冲控制信号，经驱动电源放大后驱动步进电动机，使其每接收一个脉冲信号便转动一个确定的角度。步进电动机的驱动又通过凸轮或丝杠等机构转换成直线位移量，从而推动数字阀的阀芯或压缩弹簧，实现对油液方向、流量或压力的控制。

增量式数字阀有多种类型，应用较多的主要有数字节流阀、数字调速阀、数字方向流量阀及数字压力阀等。

(1) 增量式数字节流阀　图5-77所示为由步进电动机直接驱动的数字流量阀，也称直控式数字阀。当计算机发出信息指令时，步进电动机将转动角度通过滚珠丝杠转换为轴向位移，推动节流阀芯打开阀口，从而控制通流流量。在阀套内有两个通流面积梯度不同的节流口，阀芯移动时先打开右节流口，液体流动时并非全周边通流，只有阀芯继续移动时打开可全周边通流的左节流口后，流量才增大，最大流量可达360L/min。工作时，由于液流从轴向流入，而流出阀芯时与轴线垂直，所以阀开启时的液动力可将向右作用的液压力部分抵消。零位移传感器的作用是在每个控制周期结束时，控制阀芯自动返回零位，以保证每个工作周期都以零位开始，因而这种数字阀具有较高的重复精度。

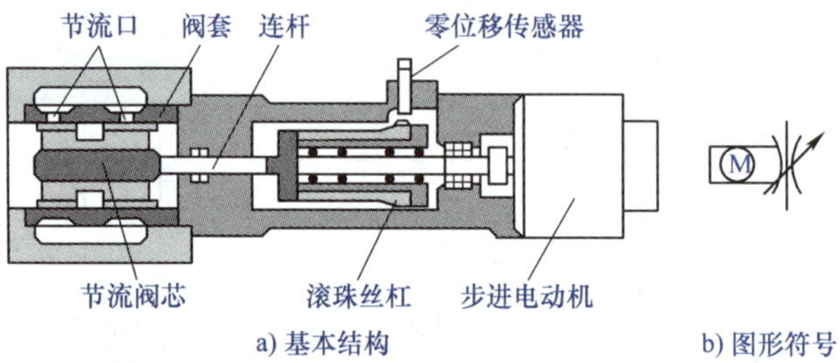

图5-77　直控式数字节流阀及图形符号

(2) 增量式数字方向流量阀　利用步进电动机取代电液换向阀中的电磁铁，即可构成增量式数字方向流量阀或称先导式数字方向流量阀，如图5-78所示。其结构与电液换向阀类似，也是由先导阀和主阀两部分组成，只是用步进电动机取代了电磁先导阀中的电磁铁。控制步进电动机的旋转方向和角位移量，可以改变通过阀的液流方向，并控制各油口的输出流量。在主阀阀口处并联了一个溢流阀，用以防止负载压力变化对输出流量的影响。这个溢流阀阀芯两端分别受主阀口P、T液压力的控制，溢流阀的控制腔受L口液压力控制。当系统中执行元件的负载油口A或B与P接通的同时，也与L口相通，所以溢流阀的溢流压力随负载压力的增减而增减，从而保证主阀口P、T压差恒定，可消除负载压力对输出流量的影响。

2. 脉宽调制式数字阀

将计算机的二进制信号量化为两个量级，即“开”和“关”，并以此来控制脉宽调制式数字阀的开和关及其作用时间间隔（即脉宽），进而控制液流的方向、流量或压力。由于这种阀的阀芯多为锥阀、球阀或喷嘴挡板阀，均可实现快速切换，而且只有开和关两个位置，因此常称之为快速开关阀。

图 5-79 所示为二位二通电磁锥阀式快速开关型数字阀的典型结构。当电磁铁不通电时，衔铁在弹簧的作用下使锥阀关闭，当电磁铁有脉冲信号通过时，电磁吸力使衔铁带动锥阀开启。为了抵消或减轻液动力的作用，在阀套上设置了阻尼孔。

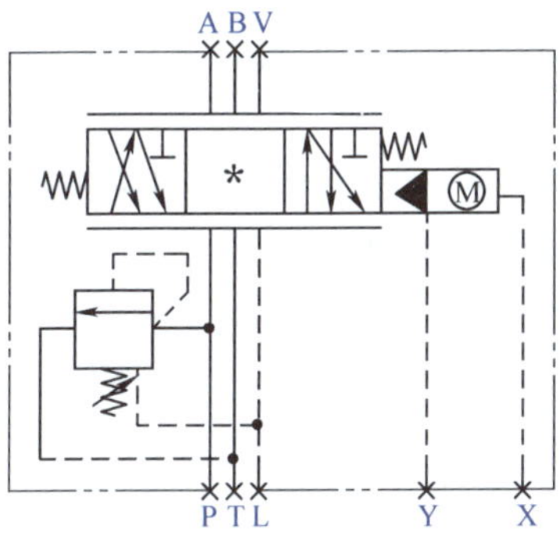

图 5-78 先导式数字方向流量阀

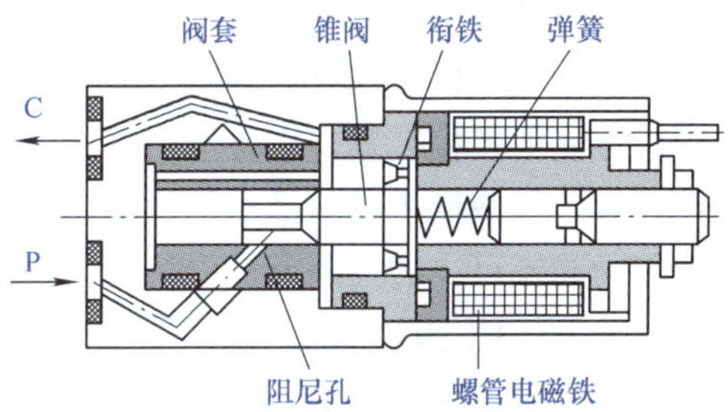

图 5-79 二位二通电磁锥阀式快速开关型数字阀

3. 数字阀的应用

增量式数字阀的应用原理如图 5-80 所示。计算机发出的脉冲信号通过驱动电源放大后，输送给步进电动机，每个脉冲使步进电动机沿给定方向转动一个固定的步距角，通过螺纹或凸轮机构使步距角转换成位移量，带动液压阀的阀芯移动一定距离。这样，利用步进电动机原有的位置和一定时间内走的步数，即可使阀芯得到相应的开度。

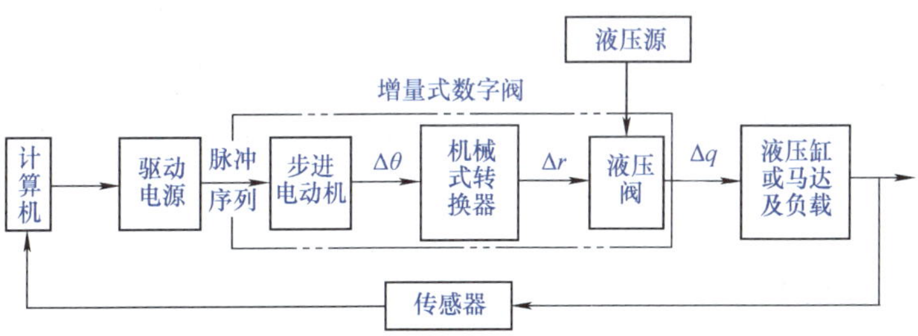

图 5-80 增量式数字阀在数控系统中的应用

图 5-81 所示为脉宽调制式数字阀的应用原理。脉宽调制放大器将计算机输出的脉冲信号放大后，传递给快速开关数字阀中的电磁铁或力矩马达，阀口的油液流量即可根据控制开关阀开启的时间长短得到控制。当系统执行元件需要做两个方向运动时，可设置两个快速开关数字阀来分别控制两个不同方向上的运动。

四、电液伺服阀

电液伺服阀是一种由模拟电信号控制，输出的流量和压力与控制电信号保持对应关系的液压控制阀，它可以满足伺服系统的快速响应和精密控制要求。

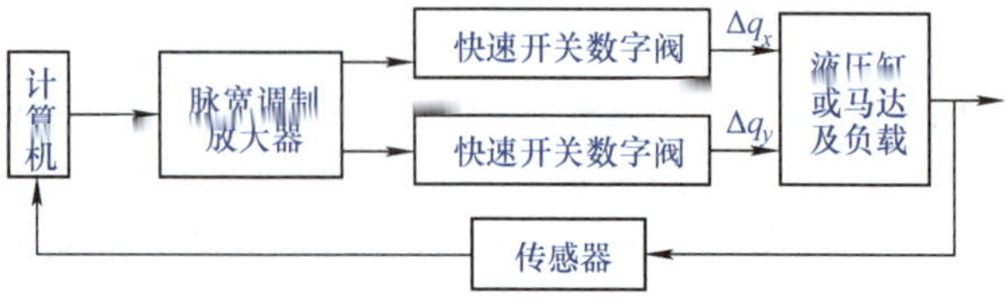

图 5-81 脉宽调制式数字阀在数控系统中的应用

1. 电液伺服阀的分类及特点

(1) 分类　根据输出量不同，可将电液伺服阀分为电液流量伺服阀和电液压力伺服阀两大类。按照电-机转换器的结构形式，还可将电液伺服阀分为动圈式和动铁式两种。根据液压前置放大器的结构形式，电液伺服阀通常有滑阀式、喷嘴挡板式和射流管式三种。此外，电液伺服阀根据液压放大器的串联级数，常有单级、二级和三级之分。

(2) 特点　电液伺服阀是一种将小功率电信号转换为大功率液压能输出，并实现对流量和压力进行控制的转换装置。它将电信号所具有的传递速度快，便于遥控、反馈、容易检测和校正等优点，与液压传动所具有的输出力大、惯性小及反应快等优点有效结合起来，是电液伺服系统中必不可少的控制元件，可用于电液位置伺服控制系统、电液速度、加速度、力伺服控制系统及伺服振动系统。

与电液比例阀相比，电液伺服阀具有更优越的静态特性和动态特性。电液伺服阀是所有阀中性能最好、精度最高的液压控制阀。

2. 电液伺服阀的基本结构及工作原理

电液伺服阀的前级输入是电流，输出是与电流成比例的油液负载流量或负载压力，而油液的流动方向则决定于电流的极性。最常用的电液伺服阀是具有二级放大器的流量伺服阀。这种阀由三部分组成，电-机转换器，用以将电信号转换为力或位移等机械量；液压前置放大器，它将电-机转换器的输出进一步放大，以便推动液压功率放大器；液压功率放大器或主阀，可作为电液伺服阀的输出极。

(1) 前置液压放大器　电液伺服阀中常用的液压放大器主要有滑阀式、喷嘴挡板式和射流管式三种。

1) 滑阀式液压功率放大器。在滑阀式液压放大器中，常根据起控制作用的阀口数（即控制边数），分为单边、双边和四边滑阀控制形式，其中绝大多数液压功率放大器都采用四边控制滑阀。

图 5-82a 所示的单边滑阀只有一个可变节流口，因而称之为单边控制阀，由于其负载口和回油口共两个通道，又称为二通伺服阀。这种单边控制阀只有一个负载通道，只能用于控制差动缸。为了在工作中产生固定的回程液压力，需要使有杆腔与供油腔常通，因而在活塞上设置了一个固定节流孔。工作时，压力油直接进入有杆腔，然后经活塞上的固定节流孔进入无杆腔，再经可变节流口回油箱。无杆腔的压力，即液压缸的运动，受开口 x_s 的控制。当滑阀向左或向右移动时，控制边的开口 x_s 增大或减小，控制缸中的液压力和流量，从而改变活塞的运动速度和运动方向。

所谓双边控制阀是指控制阀具有两个可变节流口，实现双边控制，因有供油口、回油口和负载口三个通道，故又称为三通伺服阀。如图 5-82b 所示，该控制滑阀只有一个负载口，因而也只能用于控制差动缸，为了形成固定的回程压力，需使缸的有杆腔与无杆腔处于常通状态。液压泵供油直接进入有杆腔，无杆腔内的压力受双边控制滑阀的开口 x_{s1} 和 x_{s2} 控制。x_{s1} 增大 x_{s2} 减小，压力油经滑阀控制边 x_{s1} 的开口与无杆腔相通，而回油需经 x_{s2} 到油箱。当阀芯右移时，控制边开口 x_{s1} 增大 x_{s2} 减小；滑阀左移时，x_{s1} 减小 x_{s2} 增大。

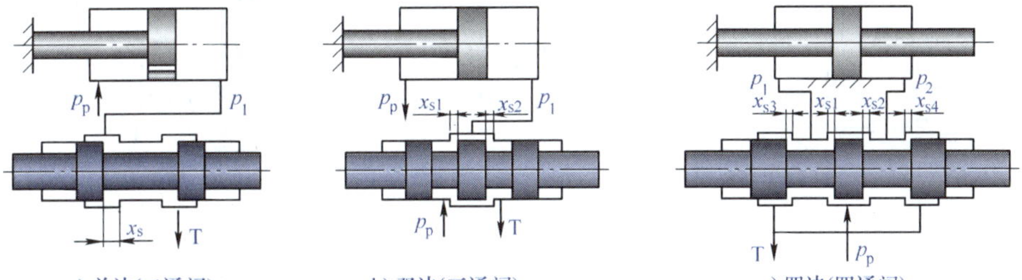

图 5-82　滑阀的结构形式

四边控制滑阀有四个可变节流口，即四个控制边，它有供油口、回油口和两个负载口，因有四个通道而称为四通伺服阀，可用于控制各种液压执行元件。控制边 x_{s1} 和 x_{s2} 用于控制压力油进入执行元件左、右腔，x_{s3} 和 x_{s4} 用于控制左、右油腔通向油箱。当力矩马达通过连接杆驱动滑阀向右移动时，x_{s1} 和 x_{s4} 增大，x_{s2} 和 x_{s3} 减小，即可控制执行元件左、右腔的液压力和流量。如图 5-82c 所示。

生产中还常采用有一定预开口量或重叠量的四边控制阀，即控制滑阀处于中位时，四个开口具有相同的开口和相同的重叠量。一般认为，滑阀式液压功率放大器加工困难，价格较高。滑阀质量大导致惯性力大，阀芯固有频率低，对油液的污染较敏感，容易发生卡死现象。滑阀式液压放大器一般作为功率放大器使用。

2）喷嘴挡板式液压放大器。常用喷嘴挡板阀主要有单喷嘴和双喷嘴式两种。其中单喷嘴挡板阀如图 5-83 所示，它由固定节流孔、喷嘴和挡板组成，而挡板和喷嘴之间的间隙构成一个可变节流孔。一般，挡板靠扭轴或弹簧支承可绕支点偏转，利用电-机转换器输入信号可控制挡板的偏转位置。压力油 p_s 经孔径为 d_0 的固定节流孔进入控制腔后压力改变为 p_c，流量为 q_1，而这个控制腔压力实际是靠挡板移动距离来控制的。挡板与喷嘴之间的原始距离为 x_0，挡板的移动距离为 x，而 x_0-x 即为喷嘴节流面积，改变 x 的大小即可改变喷嘴的节流面积和喷嘴出口的流量 q_2，从而控制压力 p_c。

单喷嘴挡板阀由一个固定节流孔和一个可变节流孔组成，具有一个供油口、一个回油口和一个负载口，如图 5-83b 所示，相当于一个三通阀。如果在挡板右侧再增加一个单喷嘴，两个单喷嘴通用一个挡板，即可构成一个双喷嘴挡板阀。这种阀具有一个供油口、一个回油口和两个负载口，而且它的两个固定节流孔和两个可变节流孔都是常开的，所以相当于一个正开口四通阀。

喷嘴挡板阀中的挡板作为运动件，惯性小，位移小，动态响应速度高，灵敏度高。但由于喷嘴节流口和固定节流口都是常开的，损失大，效率较低，常被作为二级或三级伺服阀中的第一级或功率极小的功率放大器使用。

3）射流管式液压放大器。射流管式液压放大器如图 5-84 所示，它主要由射流管、枢轴、复位弹簧和接收器组成。压力油通过枢轴引入由其支承的射流管，再喷入接收器上的两个接收孔后又转化成压力能。当放大器处于零位时，由射流管喷入两个接收孔内的能量相等，转换成的压力也相同，称此被转换成的压力为压力恢复。由于两孔接收的能量相等，因而与其相连通的液压缸活塞不动。当射流管绕枢轴转动，即偏离零位时，两个接收孔接收的能量产生差异，因此，这一压差即可推动液压缸活塞产生运动。

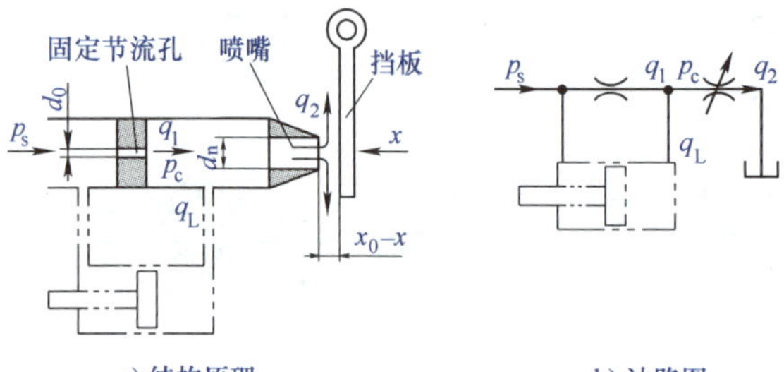

a) 结构原理　　b) 油路图

图 5-83　单喷嘴挡板式液压放大器

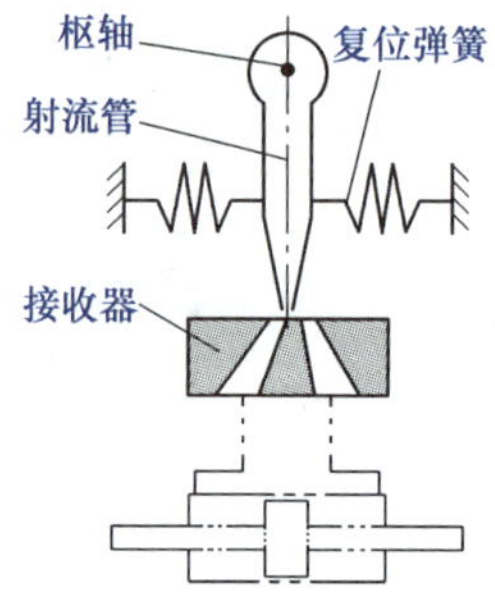

图 5-84　射流管式液压放大器

射流管阀有干式和湿式两种，其中，干式射流管阀工作时的射流是通过空气进入接收器的，喷嘴周围的空气会进入执行元件。而湿式射流管工作时浸在油中，形成淹没射流，即可避免空气进入执行元件，又可增加射流管本身的阻尼作用，工作特性相对好，因而应用比较广泛。

射流管阀抗污染能力强，工作可靠，所需操纵力较小，其单级功率、压力效率和流量效率都比喷嘴挡板阀高，可直接用于小功率伺服系统。但射流管阀的工作特性较难预测，供油压力高时容易产生振动，响应速度比喷嘴挡板阀低，零位功率损耗大，工作特性受油液黏度影响较大，另外，低温特性较差。射流管阀通常可用于低压小功率系统，可作为电液伺服阀的前置级。

（2）电液伺服阀的工作原理　喷嘴挡板式电液伺服阀的基本结构和工作原理如图 5-85 所示。伺服阀采用衔铁式力矩马达作为电-机转换器，以喷嘴挡板作为液压前置放大器，而功率放大器采用四边滑阀。衔铁与挡板和反馈弹簧杆连接在一起，由固定在阀体上的弹簧管支承。当线圈中没有电流通过时，导磁体和衔铁间四个气隙中的磁通相等，且方向相同，衔铁和挡板都处于中间位置，因此，滑阀没有液压油输出。当线圈中通入电流时，一组对角方向的气隙中的磁通增加，另一组对角方向的气隙中的磁通减小，于是衔铁在磁力作用下克服弹簧管的弹性反作用，在两个磁场的相互作用下，衔铁受到力矩作用，以弹簧管为支点旋转，并偏转到磁力所产生的转矩与弹簧管的弹性反作用力所产生的反转矩平衡时为止，这时，滑阀尚未移动，而挡板因随衔铁偏转而发生挠曲，改变了它与两个喷嘴之间的间隙。其旋转力矩与线圈中的电流成正比，旋转方向决定于电流极性。

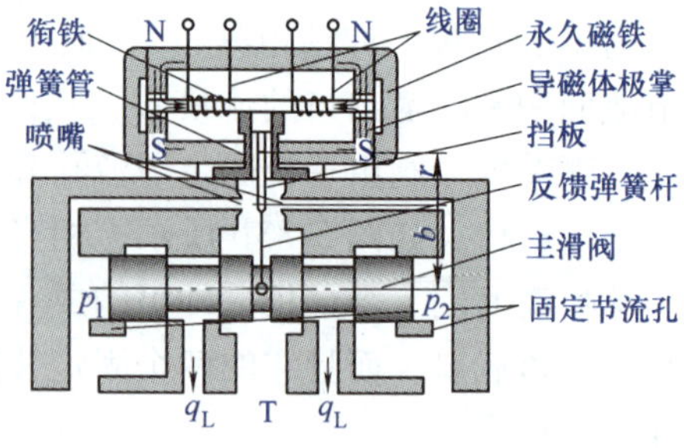

图 5-85　喷嘴挡板式电液伺服阀工作原理

这种力矩马达结构紧凑，但行程不宜过大，故采用喷嘴挡板作为前置放大器。该前置放大器由左、右两个固定节流孔和两个喷嘴挡板形成的可变节流孔组成一个液压桥路。辅助压力油经固定节流孔和喷嘴挡板回油箱。零位时，两个可变节流孔开口相等，桥路节点压力相同，主滑阀处于平衡位置。当线圈中通电后，衔铁带动与之相连的挡板一起绕弹簧管支点旋转。如果电流极性使衔铁顺时针方向旋转，则挡板与左喷嘴之间的间隙减小，而与右侧喷嘴之间的间隙增大。主滑阀左侧压力增大，右侧压力减小，主滑阀向右运动。主滑阀的移动通过与挡板相连的反馈弹簧又使挡板和衔铁逆时针旋转，反向改变挡板与喷嘴之间的间隙，进而又使主滑阀两端压力差减小。当压力差减小到一定程度时，主滑阀通过反馈弹簧杆作用于挡板上的反力矩、弹簧管的弹性反力矩以及喷嘴中油液压力作用于挡板上的力矩之和与力矩马达所产生的电磁力矩相等，主滑阀、挡板和力矩马达达到新的平衡位置。此时，主滑阀已经偏离了零位，其偏离的距离决定于主滑阀两端由喷嘴挡板引起的压力差与反馈弹簧杆的刚度。实际上，主滑阀的偏离距离与力矩马达的电磁力矩或者通入力矩马达的电流成正比。由于其传递过程为电流——力矩马达电磁力矩——喷嘴间隙——主滑阀两端压力差——主滑阀位置，所以，主滑阀的位移与输入力矩马达的电流一一对应。

这种伺服阀的前置放大器中采用了一个力反馈系统，可以使力矩马达在中位附近工作，即衔铁偏转角度很小，如果采用位置反馈则力矩马达需偏离中位较多，因而有利于保证电磁力矩与电流的线性关系。改变反馈弹簧杆的刚度，很容易改变主滑阀的行程，进而改变伺服阀的额定流量。但由于喷嘴挡板的工作间隙较小，一般在 0.025 ~ 0.05mm 范围内，使用时对系统中油液的清洁度要求较高。

3. 电液伺服阀的应用

液压伺服系统是以液压为动力的机械量（如位移、速度和力等）的自动控制系统。与电气伺服系统相比，液压伺服系统具有体积小、重量轻、反应快、动态性能好的优点，因此应用比较广泛。液压伺服系统中除了有泵、执行元件、阀和辅助元件等一般部分外，还有其特殊组成部分，其工作原理与一般液压系统也有所不同。

图 5-86 所示为液压仿形刀架的工作原理。该系统中所用控制阀与三位四通换向阀相似，但也有一定区别。控制阀的阀芯上有三个台肩和阀体上有三条沉割槽。阀芯处于中位时，阀芯和阀体上四条边正好重合，其所形成的 4 个控制节流口都关闭，液压缸两腔既不通压力油，也不通回油箱，活塞不动。当阀芯偏离中位向前伸出时，控制口 1 和 3 打开，压力油经控制口 3 进入液压缸前腔，而液压缸后腔的油液则经控制口 1 流回油箱。刀架向前运动，其运动速度与控制口 1、3 的开口大小，即阀芯偏离中位的距离成正比。同样，当阀芯偏离中位后退时，控制口 2、4 打开，压力油经控制口 2 进入液压缸后腔，缸前腔的油液经控制口 4 流回油箱。刀架向后运动，其运动速度与控制口 2、4 的开口大小成正比。所以，控制阀既控制液压缸的运动方向，又可控制缸的运动速度，兼有方向阀和流量阀的功能，是一个比较特殊的元件。

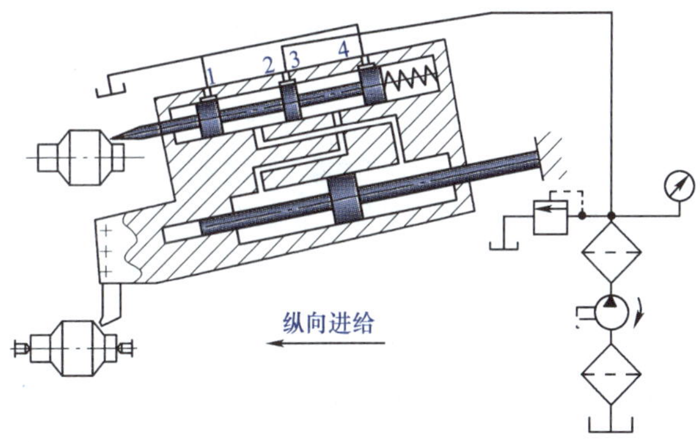

图 5-86 液压仿形刀架工作原理

当控制口 1、3 打开，液压缸（即阀体）向前运动的距离与阀芯偏离中位的距离一致时，控制口 1、3 即重新关闭，液压缸停止运动。同样，液压缸后退时，其后退距离与阀芯偏离中位的距离相同。所以，液压缸完全跟着阀芯运动，或者说，阀芯控制着液压缸的位置，它是一个位置控制系统。把液压缸与阀体联结在一起，使液压缸的运动反过来又传递给阀体，这一作用即为反馈。由于反馈作用，阀芯（输入）与液压缸（输出）的运动在阀芯和阀体处进行比较，当二者运动距离相同时，阀开口为零，液压缸停止运动。利用这种反馈作用，即可实现液压仿形刀架的仿形车削加工。

习 题

5-1 液压传动与控制系统中有哪几大类控制阀？请简述它们的基本功用。

5-2 选择液压控制阀时需要考虑的基本参数有哪些？

5-3 溢流阀的调节压力低于推动活塞运动所需压力时，系统能正常工作吗？为什么？

5-4 先导式溢流阀与直动式溢流阀有什么区别？为什么先导式溢流阀的调压精度高于直动式溢流阀？

5-5 如果先导式溢流阀阻尼孔堵塞，会出现怎样的情况？若用一直径较大的通孔来代替阻尼孔又会出现怎样的情况？

5-6 若把先导式溢流阀远程控制口接通油箱，液压系统会产生什么现象？为什么？

5-7 先导式溢流阀的压力损失 $\Delta p_{损}$ 通常是指溢流阀的调压手轮放到全松位置，在通过额定流量时进出油口间的压力差值；而溢流阀的卸荷压力 $\Delta p_{卸}$ 通常是指远程控制口和油箱直通，阀处于卸荷状态下通过额定流量时进出油口间的压力差值。试分析这两种压力损失大小是否相等？为什么？

5-8 如图 5-87 所示，已知液压缸 1、2、3 中无杆腔活塞的有效作用面积 $A_1=A_2=A_3=20\text{cm}^2$，所受负载 $F_1=4000\text{N}$，$F_2=6000\text{N}$，$F_3=8000\text{N}$，泵的流量为 q，安全阀 4 的调定压力为 5MPa，试分析：

1）液压泵开始工作后，三个液压缸将怎样动作？

2）系统开始运行后，液压泵的工作压力有何变化？

3）求各液压缸的运动速度。

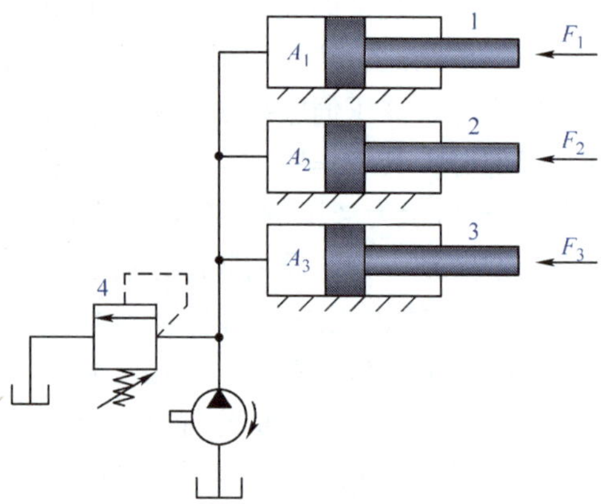

图 5-87 题 5-8 图

5-9 简述减压阀与的溢流阀主要区别。

5-10 现有 Y 型先导式溢流阀、先导式减压阀各一个，其铭牌不清楚，试问在不拆阀的情况下，如何判断哪个是减压阀？哪个是溢流阀？

5-11 若将减压阀的进出油口反接，会出现什么情况？（分两种情况讨论：压力高于减压阀的调定压力和低于减压阀的调定压力）

5-12 若减压阀在使用中不起减压作用，原因是什么？又若出口压力调不上去，原因是什么？

5-13 如图 5-88 所示，两个减压阀串联，已知减压阀的调整值分别为：$p_{J1}=35\times10^5\text{Pa}$，$p_{J2}=20\times10^5\text{Pa}$，溢流阀的调整值 $p_y=45\times10^5\text{Pa}$；活塞运动时，负载力 $F=1200\text{N}$，活塞面积 $A_1=15\text{cm}^2$；减压阀全开时的局部损失及管路损失不计。试确定：

1）活塞运动时和到达终端位置时，A、B、C 各点的压力为多少？

2）若负载力增加到 $F=4200\text{N}$，所有阀的调整值仍为原来数值，这时 A、B、C 各点的压力为多少？

5-14　如图 5-89 所示，两个减压阀并联，已知减压阀的调整压力分别为：$p_{J1}=20\times10^5$Pa，$p_{J2}=35\times10^5$Pa，溢流阀的调整压力 $p_y=45\times10^5$Pa，活塞运动时，负载力 $F=1200$N，活塞面积 $A=15\text{cm}^2$，减压阀全开时的局部损失及管路损失不计。试确定：

1）活塞在运动时和到达重点位置时，A、B、C 各点处的压力为多少？

2）若负载力增加到 $F=4200$N，所有阀门的调整值仍为原来数值，这时 A、B、C 各点处的压力为多少？

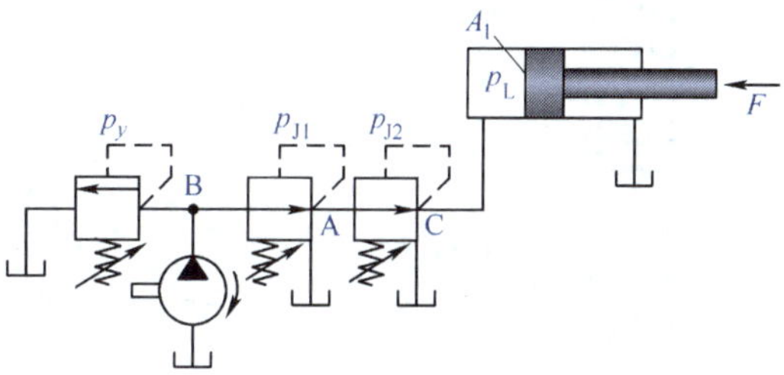

图 5-88　题 5-13 图

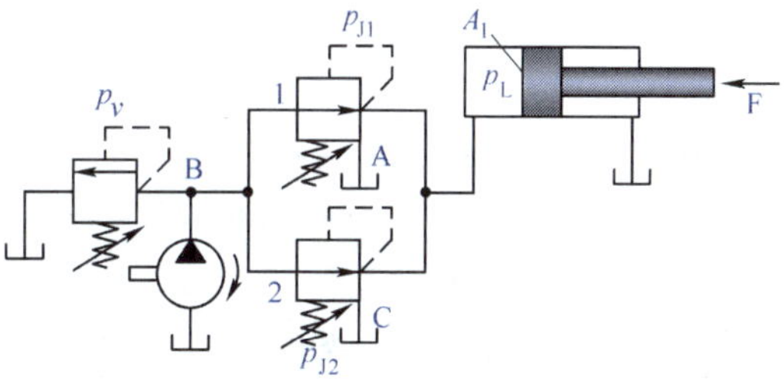

图 5-89　题 5-14 图

5-15　顺序阀和溢流阀是否可以互换使用？

5-16　试分析内控式顺序阀出口处负载压力 p_L、调定压力 p_y 和阀的进口压力 p_1 之间的关系。

5-17　试分析图 5-90 所示两个简单回路，如果调节节流阀口的通流截面积，能否改变执行元件的运动速度？为什么？试对回路进行补充或更改设计使其完善。

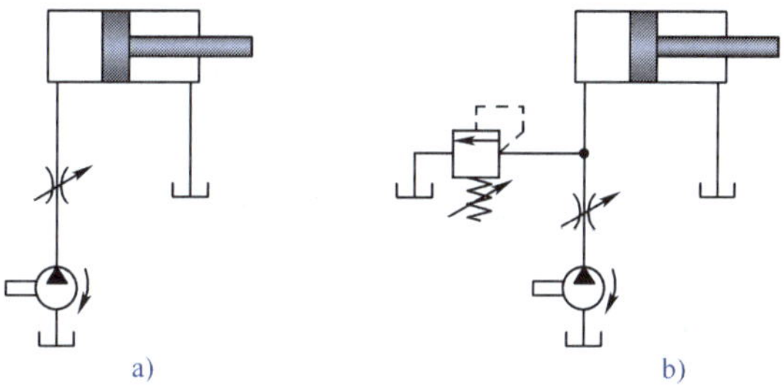

图 5-90　题 5-17 图

5-18　进油节流调速和回油节流调速回路中泵的泄漏对执行元件的运动速度有无影响？为什么？液压缸的泄漏对速度有无影响？

5-19　在节流调速系统中，调速阀的进、出油口能反接吗？如果调速阀的进、出油口接反后将会出现怎样的情况？试根据调速阀的工作原理进行分析。

5-20　在节流调速回路中，溢流节流阀可以装在回油路上吗？

5-21　单向阀的功用是什么？液控单向阀与普通单向阀有何区别？

5-22　液控单向阀的作用是什么？

5-23　什么是换向阀的常态位和中位？

5-24　分别说明 O 型、M 型、P 型和 H 型三位四通换向阀的中位机能。

5-25　与普通液压控制阀相比，电液比例阀主要有什么特点？

5-26　电液比例方向阀与普通二位四通电磁换向阀在结构上有什么不同？

5-27　插装阀有哪些特点？

5-28　什么是电液数字控制阀？它与其他液压控制阀相比有什么特点？

5-29　电液伺服阀主要由哪两部分组成？

第六章 液压系统中的辅助装置

学习要点：本章介绍的内容为液压传动中的辅助装置和元件，主要有滤油器、蓄能器等。辅助元件也是液压系统中不可缺少的零部件，它们与系统工作零部件配合使用，可保证系统顺利实现各种传动和控制。因此，学习这一章内容需要了解辅助元件的基本功能、类型、使用方法及其在系统中的重要性。由于课时有限，本章内容可以自学为主。

任何完整的传动或控制系统，都必须配有相应的辅助元件和装置。液压传动系统中的辅助元件主要包括油箱、蓄能器、密封装置及各类关系元件等。

第一节 滤 油 器

一、滤油器的作用及其性能

1. 滤油器的作用

在液压系统中设置滤油器的作用，主要是滤除混入液压油中的灰尘、杂质、油液析出物及金属颗粒等各种夹杂物，降低液压油的污染程度，从而保证系统正常工作，并延长元件到使用寿命。因此，要求滤油器应具有较好的滤油能力，以滤除一定尺寸的机械杂质；通过性能好，保证油液全部通过时不致引起过大的压力损失；滤油材料应具有足够的机械性能和耐腐蚀性能，以保证油液在一定压力及温度作用下工作时，不致损坏或被腐蚀。此外，还需考虑滤油器的过滤精度和效率。

2. 滤油器的性能

滤油器的性能主要包括过滤效率、过滤精度、压降、纳垢容量及通油能力等。

（1）过滤效率　滤油器的过滤效率可表示为

$$\eta = \frac{n_1 - n_2}{n_1} \times 100\% \tag{6-1}$$

式中　n_1——未经滤油器过滤前油液单位容积中指定尺寸的颗粒数，或称上游颗粒密度；

n_2——经滤油器过滤后油液单位容积中未被滤除的指定尺寸的颗粒数，也称下游颗粒密度；

$n_1 - n_2$——被滤芯阻留的单位容积中的颗粒数。

上述过滤效率 η 是针对某一指定尺寸的颗粒而言，所谓指定尺寸的颗粒并不包括指定尺寸本身的颗粒，而只包括大于指定尺寸的颗粒。

（2）过滤精度　滤油器的过滤精度是指可从液压油中滤除掉杂质颗粒的大小，即其对油液中所含各类杂质的滤除能力。从理论上讲，允许通过滤油器杂质的颗粒为某一尺寸时，大于该尺寸的杂质颗粒应全部被滤芯阻流，实际上在滤芯下游仍可发现少数大于该尺寸的颗粒，但仍将这种概念的过滤精度称作绝对过滤精度。常用的评定指标主要有绝对过滤精度、滤油比和过滤效率。

通常采用油液通过滤油器时，被滤除掉杂质颗粒的尺寸大小来表示绝对过滤精度。根据这个绝对过滤精度可将滤油器分为四种，即粗滤油器、普通滤油器、精滤油器和特精滤油器，它们能滤除油液中的杂质颗粒尺寸依次为100μm、10～100μm、5～10μm 及 1～5μm。

液压系统所要求的油液过滤精度，应使杂质颗粒尺寸小于液压元件运动表面间的间隙或油膜厚度，以防止颗粒使运动元件卡住或产生急剧磨损。此外，油液中所含杂质颗粒尺寸应小于系统元件中节流孔或缝隙的最小尺寸，以免造成堵塞。一般，系统压力越高，则要求滤油器的绝对过滤精度也应越高，可参考表 6-1 所示推荐值。

表 6-1　滤油器绝对过滤精度推荐值

系统类型	润滑系统	传动系统			伺服系统
压力/ MPa	0～2.5	<14	14～21	>21	21
绝对过滤精度/μm	100	25～50	25	10	5

（3）压降　所谓压降是指油液按规定的流量流过滤油器时，其出口与入口之间的压差。一般，吸油管路滤油器通过流量为泵流量的 2 倍时，压差应小于 0.01MPa；压力管路滤油器的压降应小于 0.05MPa。

（4）纳垢容量　滤油器经长时间使用后，沉积在滤芯上的污垢增多，会使滤油器的工作压降增大。当污垢增加至某一定量之前，压降增大缓慢，但污垢超过一定量后，压降急剧增大。通常将对应这个压降突然增大时滤芯上积存的污垢总量称为纳垢容量。污垢容量越大，滤油器可持续正常工作的时间也越长。

（5）通油能力　滤油器的通油能力是指单位压降、单位黏度下，滤芯单位面积所能通过的流量。在其他条件如过滤精度、过滤效率及纳垢容量相同的条件下，通油能力越强越好。

二、滤油器的类型及性能特点

常用滤油器按滤芯材料和结构形式不同，可分为网式、线隙式、纸芯式、烧结式和磁性式等多种。如果按连接方式，还可分为管式、板式和法兰式三种，有的滤油器上还带有压降指示仪表和信号装置等。下面介绍三种常用的滤油器：

（1）网式滤油器　网式滤油器如图 6-1 所示，它由上盖、下盖、筒体及若干块铜丝网所组成。为了使滤油器有一定机械强度，方格孔眼的铜丝网是包在四周开有圆形窗口的金属或塑料圆筒体上的。这种滤油器的过滤精度与网孔大小、铜丝层数有关，常用于压力管路上的铜丝网有 80μm（200 目，指每英寸长度上有 200 个网孔）、100μm（150 目）、180μm（100 目）三种标准等级。

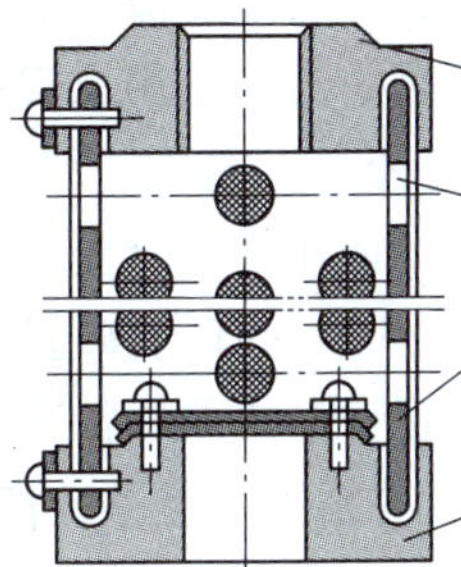

图 6-1　网式滤油器

网式滤油器滤油阻力小，过滤精度不高，通常装于液压泵的吸油口，用来防止较大的杂质颗粒进入泵内。常用铜丝网孔直径为 0.88～0.18mm 时，压力损失不超过 0.25×10^5Pa；网孔直径为 0.13～0.5mm 时，压力损失不超过 0.04×10^5Pa。

网式滤油器结构简单、清洗方便、通油能力较大，但过滤精度低，常用于吸油管路作吸滤器使用，对油液进行粗滤。

（2）线隙式滤油器　线隙式滤油器将铜丝或铝丝等金属线绕在筒形芯架外部组成滤芯，并装于壳体内，利用金属线之间的间隙滤除油液中的杂质，其结构如图 6-2 所示。油液经线间间隙和芯架槽孔流入滤油器内，再从孔道流出。这种滤油器的绝对过滤精度一般为 100～200μm，额定流量的压力损失约为（3～6）$\times10^4$Pa。线隙式滤油器结构简单，通流能力大，过滤精度适中，但滤芯强度较低，不易清洗。常用于液压泵吸油口、回流或低压系统中，当置于吸油口时，只允许通过额定流量的 2/3～1/3。

（3）金属烧结式滤油器　金属烧结式滤油器结构形式较多，图 6-3 所示为管状金属烧结式滤油器。这种滤油器由端盖、壳体和滤芯等组成，其中，滤芯由颗粒状锡青铜粉压制后烧结而成，具有杯状、管状、碟状和板状等多种形状，利用铜粉颗粒之间的微孔滤除油液中的杂质。烧结式滤油器的过滤精度主要由铜粉末粒度大小而定，通常的过滤精度为 100～200μm，压力损失为（3～20）$\times10^4$Pa。

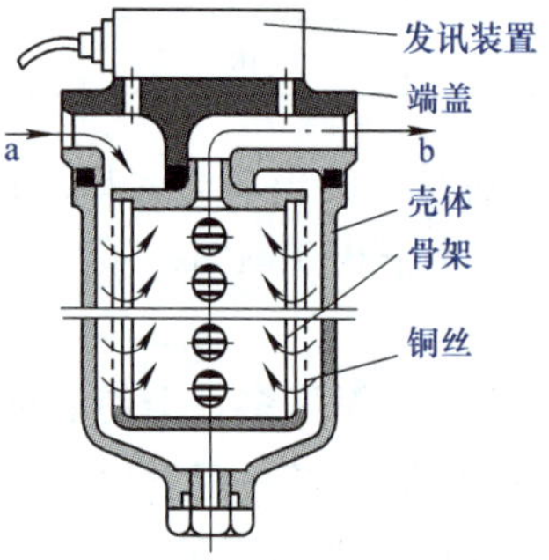

图 6-2　回流线隙式滤油器

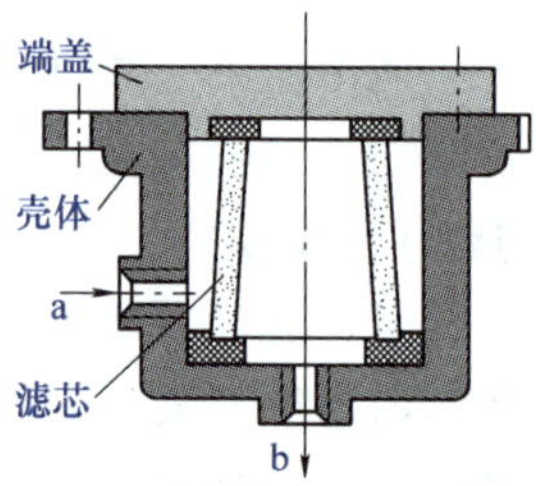

图 6-3　管状烧结式滤油器

这种滤油器的主要特点是强度高，可承受一定热应力，具有较好的抗冲击性能，并且抗腐蚀性能较强，制造简单，过滤精度较高。适用于精滤油，并可用于不同位置。烧结式滤油器的缺点是容易堵塞，清洗困难，烧结颗粒容易脱落，再次造成油液污染，因而最好与其他滤油器配合使用。

此外，还有纸芯滤油器和磁性滤油器等。此处不再详述。

三、滤油器的选用及安装

1. 滤油器的选用

不同的液压系统，具有不同的过滤精度要求，因此，选用滤油器时，应注意以下几点：

1）应选用具有足够通油能力的滤油器，通常选择滤油通流能力应是液压泵流量的 2 倍以上，以保证液压泵吸油充分，防止泵口吸油阻力过大而产生气蚀。

2）过滤精度满足系统使用要求，液压元件相对运动表面的间隙大多在 1～5μm 范围内，这一尺寸的杂质颗粒最容易进入运动间隙内，将引起磨损、使间隙增大。因而，尽可能有效控制 1～5μm 范围内的污染颗粒，可较好地保护液压元件及维护系统精度。

3）滤油器应能承受一定的工作压力，主要是指滤油器壳体及滤芯应有较高的强度。由于液压系统中的管路工作压力各不相同，需根据具体压力状态选用适当的滤油器。

4）滤油器滤芯应易于清洗和更换。

5）要求滤芯抗腐蚀性好，能在规定温度下持久工作。

2. 滤油器的安装

根据液压系统的工作环境和滤油器的性能不同，滤油器在系统中有不同的安装位置，如图 6-4 所示。

（1）安装在泵的吸油管路上　将滤油器装于吸油管路上，如图 6-4 中 1，可用来保护泵不致吸入较大的机械杂质，使整个系统中所有元件都得到相应的保护。但要求滤油器应具有较大的通油能力和较小的滤油阻力，即其滤油阻力应小于 10^4Pa。一般采用过滤精度较低的网式滤油器，过滤精度常取 10 ~ 15μm，压力损失不应超过 0.01 ~ 0.035MPa。为保证泵的自吸能力，必要时可将泵的吸油口置于油箱液面以下。

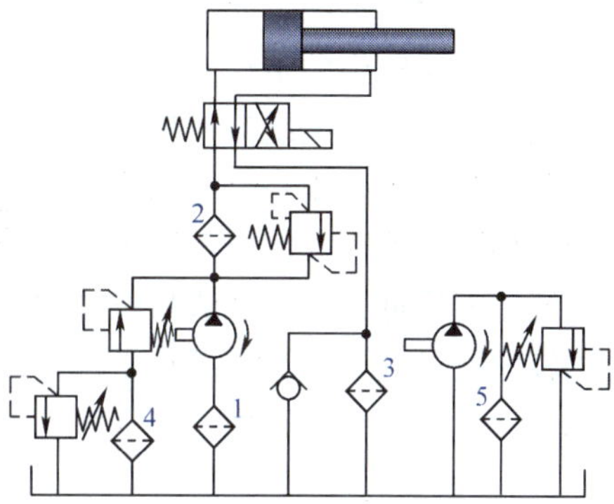

图 6-4　滤油器的安装位置

（2）安装在泵的压油管路上　如图 6-4 中的滤油器 2，装于泵的出口处，用来滤除可能侵入回路中阀类元件的污染物，保护泵以外的其他液压元件，通常采用 10 ~ 15μm 过滤精度的滤油器。考虑到泵出口处压力较大，滤芯及壳体应能承受系统工作压力和冲击压力。为减小因滤油所引起的压力损失和滤芯所受液压力，滤油阻力应小于 0.35MPa，常需配置安全阀或堵塞信号显示装置，并将滤油器安装在溢流阀的分支油路上。

（3）安装在回油路上　将滤油器安装在回油路上，可滤除油液流回油箱前的污染物，对系统元件起间接保护作用，如图 6-4 中的滤油器 3。由于系统回路中油液压力较低，这种安装方式可采用强度较低的滤油器，而且允许滤油器有较大的压力损失。为了防止堵塞或低温启动时高黏度油液流过滤油器时引起系统压力升高，可并联一单向阀起安全保护作用。

（4）安装在支路上　安装在液压泵吸、排油或回油路上的滤油器都要通过泵的全部流量，所以滤油器体积较大。如果把滤油器安装于通常只通过泵输出流量 20% ~30% 的支路上，则滤油器尺寸可相应减小。如图 6-4 中的滤油器 4，装于溢流阀的回路上，且并联一个安全阀。这时，通过滤油器的油液只是系统的部分流量，可降低滤油器的容量。这种安装方法既不会在主油路中造成压降，滤油器也不会承受系统的工作压力，但不能保证杂质不进入系统。

（5）单独滤油系统　如图 6-4 中的滤油器 5，这种安装方式使用一个专用液压泵和滤油器另外组成一个独立于液压系统之外的滤油回路。它与主系统互不干扰，可以随时滤除系统中的杂质，需配置单独的液压泵，适用于大型机械的液压系统。

液压系统中，除去装有为保护整个系统的滤油器外，还可以在一些重要元件如伺服阀、节流阀等前面单独设置一个精滤油器来确保它们的正常工作。安装滤油器时应注意，一般滤油器只能单向使用（目前已有双向滤油器），进、出口不可接反，以利于清洗和安全。另外，滤油器不应装于液流方向可能转换的油路上。

第二节 蓄 能 器

一、蓄能器的作用

利用蓄能器可将液压系统中的压力油液储存在耐压容器中，需要时再将其释放出来的一种辅助装置。在液压系统中，蓄能器既是能量储存装置，又可作液压缓冲装置。它的主要作用有以下几个方面。

1. 作辅助动力源

若液压系统中的工作元件在某一阶段处于间歇工作，或运动元件在一个工作循环中速度差别很大，将导致系统流量变化较大，这时，可采用蓄能器与液压泵组成液压油源。由于设置了蓄能器，可采用一个小功率液压泵，减小主传动功率，利用蓄能器辅助供油可减少泵的流量。如图 6-5 所示，当系统工作压力高，需要小流量供油时，蓄能器将高压油储存起来；当系统压力降低，需要大流量供油时，蓄能器将储存的油液释放出来，与液压泵联合向系统提供较大流量的压力油，减小了因系统需要小流量时泵出口的多余压力油溢流而产生的功率损失。

2. 作应急动力源

对于液压系统工作中由于泵或电路故障使执行元件供油突然中断时，要求执行元件应完成必要动作的情况，必须在回路中设置具有相应容量的蓄能器，以作为应急动力源。如图 6-6所示，在液压泵与执行元件的通路上设置蓄能器，当液压泵突然停止供油时，蓄能器可将其储存的压力油供给液压缸，使其继续完成必要动作，使系统在紧急情况下仍能短时间正常运转。

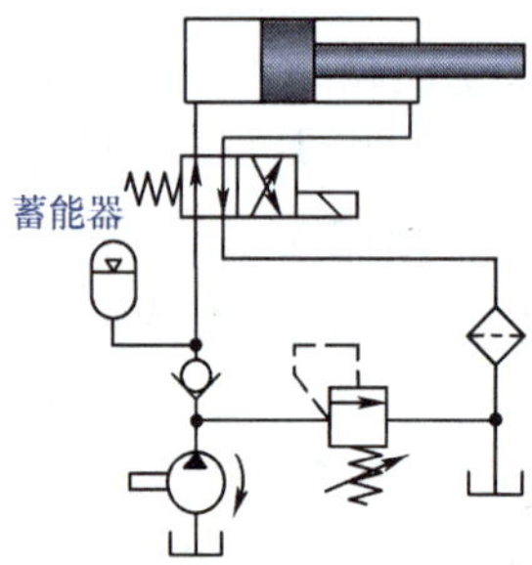

图 6-5 蓄能器作辅助动力源

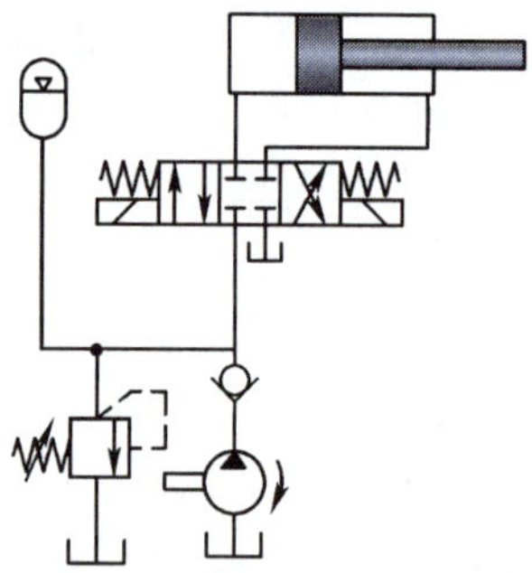
图 6-6 蓄能器作应急动力源

3. 用于补充泄漏和保持恒压

对于执行元件长时间不动作，且要求保持恒定压力的系统，可采用蓄能器来补偿泄漏，从而使系统压力恒定。如图 6-7 所示，当系统压力达到预定值时，压力继电器发出电信号，使液压泵停止工作，由单向阀和蓄能器组成的保压回路来保持系统内的恒定压力。

4. 用于吸收压力冲击及压力脉动

在液压系统中，由于换向阀突然换向，泵突然停车以及运动中的执行元件紧急制动等原因，会使管路内液压油的流动发生急剧变化而产生液压冲击。对于高压、大流量系统，可能引起振动和噪声，甚至毁坏系统元件。尽管系统中可能设有安全阀，但仍难免产生压力的短时间剧增和冲击。因此，如图 6-8 所示，在液压泵出口处并联一个反应灵敏而惯性较小的蓄能器，可吸收管路中一定的流量和压力脉动，并降低噪声。

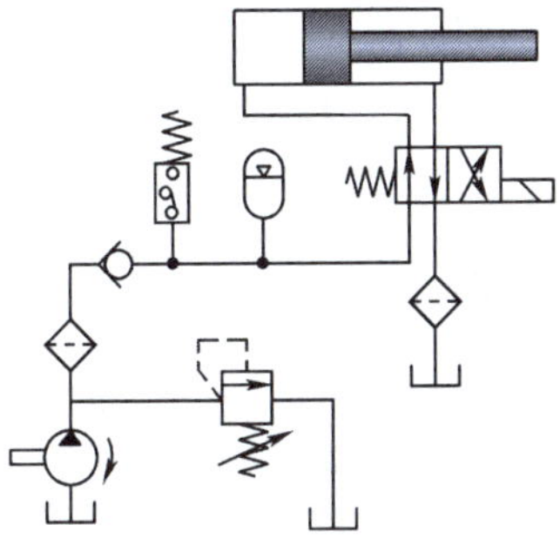

图 6-7　利用蓄能器保压和补充泄漏

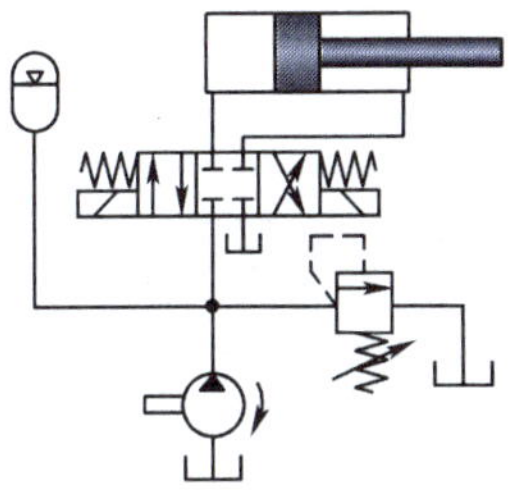

图 6-8　利用蓄能器吸收压力冲击

二、蓄能器的种类及结构

按加载方式不同，可将蓄能器分为重力式、弹簧式、充气式及隔膜式四种基本类型。

1. 重力式蓄能器

重力式蓄能器也称重锤蓄能器，它利用重物的垂直位置变化来储存、释放液压能，结构如图 6-9 所示。当压力油充入蓄能器时，油液将柱塞连同重锤向上顶起，依靠重锤的重量将油液以一定压力储存在缸体内。当出口处压力降低时，压力油在重锤作用下排放于回路中。这种蓄能器所产生的压力取决于重物的重量和柱塞有效工作面积，其特点是结构简单、容量大，工作时，释放油液的压力稳定，工作可靠。但其缺点是体积大、惯性大、反应不灵敏，容易漏油，并且摩擦损失较大。重力式蓄能器只供蓄能用，常用于固定设备（如轧钢机等）的液压系统蓄能，作为第二压力油源。

2. 弹簧式蓄能器

弹簧式蓄能器的结构如图 6-10 所示，主要由弹簧、活塞及壳体组成。这种蓄能器利用弹簧的压缩、伸长来储存和释放液体压力能，因而蓄能器产生的压力取决于弹簧的刚度和预压缩量。弹簧式蓄能器结构简单，但容量小，容易产生内泄并有压力损失，仅适用于压力 $p \leqslant 12\text{MPa}$ 的小容量系统。

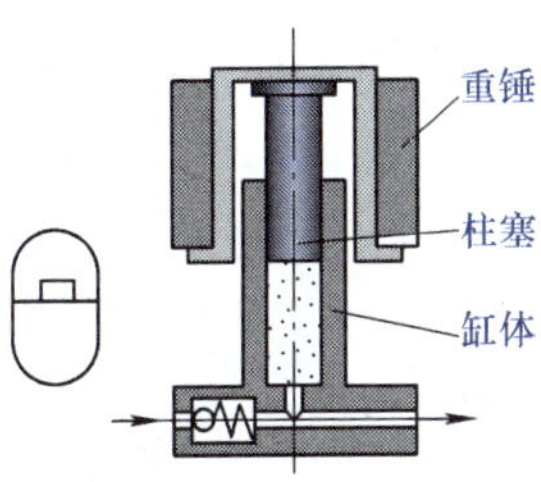

图 6-9　重力式蓄能器

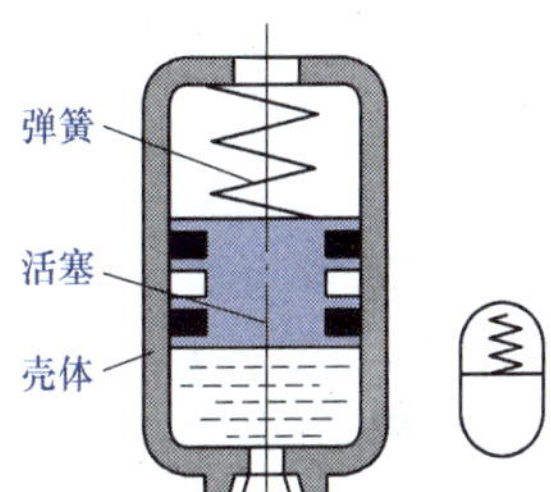

图 6-10　弹簧式蓄能器

3. 充气式蓄能器

充气式蓄能器是利用密封气体的压缩膨胀来储存、释放液体压力能的装置，主要有气瓶式、活塞式和气囊式三种类型。

（1）气瓶式蓄能器　气瓶式蓄能器也称接触式蓄能器，是一种油液与气体在壳体内直接接触的非隔离式蓄能器，其工作原理如图 6-11a 所示。壳体上半部充入压缩气体，下半部盛满液压油，但由于气体容易混入油液，使液体可压缩性增大，影响工作的稳定性。气瓶式蓄能器结构简单，容量大、惯性小，而且反应灵敏，没有摩擦阻力。这种蓄能器气体耗量较大，需要经常补气，另外，还需配备空压机、油面计等，仅适用于中、低压大流量液压系统蓄能。

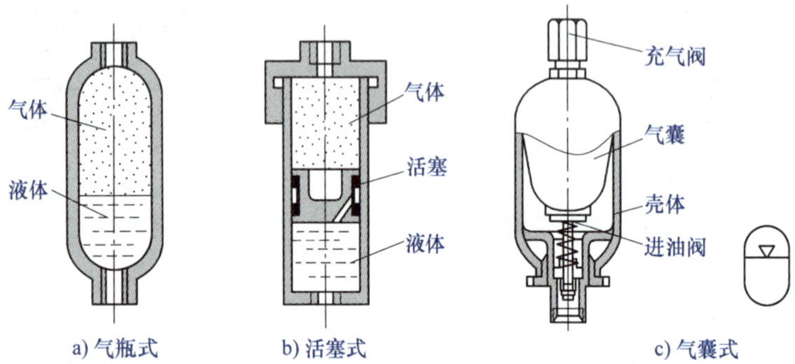

图 6-11　气瓶式蓄能器

（2）活塞式蓄能器　如图 6-11b 所示，活塞式蓄能器是一种隔离式蓄能器。蓄能器中的油液与气体被活塞隔开，以阻止气体混入油液中，防止油液氧化。活塞随油液压力的增减而在壳体内上、下移动，为防止上、下腔气液混合，在活塞外环装有 O 形密封圈。活塞式蓄能器结构简单，工作可靠，使用寿命长。但缸筒与活塞制造精度要求较高，活塞工作时具有一定惯性，产生滑动摩擦，反应不够灵敏。因此，只适用于要求不高的大流量低压系统储存能量，或在中、高压系统中吸收压力脉动。

（3）气囊式蓄能器　气囊式蓄能器在液压系统中的应用广泛，其工作原理和基本结构如图 6-11c 所示。壳体上部装有充气阀，气囊固定在壳体上，仅与充气阀相连而形成全封闭容体。气囊由具有伸缩性的耐油橡胶制成，将气体与液体分隔开。壳体下端设有进油阀，这个靠弹簧加载的菌形阀可保证油液进入蓄能器时气囊不致挤出油口。蓄能器工作前，充气阀为气囊充气至一定压力后自动关闭，还可在充气阀上安装压力表，以检测气囊内气体压力。蓄能器工作时，充气阀始终处于关闭状态。气囊式蓄能器的结构保证了气液密闭可靠，气囊惯性小，反应灵敏，结构尺寸小，克服了活塞式蓄能器的缺点，可用于吸收系统中产生的压力冲击和脉动。

4. 隔膜式蓄能器

隔膜式蓄能器如图 6-12 所示，其工作原理与充气式蓄能器基本相同。蓄能器由上、下壳体及夹持在其间的隔膜组成，隔膜采用耐油橡胶制成，具有相应的弹性。隔膜式蓄能器外形为球形，缺点是容量较小，一般仅有 0.95 ~ 11.4L。这种蓄能器可用于吸收压力冲击，在航空机械中应用较为广泛。

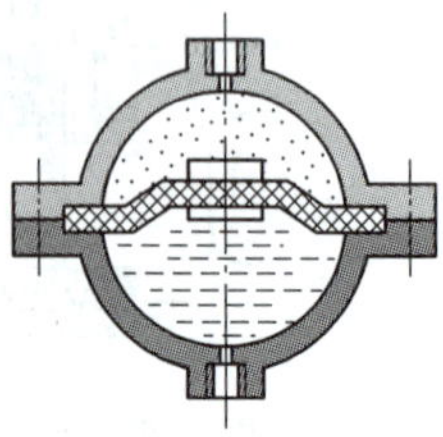

图 6-12　隔膜式蓄能器

三、充气式蓄能器的基本参数计算

各种充气式蓄能器的工作原理基本相同，现以气囊式蓄能器为例来分析蓄能器的各基本参数及其之间的相互关系。

1. 蓄能器的工作状态

气囊式蓄能器的工作状态如图 6-13 所示，主要包括充气、蓄液及放液三个基本状态。

(1) 充气状态　气囊式蓄能器工作之前，需向气囊内一次性地充入惰性气体，通常采用氮气为充入气体，如图 6-13a 所示。充气压力为 p_0，蓄能器的充气容积，即气囊的容量为 V_0，通常将 V_0 称为蓄能器的结构容积或总容积。一般来说，气体所占据的空间叫做气体的体积。而从蓄能器来看，蓄能器的一部分容积被充入气体所占据，应叫做气体占据蓄能器的容积，或简称为气体容积。

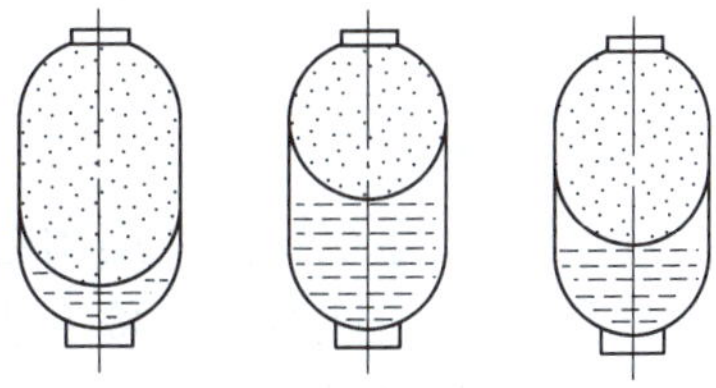

图 6-13　气囊式蓄能器的工作状态

(2) 蓄液状态　系统的压力油进入蓄能器后，气囊内的气体受到压缩，体积减小。当油液压力达到最高值 p_2 时，气体的体积缩小到最小值 V_2，如图 6-13b 所示。

(3) 放液状态　当液压系统内的压力降低时，蓄能器放油，气囊内气体压力下降，体积增大。当蓄能器内油液的压力降到最低值 p_1 时，气体的体积膨胀成 V_1，如图 6-13c 所示。

这样，蓄能器放出的油液体积，即蓄能器的有效容积

$$\Delta V = V_1 - V_2 \tag{6-2}$$

由此可以看出，蓄能器的有效容积 ΔV 越大越好，而同一蓄能器的结构容积 V_0 越小越好。

2. 蓄能器的基本参数

蓄能器的基本参数，主要包括容量和充气压力。

(1) 蓄能器的容量　充气式蓄能器储存和释放压力油的容量与气囊中气体体积的变化量相等，符合玻意耳气体状态方程

$$p_0 V_0^n = p_1 V_1^n = p_2 V_2^n = \text{常数} \tag{6-3}$$

式中　n——多变指数，其值由气体的工作条件决定。当蓄能器用来补偿泄漏，起保压作用时，因释放能量的速度低，可认为气体在等温下工作，取 $n=1$；当蓄能器作辅助动力源时，因释放能量速度较高，可认为气体在绝热状态下工作，取 $n=1.4$。

根据式 (6-3) 可得

$$\Delta V = V_1 - V_2 = \left[\left(\frac{p_0}{p_1}\right)^{\frac{1}{n}} - \left(\frac{p_0}{p_2}\right)^{\frac{1}{n}}\right] V_0$$

$$V_0 = \frac{\Delta V}{\left(\frac{p_0}{p_1}\right)^{\frac{1}{n}} - \left(\frac{p_0}{p_2}\right)^{\frac{1}{n}}} \tag{6-4}$$

(2) 确定充气压力

1) 充气压力 p_0 的选择。蓄能器的总体积 V_0 一定的条件下，希望蓄能器的有效容积 ΔV 越大越好。当 V_0、p_1、p_2 一定时，p_0 越高，ΔV 越大。选择 p_0 时，应使其接近 p_1。但考虑到在 p_1 压力状态时，蓄能器还应维持短暂工作，有一定储备，应使 p_0 小于 p_1。通常可取

$$p_0 = (0.8 \sim 0.9) p_1$$

2) 确定最低工作压力 p_1。蓄能器的总容积一定时，它所能储存的液体能量最大。因而

常取

$$p_1 = 0.5p_2$$

由于系统的最低和最高工作压力由负载所决定，而不应由蓄能器决定，所以上述最低工作压力无法经常得到满足。

3. 蓄能器容量的计算

蓄能器的容量根据其使用用途而不同，而容量的计算方法也与其使用用途而有所不同。对于常用气囊式蓄能器，可按下述方法分别计算其容量。

(1) 储存能量时蓄能器的容量计算　根据 (6-3) 式可求得蓄能器容量

$$V_0 = \left(\frac{p_2}{p_0}\right)^{\frac{1}{n}} V_2 = \left(\frac{p_2}{p_0}\right)^{\frac{1}{n}} (V_1 + \Delta V) = \left(\frac{p_2}{p_0}\right)^{\frac{1}{n}} \left[\left(\frac{p_0}{p_1}\right)^{\frac{1}{n}} V_0 + \Delta V\right] = \frac{\Delta V\left(\frac{p_2}{p_0}\right)^{\frac{1}{n}}}{\left(\frac{p_2}{p_1}\right)^{\frac{1}{n}} - 1} \tag{6-5}$$

充气压力 p_0 在理论上可与蓄能器向系统供油结束时的压力 p_1 相等，但为保证在最低压力 p_1 时，蓄能器还能补充泄漏，宜使 $p_0 < p_1$，一般对折合型气囊取 $p_0 = (0.8 \sim 0.85)\ p_1$，波纹型气囊取 $p_0 = (0.6 \sim 0.65)\ p_1$。此外，为了延长气囊的使用寿命，在系统最大压力 p_2 时，气囊的容积不应小于原始容积的1/4。

(2) 吸收压力冲击时蓄能器的容量计算　蓄能器的容积 V_0 可近似地由其充气压力 p_0、系统中允许的最高工作压力 p_2 和瞬时吸收的动能来确定。由于准确计算比较困难，因其与管路布置、液体流态、阻尼情况及泄漏大小等因素有关。一般可按经验公式计算缓冲和最大冲击力时所需的蓄能器最小容量，即

$$V_0 = \frac{0.004qp_2(0.016L - t)}{p_2 - p_1} \tag{6-6}$$

式中　q——阀门关闭前管内流量（L/min）；

p_1——阀门关闭前的压力（MPa）；

p_2——系统允许的最大冲击压力（MPa），一般可取 $p_2 = 1.5\ p_1$；

L——产生冲击波的管段长度（m）；

t——阀门由全开到全闭所持续的时间（s）。

(3) 吸收泵脉动压力时蓄能器的容量计算　一般采用如下经验公式进行计算

$$V_0 = \frac{Vi}{0.6k} \tag{6-7}$$

式中　V——液压泵的排量（m^3/r）；

i——排量变化率，$i = \Delta V/V$，ΔV 为超出平均排量的排出量；

k——压力脉动系数，$k = \Delta p/p_p$，Δp 为压力脉动单侧振幅（Pa），p_p 为压力脉动的平均值（Pa）。

第三节　油箱及热交换器

一、油箱

液压系统中的油箱最主要的功能是提供充足的工作油液，此外，还起稳定油液温度，沉淀杂质、分离油液中的气体等作用。

1. 油箱容积的确定

油箱的容积较大时，有利于沉淀杂质和分离气泡，特别是较大的油箱具有较大的表面积，可充分散发油液工作时产生的热量。对于固定设备的油箱，其有效容积 V 应为液压泵每分钟流量的 3 倍以上，行走机械用油箱可取 2 倍。一般，可根据系统的工作压力估算油箱的有效容积 V。

对于低压系统，$V=(2\sim4)60q$；

对于中压系统，$V=(5\sim7)60q$。

其中，q 为液压泵的流量。

对于高压系统，连续工作时，应按发热量计算确定油箱的有效容积 V。据资料介绍，对于自然冷却油箱，长、宽、高质比为 1:(1~2):(1~3)，油面高度为油箱高度的 80% 时，其最小有效容积 V_{min} 可近似计算如下

$$V_{min}=10^{-3}\sqrt{\left(\frac{Q}{\Delta T}\right)^3}=10^{-3}\sqrt{\left(\frac{Q}{T_y-T_0}\right)^3} \tag{6-8}$$

式中 ΔT——油液温升值（K）；

T_y、T_0——系统允许的最高和环境温度（K）；

Q——系统单位时间的总发热量（W）。

设计时，应使 $V\geqslant V_{min}$，油箱散热面积约为 $A=6.66\sqrt[3]{V^2}$（m^2）。油箱总容积可取 $V_a=1.25V$。

设计油箱时，也可按如下经验公式计算其有效容量

$$V=\xi q \tag{6-9}$$

式中 ξ——系数，低压系统 $\xi=2\sim4$；中压系统 $\xi=5\sim7$；高压系统 $\xi=6\sim12$；

q——液压泵的流量。

2. 设计油箱的注意事项

1）油箱应具有一定的液面高度，以保证系统工作时液压泵不致吸空，同时为了保证油液全部流回油箱时不致外溢，油箱液面不应超过油箱高度的 80%，此时的油箱容积称为有效容积。

2）泵的吸油管与系统回油管口之间的距离应尽可能大些，两管之间最好用隔板隔开，使油液有充足时间分离气泡，沉淀杂质，散发热量。

3）油箱上各盖板、管口都要妥善密封，液压泵和马达的泄油管口应引入液面以下，以免吸入空气。

4）油箱正常工作温度应在 15~65℃之间，必要时，应在合理位置安装温度计、温控器和热交换器。

3. 油箱结构

常用油箱有整体式、分离式和压力式三种类型。

（1）整体式油箱　所谓整体式油箱是利用主机机身内腔作为油箱，结构紧凑、不占空间，易于收回漏油。但维护不方便，散热性不好，油温升高后还会引起主机发热，如拖拉机就常利用变速箱或齿轮箱作为液压系统的油箱。

（2）分离式油箱　分离式油箱的基本结构如图 6-14 所示，它是一种与主机分开的单独

油箱。油箱中设置两块隔板，右边隔板可以阻止沉淀物进入吸油管，左隔板用来阻挡泡沫进入吸油管。滤油网即起油液过滤作用，又兼起空气过滤作用。采用分离式油箱可以减少温升和振动对主机工作精度的影响，一般用于精密机床液压系统。

(3) 压力式油箱　压力式油箱也称充气式封闭油箱，其结构配置如图 6-15 所示。将油箱密封起来，向其内送入经减压阀减压并过滤后压力为 0.05～0.07MPa 的压缩空气。为防止压力过高，设有安全阀。为避免压力不足，配有电接点压力表和报警器。它的优点是改善了吸油条件，但回油管要受背压。当吸油能力较差又不便安装补油泵时，可采用这种压力式油箱。

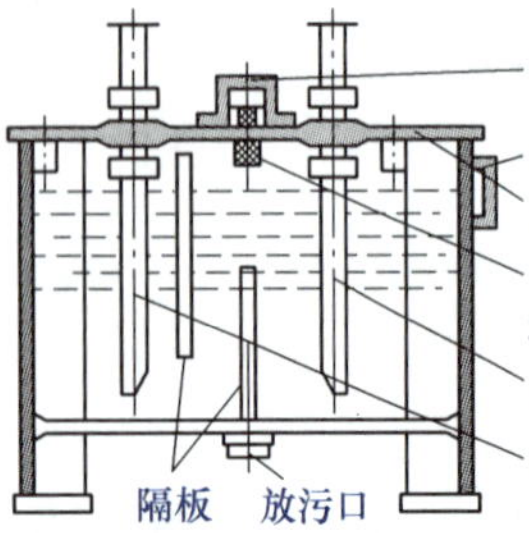

图 6-14　分离式油箱结构简图

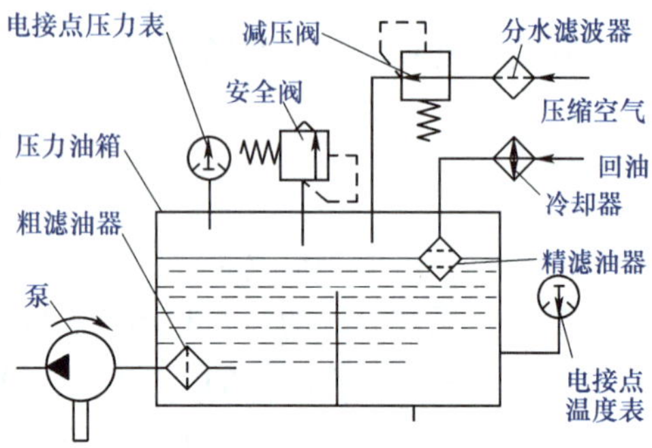

图 6-15　压力式油箱

二、热交换器

液压系统工作时的能量损失大多转换为热量，除部分散发到周围空间外，大部分热量造成油液温度升高。油温升高将加速油液变质、增加污染，同时还使油液的黏性和润滑能力降低，增加泄漏，降低液压元件的使用寿命。但油温过低，则液压泵启动时吸油困难，增大系统压力损失。为了提高系统的工作稳定性，希望油液的工作温度保持在 30～50℃范围内，因此，需要配置热交换器。液压系统中的热交换器，包括冷却器和加热器。

1. 冷却器

按使用冷却介质不同，可将冷却器分为风冷、水冷和氨冷等多种形式。

(1) 风冷式冷却器　风冷式冷却器构造简单，通常由许多带散热片的油散热器和风扇两部分组成，如图 6-16 所示。冷却方式可采用风扇强制吹风冷却，也可采用自然风冷却。常用的风冷式冷却器主要有翅管式和翅片式两种。翅管式风冷却器是将翅片绕在光管上焊接而成，翅片式风冷却器是在每层通油板之间设置波浪形翅片板，增大散热系数。

风冷式冷却器通常用于行走机械或在野外工作的液压系统中，如在汽车和农用机械上常将油散热器和主机的水散热器做成一体，让风扇的鼓风带走热量，并配有转换开关，以便根据不同季节调节油温。

(2) 水冷式冷却器

水冷式冷却器有多种形式，如多管式、板式和翅片式等。最简单的一种是在油箱中设置蛇形水冷管，如图 6-17 所示，利用管内通过的循环冷却水将油液的热量带走。这种冷却方法效果较好，但耗水量较大。

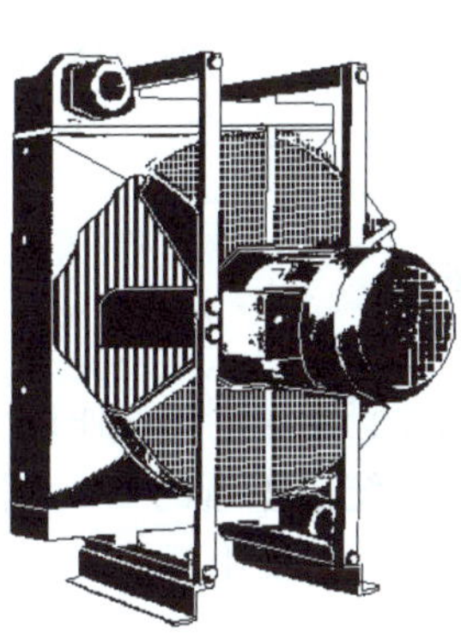

图 6-16 风冷式冷却器

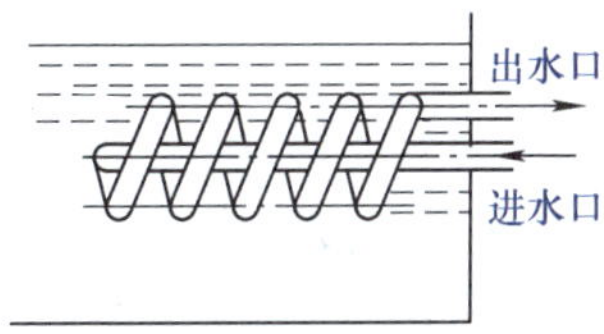

图 6-17 蛇形管水冷式冷却器

常用多管式冷却器如图 6-18 所示，它主要由外壳、隔板、铜管及端盖组成。工作时，冷却循环水从铜管内流过，高温油在壳体内水管之间流动时形成热交换。隔板与铜管垂直安装，其作用是增加油液在壳体内的循环路线，提高油的传热效率，改善冷却效果。

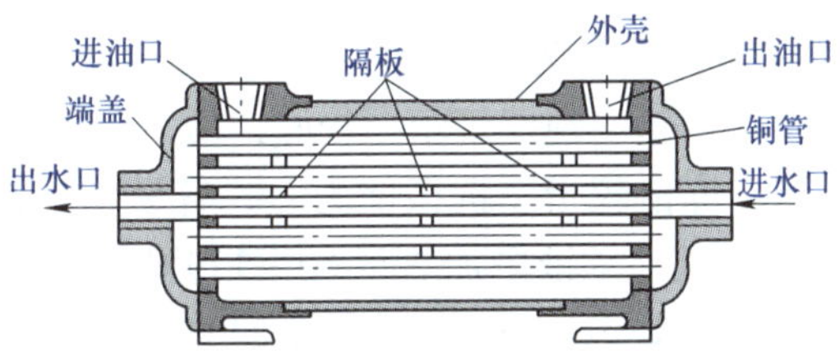

a) 原理图

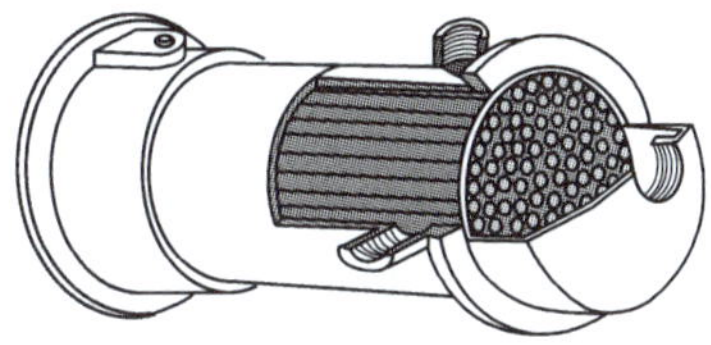

b) 实物图

图 6-18 多管式冷却器

冷却器通常安装在液压系统的回油路上，以便将已发热的油液在流回油箱之前进行冷却。

2. 加热器

由于工作环境不同，有的液压传动系统还需设置加热器。液压系统工作前，如果油液温度低于 10℃，油液黏度增高，不利于液压泵吸油和起动，设置加热器的作用是低温启动时，将油温升高至适当值。加热方法包括蒸汽加热蛇形管和电加热。通常将加热器置于油箱内，也可采用管道加热的方法。

液压系统常用的电加热器结构简单，使用方便，可根据需要自动调节加热温度。一般用法兰盘横装在油箱的侧壁上，发热部分应全部没入油液中，尽可能位于油液流速高的地方，以利于加热，如图 6-19 所示。

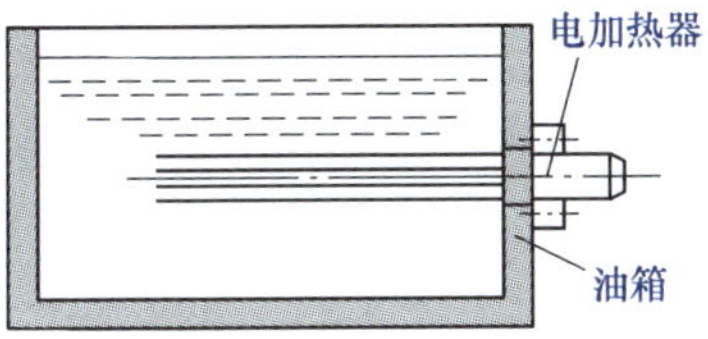

a) 油箱中的加热器

b) 加热器构造

图 6-19 加热器

考虑到油的导热性较差，不宜采用功率太大的电加热器，为了使油液加热均匀，可设置多个加热器。

第四节 管系元件

管系元件是指各种导管及管接头。液压系统中的管系元件起输送油液的作用，所有元件都由导管及管接头连接而成，导管和管接头的重量约占液压系统总重量的1/3。管系元件虽然结构简单，但只要系统中一处管件或接头损坏，则将导致整个系统出现故障。因此，管系元件在液压系统中的作用不容忽视。

一、导管

液压系统中使用的油管主要有硬管和软管两大类，其中包括金属管、橡胶软管、尼龙管及塑料管等，需根据系统的工作压力、使用环境及安装位置正确选用。

1. 硬管

硬管主要包括各种钢管、铜管及尼龙管等，用于连接相对位置不变化的固定元件。

液压传动系统用管件，应尽量选用硬管。因为硬管耐高压，压力损失相对小，相同压力下比软管体积小，成本低，另外，管道布局整齐。其中钢管耐高温、耐腐蚀性和刚性较好，但配管时弯曲成形困难，适用于装配方便的压力管道。纯铜管塑性较好，易于弯曲成形，便于装配，但一般承压能力不超过6.5～10MPa，价格较贵，抗振能力差，容易使油液氧化，仅在低压系统中有少量应用。尼龙管易于成形，其在油液中加热至60～170℃后可弯曲或扩口，而冷却后形状可固定不变。这种管耐压能力为2.5～8MPa，可用于回油管路。

2. 软管

液压系统中使用的软管主要有橡胶管和塑料管，通常只用于油管与两个做相对运动的元件之间的连接。由于金属硬管无法弯曲、难以安装，因此，在需要吸收压力脉动、压力冲击以及为补偿油管因热膨胀而产生伸长或安装时容易变形等场合下才使用软管。

橡胶软管可分为高压和低压两种。高压橡胶软管由棉纱、金属编织网和耐油橡胶多种夹层硫化而成，其承压能力可达35MPa，可用于高压系统。低压橡胶软管由棉纱层和耐油橡胶层交替硫化而成，低压软管的承压能力小于3.5MPa，通常只能做回油管。橡胶软管的耐高温能力受橡胶种类限制，其工作温度为-55～+150℃。橡胶软管是软管中应用最广的一种，安装方便，但寿命较短。

塑料管的内管是塑料，而外管是钢丝编织层。其特点是耐高温，液压阻力小，化学稳定性好，能承受脉动压力。塑料管价格便宜、安装方便，但易老化，通常用作回油管或泄油管。

3. 管件参数选择

油管内径需根据油液流动速度确定

$$d = 2\sqrt{\frac{q}{\pi v}} \tag{6-10}$$

式中 q——管路中油液的流量（m^3/s）；

v——管路中油液的平均流速（m/s）。

不同功用的管子，对流速要求不同。泵吸油管的压力损失过大时，容易使泵产生气蚀，因此，流速应小些。回油管压力损失也不能太大，否则会产生过高的背压，也应限制流速。

关于管内油液的平均流速，低压取较小值，高压取较大值。一般，吸油管取 0.5 ~ 1.5m/s；回油管取 0.5 ~ 2.5m/s；压力 $p<3\text{MPa}$ 以下时，取 2.5 ~ 3m/s；$p=3\sim6\text{MPa}$ 时，取 4 m/s；$p>6\text{MPa}$ 时，取 5m/s；短管及局部收缩处，取 5 ~ 7MPa。

金属油管的壁厚

$$\delta = n\frac{pd}{2[\sigma]} \tag{6-11}$$

式中　p——管路最大工作压力（MPa）；

d——管内径（m）；

$[\sigma]$——油管材料的抗拉强度（MPa）；

n——安全系数。对于钢管，$p<7\text{MPa}$ 时，取 $n=8$；$7\text{MPa}\leqslant p\leqslant17.5\text{MPa}$ 时，取 $n=6$；$p>17.5\text{MPa}$ 时，取 $n=4$。

二、管接头

管接头是管路连接的可拆卸元件，应符合拆装方便，连接牢固及密封可靠的要求。当采用软管连接时，除去与硬管接头具有相同要求外，还应耐振动、耐冲击、耐反复屈伸等。一般软管接头的工作压力约在 6 ~ 40MPa 范围内。

管接头与其他元件之间通常采用普通细牙螺纹联接，对于中、低压管路用管接头可采用锥螺纹联接。管接头除直通式外，还有角通、三通、四通及铰接等多种形式，按油管与管接头的连接方式不同，可分为焊接式、卡套式、扩口式、快换式等。表 6-2 给出了常用管接头的类型及特点，可供参考。

表 6-2　管接头类型及特点

管类	接头类型	结构图	特点及应用
硬管	扩口式管接头	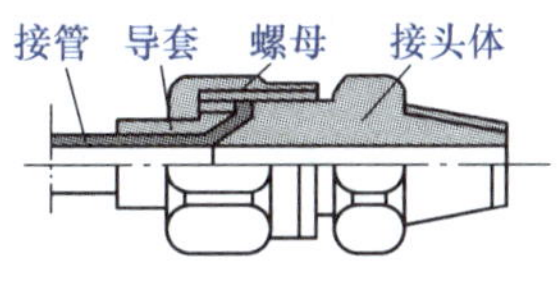	油管穿入导套后扩成 74° ~ 90° 的喇叭口，由螺母将导套连同接管一起压紧在接头体的锥面上形成密封，不需其他密封件 适用于连接金属管、尼龙管及薄壁管的低压管路
	卡套式管接头	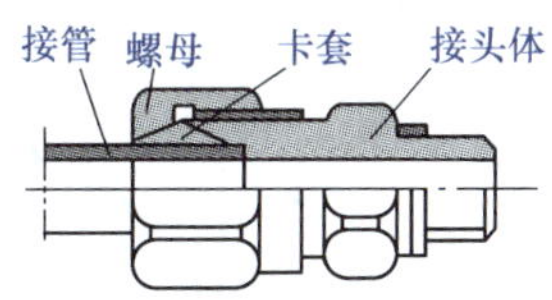	卡套是一个在内圆端部带有锋利刃口的金属环，装配时刃口切入被连接油管而起连接和密封作用 管接头轴向尺寸要求不严格，拆装方便，但对油管外径及卡套精度要求较严，工作压力可达 31.54MPa
	焊接式管接头	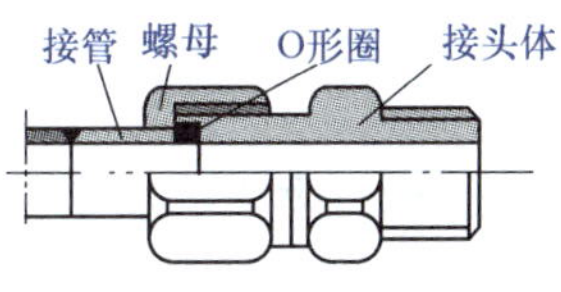	把油管与管接头的接管焊在一起，接管与接头体之间用 O 形圈密封 焊接管接头制造工艺要求不严，对连接油管尺寸及表面精度要求不高，工作压力可达 32MPa，应用广泛
	快换式管接头	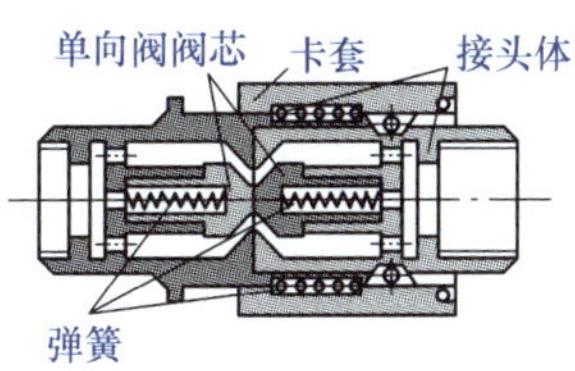	图示为接通状态，断开时向左推卡套，拉出右接头体，弹簧使卡套复位，单向阀分别在弹簧作用下外伸，顶在接头体的阀座上使油路关闭；安装时向左推卡套，插入右接头体，使单向阀阀芯互相挤紧，压缩弹簧而离开阀座，接通油路 适用于需经常接通和断开的管路系统

（续）

管类	接头类型	结构图	特点及应用
软管	扣压式管接头	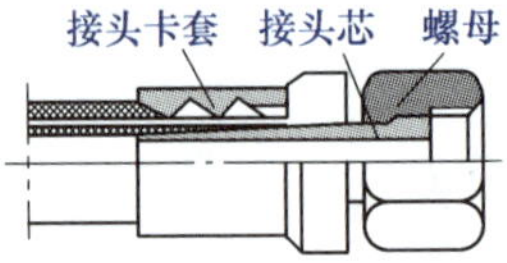	装配时须剥离外胶层，然后在专门模具上扣压，使软管产生一定的压缩量，并保持较好的抗脱拔和密封性 随管径不同可用于工作压力 6 ~ 40MPa 的液压系统
	可拆卸管接头	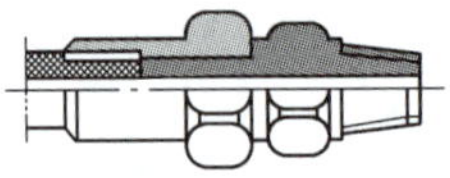	在外套和接头芯上做成六角形，便于经常拆装软管，适用于维修和小批量生产 装配较费力，只用于小直径管连接

第五节 其他辅助元件

为了检查和控制液压系统的工作运行情况，需要对系统及各回路中液压油的工作参数进行必要的监控，需配备相应的测试仪器。液压传动系统中常需检查各回路中液压油的压力、流量及温度等，最常用的测试仪器是压力表、流量计和温度计。

1. 压力表

为了测试液压系统中某一回路或某一位置的油液压力，即需要在相应的位置设置压力表。压力的测量方法很多，在一般液压传动系统中，通常采用管形弹簧压力表，即位置式压力测量仪表。

管形弹簧式压力表的组成及工作原理如图 6-20 所示，它是根据布尔顿管形弹簧原理制作的。压力油进入一端固定带有椭圆形横截面的弹簧弯管时，整个空心管内形成与被测部位相等的压力。油液压力使管形弹簧外环产生一个向外张开的力，而对内环产生一个向内收缩的力。外环与内环的有效作用面积不同，向外的张开力大于向内的收缩力，使管形弹簧产生伸张变形。由于管形弹簧一端固定，因此，导致管的非固定端产生位移。这个微小位移通过与非固定端相连的杠杆放大后，传递给扇形齿轮及与其啮合的小齿轮，于是小齿轮带动指针偏转，从刻度盘上即可读出相应的压力值。

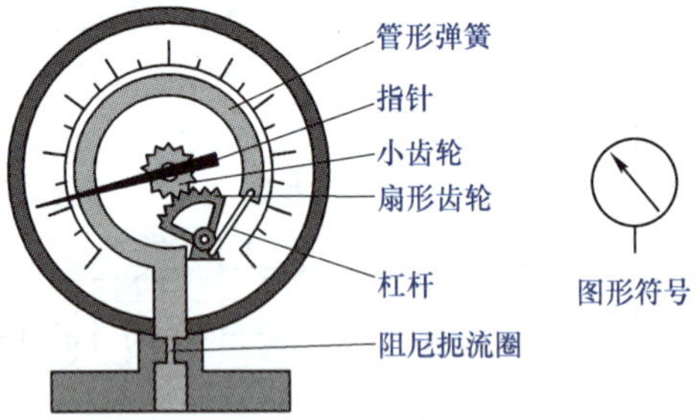

图 6-20 管形弹簧压力表

为了防止油液的压力冲击损坏压力表，需在通至压力表的通道上设置阻尼器，通常采用阻尼扼流圈来降低油液的冲击压力。有时，还在压力表的表盘腔中充入甘油，以便出现压力冲击时起到阻尼作用。对于高压表，如用于压力大于 10MPa 情况下的压力表，通常采用螺丝管状或蜗杆状管形弹簧。

压力表的精度等级，以其误差占量程的百分数表示。在压力稳定的系统中，压力表量程一般为最高压力的 1.5 倍，而对于压力波动较大的系统，最大量程应为最高压力的 2 倍。选用压力表时，系统最高压力约为压力表量程的 3/4 比较合理。对于压力稳定性很差的系统，应配置带油阻尼耐振压力表。

有时，为了便于控制压力表的有效工作，常在压力表与压力油路中安装一个压力表开关，用以切断和接通压力表与油路的通道。这种压力表开关，实际是一个小型截止阀，通常有一点、三点及六点压力表等。多点压力表开关可与几个被测油路连通，用一个压力表可检测多点压力。

位置式压力表只能安装在需要进行压力检测的位置，当需要对系统进行远程监控时，可采用电子式压力传感器来进行压力测量。这种压力传感器是利用电信号可以远距离传送的特点，将系统中的压力信号转换成电信号，进而实现远距离监控。

2. 流量计

在液压传动系统中，常需要测量并调节液压油的流量，用来控制执行元件的运动速度或定位精度。这时，就需要使用流量计。流量计有许多种类，如涡轮流量仪、齿轮流量仪及测量带等流量测量仪器。

涡轮式流量计是常用的一种液体流量测量仪器，它是通过对涡轮转速的测量来间接测定油液流量的，其工作原理如图 6-21 所示。液压油在压力作用下通过涡轮式流量计时，使由磁性材料制成的轴流涡轮产生旋转，利用安装在涡轮上方的探头可以记录一定时间内涡轮叶片转过的次数。由于油液的流量与涡轮的转速成正比，因此，根据探头测得的脉冲数来计算涡轮的转速，即可换算出一定时间内通过涡轮流量计的油液流量。探头所测涡轮叶片的转动次数是以电信号输出的，利用这种流量计还可实现远程流量监控。

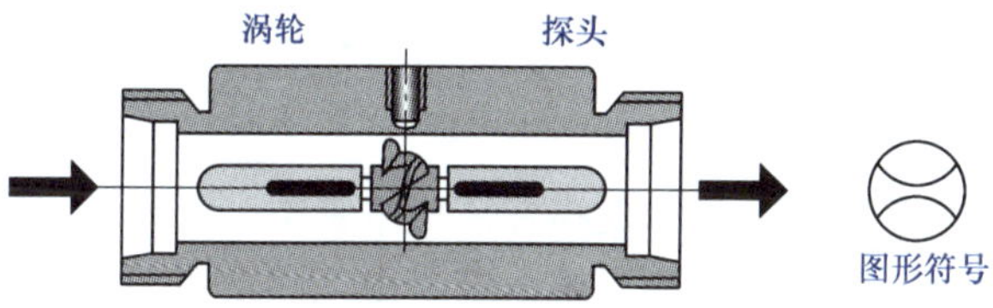

图 6-21　涡轮式流量计工作原理

习　题

6-1　常用滤油器有哪几种类型？各有什么特点？

6-2　选择滤油器时应考虑哪些问题？

6-3　滤油器通常安装在什么位置？各有什么作用？

6-4　液压系统中的蓄能器有哪些主要作用？

6-5　蓄能器有哪些基本类型？

6-6　液压系统中的常用油箱结构有哪几种类型？

6-7　设计油箱时应注意哪些问题？

6-8　常用油管的种类有哪些？各有什么特点？分别适用于什么场合？

6-9　管接头的种类有哪些？

6-10　液压系统中的冷却器有什么功用？通常应安装在系统的什么部位？

6-11　在液压系统中，什么情况下需要设置加热器？加热方法有哪几种？

6-12　简述管形弹簧式液压压力表的工作原理。

第七章 液压系统基本回路

学习要点：学习液压基本回路，是对前述课程所学内容理解和掌握程度的检验。因此，需要在理解液压泵、马达、缸及各种控制阀类的基本结构、工作原理及其功用和相互联系的基础上，进一步学习本章内容，达到能够正确选用基本回路及其相应液压元件的目标。此外，在加深理解和掌握本章内容和实例的同时，能够举一反三地设计简单基本回路。

液压基本回路是液压系统的基础，是指在液压系统中，利用液压元件组成能够实现一定功能的典型基本单元。任何复杂的液压系统，都是由这些常用的基本单元所组成。因此，了解和掌握这些基本回路，对于正确阅读和分析各种液压系统的工作原理、功用，以及正确设计复杂液压系统非常重要。

根据实现的功能不同，液压基本回路常分为压力控制回路、速度控制回路、方向控制回路及多执行元件控制回路等。

第一节　压力控制回路

利用压力控制阀及其他相应液压元件组成基本液压单元，来控制主回路或支回路中的油液压力，以保证为执行元件提供一定压力和转矩的回路，称作压力控制回路。这类回路主要包括调压、减压、增压、保压、卸荷及平衡等回路。

一、调压回路

调压回路是液压系统中最常用基本回路之一，即利用溢流阀组成回路来调节和控制系统或支路压力。如在进、回油节流调速回路中，利用溢流阀调节和稳定系统压力，在变量泵供油系统或旁路节流调速系统中，利用溢流阀限制系统的最高稳定压力等。

在液压系统中，利用溢流阀及其他控制阀可组成多级调压和比例调压回路。

1. 多级调压回路

如图 7-1a 所示，利用远程调压阀 A、B 和溢流阀 C，以及三位四通换向阀，即可构成三级调压回路。图示三位四通换向阀处于中位时，液压缸无杆腔进油压力由负载决定。一旦负载压力值增大到溢流阀 C 的调定压力值时，溢流阀 C 溢流保证泵口压力稳定在其调定值上。考虑到工作负载阻力变化，设置了远程调压阀 A 和 B，且使其调定压力 $p_A < p_C$、$p_B < p_C$，当三位四通换向阀左位工作时，由阀 A 的调定压力控制系统压力，右位工作时，由阀 B 的调定压力控制系统压力。由此实现系统运行过程中的三级压力调节。

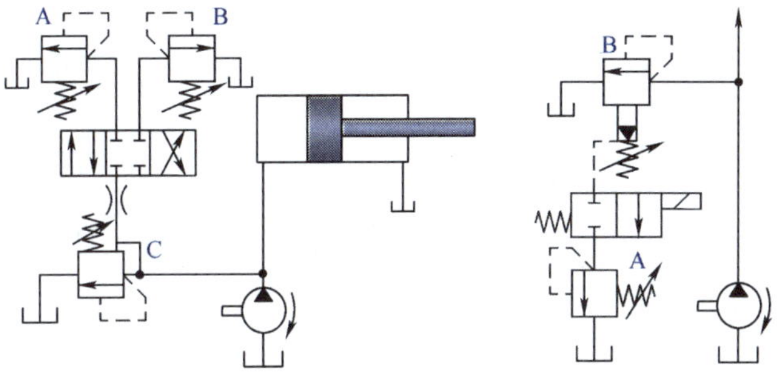

a) 三级调压　　b) 多级调压

图 7-1　多级调压回路

图 7-1b 所示为多级调压回路。在液压泵出口处并联一个先导式溢流阀 B，将其远程控制口通过二位三通电磁换向阀与远程调压阀 A 串接，并使远程调压阀的压力调定值低于先导式溢流阀 B 中先导阀的压力调定值，即符合 $p_A < p_B$ 的关系。当换向阀左位工作时，阀 A 和 B 的通路被切断，液压泵口的压力由先导式溢流阀 B 控制，泵口压力保持不超过 p_B；当换向阀右位工作时，远程调压阀 A 与先导阀 B 并联，液压泵出口压力由调定压力值较低的远程调压阀 A 控制，实现阀 A 和 B 调定的二级压力调节。

为了实现多级调压，可在先导式溢流阀的遥控口并联多个压力调定值较小的溢流阀，并在这些并联溢流阀的进、出口端设置相应的换向阀，以调节每个溢流阀与先导式溢流阀的先导阀之间的通断，即可在系统中实现多级调压。

2. 比例调压回路

图 7-2 所示为利用电液比例溢流阀的比例调压回路，有时也称无级调压回路。通过改变比例溢流阀的输入电流来调节液压泵出口的压力，可以实现连续或无级调压。这种回路不需要设置多个溢流阀和换向阀，所用元件少，回路简单。另外，可保证压力切换平稳，压力冲击小，可连续按比例地调节系统压力，能方便地实现远距离控制或程序控制。

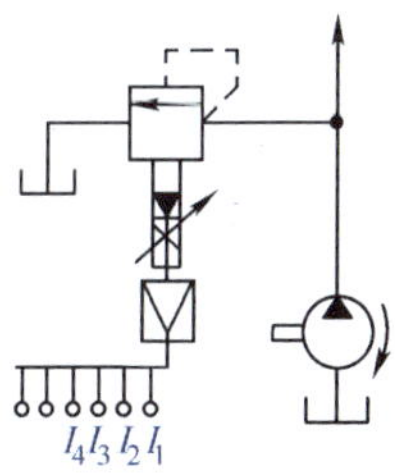

图 7-2　比例调压回路

二、减压回路

减压回路的作用在于使系统的部分支路具有低于主油路的稳定工作压力。在机床液压系统中，控制油路、润滑油路及夹紧油路等常与动力油路合用一个液压泵且所需压力较低，因而需要对这类油路进行减压。

1. 并联减压回路

选用或设计减压回路时，通常需要考虑所需低压的级数和控制要求。图 7-3 所示为并联减压回路，即两个或多个调定压力值不同的减压阀与液压泵并联，向后续液压缸输出减为不同压力的工作油液，形成两个独立的减压支路。在多并联减压回路中，液压泵出口处的最大压力由溢流阀调定。

2. 多级减压回路

图 7-4 所示为二级减压回路。在先导式减压阀的控制油路上接入调压阀，可使液压缸 B 进油压力不仅低于缸 A，而且还可以获得两种预定的减压压力。在图示位置上，液压缸进口压力由减压阀本身调定。当二位二通换向阀切换成右位工作时，减压阀出口压力则由调压阀的调定压力控制，此时，调压阀的调定压力值必须低于减压阀的调定压力值。该回路中，如果将二位二通换向阀改接在调压阀与油箱之间，可以使压力转换时的冲击力减小。

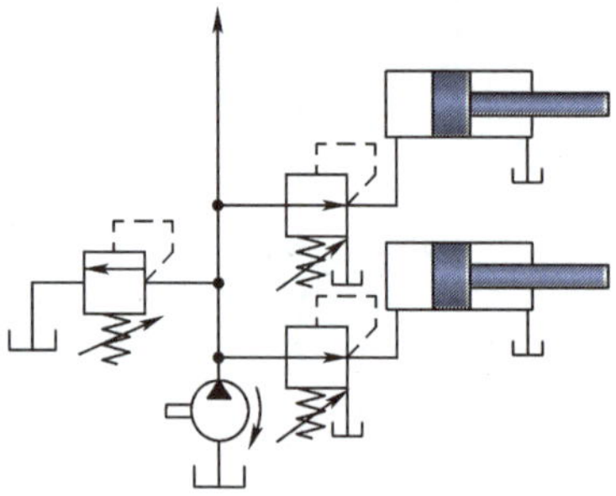

图 7-3 并联减压回路

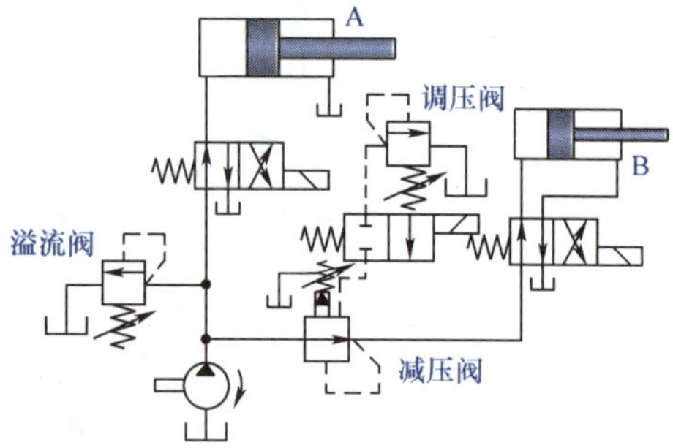

图 7-4 二级减压回路

3. 比例减压阀减压回路

采用比例减压阀可以构成连续减压回路，如图 7-5 所示。向比例减压阀的电磁铁输入不同的电流，改变比例减压阀口的开启大小，使减压阀出口输出不同的减压压力油，从而可实现连续减压。这种采用比例减压阀的连续减压回路适合于自动化操纵系统或需要按预定规律减压的场合。

图 7-6 所示为减压回路在点焊机操作系统中的应用实例。三位四通换向阀处于图示中位时是工间状态，此时液压泵卸荷。点焊机工作时，换向阀切换至左位，夹紧焊件的压力由溢流阀调定压力控制。同时，点焊工作缸的工作压力则由单向减压阀控制，针对不同焊件的焊接条件，调节单向减压阀的调定压力值，可有效保证焊接质量。焊接结束后，换向阀切换至右位，点焊工作缸和夹紧缸活塞退回原位。为了减小点焊缸排油阻力，使其回油经单向阀旁路流回油箱。

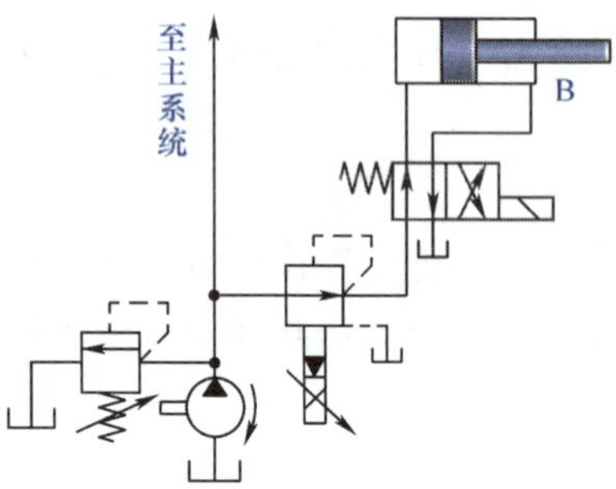

图 7-5 用比例减压阀的连续减压回路

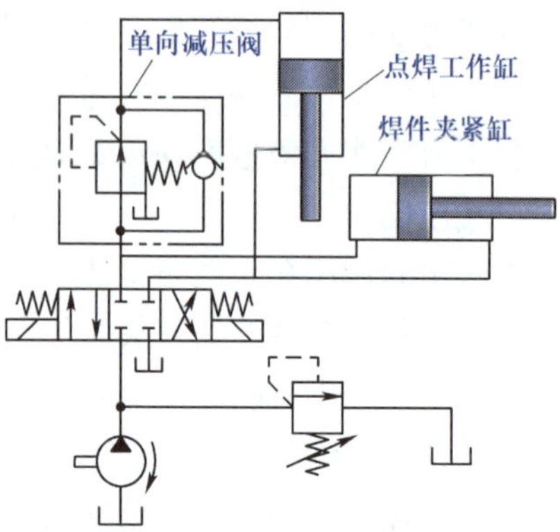

图 7-6 减压回路的应用

为使减压回路工作可靠，减压阀的最低调定压力不应低于 0.5 MPa，最高调定压力至少比系统压力低0.5 MPa。当减压回路中的执行元件需要调速时，调速元件应放在减压阀后面，以免减压阀的泄漏影响调速。

三、增压回路

增压回路是由较低液压源处获得较高压力，用来提高系统中局部油路中的压力的回路，其增压后的回路中流量通常较小。

1. 增压器单向增压回路

利用增压器的单向增压回路如图7-7所示。系统处于图示状态时，液压泵输出压力油 p_1 经二位二通换向阀进入单向增压缸左端大活塞的左腔，推动活塞右移，即可由右端小活塞腔输出压力为 p_2 的高压油。油液经增压缸后增压的倍数等于增压缸大、小活塞有效工作面积之比。当二位四通换向阀切换至右位工作时，液压泵出口压力油 p_1 进入大、小活塞之间的容腔，由于大活塞左端有效作用面积大于小活塞右端有效工作面积，活塞向左移动。此时，补油箱中的油液经单向阀补入小活塞右腔，泵出口处的最大压力由溢流阀控制。这种单向增压回路只能间断地向系统输出高压油，适用于增压行程较短的场合。

2. 增压器双向增压回路

为了使系统获得连续增压效果，可采用图7-8所示增压器双向增压回路。液压泵出口压力油 p_1 经二位四通换向阀，一路直接进入大活塞左腔，另一路经单向阀A后进入左端小活塞左腔，推动整体活塞向右移动。大活塞右端回油经换向阀左位回油箱，而右端小活塞被增压后的高压油 p_2 经单向阀B向系统输出，此时，由于右端油液压力增高而使单向阀B、C关闭。当活塞移至右端时，二位四通换向阀通电换向，活塞向左移动，左端小活塞左腔输出增压后的高压油 p_2。这样，双向增压缸活塞往复运动，缸两端便交替输出增压后的高压油，实现连续增压，以满足增压行程较长的系统要求。

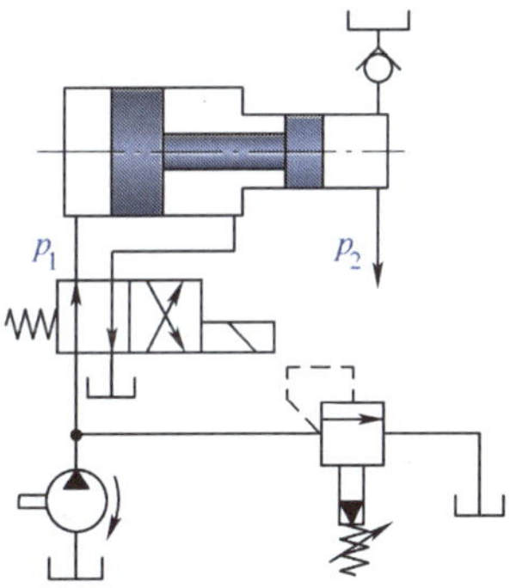

图7-7 增压器单向增压回路

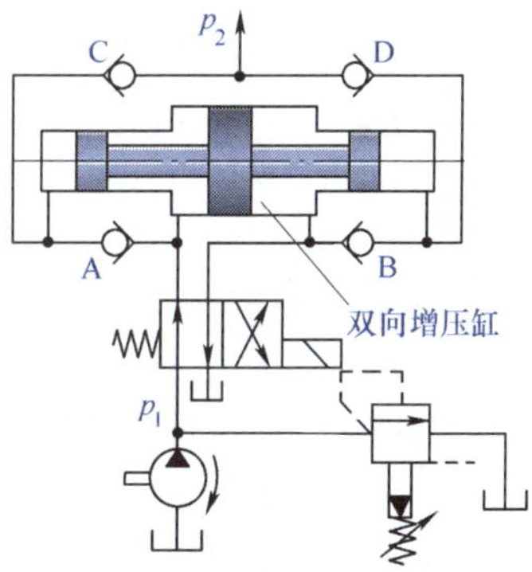

图7-8 增压器双向增压回路

对于需要长期连续增压的场合，可采用串联泵增压回路等。

四、保压回路

液压系统工作中，为了使执行元件在某个工作阶段内的压力保持恒定不变，即需要采用保压回路。如机床切削工作过程中，夹紧工件的液压缸就需要保持一定的压力。为了满足保压时间、压力稳定性及可靠性等多方面的要求，可以选用多种保压回路。

1. 利用蓄能器–压力继电器保压的回路

图7-9所示为利用蓄能器–压力继电器保压的回路，用于夹紧缸保压。当三位四通换向

阀切换至左位时，液压泵输出高压油经单向阀进入液压缸无杆腔和蓄能器，电磁溢流阀断电，系统升压。液压缸活塞向右移动夹紧工件，压力升至继电器调定值时，压力继电器发出电信号使电磁溢流阀通电，液压泵即卸荷，单向阀关闭，液压缸由蓄能器保压。如果蓄能器保压压力不足时，压力继电器复位并发出信号使电磁溢流阀断电，液压泵重新恢复工作，继续向蓄能器和液压缸无杆腔供油，压力上升至压力继电器的调定值。当三位四通换向阀切换至右位工作时，液压泵和蓄能器同时向液压缸有杆腔供油，活塞快速向左退回。这种回路的保压时间长短主要取决于蓄能器的容量，液压缸中保持压力的最大、最小值，可由调节压力继电器的通断区间来确定。

2. 利用蓄能器-卸荷阀保压的回路

利用蓄能器-卸荷阀保压的回路如图 7-10 所示。二位四通换向阀左位工作时，液压泵向蓄能器和液压缸无杆腔充油，卸荷阀关闭，系统升压。当压力达到卸荷阀调定值时，阀口开启使泵卸荷。此时，单向阀关闭，液压缸靠蓄能器保压。如果保压压力降低至卸荷阀调定值时，卸荷阀阀口关闭，液压泵又继续向蓄能器和液压缸输入高压油。当换向阀切换至右位工作时，液压泵和蓄能器同时向缸右腔供油，使活塞快速向左退回。

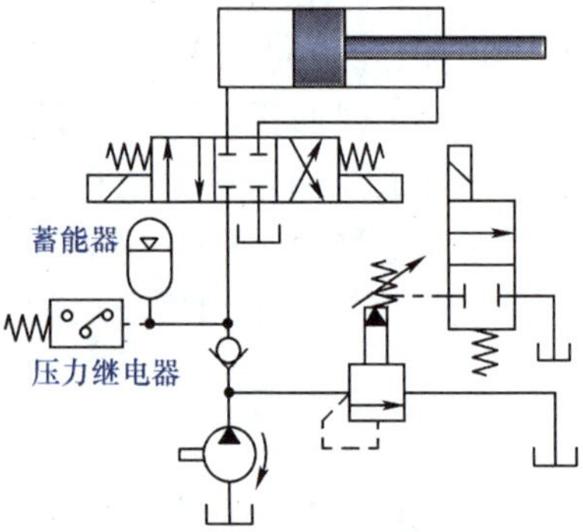

图 7-9 利用蓄能器-压力继电器保压的回路

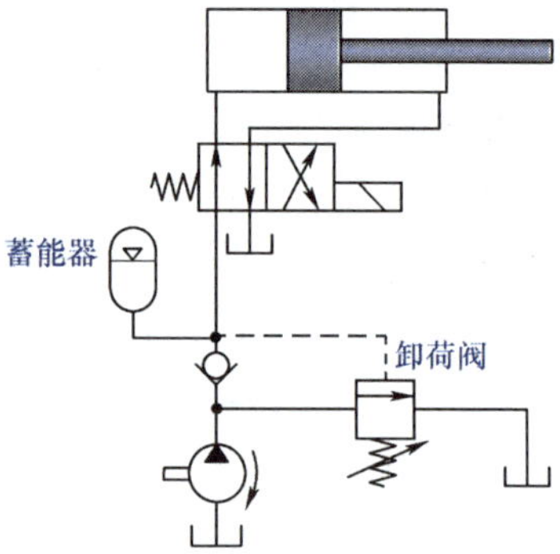

图 7-10 利用蓄能器-卸荷阀保压的回路

3. 双泵保压回路

图 7-11 所示双泵保压回路中，系统压力较低时，由低压大流量泵和高压小流量泵同时向系统供油。当系统压力升高至卸荷阀的调定压力时，低压大流量泵卸荷，此时，高压小流量泵使系统压力保持在溢流阀调定压力范围内。低压大流量泵的输出流量只需满足系统的泄漏量，以减少系统发热。

此外，也可以采用限压式变量泵实现系统保压。

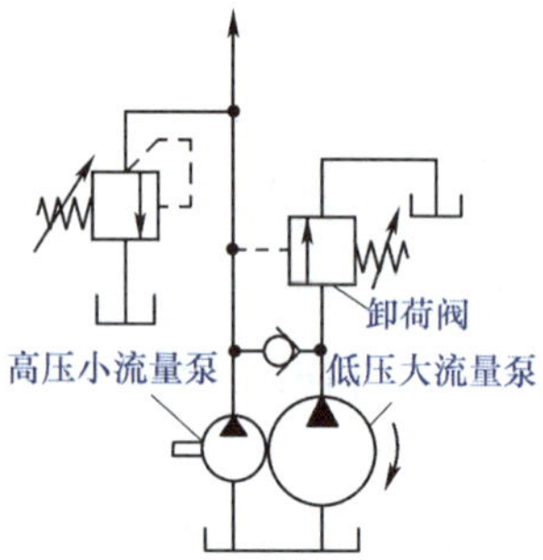

图 7-11 双泵保压回路

4. 利用液控单向阀保压的回路

利用液控单向阀和电接点压力表组成的自动补油式保压回路如图 7-12 所示。当三位四通电磁换向阀左端电磁铁通电吸合时，阀芯切换至左位工作。液压泵向工作缸下腔供油，使活塞上行，同时通过液控单向阀控制口进油使单向阀阀口开启，工作缸上腔油液经单向阀流回油箱。换向阀右端电磁铁通电吸合使右位接入回路，液压泵输出高压油进入工作缸上腔，当上腔压力升高至电接点压力表调定值时，上触点接通，压力表发出电信号使右端电磁铁失电，换向阀返回中位，液压泵卸荷，液压缸由液控单向阀保压。当工作缸上腔压力下降至下触点调定的压力值时，压力表又发出电信号，使右端电磁铁通电吸合，换向阀再次切换至右位工作，液压泵给工作缸上腔补油使压力上升，直至上触点调定值，由此自动保持工作缸压力在调定范围内。

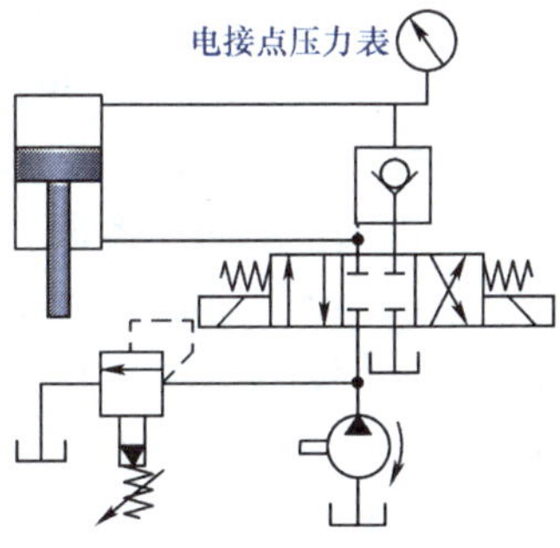

图 7-12　利用液控单向阀保压的回路

五、卸荷回路

所谓卸荷回路是指系统不需要输入功率时，为了不使液压泵的驱动电动机频繁起闭，而液压泵在接近零压状态下运转，以减少功率损失、延长液压元件使用寿命所采用的保护回路。通常，当压力一定时，使流量接近于零；或当流量一定时，使压力为零，具有这种功能的回路称为液压泵的卸荷回路。

1. 利用换向阀卸荷的回路

图 7-13 为最简单的卸荷回路。在液压泵出口处并联一个二位二通电磁换向阀，系统工作时，阀芯在弹簧作用下处于左位，切断液压泵出口与油箱的通道。当系统需要卸荷时，可使二位二通换向阀电磁铁通电吸合，其右位接入回路，即可使液压泵卸荷。

实际液压系统中，利用三位换向阀的滑阀机能可以很容易构成卸荷回路。如图 7-12 中，三位四通 M 型换向阀处于中位时，即可实现液压泵卸荷。此外，K 型、H 型等三位换向阀的中位，均可使液压泵卸荷。这种卸荷方法简单方便，但电磁换向阀只适用于小流量系统卸荷，而对于大流量系统卸荷，应采用电液换向阀。

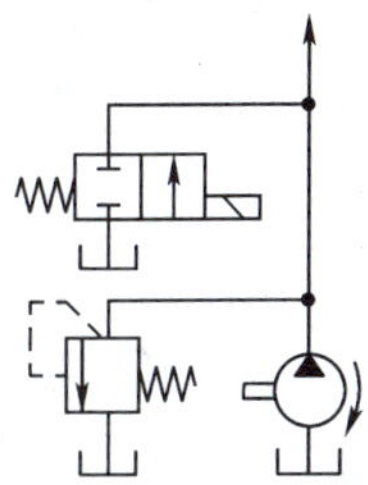

图 7-13　利用换向阀卸荷的回路

2. 利用先导式溢流阀卸荷的回路

在图 7-9 的保压回路中，其下部就是利用小型二位二通电磁换向阀控制先导式溢流阀的卸荷回路。当二位二通阀通电时，溢流阀的远程控制口通向油箱，液压泵输出的油液以很低的压力打开溢流阀全部流回油箱，实现卸荷。此时的卸荷压力只取决于先导式溢流阀主阀弹簧的刚度，一般为 0.2 ~ 0.4MPa。二位二通电磁换向阀只需通过溢流阀控制腔中的油液，可用规格较小的小型阀，而且可以进行远距离控制。但考虑到换向阀与先导式溢流阀远程控制口连通后，相当于使溢流阀控制腔容积增大，工作中容易产生不稳定现象，因此，对于稳定性要求较高的系统，应在连接油路上加设阻尼装置。

六、平衡回路

设置平衡回路的目的是要执行元件保持一定的背压，以平衡重力负载、防止运动部件因自重而产生的失控失速造成下滑现象。液压系统中的平衡回路闭锁性要好，通常采用液控单向阀或平衡阀（单向顺序阀）实现油路平衡控制。

1. 利用液控单向阀构成的平衡回路

图 7-14 所示为利用单向节流阀限速、液控单向阀锁紧的平衡回路。换向阀处于中位时，液压泵卸荷，液压缸下腔被液控单向阀锁紧，使活塞停止在固定位置上不动。换向阀切换至左位工作时，液压泵输出高压油在进入缸上腔的同时，打开液控单向阀，缸下腔回油经单向节流阀、液控单向阀流回油箱。由于回油经节

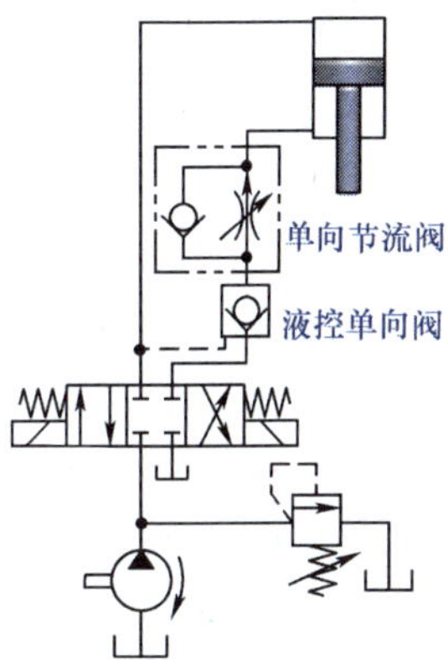

图 7-14　利用液控单向阀锁紧的平衡回路

流阀口，可以调节活塞下行速度。当活塞上行时，可顺利通过两个单向阀而快速回程。

2. 利用平衡阀的平衡回路

图7-15是利用外控式单向顺序阀的平衡回路。换向阀左位工作时，液压泵输出油液进入立置液压缸上腔，同时主油路一部分油液进入平衡阀控制腔，当压力达到平衡阀调定值时，平衡阀开启液压缸下腔，油液经过顺序阀流回油箱，活塞下行。如果活塞下行超速，则液压缸上腔压力减小，同样使平衡阀控制压力减小，于是顺序阀开口减小，使液压缸回油阻力增大，导致活塞下行速度减慢。换向阀右位工作时，液压泵出口油液经平衡阀中的单向阀进入液压缸下腔，顶起活塞上行。当换向阀阀芯处于中位时，平衡阀闭锁，活塞停止运动并保持在固定位置上不动。

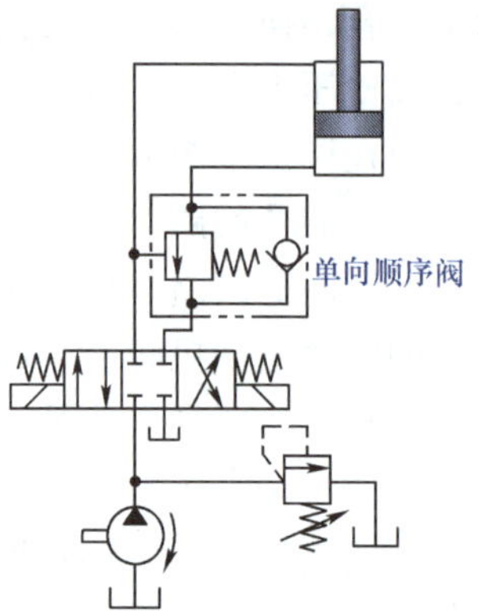

图7-15 利用单向顺序阀锁紧的平衡回路

压力控制回路常见故障及排除

（1）系统强烈振动和噪声　利用先导型溢流阀遥控口卸荷时，遥控口与二位二通阀之间的配管增大溢流阀的控制腔容积，使压力不稳定；两个溢流阀的回油管道连在一起时，因溢流阀内泄引起压力波动均会导致系统自激振动和噪声。因此，应尽可能减小配管直径和长度；将溢流阀的回油管应单独接回油箱，或在合流时应加粗合流管；也可选用电磁溢流阀实现卸荷或将溢流阀改为外泄式。

（2）减压回路的减压阀出口压力不稳定　主油路负载变化使最低工作压力低于减压阀调定压力，或先导阀密封不良时，都会造成减压口压力下降；而减压阀外泄油路有背压时会引起减压阀出口压力升高。因此，需要根据导致减压口压力不稳定的产生原因进行检查和修正。如在减压阀后设置单向阀；配研先导阀的密封带或清洗过滤工作油液；另外，应注意使减压阀外泄油路单独回油箱。

（3）顺序动作回路工作不正常　顺序阀或压力继电器的调定压力接近先期动作执行元件的工作压力或溢流阀调定压力时，不匹配的调定压力会导致顺序动作回路工作不正常。因此，一般要求顺序阀或压力继电器的调定压力应高于先动作缸工作压力约0.5～1 MPa。另外，对于采用压力控制原理的顺序动作回路，当工作负载较大时，容易出现A缸动作未完成即发出B缸动作的错误信号，在这种情况下，建议设计成按行程控制原理或双重控制方式的顺序动作回路。

第二节　速度控制回路

速度控制回路的功能在于调节控制执行元件的运动速度，其在液压系统中占有突出重要的位置，特别是在机床液压系统中，主体运动和进给运动都对运动速度有很高的要求，因此，速度控制回路的工作性能和精度对整个液压系统具有决定性的影响作用。速度控制回路通常包括调速回路、快速运动回路及速度换接回路等。

一、调速回路

液压系统中执行元件的运动速度取决于两个因素，即输入流量 q 和执行元件中压力油作用的有效工作面积 A。根据液压执行元件的结构性质，改变液压缸活塞的有效工作面积 A 很困难，而改变变量液压马达的排量比较容易，因此大多数情况下，主要是靠改变输入流量来实现执行元件的速度调节。在机床液压系统中，最常用的调速方法主要包括节流调速、容积调速和节流容积联合调速三种方式。

1. 节流调速回路

节流调速回路主要是在定量泵供油系统中，利用节流阀、调速阀或溢流节流阀所组成的调速回路。

（1）节流阀节流调速回路　在第五章节流阀及其应用中，已经介绍了关于节流阀进油、回油和旁路节流调速回路的基本内容。这三种节流阀调速回路都存在相同的问题，即负载变化引起节流阀口前后压差的变化，因而导致后续执行元件的运动速度也相应地发生变化。所以，当系统中负载变化较大且要求执行元件运动速度稳定时，节流阀节流调速回路不能满足上述要求。

（2）调速阀节流调速回路　由于调速阀具有当前后压差大于一定数值时，通过调速阀的流量将不随其阀口前后压差的变化而变化的优点，因此将其用于节流调速回路中，将获得较好的调速效果。

图 7-16 所示为利用调速阀构成的进油、回油和旁路节流调速回路，即将节流阀调速回路中的节流阀换成调速阀所构成。由于调速阀采用定差减压阀使节流阀口前后压差基本稳定，提高了回路的速度负载特性。其中，利用调速阀的进油、回油调速回路的速度刚度得到大幅度提高，但由于调速阀口前后的最小压差通常比节流阀大一些，因此，所构成回路的功率损失大于节流阀调速回路。而调速阀旁路节流调速回路虽然速度刚度也有所提高，由于受液压泵泄漏的影响，速度刚度不如前两种回路，此外，这种节流调速回路不能承受负值负载。由于调速阀节流调速回路能承受的最大负载只受安全阀调定压力的限制，因此，与节流阀调速回路相比，其低速时的承载能力也有很大提高。

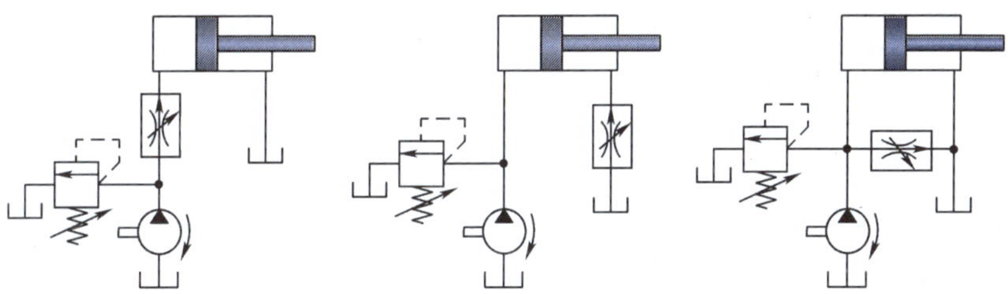

a) 进油路节流调速回路　　b) 回油路节流调速回路　　c) 旁油路节流调速回路

图 7-16　调速阀节流调速回路

利用调速阀的节流调速回路在机床的中、低压小功率进给系统中得到了广泛应用，例如组合机床液压滑台系统、液压六角车床及液压多刀半自动车床等。

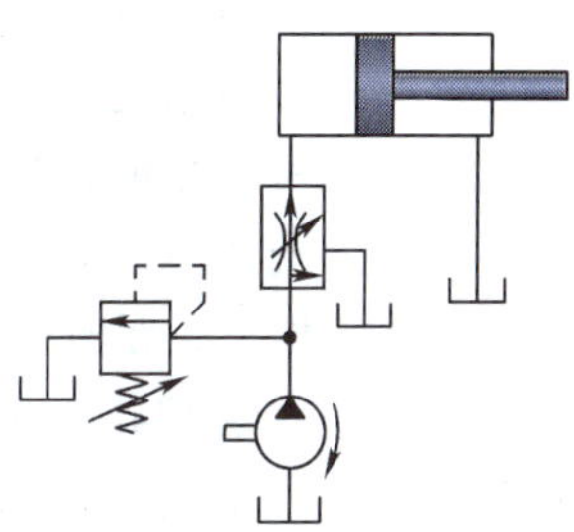

图 7-17　溢流节流阀进油口节流调速回路

（3）利用溢流节流阀的进油口节流调速回路　在进油节流调速系统中，用溢流节流阀取代节流阀或调速阀即构成溢流节流阀的节流调速回路，如图 7-17 所示。由于溢流节流阀中的压差式溢流阀能够自动恒定节流阀两端的压差，因而液压缸负载发生变化时，节流阀工作压差不变，使通过节流口的流量不变化，从而可以保证后续执行元件输出一个稳定的运动速度。

在溢流节流阀调速系统中，液压泵不在恒压下工作，泵压随负载的大小而变化。因此，在变负载条件下工作时，这种回路的节流调速效率比进口节流阀或调速阀调速回路要高。溢流节流阀只能置于执行元件的进油口前，而不能设置在执行元件的回油或旁油路上，即只能构成进油节流调速回路。另外，溢流节流阀中的溢流阀不能起过载保护作用，因此，该回路中需另外设置安全阀。溢流节流阀进油节流调速回路适用于运动平稳性要求较高、功率较大的节流调速系统。

2. 容积调速回路

由定量泵和流量阀组成的节流调速回路具有调节方便的优点，采用调速阀或溢流节流阀组成的节流调速回路可以克服负载变化导致输出流量不稳定的缺点。但因油液通过流量阀时所造成的功率损失较大，回路效率也较低。因此，在一些大功率液压系统中，经常采用容积调速回路。

通过改变变量泵或变量马达的排量来进行调速的回路，称为容积调速回路。由于容积调速回路中没有节流损失和溢流损失，系统发热也较少，系统效率决定于泵和马达的效率。因此，与利用流量阀的节流调速回路相比，其回路效率较高。但泵和马达工作时，会因负载增大使容积效率降低，因而影响了这种回路的速度稳定性。另外，容积调速系统因变量泵和变量马达的构造复杂而导致成本较高。

根据变量控制方式不同，容积调速回路可分为变量泵-定量马达（或液压缸）、定量泵-变量马达、变量泵-变量马达三种组合形式。另外，容积调速回路根据油液的循环方式可分为开式回路和闭式回路。所谓开式回路是指泵从油箱吸油，而执行元件的回油直接流入油箱；而闭式回路是指执行元件的回油直接与泵的吸油口相接，只需很小的补油箱，另外，为了补充回路中的泄漏并进行换油和冷却，常需附设补油泵。

（1）变量泵-定量执行元件的容积调速回路　采用变量泵为执行元件调速，在一定调速范围内可以实现无级调速，因此，有时也称之为容积式无级调速，主要包括变量泵-液压缸调速和变量泵-定量马达调速。

1）变量泵-液压缸容积调速回路。图 7-18 所示为变量泵-液压缸组成的开式容积调速回路。工作时，变量泵的流量根据液压缸活塞的运动速度调节，输出流量全部进入液压缸，推动活塞运动。如果不计泄漏量的影响，不考虑液压元件本身的内部损耗，活塞的运动速度

$$v = q/A = V_p\omega_p/A = 2\pi n_p V_p/60A \tag{7-1}$$

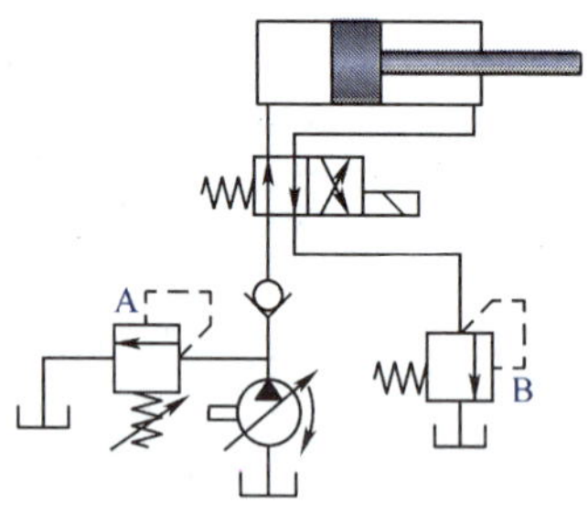

图 7-18　变量泵-液压缸容积调速回路

式中　V_p——变量泵的瞬时排量（m^3/rad）；

ω_p——液压泵的角速度（rad/s）；

n_p——液压泵的转速（r/min）；

A——液压缸活塞的有效工作面积（m^2）。

由上式可见，只要改变液压泵排量，即可使液压缸活塞的运动速度成比例地增大或减小。

为了防止系统超载，在液压泵出口处设置溢流阀 A 作为安全阀用，不起定压作用。由于安全阀限定了泵出口处的最高压力，其转速亦为定值，当不计回路中的损失时，液压缸的输出功率和液压泵的输出功率相等。为了提高液压缸在低速运动时的平稳性，在缸的回油路上设置了溢流阀 B 作为背压阀用。

2）变量泵-定量马达容积调速回路。变量泵-定量马达容积调速回路如图 7-19a 所示，

该回路属于闭式回路，即泵的吸油口与执行元件的回油腔直接连通。补油泵将低温油液送入回路，利用溢流阀将回路内运转的多余高温油液溢流回油箱进行冷却，在高、低压管路之间设有安全阀，用于防止回路过载。

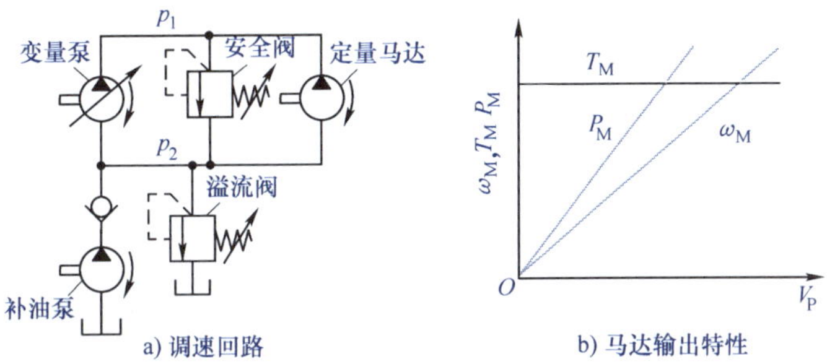

图 7-19　变量泵-定量马达容积调速回路

在不考虑泄漏及回路损失情况下，液压马达的输出角速度 ω_M、转矩 T_M 及功率 P_M 分别为

$$\omega_M = q/V_M = V_P\omega_P/V_M \tag{7-2}$$

$$T_M = p_P V_M/2\pi = (p_1 - p_2)V_M/2\pi \tag{7-3}$$

$$P_M = P_P = p_P V_P n_P = (p_1 - p_2)V_M n_M \tag{7-4}$$

式中　V_M——定量马达排量（m^3/rad）；

V_P——变量泵的瞬时排量（m^3/rad）；

ω_P——变量泵的角速度（rad/s）；

p_1、p_2——变量泵出油口和进油口压力（MPa）；

n_P、n_M——液压泵、液压马达的转速。

由上述关系可见，马达的转速与变量泵的排量成正比，调节变量泵的排量即可调节定量马达的转速，通常其调速比可达 40；改变变量泵的排量，可使马达的输出功率随之成比例地变化；由于马达的回油路压力 p_2 是低压常数，而变量泵的出口压力 p_1 和马达的转矩 T_M 都是由负载决定的，也就是说，调节变量泵的排量对马达的输出转矩没有影响，马达能输出的最大转矩是定值，因此，将这种回路称为恒转矩调速回路，其输出特性曲线如图 7-19b 所示。

变量泵-定量马达调速回路在工程机械、塑料机械及锻压机械的液压系统中应用很广泛，如混凝土搅拌输送车搅拌筒驱动系统中即采用了这种调速回路。

（2）定量泵-变量马达容积调速回路　如图 7-20a 所示，将变量泵-定量马达调速回路中的变量泵和定量马达分别换成定量泵和变量马达，即构成定量泵-变量马达调速回路。回路中，定量泵排量 V_P 不变，变量马达的排量 V_M 大小可调。设置安全阀的目的在于防止泵出口至马达入口之间的高压管路超载，补油泵和溢流阀组成补油回路，向马达排油口与泵吸油口之间的低压管路供油，低压管路压力由溢流阀调定，且调定值较低，使主泵的吸油腔具有一定压力。

在这种回路中，泵的角速度 ω_P 和排量 V_P 均为常数，如图 7-20b 所示，变量马达的转矩 T_M 随其排量 V_M 成正比变化，角速度 ω_M 则与 V_M 成反比按双曲线规律变化，即 V_M 越小则 ω_M 越高。但 V_M 不能过小，因其减小到一定程度时，T_M 不足以克服负载，会使马达停止转

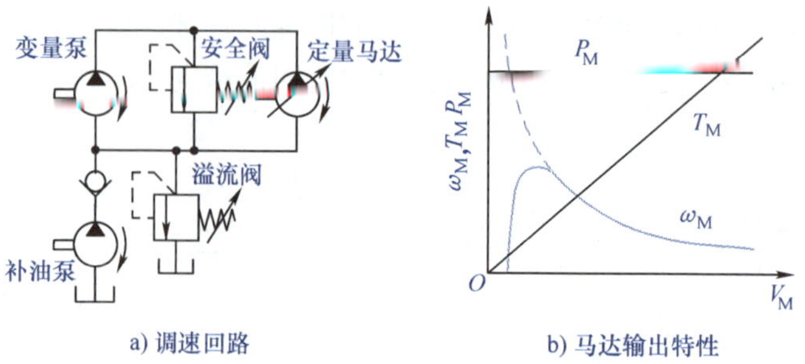

a) 调速回路　　b) 马达输出特性

图 7-20　定量泵–变量马达容积调速回路

动。由于马达排量的可调范围不大，即使是高效率的轴向柱塞马达，其调速范围也仅能达到 4 左右，因此，该回路的调速范围很窄。在不计回路效率的情况下，由于定量泵的输出功率不变，而改变马达排量 V_M 时，马达的输出功率 P_M 也不变，即 $P_M = pq$，因而称这种回路为恒功率调速回路。

利用改变马达的排量来实现调速，可以保持最大输出功率不变，但调速范围较小，后者使这种调速方法往往不宜单独使用。这种调速回路应用于旋转直径变化的卷曲装置中，具有旋转直径增大而线速度和拉力保持不变的特点，因而主要应用于造纸、纺织及吹塑薄膜等带有卷曲装置的液压系统中。

（3）变量泵–变量马达容积调速回路　图 7-21a 所示为变量泵–变量马达组成的容积调速回路。利用变量泵改变排量和供油方向来为变量马达调速和换向，而双向变量马达自身也可改变排量和旋转方向。因此，使回路的调速范围扩大，调速比可达 100。补油泵和溢流阀组成补油回路，左侧两个单向阀的作用是始终保证由补油泵来的油液只能进入双向变量泵的低压腔，实现双向补油，右侧两个单向阀可使安全阀在两个方向上起过载保护作用。

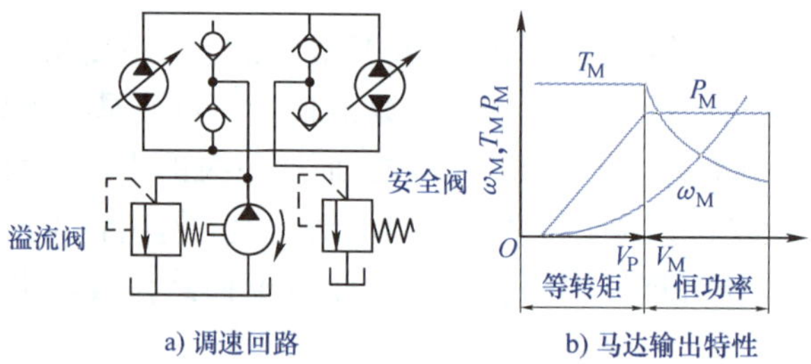

a) 调速回路　　b) 马达输出特性

图 7-21　变量泵–变量马达容积调速回路

该回路兼有上述两种容积调速回路的性能，即用变量泵调速时，其最大输出转矩不变；用变量马达改变排量调速时，其最大输出功率不变。回路输出特性如图 7-21b 所示，将其分为两个调速阶段。

在低速段，用改变变量泵的排量 V_P 来调节马达转速，此时应先将马达的排量 V_M 固定在最大值，使 ω_M 随 V_P 增加而增大，直到 V_P 达到最大值。在该区间内调速过程中，马达的最大转矩 T_M 不变，而功率 P_M 随 V_P 增加而增大，所以在此区间可实现等转矩调速。

在高速段，用改变变量马达的排量调速，此时将变量泵的排量 V_P 固定在最大值上，然后再调节变量马达的排量，使 V_M 由大变小，而 ω_M 由小变大，直至马达允许的最高转速为止。在此过程中，马达的最大输出转矩 T_M 由大变小，而输出功率 P_M 不变，即在此区间可实现恒功率调速。

变量泵–变量马达组成的容积调速回路，在低速段可保持最大输出转矩不变；在高速段则可提供较大的功率输出。这种输出方式符合大部分机械设备的运转要求，所以通常采用这种调整方式。这种回路常用于机床主运动、纺织机械、矿山机械及行走机械中，可以获得较大的调速范围。

3. 容积节流调速回路

容积调速既无流量损失又无压力损失，回路效率较高，但由于液压泵的工作压力随负载增加而增大，泵和执行元件的泄漏也将增大，这使得执行元件的输出速度随负载增大而下降。尤其是在低速运转时，速度稳定性较差。为提高调速系统的低速稳定性，可采用容积节流调速回路。容积节流调速的工作原理是采用压力补偿变量泵供油，利用流量控制阀调定进入执行元件的流量，并使变量泵的输出流量与执行元件所需流量相适应，可进一步提高回路输出的稳定运动速度。

(1) 限压式变量泵与调速阀组成的容积节流调速回路　回路的工作原理如图 7-22 所示。液压缸活塞的运动速度由调速阀中节流口的通流面积控制，由于调速阀中定差减压阀的自动调节作用，节流阀口前后的压差保持不变，因而在节流阀口通流面积调定的情况下，进入液压缸的流量也不变，这时限压式变量泵会自动地调节它的供油量。如果调速阀开口减小，由于节流口处液阻增大而使泵出口压力随之增高，这时，泵的偏心自动减小，所以泵的输出流量也减小，直至泵的输出流量等于调速阀允许通过的流量为止。如果限压式变量泵的输出流量小于调速阀的调定流量，则泵的压力将降低，使泵的偏心自动增大，泵的输出流量增大到与调速阀调定的流量相适应为止。因此，回路工作时，变量泵的输出流量 q_P 与进入液压缸的流量 p_1 相适应。

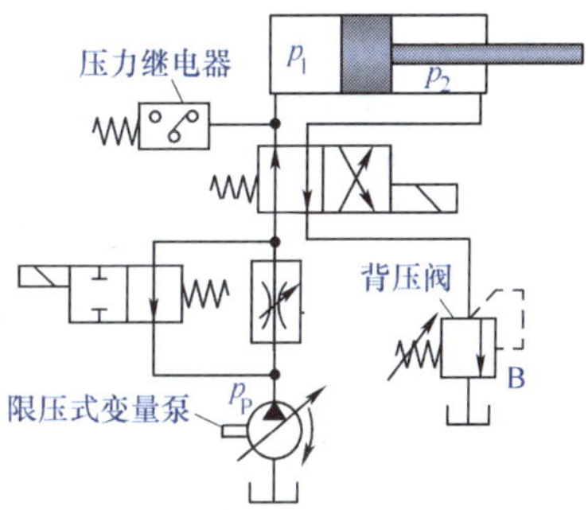

图 7-22 限压式变量泵与调速阀组成的容积节流调速回路

回路中的调速阀除了稳定进入液压缸的流量外，还可使泵的输出流量和液压缸所需流量相匹配，使泵的供油压力基本恒定不变，故又称为定压式容积节流调速回路。调速阀也可以放在回油路上，但对单出杆活塞缸，放在进油路上可以获得更低的稳定速度。空载时，泵以最大流量进入缸，实现快速运动；当回路处于工进阶段时，二位二通电磁阀应通电使其所在油路断开，压力油经调速阀流入缸内，活塞的运动速度由调速阀的通流面积 A 来控制；工进结束后，压力继电器发出电信号，使二位二通和二位四通电磁阀换向，调速阀再被短接，油液经二位二通阀进入液压缸，使活塞快速退回。

这种调速回路中，泵的压力和流量在工作进给和快速运动时能自动变换，能量消耗小，发热少，运动平稳性好，缺点是泵的结构复杂，价格高。适用于负载变化不大的中、小功率场合，如组合机床的进给系统等。但它不适合于负载变化大，且大部分时间在小负载下工作的场合中使用，因为在这时泵的供油压力高，而泵的工作压力低，损失在调速阀中的定差减压阀压降和泵泄漏上的能量很大，油液温升较高。当负载最大时，其损失为调速阀所需的最小压差；当负载减小时，由于泵的供油压力不变，调速阀的压降增加，因而与一般调速阀调速回路同样，压力损失较大。也就是说，这种回路是在容积调速回路中以增加压力损失来换取低速稳定性的。为了克服这些不足，宜采用差压式变量泵和节流阀组成的调速回路。

（2）差压式变量泵与节流阀组成的容积节流调速回路　图 7-23 所示为差压式变量泵与节流阀串联组成的容积节流调速回路的工作原理。节流阀串联在液压缸的进油路上，将其两端压差引至压差式变量叶片泵的两个活塞腔，并使节流阀出口油经阻尼孔进入泵右腔控制缸内。当二位二通电磁阀通电左位工作时，泵出口油液经二通阀进入液压缸左腔，推动活塞快速向右运动。此时，a、b、c 三点压力相同，叶片泵定子在右端弹簧力作用下处于最左端，泵输出流量最大。快进结束时，压力继电器发出电信号使二通电磁阀断电处于右位工作，泵输出压力油只能通过节流阀进入液压缸左腔。压力油通过节流阀口后产生压降，使 a、b 两点压力相等且大于 c 点压力，即 $p_P > p_1$，作用于叶片泵控制活塞左端压力增大使定子右移，偏心量 e 减小，泵输出流量自动减小直至与节流阀调定开度相适应为止，实现液压缸慢速工进。

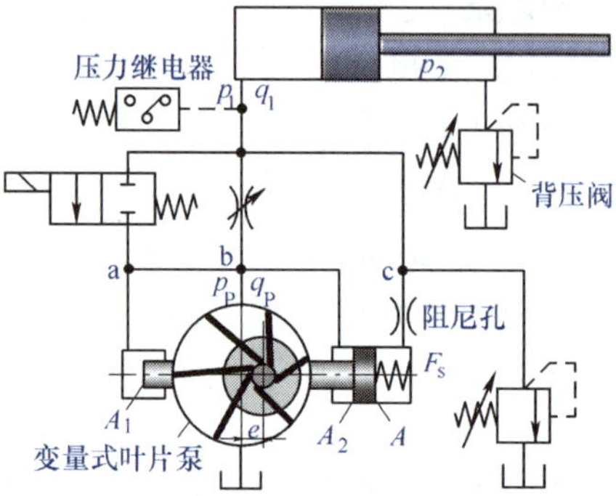

图 7-23　差压式容积节流调速回路

当外负载增大（或减小）时，节流阀出口压力 p_1 发生变化，利用经由阻尼孔的油液压力变化又可自动调节泵的输出流量，保证液压缸活塞的运动速度不因负载变化而变化，输出稳定的运动速度。回路中所设溢流阀主要用于防止系统过载，c 点处设置阻尼孔可防止叶片泵定子移动过快产生振荡。系统工作时，泵的工作压力随负载变化而变化，故又称此回路为变压式容积节流调速回路。回路中只有节流损失，没有溢流损失，因而其效率比限压式变量泵与调速阀组成的调速回路要高。这种变压式容积节流调速回路适用于负载变化大、速度较低的中小功率场合，如组合机床进给系统等，可以同时满足低速稳定性和高效率、低发热的要求。

二、快速运动回路

快速运动回路可使液压系统中的执行元件获得尽可能大的工作速度，满足生产需要并提高生产效率、合理利用系统功率。快速运动回路的特点是负载小、流量大，通常采用减小执行元件的有效工作面积、排量或增大进入执行元件流量的方法，主要有液压缸差动连接回路、双泵供油快速运动回路、增速缸快速运动回路及采用蓄能器的快速运动回路等。

1. 液压缸差动连接快速运动回路

液压缸差动连接快速运动回路如图 7-24 所示。图示状态下，三位四通电磁换向阀处于中位，液压泵卸荷，液压缸左右腔油液通过二位三通电磁换向阀连通，活塞处于浮动状态。当三位四通电磁阀左端电磁铁通电吸合后左位工作，液压缸成差动连接，实现活塞快速向右运动。如果二位三通换向阀右位工作，液压缸回油经调速阀节流口，构成液压缸回油节流调速，活塞慢速向右运动，调节调速阀阀口开度，可以调节其运动速度。当三位四通换向阀右端电磁铁通电吸合时，换向阀右位工作，泵出口压力油经单向调速阀右路进入液压缸右腔，活塞可快速退回。

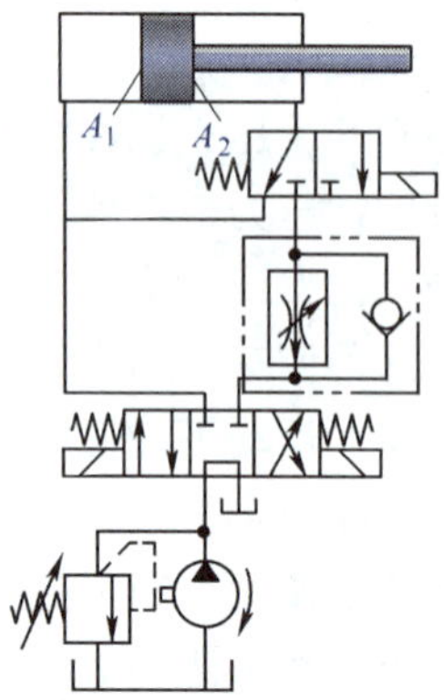

图 7-24　液压缸差动连接快速运动回路

工作进给时液压缸的有效工作面积为 A_1，而差动连接时则为 $A_1 - A_2$，说明差动连接的实质是利用减小液压缸的有效工作面积来实现活塞快速运动的。当机床上要求快速前进和快速退回的速度相等时，常使液压缸活塞面积 $A_1=2A_2$。采用差动连接回路来实现快速运动比较方便，但其快进速度只能比最大工进速度大两倍多，如果还不能满足机床快速运动的速度要求时，可以将其与两个定量泵或限压式变量泵等联合使用。

2. 增速缸快速运动回路

利用增速缸构成的快速运动回路如图 7-25 所示。增速缸由空心柱塞、大活塞和缸体组成，柱塞与缸体焊接成一体。当三位四通电磁换向阀左位工作时，泵出口油液经油路 a、柱塞内孔进入增速缸的增速腔Ⅱ，由于增速腔内有效工作面积较小，使大活塞快速向右移动。同时，因增速缸左腔形成真空，油液经液控单向阀从油箱内向其补油。活塞右移途中触动设置于预定位置的行程开关时，二位二通电磁阀通电使其右位工作，泵出口的压力油将同时进入增速缸左腔Ⅰ和增速腔Ⅱ，由于活塞有效工作面积较大，使活塞右移速度减小，转变为慢速、大推力工作进给运动。当二位二通阀左位、三位四通阀右位接入回路时，压力油进入增速缸右腔Ⅲ，并打开液控单向阀，增速缸左腔Ⅰ和增速腔Ⅱ内油液分别经油路 b、液控单向阀和油路 a、三位换向阀右位流回油箱，实现快速退回运动。

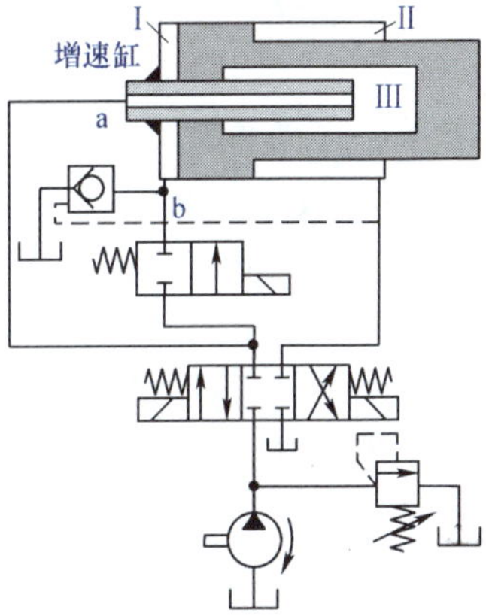

图 7-25　增速缸快速运动回路

由于增速缸内增速腔的有效工作面积远小于大活塞的有效工作面积，因而可以在不增大泵流量的情况下，获得较快的运动速度，且可合理利用系统功率。这种增速缸快速运动回路在卧式和小型压力机的液压系统中得到广泛应用。

3. 双泵供油快速运动回路

图 7-26 所示为双泵供油快速运动回路。双联泵由低压大流量泵和高压小流量泵并联组成，当系统中执行元件空载快速运动时，大流量泵的输出油液经单向阀与小流量泵的输出油液汇合，共同向系统供油；执行元件拖动负载工进时，由于系统压力升高，液控顺序阀被打开，大流量泵卸荷，单向阀关闭，系统由小流量泵单独供油，使执行元件做慢速进给运动。

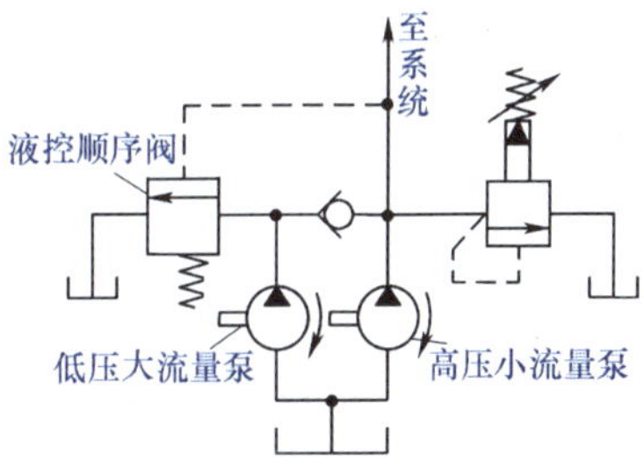

图 7-26　双泵供油快速运动回路

双泵供油快速运动回路主要应用于空载要求快速运动，而有负载时又需要慢速运动的场合，由于大流量泵在有负载时可自动卸荷，所以功率损失小、效率较高，常用于组合机床、注塑机等的液压系统中。

4. 利用蓄能器的快速运动回路

利用蓄能器组成的快速运动回路如图 7-27 所示。当换向阀处于左位或右位时，液压泵和蓄能器可同时向液压缸供油，实现快速运动。当换向阀处于中位时，液压缸停止工作，泵经单向阀向蓄能器补油，蓄能器内压力升高至液控顺序阀的调定压力时，泵卸荷。

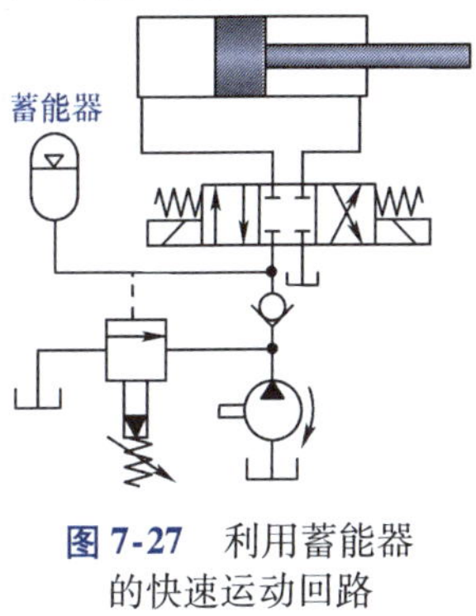

图 7-27　利用蓄能器的快速运动回路

利用蓄能器组成的快速运动回路适用于短时间内需要大流量的场合，借助于蓄能器用小流量泵向系统提供较大的流量，实现快速运动。采用这种回路时，应使液压缸在一个工作循环内具有足够的停歇时间，以使蓄能器补油。

此外，利用辅助缸也可实现快速运动回路，例如在大、中型压力机液压系统中即经常采用这种方法。

三、速度换接回路

速度换接回路可为系统执行元件提供运动过程中两个或两个以上的运动速度，以保证液压系统工作循环中的速度要求。速度换接回路要求具有较高的速度换接平稳性。

1. 快慢速换接回路

利用行程阀的快慢速换接回路如图 7-28 所示。在图示状态下，由于液压缸回油可直接通油箱，因此，活塞可以快速向右伸出。当活塞杆右行至触及行程阀滚轮时压下阀芯，使行程阀上位工作，液压缸右腔回油必须经过调速阀，适当调节调速阀开度，即可使活塞运动转为慢速工进。当二位四通换向阀右位接入回路时，泵输出压力油经单向阀进入液压缸右腔，活塞实现快速退回。

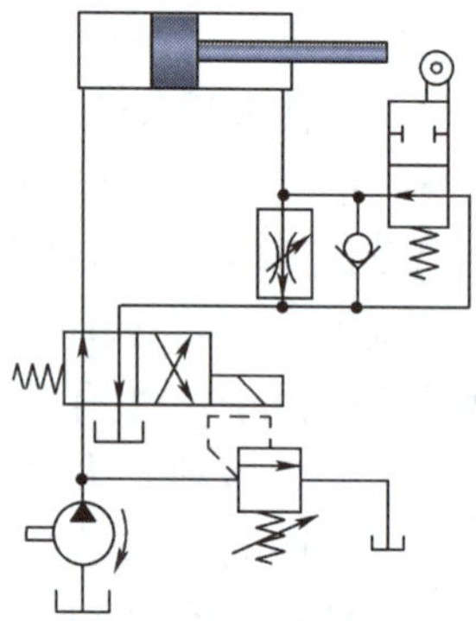

图 7-28 利用行程阀的快慢速换接回路

行程阀组成的快慢速换接回路在工作中，由于行程阀被压下时阀口是逐渐关闭的，因而速度切换平稳，换接点的位置精度高，控制可靠，但行程阀的安装位置不能任意布置，必须装在运动元件的附近。如果将行程阀改为电磁换向阀，通过挡块压下电器行程开关来操纵快慢速切换，可提高切换速度，便于实现自动控制，但其换接平稳性和精度相对较差。

2. 两种工作进给速度的换接回路

两种工作进给速度的换接回路也称二次进给回路，通常利用两个调速阀进行并联或串联而组成。

（1）调速阀并联的速度换接回路　图 7-29a 所示为用两个调速阀并联组成的二次进给回路，只要两个调速阀调定节流口开度大小不同，即可实现二次工作进给。当三位四通电磁换向阀左位接入回路时，液压泵输出高压油经二位二通电磁换向阀常态位进入液压缸左腔，活

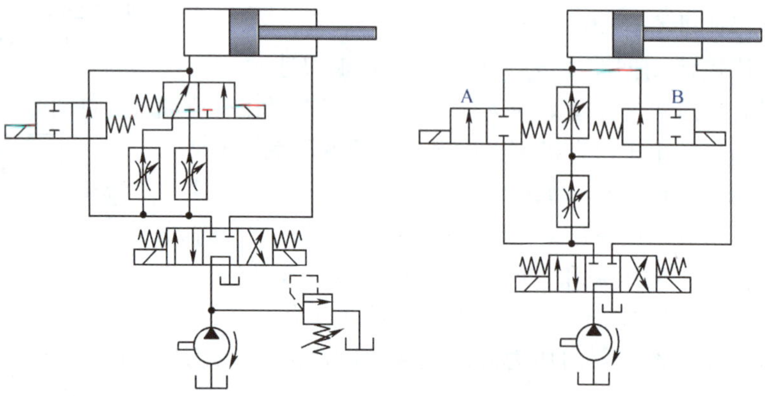

a) 并联调速阀　　b) 串联调速阀

图 7-29 用两个调速阀的速度换接回路

塞快速向右进给；当二位二通阀左位接入回路时，泵出口压力油需先经左侧调速阀、二位三通换向阀后进入液压缸左腔，经调速阀节流后实现由快速进给转换成第一工作进给；当三位四通阀左位、二位三通阀右位工作时，压力油需经右侧调速阀及二位二通阀右位进入液压缸左腔，使活塞的运动速度进一步下降为第二工作进给。

调速阀并联组成的二次进给回路中，两种进给速度不会相互影响，但在一个调速阀工作时，另一个调速阀的出口被二位三通换向阀封闭，因此该调速阀的定差减压阀阀口处于最大开口。当二位三通阀换位时，由于该定差减压阀仍处于最大开口状态，阀口导通瞬间不起减压作用，该调速阀中通过的流量较大，使执行元件切换时的速度较快，容易产生前冲。因此，并联调速阀二次进给回路应用较少。

（2）调速阀串联的速度换接回路 图7-29b所示调速阀串联组成的二次进给回路中，三位四通换向阀和二位二通换向阀A均为左位工作时，泵出口压力油不受节流直接进入液压缸左腔，使活塞向右快速进给；而当二位二通阀A通电吸合右位接入回路时，压力油经过下端调速阀、右侧二位二通换向阀B左位进入液压缸左腔，实现由快进转换为第一工进；如果右侧二位二通阀B通电使其右位接入回路时，压力油只能顺序通过两个调速阀后进入液压缸左腔，活塞右行速度进一步下降，实现第二次工作进给。

调速阀串联组成的二次进给回路中，油液先流经调速阀（图中下侧调速阀）的开口必须大于后流经调速阀的开口，即进入液压缸的流量由后经过的调速阀的开口大小决定，否则二次进给不能实现。另外，较小流量通过下端调速阀时，由于该阀开口较大，节流阀两端不能形成足够的压差使定差减压阀动作，定差减压阀处于最大开口状态，不起减压作用，则该阀不起调速作用。也就是说，当油液流经两个调速阀时，只有其中开口较小的调速阀起调速作用。

速度控制回路常见故障及排除

（1）执行元件动作慢 形成原因主要是泄漏或其他原因导致泵输出流量不足，控制压力不足或阀内阻尼孔堵塞及阀芯卡涩，缸或马达磨损导致泄漏严重，外负载过大或油液黏度过高、过低等。在这种情况下，需要找到泄漏或堵塞的产生原因并进行修复；使元件规格与实际工作负载相匹配；过滤或更换黏度适宜的工作油液。

（2）执行元件快速不快 液压缸差动快速调节失误，变量泵流量未达标以及双泵供油系统的液控卸荷阀调压过低都会因流量不足而导致执行元件快速不快。因此，需要调节液控顺序阀保证缸快速差动连接；调节泵的变量机构值以输出足够的流量；另外，应使液控卸荷阀的调定压力大于快进的支路压力。

（3）执行元件低速运动效果差 如果节流阀口前、后压差过大，或节流口堵塞包括油液污染严重等都会因通过的流量调不小而直接影响执行元件的低速运动效果。这时，需要正确调定溢流阀的工作压力；清洗节流阀孔口；对工作油液进行过滤或更换。

（4）执行元件运行速度因负载增大而显著下降 泵和马达泄漏较大，调速阀口前、后压差过小使并联减压阀工作不正常，或者在变载系统中采用节流阀调速时，都会因进入执行元件的流量而导致运动速度下降。因此，为了避免这种现象发生，需要提高泵和马达的容积效率；在变速系统中尽可能采用调速阀调速，且需使阀口前、后压差不小于0.5MPa，以保证调速阀正常工作。

第三节 方向控制回路

方向控制回路的作用是利用方向阀来控制系统中油液的流动方向和油路的通断，从而控制执行元件启动、停止或改变运动方向。

一、启停回路

为了使液压系统原动机不致因执行元件工作所需的运动间歇而频繁启停，在系统中应设置启动和停止回路来实现这一工作要求，以保护原动机并减少因频繁启停所造成的功率损失。通常选用的启停方法主要有切断油路、液压泵卸荷等。

1. 切断油路

所谓切断油路是指当执行元件需要停止运动时，切断其供油路或回油路，后者可能会造成执行元件及与其相关的管路元件受到高压油液的持续压力，对液压元件使用寿命不利。图 7-30 所示启停回路是利用二位二通电磁换向阀切断压力油源，使系统执行元件停止运动，当泵口压力升高时，由并联的溢流阀使泵卸荷。如将二位二通阀改换成 O 或 Y 型三位四通阀也可实现切断油路效果，这种回路要求换向阀能够通过系统全部流量，因而通常只适用于小流量系统。

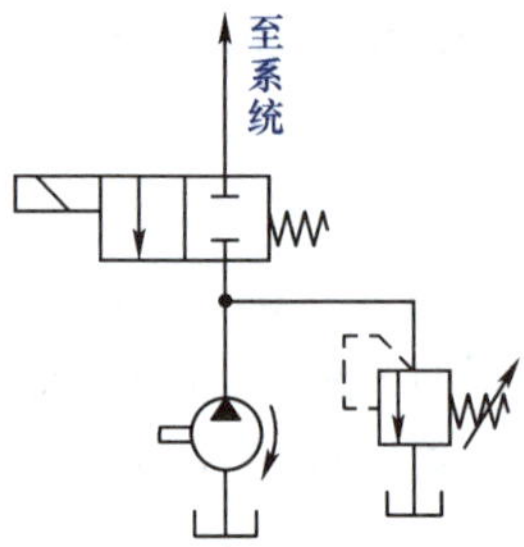

图 7-30 启停回路

2. 液压泵卸荷

利用使液压泵卸荷的方法来达到使执行元件停止运动的目的，可避免压力油经溢流阀回油而引起的能量损失。采用 H 或 M 型三位换向阀，利用其中位机能可以实现液压泵卸荷，可参照卸荷回路。

二、换向回路

当系统执行元件需要自动往复运动时，就需要使回路频繁改换方向，通常采用二位三通（四通）或三位四通（五通）换向阀即可实现这种换向要求。当换向精度要求较高或对换向过程有附加要求时，则需要设置相对复杂的换向回路。

1. 单换向阀换向回路

对于系统换向精度要求不是很高的情况下，利用各种换向阀即可实现执行元件工作换向。例如，使用手动换向阀可实现非自动往复运动元件的换向；采用机动换向阀与行程块的刚性接触实现执行元件运动的自动换向；利用行程挡块推动行程开关发出电信号使电磁换向阀阀芯移动实现快速换向等。

2. 机-液换向阀换向回路

上述由单一换向阀实现的简单换向回路，通常不能满足系统换向精度或某些附加要求。如手动换向阀不能实现自动换向；机动换向阀换向过程中，因阀芯处于过渡位置时产生运动元件偷停的换向死点；电磁换向阀虽然使用方便，但动作太快，存在换向冲击；采用电液换向方法时，虽然液动阀移动速度可调，换向冲击较小，但不宜频繁切换。因此，为了解决上述问题，可采用特殊设计的机-液换向阀组成换向回路来实现系统高精度换向。根据换向要求不同，可将机-液换向回路分为时间控制制动式和行程控制制动式两种。

（1）时间控制式机-液换向回路　如图 7-31 所示，时间控制式机-液换向回路由二位四通先导阀、换向主阀及两侧具有阻尼作用的节流阀和单向阀等组成。回路工作时，由执行元件带动的工作台上的撞块通过连杆拨动先导阀阀芯，机动阀控制油路换向使液动主阀芯移动，进而改变执行元件的运动方向。在图示状态下，液压泵输出高压油经先导阀、换向阀进入液压缸左腔，活塞向右运动；缸右腔回油经换向阀、下端节流阀回油箱。换向时，活塞杆上的拨块拨动先导阀阀芯向左移动，泵口油液经先导阀、右端单向阀 D_2 进入换向主阀右端，推动换向主阀阀芯向左移动，换向主阀左端油液经节流阀 J_1 回油。换向主阀芯向左移动时，阀芯上的制动锥面逐渐关小回油通道，液压缸活塞运动速度逐渐减小，并在换向阀阀芯通过 l 距离后将通道闭死，使活塞停止运动。当节流阀 J_2、J_3 的开口大小调定后，换向阀阀芯移动距离 l 所需的时间就确定不变，即不考虑油液黏度变化的影响，活塞制动所经历的时间确定不变。因此，也称这种制动方式为时间控制制动式。

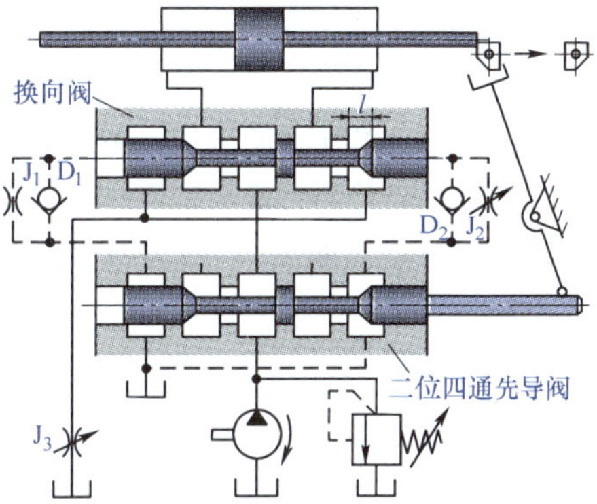

图 7-31 时间控制式机-液换向回路

时间控制式机-液换向回路中的换向主阀采用 H 型中位机能的三位四通换向阀，以减小冲击量和提高换向平稳性。回路的制动时间可根据执行元件的运动速度和惯性大小，通过调节两端节流阀开口量调定。换向精度取决于执行元件原来的运动速度，换向精度不是很高。因此，通常用于执行元件运动速度较高、要求换向平稳、无冲击，但换向精度要求不高的场合，如用于平面磨床、内外圆磨床及拉、插、刨床液压系统中。

（2）行程控制式机-液动换向回路 所谓行程控制制动式换向是指当行程挡铁碰到换向杠杆后，通过先导换向阀控制主换向阀油路进行减速制动，直至执行元件停止运动的过程中，执行元件所走过的行程是一定的。

如图 7-32 所示，行程控制式机-液换向回路由换向主阀、二位七通先导换向阀、节流阀及单向阀等组成。图示液压缸活塞右行状态下，泵出口油液经换向主阀进入液压缸左腔，缸右腔排油经换向主阀、先导阀及节流阀 J_3 流回油箱。当行程挡铁碰到控油杠杆后，推动先导阀芯左行，右制动锥阀将液压缸右腔回油通道逐渐关小，进行预制动使活塞右行速度逐渐减慢。当先导阀内回油通道被关得很小（轴向开口量 0.2 ~ 0.5mm）、活塞右行速度很慢时，换向主阀的控制油路（图中虚线所示）才开始切换，泵口输出的控制油液经先导阀、单向阀 D_2 进入换向主阀右端，其回油经节流阀 J_1 流回油箱。由于换向主阀阀芯被推向左移动，切断泵向液压缸左腔供油的主油路，使活塞停止运动，并随即开通向液压缸右腔进油通道，使活塞向相反方向启动。

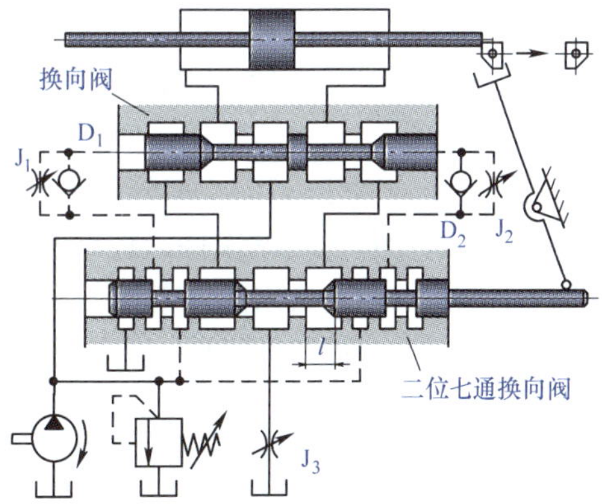

图 7-32 行程控制式机-液换向回路

行程控制式机-液换向回路工作时，总是需要使先导阀芯移动一个固定的行程 l，以使执行元件接受一个预制动，然后再使换向主阀阀芯移动，实现执行元件换向，所以称其为行程控制制动式。这种换向回路的换向精度较高、冲击量较小。但由于先导阀阀芯的制动行程固定不变，则使制动时间和换向冲击都受执行元件运动速度的影响。通常将这种换向回路用于执行元件运动速度不高，但换向精度要求较高的场合，如用于内、外圆磨床的液压系统中。

方向控制回路常见故障及排除

（1）执行元件不换向　系统工作时，由于电磁铁吸力不足、复位弹簧失灵、换向阀精度差或油液太脏等使换向阀阀芯推力不足或阀芯卡死，以及背压过大，都会导致执行元件不换向。这时，需要针对产生原因更换电磁铁（或改用液动换向阀）；更换复位弹簧；清洁或更换工作油液。当采用中位卸荷型液动换向阀时，应设置具有确定启动压力的压力控制阀。

（2）锁紧回路工作不可靠　当锁紧回路中的液压缸或控制阀的内泄漏较大时，常会发生工作不可靠现象。其中，滑阀配合间隙会使三位换向阀中位锁紧不良；锥阀密封带接触不良会使单向阀锁紧精度降低。因此，设计时，建议采用双向液压锁，并且应提高活塞与缸孔、阀芯与阀座之间的密封可靠性。

第四节　多执行元件工作控制回路

在多执行元件液压系统中，根据各执行元件的工作要求往往需要顺序动作或同步动作，因此，在设计液压系统时，需要采用执行元件的顺序动作回路或同步运动回路。

一、顺序动作回路

设置顺序动作回路的目的是为满足各执行元件能够严格按照预定顺序实现工作动作，按照控制方式，通常可分为压力控制、行程控制和时间控制等。

1. 压力控制顺序动作回路

压力控制顺序动作回路是利用液压系统工作过程中的压力变化来控制执行元件按照预定顺序实现动作，通常可采用顺序阀或压力继电器等来控制顺序动作。

（1）顺序阀控制顺序动作回路　图 7-33 所示为利用顺序阀实现的压力控制顺序动作回路。回路利用单向顺序阀 D 的调定压力大于液压缸 A 的工作压力、阀 C 的调定压力大于缸 B 工作压力的条件，控制两个液压缸 A、B 顺序动作。当三位四通换向阀左位接入回路时，泵口输出压力油进入缸 A 左腔推动活塞右行实现动作①。此时由于单向顺序阀 D 的调定压力大于缸 A 负载压力，缸 B 不动作。当缸 A 行至终点后，泵口压力增大，打开顺序阀 D 使压力油进入缸 B 左腔，推动活塞右行实现动作②。当三位四通换向阀右位接入回路时，由于单向顺序阀 C 的调定压力大于缸 A 的返程工作压力，压力油先进入缸 B 右腔，推动活塞左行实现动作③。缸 B 活塞行至最左端后，泵口压力增大，打开单向顺序阀 C，油液进入缸 A 右腔，使活塞实现返程动作④。

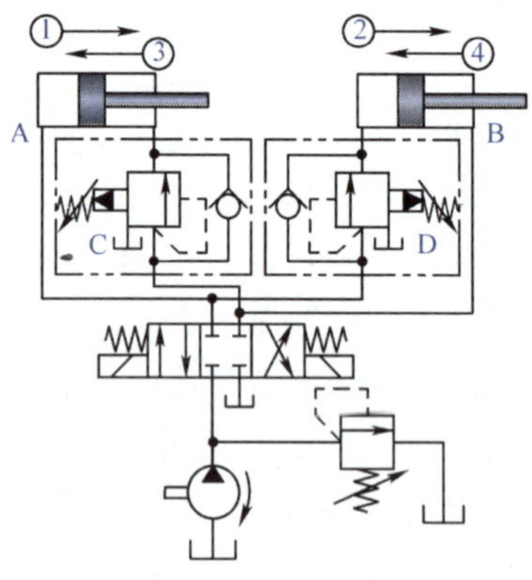

图 7-33　顺序阀控制顺序动作回路

（2）压力继电器控制顺序动作回路　采用两个压力继电器分别控制两个液压缸顺序动作的回路如图 7-34 所示。当左端三位四通电磁换向阀左位接入回路时，液压泵出口压力油进入液压缸 A 的左腔，推动活塞右行实现动作①。当活塞行至终点后，左腔压力增高，左侧压力继电器发出电信号使右侧三位四通电磁换向阀左位接入回路，压力油进入右侧液压缸

B 的左腔，推动活塞右行实现动作②。当活塞到达行程终点时，右侧压力继电器发出信号使左侧三位四通阀右位接入回路，压力油进入缸 A 右腔使活塞左移实现动作③，行至左端后其右腔压力升高，使得左继电器动作，发出信号使右侧换向阀换位，B 缸活塞右行实现动作④。

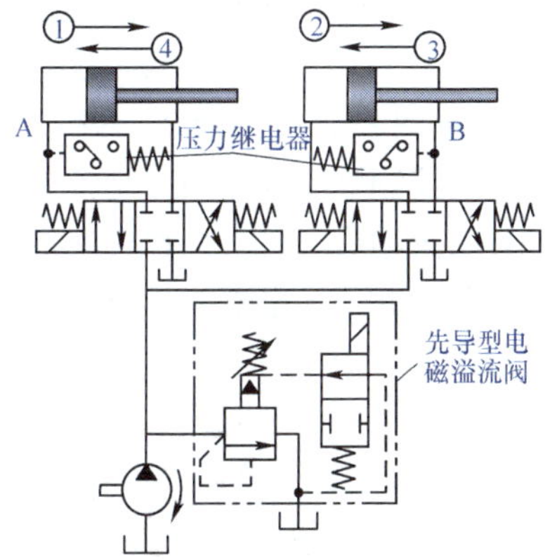

图 7-34　压力继电器控制顺序动作回路

利用压力继电器控制的多执行元件顺序动作回路使用方便，动作转换迅速，并且容易改变动作顺序。但压力继电器及其调定压力对回路工作有影响，功率损失较大。另外，系统的压力冲击会使压力继电器产生误信号而导致执行元件误动作。因此，这种回路只适用于压力继电器使用数量较少，负载比较稳定的场合。

2. 行程控制顺序动作回路

（1）行程阀控制顺序动作回路　图 7-35a 所示为用行程阀控制的顺序动作回路。当二位四通电磁阀通电吸合右位接入回路时，压力油进入缸 A 左腔，活塞向右移动实现动作①；活塞移动到预定位置时，挡块压下行程阀阀芯使其上位工作，压力油进入缸 B 左腔使活塞向右移动实现动作②；电磁换向阀断电复位时（图示状态），压力油进入缸 A 右腔，推动活塞向左移动实现动作③；缸 A 活塞上的挡块脱离行程阀时，在弹簧作用力下行程阀阀芯上移恢复其下位工作时，压力油进入缸 B 使活塞左行实现动作④。这种回路利用挡块操纵置于预定位置的行程阀芯，控制两液压缸的顺序动作，顺序换向平稳、可靠，而且行程位置调节方便，但改变动作顺序较难，通常用于专用机械的液压系统。

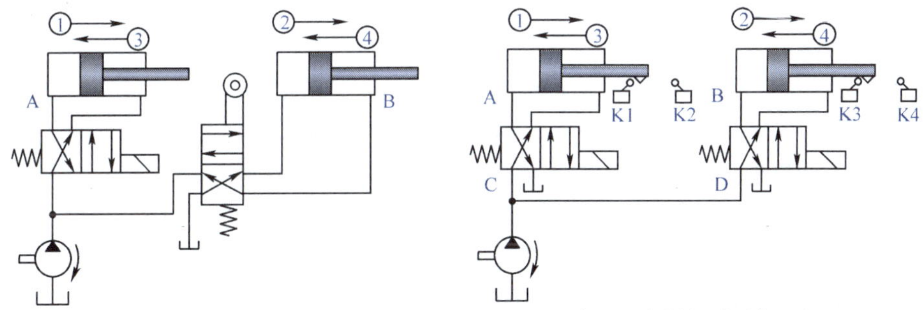

a) 行程阀控制顺序动作回路　　b) 行程开关控制顺序动作回路

图 7-35　行程阀控制顺序动作回路

（2）行程开关控制顺序动作回路　利用行程开关控制的顺序动作回路如图 7-35b 所示。工作时，按下循环启动按钮，二位四通电磁阀 C 通电吸合，液压缸 A 的活塞向右运动实现动作①；当活塞运动到预定位置时，挡块压下行程开关 K2，使电磁阀 D 通电吸合，压力油进入缸 B 左腔，推动活塞向右移动实现动作②；当缸 B 上挡块碰到行程开关 K4 时，发出信号使电磁阀 C 复位，压力油进入缸 A 右腔，推动活塞向左移动实现动作③；当缸 A 回程挡块碰到行程开关 K1 时，发出信号使电磁阀 D 复位，压力油进入缸 B 右腔，推动活塞向左移动实现动作④，完成一个工作循环。当缸 B 回程至原位，其活塞上挡块碰到行程开关 K3 后，又可使电磁阀 C 重新通电，开始又一个新的工作循环。

这种回路利用液压缸通过行程开关发出电信号来操纵电磁阀实现顺序动作，结构简单，便于调整其动作顺序及行程位置，利用电气互锁使顺序动作可靠，便于实现自动控制，因此应用广泛。但液压缸顺序动作的平稳性较差，动作可靠性在很大程度上取决于电器元件的质量。通常应用于动作顺序需要改变的场合，还可采用 PLC 可编程控制器通过编程改变行程控制。

3. 时间控制顺序动作回路

时间控制顺序动作回路是预先设定好两个或多个执行元件之间的运动间隔，当一个执行元件开始运动后，另一个执行元件按预定时间再开始运动的回路。时间控制顺序动作运动回路可以利用时间继电器、延时继电器或延时阀等实现。

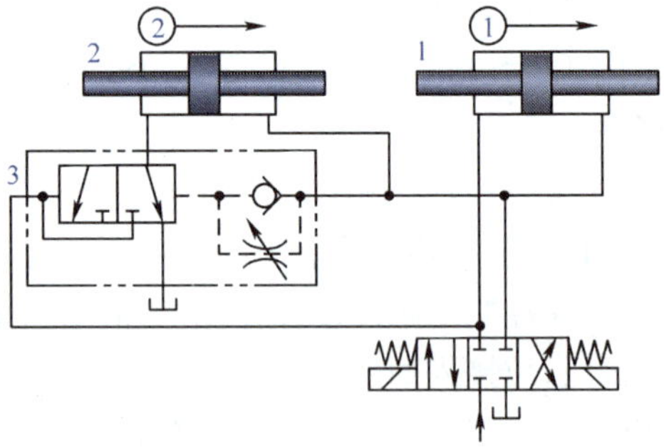

图 7-36 延时阀控制顺序动作运动回路

图 7-36 所示为采用延时阀的时间控制顺序动作回路。回路中的延时阀由单向节流阀和二位三通液动换向阀组成，当三位四通电磁换向阀左端继电器通电时，液压缸 1 的活塞向右运动。同时，液压油进入延时阀中液动换向阀的左端，推动阀芯右移，延时阀右端的油液经节流阀回油箱。这样，经过一定时间后，使延时阀中的二位三通换向阀左位接入回路。之后，压力油经该阀左位进入液压缸 2 的左腔，使活塞向右运动。液压缸 1 和 2 向右运动开始的时间间隔可用延时阀中的节流阀调节。当三位四通电磁换向阀通电左端磁铁吸合后，缸 1 与 2 一起快速左行返回原位。同时，压力油进入延时阀的右端，使延时阀中的二位三通换向阀阀芯左移复位。由于延时阀所设定的时间易受油温的影响，常在一定范围内波动。因此，很少单独使用，往往采用行程-时间复合控制方式。

二、同步回路

同步回路的功用是保证系统中两个或多个执行元件在运动中以相同的位移和固定速度比运动的液压基本回路。由于系统中外负载不相等，而且受泄漏、摩擦阻力不均及元件制造误差等因素影响，严格地保证系统工作的每一瞬间速度同步是很困难的。而速度的微小差异，在运动过程中会造成明显的位置不同步，因此，在同步精度要求较高的系统中，常在执行元件的行程终点增设适当的补偿运动，以保证位置同步。在对多执行元件系统的实际应用中，通常需要根据系统的具体要求，设置相应的同步运动回路。按照控制方法不同，同步回路可分成容积控制式、流量控制式和伺服控制式三种形式。

1. 容积控制式同步回路

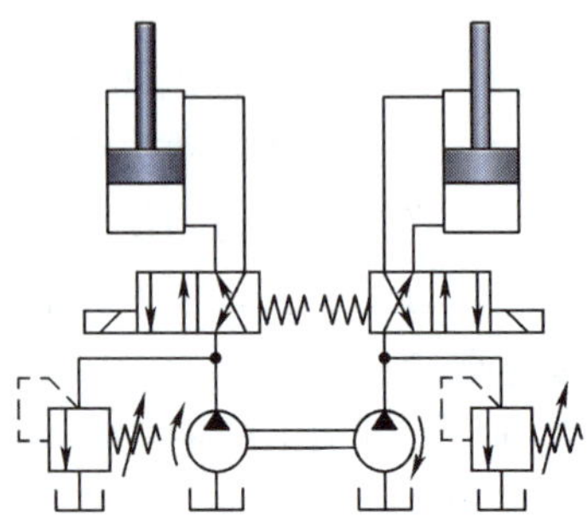

图 7-37 同步泵控制同步回路

（1）同步泵控制同步回路 如图 7-37 所示，利用两个同轴等排量液压泵可组成的同步回路。工作时，要求两个二位四通电磁换向阀同步动作，以保证实现两缸同步动作。如果采用比例泵，利用位移传感器的反馈信号，可使两个液压泵输出相同的流量，实现两个液压缸同步动作。采用比例泵和位移传感器组成的同步回路受各种干扰因素的影响小，同步精度高、效率高，运动速度可调，并且在行程终点可自动消除两液压缸的位置误差。

（2）同步马达控制同步回路 图 7-38 所示为同步马达

控制的同步回路。液压泵排出的油液分别进入两个刚性连接的同轴等排量液压马达，输出相同流量后进入两个液压缸，这样两个液压缸可实现双向同步。利用节流阀消除两液压缸终点处的位置误差。由于液压马达的泄漏量不易控制，所以该回路精度较低，适用于两液压缸活塞有效作用面积相等且行程很长的场合。

（3）同步缸的同步回路 图 7-39 所示为采用同步缸实现的同步回路。回路中的同步缸是由两个参数完全相同的双出杆液压缸组成，两个缸体和活塞杆联成一体。当三位四通电磁换向阀左位接入回路时，同步缸活塞向左移动，由 a 腔和 b 腔排出等量的油液进入 A、B 两工作缸下腔，使两工作缸的活塞同步向上运动。如果缸 A 的活塞先到达终点，则由同步缸 a 腔排出的多余油液经下侧单向阀流回油箱，而同步缸 b 腔的油液继续进入缸 B 下腔，使其活塞上行到达终点。当换向阀右位接入回路时，两工作缸同样可实现反向同步运动。

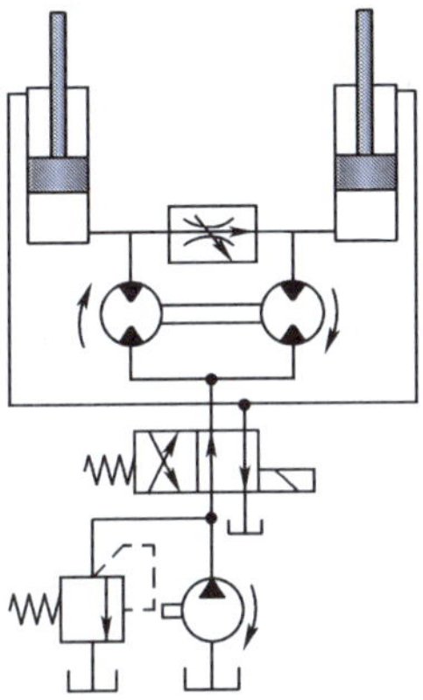

图 7-38 利用同步马达控制的同步回路

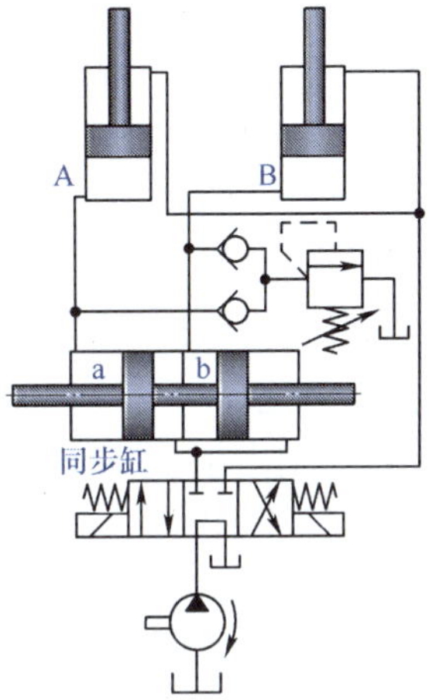

图 7-39 利用同步缸控制的同步回路

这种同步回路利用两个单向阀消除了两个工作缸的终点误差，能适应较大的偏载，同步精度高、效率高。但同步缸体积较大，制造精度要求高，并且两个工作液压缸的有效工作面积必须相等。通常用于工作行程较短的液压系统。

（4）带补偿装置的串联液压缸同步回路 将系统中两个工作液压缸串联在一起可组成同步回路，这时，第一个液压缸回油腔排出的油液进入第二个液压缸的进油腔，如果两个液压缸的有效工作面积完全相等，也可实现同步运动。这样组成的同步回路结构简单，效率较高，能适应较大的偏载。但液压泵的供油压力较高，理论上应大于两缸工作压力之和，同步精度受两缸制造误差、内部泄漏等因素影响。

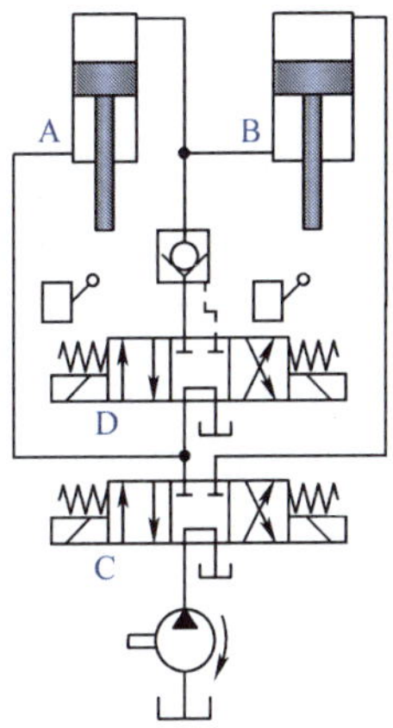

图 7-40 带补偿装置的串联液压缸同步回路

如果适当设置补偿装置，可以在行程终点处消除两缸的位置误差，组成如图 7-40 所示带补偿装置的串联液压缸同步回路。当三位四通电磁换向阀 C 右位接入回路时，两液压缸活塞下行，压力油进入液压缸 B 上腔，其下腔回油进入液压缸 A 的上腔，由于缸 A 无杆腔有效工作面积与缸 B 有杆腔有效工作面积相等，因此，两缸同步下行。如果缸 B 先到达终点，将触动右侧的行程开关并发出电信号使三位四通换向阀D左位接入回路，压力油经阀C右位、阀D左位及液控单向阀进入缸A上腔补油，使缸A活塞继续下行到底。如果缸A活塞先到底，触动左侧行程开关并发出信号使阀D右位接入回路，控制压力油经阀C右腔、阀D右腔打开液控单向阀，缸B下腔油液经液控单向阀、阀D右腔流回油箱，其活塞继续下行到底。这种回路可以消除两缸活塞运动时位置上的误差积累，结构简单，能适应较大的偏载。同步精度中等，需要液压泵供油压力高，回路效率也较高，但只适用于负载较小的场合。

（5）机械连接同步回路　如图7-41所示，利用刚性连接方法将两个液压缸的活塞杆联结成一体，使它们的运动相互受到牵制，也可实现同步运动。除去图示焊接连接方法外，还可利用齿轮齿条方式将两活塞杆固连成一体，同样可以实现可靠的同步运动。但这种依靠刚性联结方法构成的同步回路，只适用于两液压缸相距较近且偏载较小的场合。

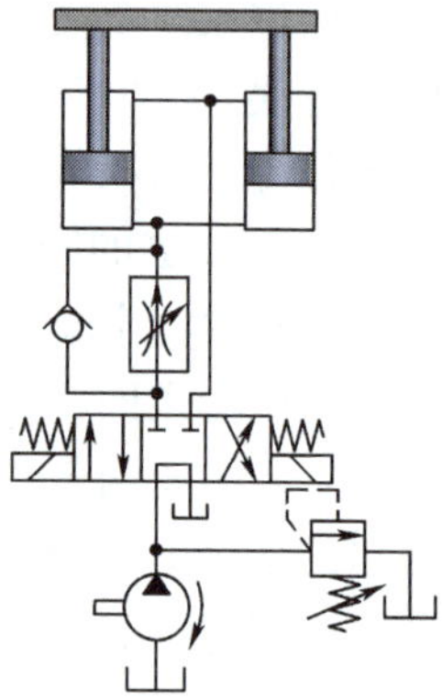

图7-41　机械连接同步回路

2. 流量控制式同步回路

流量控制式同步回路是指采用节流方式实现执行元件同步运动的液压回路，其中，主要是利用节流阀、调速阀、分流集流阀、比例阀或伺服阀来实现节流同步运动的。

（1）利用调速阀的同步回路　利用单向调速阀控制两个并联液压缸运动的同步回路如图7-42所示。如果两个液压缸活塞的有效工作面积相等，调节两个调速阀使其节流口通流面积也相等，即可保证两个液压缸活塞向上的运动同步。这种回路结构简单，调速方便，易于实现多缸同步运动。但回路效率较低，因调速阀本身性能受油温影响，使得两活塞的同步运动精度较低。在设置回路时，应尽可能使调速阀靠近液压缸，这样，可以相对提高回路的同步精度。由于回路不能在行程终点消除两液压缸的位置误差，不宜用于负载变化频繁的场合。

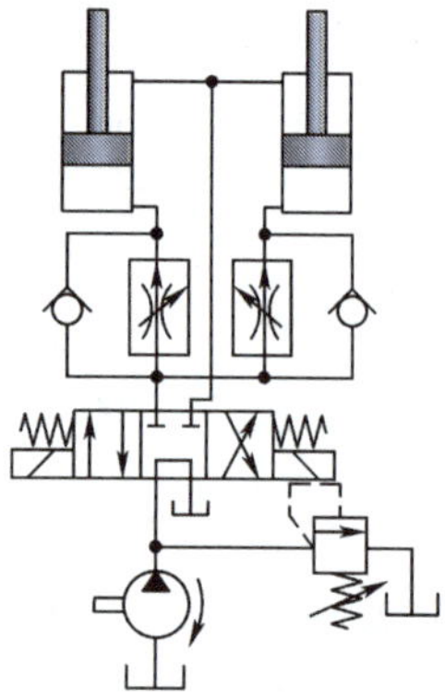

图7-42　利用调速阀的同步回路

（2）利用分流集流阀的同步回路　利用分流集流阀组成的同步回路可以实现两个工作液压缸双向同步，其回路如图7-43所示。分流集流阀与液压泵之间设置一个共用单向节流阀，分流阀集流阀与相应的液压缸之间各设置一个液控单向阀。由于分流集流阀内部节流孔是互通的，因而分流集流阀可以自动补偿两缸活塞上负载变化对同步速度的影响。为了防止活塞中途停止时因两缸负载不同而窜油，在其与液压缸之间各分别设置了一个液控单向阀。当三位四通电磁换向阀左位接入回路时，液压泵输出的高压油通过单向调速阀进入分流集流阀后，被分为两股等量油液进入两个工作液压缸中，使两个活塞同步向右移动；当换向阀右位接入回路时，高压油经换向阀右位分别进入两液压缸的右腔，使活塞向左移动。主油路高压油作为控制油液打开液压缸与分流集流阀之间的液控单向阀，两缸左腔回油进入分流集流阀。此时，分流集流阀起集流作用，控制两缸活塞同步向左移动，而单向调速阀控制两活塞左行速度起背压作用。

分流集流阀组成的同步回路只能实现速度同步，如果其中一个缸的活塞先到达终点，则可经阀内节流孔窜油，使两缸都能到达终点，以消除积累误差。这种回路结构简单、使用方便，允许有偏载，即使完全偏载时仍能保证速度同步。分流集流阀的流量范围较窄，由于这种阀内节流口上的压差与流量的平方成比例，因此，当通过流量低于其额定流量过低时，同步精度将受到显著影响。由于回路压力损失较大，而不宜用于低压系统。

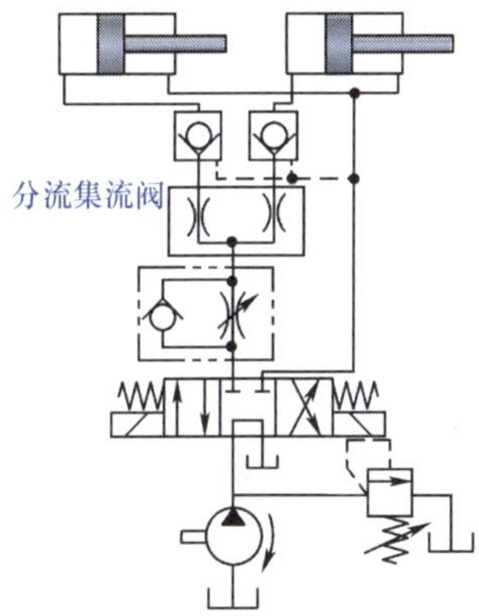

图 7-43　利用分流集流阀的同步回路

（3）用比例调速阀的同步回路　图 7-44 所示为用调速阀和比例调速阀组成的同步回路，即利用一个普通调速阀和一个比例调速阀分别控制两个液压缸活塞的同步运动。当换向阀左位接入回路时，普通调速阀控制左端液压缸活塞右行速度，而比例调速阀控制右缸活塞的右行速度。如果两缸活塞的右行速度不同步，通过位移传感器的检测结果可以改变比例调速阀的输出电流，即可调节比例调速阀的阀口开度，通过控制经过比例调速阀的流量来保证两缸活塞的位置同步。当换向阀右位接入回路时，两缸右腔进入高压油，活塞快速返程。该回路同步精度较高，但需要使用位移传感器检测同步精度，利用比例调速阀进行反馈控制，因而系统价格较高。

（4）用电液比例调速阀的同步回路　使用电液比例调速阀实现的同步运动回路如图 7-45所示。回路中使用了一个普通调速阀 1 和一个电液比例调速阀 2，它们各自装在由单向阀组成的桥式整流油路中，分别控制着液压缸 3 和 4 的运动。当两个活塞出现位置误差时，检测装置就会发出信号，调节比例调速阀的开度，使液压缸 4 的活塞跟上缸 3 活塞的运动速度，实现同步运动。

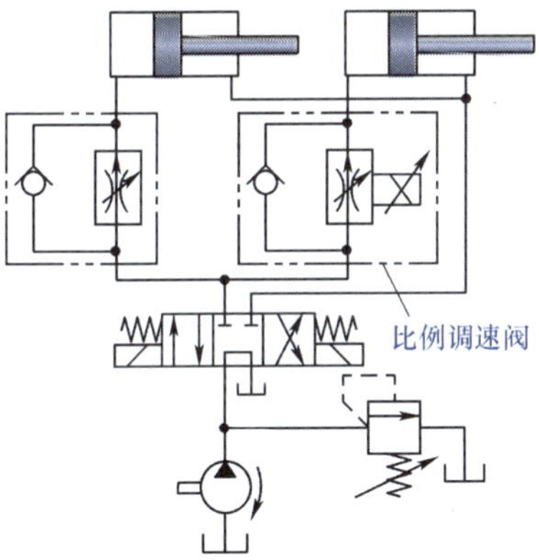

图 7-44　用比例调速阀的同步回路

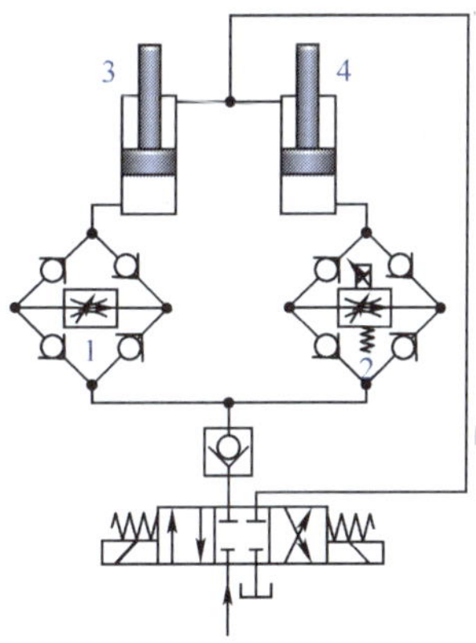

图 7-45　用电液比例调速阀的同步回路

这种回路的同步精度高，位置精度可达 0.5mm，可以满足许多工作部件所要求的同步精度。比例阀的性能虽然比不上伺服阀，但费用低，对系统环境适应性强，因此，用它来实现同步控制被认为是一个新的发展方向。

3. 用电液伺服阀的同步回路

用电液伺服阀的同步回路如图 7-46 所示。回路中，伺服阀 6 根据两个位移传感器 3 和 4 的反馈信号持续不断地控制其阀口的开度，使通过的流量与通过换向阀 2 阀口的流量相同，从而控制两个液压缸活塞同步运动。

这种同步回路可使两个液压缸活塞在任何时候的位置误差都不超过 0.05mm ~ 0.2mm，但因伺服阀必须通过与换向阀同样大的流量，因此，伺服阀的规格尺寸需加大，导致成本提高。该回路适用于两液压缸相距较远而且同步精度要求很高的场合。

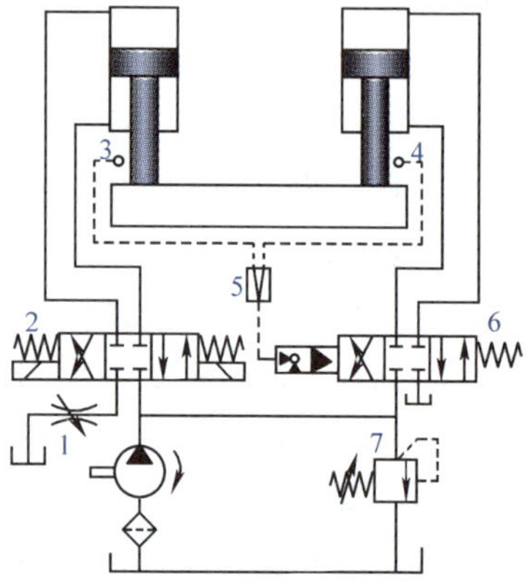

图 7-46 用电液伺服阀的同步回路

三、多执行元件运动互不干涉回路

在多执行元件液压系统中，由于各执行元件运动时的负载和输出速度不同，可能导致运动不协调。如单泵供油的液压系统中，负载不同时，低负载执行元件的运动，可能导致高负载执行元件无法运动；而快速运动执行元件吞入大量油液，降低了整个系统的压力，可能干扰其他执行元件的慢速工进运动。因此，在多执行元件液压系统中，常需设置互不干涉回路，以防止出现上述干扰现象。

1. 流量阀控制的互不干涉回路

图 7-47 所示为采用四个节流阀组成的互不干涉回路。其中，置于液压泵出口处的节流阀 A、B 用来分配压力油，而两个液压缸前置节流阀 C、D 则分别用来调节左、右液压缸活塞的工进速度。工作时，两个二位四通电磁阀通电吸合使左位接入回路，压力油两个通过二位二通电磁阀右位分别进入左、右两个液压缸，活塞快速右行；假如左端液压缸先快进到位，左端二位二通阀通电吸合，使高压油只能通过节流阀 C 进入左缸，转为工进，而此时右缸活塞仍在快进中途，由于节流阀 A、B 的节流、限流作用，使得左缸不可能流入过多流量而影响右缸活塞的快进速度。因此，不论左缸还是右缸先改变速度，都不致影响另一个缸的进油量而干涉其活塞的运动速度。

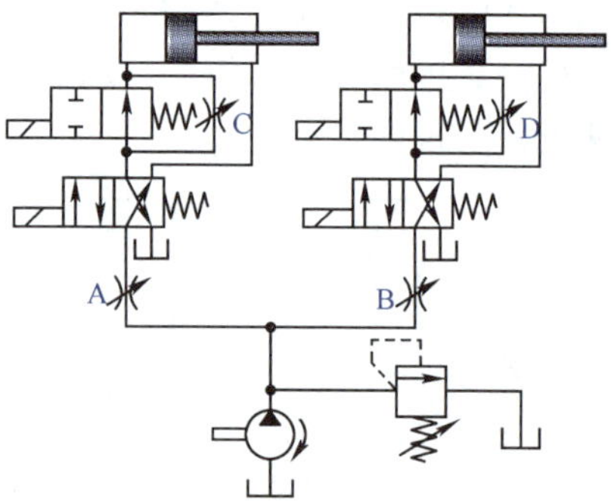

图 7-47 节流阀控制互不干涉回路

在这种回路中，溢流阀阀口始终开启，以调节泵口压力，所以回路效率较低。

2. 双泵供油互不干涉回路

图 7-48 所示为采用双泵分别供油，以实现两液压缸活塞快慢速运动互不干涉的回路。回路中两缸活塞的快速运动由低压大流量泵 2 供油，两缸活塞的慢速运动则由高压小流量泵 1 供油。利用快慢速运动的供油渠道不同，避免了运动干涉。当二位五通换向阀 A、B 通电，C、D 断电时，左、右两缸均形成差动连接，大流量泵 2 输出的油液使两缸活塞快速向右运动。如果其中一个液压缸，假设左缸先到达快进终点，则其挡块压下行程开关，使换向阀 A 断电、C 通电吸合，而右缸活塞继续右行。由于换向阀 C 的左位接入回路，则切断了大流量泵通向左缸的油路，而高压小流量泵 1 输出的高压油则通过左端调速阀，阀 C 左位、阀 A 右位进入左缸左腔，使左缸活塞继续右行但转为慢速工进。此时，右缸仍由大流量泵供油，继续快进右行，两缸互不干涉。

当左、右两缸都转入工进速度右行时，都由高压小流量泵 1 供油，而大流量泵 2 输出的油液经右侧溢流阀溢流回油箱。如果其中一个液压缸，假设左缸先完成工进行程，活塞上的挡块压下另一个行程开关，使换向阀 A 通电吸合。由于此时阀 C 仍处于通电状态，即其左位接通回路，高压小流量泵 1 的供油被阀 A 的左位封闭，只能由大流量泵 2 单独向左缸供油，通过阀 A 左位进入左缸右腔，推动活塞向左快速退回，左腔回油经阀 A 左位、阀 C 左位直接流回油箱。这时，右缸仍在作慢速工进运动。由于两缸的快进运动都由大流量泵 2 供油，而工进运动都由小流量泵 1 供油，彼此分开，因此能够实现运动互不干涉。

3. 利用蓄能器的防干扰回路

在多缸液压系统中，有时可以采用蓄能器保压来达到防干扰的目的。如图 7-49 所示，液压缸 1 用于夹紧工件，当进给液压缸 2 快速运动时，为了使夹紧缸 1 保持原来的夹紧力不变，在回路中设置了蓄能器和单向阀，实现防干扰目的。

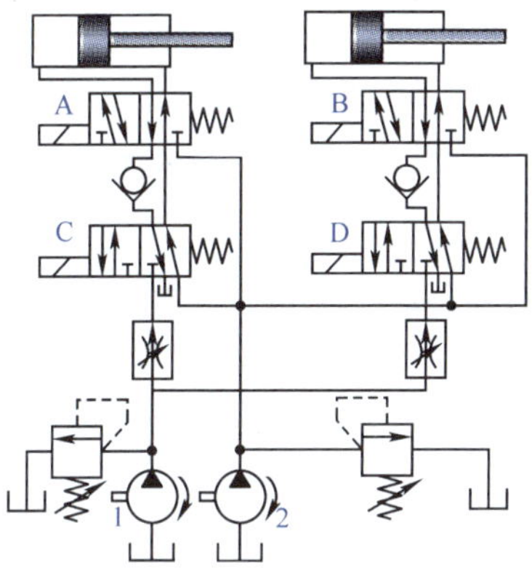

图 7-48　双泵供油控制互不干涉回路

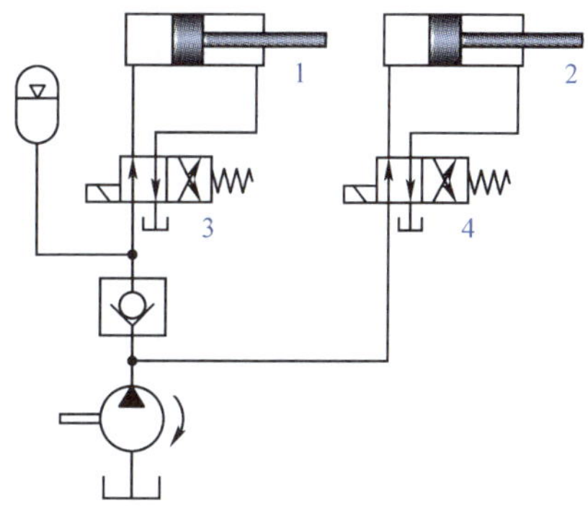

图 7-49　蓄能器防干扰回路

上述介绍了一些液压系统中常用的典型基本回路，除此之外，还有一些具有特殊功能的基本回路也常用于液压系统中，读者可参看其他相关书籍。

习　题

7-1　图 7-50 所示为二级调压回路，试分析该回路实现二级调压的工作原理。

7-2　减压回路有什么功用，在机床液压系统中哪些辅助油路需用减压回路？

7-3　夹紧回路如图 7-51 所示，若溢流阀调整压力 $p_1 = 5\text{MPa}$，减压阀调整压力 $p_2 = 2.5\text{MPa}$。试分析活塞空载运动时 A、B 两点压力各为多少？减压阀的阀芯处于什么状态？工件夹紧活塞停止运动后，A、B 两点压力又各为多少？减压阀阀芯又处于什么状态？

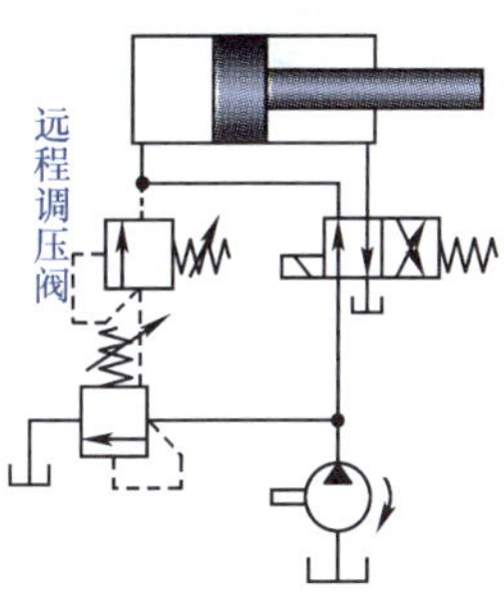

图 7-50　题 7-1 图

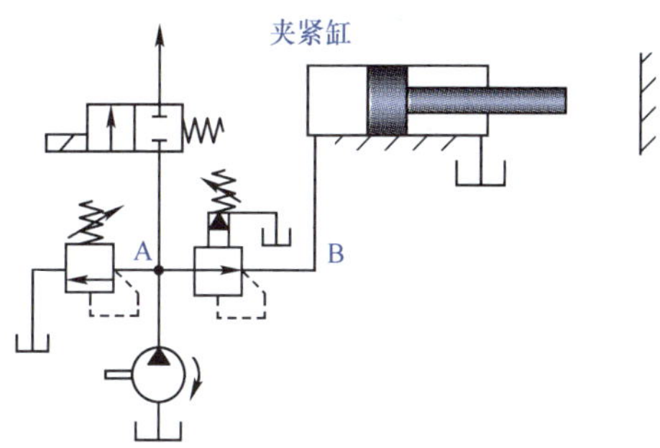

图 7-51　题 7-3 图

7-4　在液压系统中，什么情况下需用保压回路？绘出利用蓄能器保压的回路。

7-5　简述在一些液压系统中需要设置卸荷回路的目的和意义。

7-6　如图7-52所示回路，溢流阀的调整压力$p_y=5MPa$，减压阀的调整压力$p_J=2.5MPa$，试分析下列各情况，并说明减压阀口处于什么状态？

1）当泵压力$p_B=p_y$时，夹紧缸使工件夹紧后，A、C点的压力各为多少？

2）当泵压力由于工作缸快进，压力降到$p_B=1.5MPa$时（工件原先处于夹紧状态）。A、C点的压力各为多少？

3）夹紧缸在未夹紧工件前做空载运动时，A、B、C三点的压力各为多少？

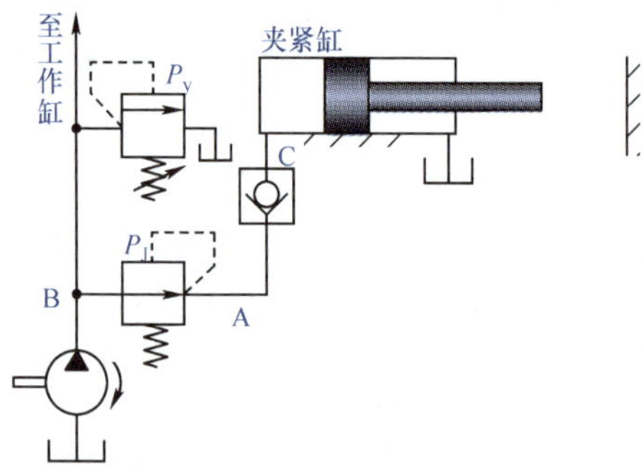

图7-52　题7-6图

7-7　图7-53所示回路，减压阀调定压力为p_J，负载压力为p_L，试分析下述情况下，减压阀进、出口压力的关系及减压阀口的开启状态：

1）$p_y<p_J$，$p_J>p_L$；

2）$p_y>p_J$，$p_J>p_L$；

3）$p_y>p_J$，$p_J=p_L$；

4）$p_y>p_J$，$p_L=\infty$。

7-8　液压系统中设置平衡回路的目的是什么？通常可采用哪些元件构成平衡回路？

7-9　机床液压系统中，通常采用哪几种调速方法来调节执行元件的运动速度？

7-10　简述进油、回油和旁路节流调速回路各自的优缺点。

7-11　如图7-54所示的回油节流调速回路中，液压缸无杆腔活塞有效工作面积$A_1=100cm^2$，有杆腔活塞有效工作面积$A^2=50cm^2$，液压泵的输出流量$q=50L/min$，溢流阀的调定压力为8MPa，试求：

1）当负载$F=0$时，液压缸活塞的运动速度$v=50$ mm/s，有杆腔压力p_2与无杆腔压力p_1各为多少？

2）p_2的大小由什么决定？

3）当负载$F=5\times10^4N$时，调速阀节流口的开度为$A_t=0.04cm^2$，则液压缸活塞的运动速度v是多少？溢流阀的功率损失Δp是多少？（流量系数$C_q=0.62$，油液密度$\rho=900kg/m^3$）

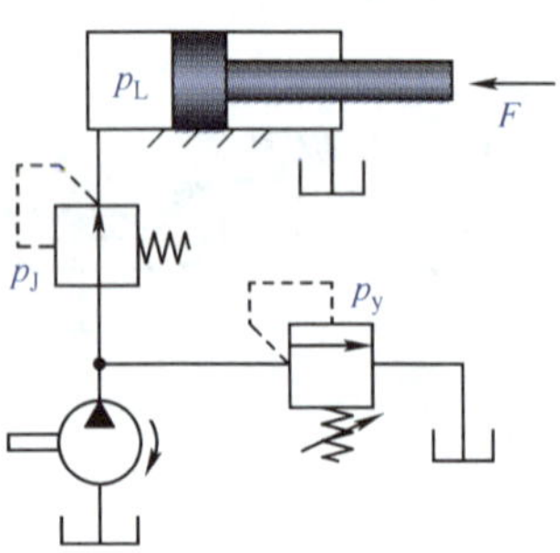

图7-53　题7-7图

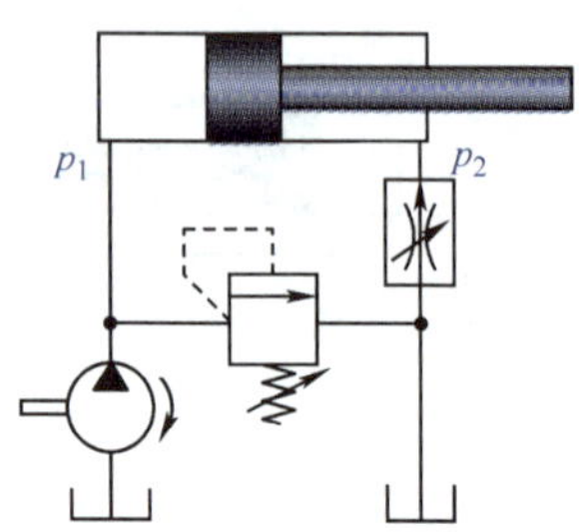

图7-54　题7-11图

7-12 什么叫容积调速回路？它有什么优点？

7-13 什么是快速运动回路，常用快速运动回路有哪几种形式？哪种快速运动回路在机床液压系统中应用最为广泛？

7-14 在液压系统中，为什么常需设置启停回路？通常选用的启停方法有哪些？

7-15 单换向阀换向回路适合于什么样的液压系统？什么情况下需采用机-液换向阀换向回路？

7-16 图7-55a和7-55b所示为液动阀换向回路。在主油路中安装一个节流阀，当活塞运动到行程终点时切换油路中的电磁阀3，然后利用节流阀的进、出口压差来切换液动阀4，实现液压缸活塞的换向。试判断图示两种方案是否都能正常工作。

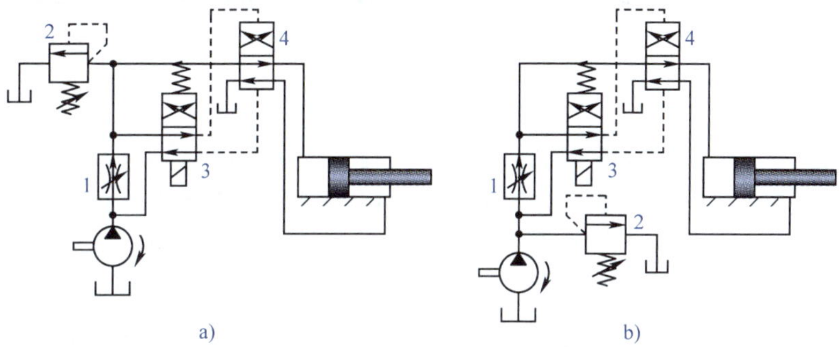

图7-55 题7-16图

7-17 顺序动作回路通常可采用哪几种控制方式？这种回路常用于什么场合？

7-18 试分析图7-56所示简单的串联缸同步回路的优缺点。

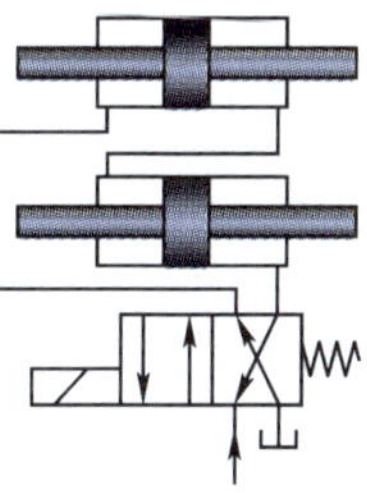

图7-56 题7-18图

第八章 典型液压系统及系统设计

学习要点： 一个完整的液压系统，通常由具有各种不同功能的基本单元或称基本回路所组成，每一个基本回路在系统工作过程中将完成不同的特定功能。在一个工作循环中的各个工步，每个基本回路对系统压力、流量或油液运动方向进行相应的控制和调节。实际上，各种典型液压系统就是对与其有关的基本回路的综合运用。因此，学习本章的内容需要具有识别基本回路的能力，即能够在复杂系统中，将组成它的每一个基本回路提出，然后进行汇总分析。

根据实践经验，在阅读复杂液压系统图时，通常可按以下步骤进行：

1）了解液压系统的用途、工作循环以及设备工艺对液压系统的动作要求；

2）阅读液压系统图，按执行元件数将系统分解成若干个子系统；

3）分析每一个子系统，在子系统中分解出具有特殊功用的基本回路，根据执行元件的动作要求和工作循环，确定每一动作的进油和回油路线；

4）根据液压系统的工作要求，在理清各执行元件及相应子系统之间动作关系的基础上，理解系统的整个工作原理。

第一节 组合机床动力滑台液压系统

一、机床简介

组合机床是一种自动化程度较高的高效率专用机床，通常由具有一定功能的通用部件和一部分专用部件组成，加工范围较广，便于用来组成切削加工自动线。组合机床可实现工作台转位、夹紧和工件输送等动作，可完成钻、扩、铰、镗、铣或攻丝等加工。

动力滑台是组合机床上用以实现进给运动的一种通用部件，在其上可安装各种切削刀具，由动力系统驱动这些刀具实现进给运动，并完成一定的动作循环。

组合机床的动力滑台通常有机械动力滑台和液压动力滑台两种。组合机床一般为多刀具加工机床，切削负荷变化大，刀具进给速度差异较大。一般要求切削速度低而平稳，空行程进、退速度快且快慢速度转换平稳等，因此，现代组合机床的动力滑台通常选用液压系统驱动。动力滑台的液压系统，是一种以速度变换为主的中压系统，一般最高工作压力低于6.3MPa。在液压动力滑台上一般只装入液压缸，有时配置相应的行程阀，其他液压泵或阀类元件安装在专门的液压泵站上。液压动力滑台有不同的规格，但其液压系统的组成和工作原理基本相同。

二、YT4543 型动力滑台液压系统的工作原理

YT4543 型动力滑台的工作台面尺寸为 450mm × 800mm，进给速度范围为 6.6 ~ 600mm/min，最大快进速度为 7.3m/min，最大进给推力为 45kN。该系统采用限压式变量叶片泵供油，电液换向阀换向，快进由液压缸差动连接来实现，利用行程阀实现快进与工进速度的换接。两种工进速度的切换由电磁阀控制，采用调速阀稳定进给速度。为了保证进给的尺寸精度，采用死挡铁停留来限位。该液压系统可实现多种自动工作循环，如快进→一工进→二工进→（死挡铁）停留→快退→原位停留；快进→工进→（死挡铁）停留→快退→原位停留；快进→工进→快进→工进→…→快退→原位停留等。

YT4543 型动力滑台的液压系统如图 8-1 所示，主要包括以下基本回路：由限压式变量叶片泵和进油路调速阀组成的容积节流调速回路，差动连接快速运动回路，电液换向回路，由行程阀、电磁阀和液控顺序阀等联合控制的速度换接回路，采用具有 M 型中位机能的电液换向阀的卸载回路等。现以典型的二次工作进给并有死挡铁停留的自动工作循环为例，介绍该系统的工作循环及其动作原理。

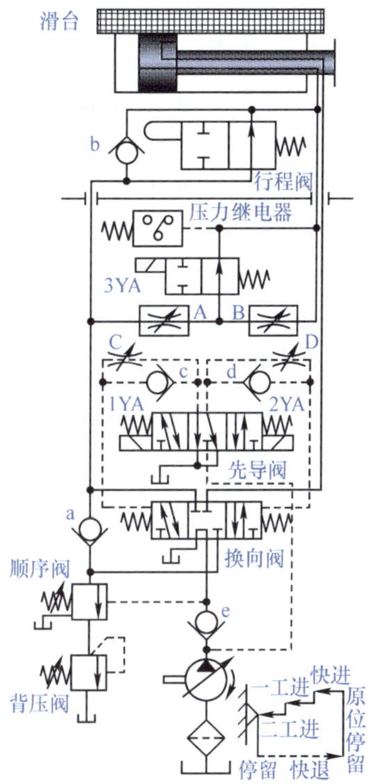

图 8-1 YT4543 型动力滑台液压系统图

1. 快进

组合机床工作时，首先按下液压滑台起动电钮，电磁铁 1YA 通电吸合使电磁阀先导阀左位接入回路，同时泵出口控制压力油经该阀左位、单向阀 c 进入液动换向阀左侧，使液动换向阀阀芯右移，该阀左位也被接入回路。此时，各部分油路的工作路线为：

控制油路进油：过滤器→液压泵→电磁先导阀左位→单向阀 c→液动换向阀左端。

控制油路回油：液动换向阀右端→节流阀 D→电磁先导阀左位→油箱。

液动换向阀的阀芯右移，使其左位接入回路，换向时间由节流阀 D 调节。

主油路进油：过滤器→泵→单向阀 e→液动换向阀左位→行程阀常态位→液压缸左腔。

主油路回油：液压缸右腔→液动换向阀左位→单向阀 a→行程阀常态位→液压缸左腔。

动力滑台运动负载较小，系统工作压力低，液控顺序阀被关闭。因此，液压缸左右腔形成差动连接，泵在低压下输出较大流量，由于活塞杆固定，使滑台实现向左快进运动。

2. 第一次工作进给

当快进到一定位置时，滑台上的行程挡块压下行程阀，切断了液压缸左右腔的差动连接回路，使快进终止。由于电液换向阀的工作状态不变，控制油路没有发生变化。而主油路中，压力油只能通过调速阀 A 和二位二通电磁换向阀常态位进入液压缸左腔，其流量由调速阀 A 的开口大小决定，缸右腔油液经三位五通液动换向阀左位、液控顺序阀和背压阀流回油箱。由于油液流经调速阀 A 使流量受阻导致系统压力升高，一方面使液控顺序阀打开

而单向阀 a 关闭，另一方面使限压式变量泵的流量减小，直到与经过调速阀 A 后的流量相同为止。此时，滑台在液压缸缸体带动下实现由调速阀 A 调止速度的第一次工作进给运动。

主油路进油：过滤器→液压泵→单向阀 e→三位五通液动换向阀左位→调速阀 A→二位二通换向阀常态位→液压缸左腔

主油路回油：缸右腔→先导换向阀左位→液控顺序阀→背压阀→油箱

3. 第二次工作进给

第二次工作进给的控制油路与第一次工作进给时相同，主油路的回油路线也与第一次工作进给时相同，而主油路进油路线发生了变化。当滑台以一工进速度进行到一定位置时，挡块压下行程开关，使二位二通电磁阀通电，阀芯右移切断了进入液压缸的油路。此时主油路进油只能通过调速阀 A 和 B 进入液压缸左腔，由于调速阀 B 的开口比 A 小，滑台的左行速度减慢，即第二次工作进给速度由调速阀 B 的开口大小决定。

4. 死挡铁停留

滑台以第二工作进给速度运行到一定位置碰到死挡铁后，停止运动，停留在死挡铁处。此时液压缸左腔压力升高，当进油路中油液压力达到压力继电器的开起压力时，压力继电器发出信号给时间继电器（图中未画出），使滑台在死挡铁上停留一定时间后再开始下一动作，滑台的停留时间由时间继电器控制。滑台在死挡铁上停留，主要是为了满足组合机床加工工艺要求。在滑台停留阶段，系统供油压力升高，流量减少，直到限压式变量泵流量减小到近似能满足补偿泵和系统的泄漏量为止，系统处于需要保压的流量泄荷状态。

5. 快退

当滑台在死挡铁上停留结束时，由时间继电器发出信号使先导换向阀2YA 通电吸合，其右位接入回路，控制油液经该阀右位、单向阀 d 到达液动换向阀右端，使其右位接入回路，液动阀的换向时间由节流阀 C 决定。滑台返回时，由于液压缸无杆腔，油液作用的有效工作面积相对小，另外，滑台返回负载小，系统压力低，泵输出流量自动增大，所以滑台快速退回。

控制油路进油：过滤器→泵→先导换向阀右位→单向阀 d→液动换向阀右端

控制油路回油：液动换向阀右端→节流阀 C→先导阀右位→油箱

主油路进油：过滤器→泵→单向阀 e→液动换向阀右位→液压缸右腔

主油路回油：液压缸左腔→单向阀 b→液动换向阀右位→油箱

6. 原位停止

当滑台快退到原位时，挡块压下原位行程开关，使电磁铁 1YA、2YA、3YA 都断电，先导换向阀和液动换向阀处于中位，液压阀通过液动换向阀中位泄荷。

表 8-1 是该系统电磁铁、行程阀的动作顺序表

表 8-1 电磁铁和行程阀动作顺序表

液压缸工作循环	信号来源		电磁铁			行程阀
			1YA	2YA	3YA	
1	快进	启动按钮	+	−	−	−
2	一工进	挡铁压下行程阀	+	−	−	+
3	二工进	挡块压下行程开关	+	−	+	+
4	死挡铁停留	死挡铁压力继电器	+	−	+	+
5	快退	时间继电器	−	+	−	+
6	原位停止	挡铁压下终点开关	−	−	−	−

注：表中“+”代表通电“−”代表不通电

三、YT4543 型动力滑台液压系统特点

YT4543 型动力滑台是一个单缸中压系统，其具有如下工作特点：

1）由限压式变量叶片泵和调速阀组成的容积式节流调速回路，既可满足系统调速范围大、低速稳定性好的要求，又提高了系统的效率。进给时，在回油路上增设了一个背压阀，用以改善速度稳定性，避免空气渗入系统，提高运动刚度，同时可使滑台承受一定数量与运动方向一致的切削力。采用限压式变量泵供油，利用泵的流量增大可使空载时获得快速进给；工进时，负载增加，泵的流量会自动减小，且无流量损失，因而可获得系统功率的合理利用；采用调速阀调速，可保证工作进给时获得稳定的低速，进而提高速度刚性。调速阀设在进油路上，便于利用压力继电器发出信号控制顺序动作。

2）为获得较高的快进速度，又不致使系统效率过低，采用了限压式变量泵和差动连接共同实现快进。动力滑台的快进和快退速度可达最大进给速度的 10 倍，泵的流量自动变化，当滑台快进时，泵输出最大流量，工作进给时，泵的输出流量与液压缸的需求相适应，而当死挡铁停留时，泵只输出补偿系统泄漏所需的流量，可保证系统基本无流量损失，效率较高。

3）利用反应灵敏的小规格电磁换向阀作为换向先导阀，控制可通过较大流量的液动换向阀实现主油路换向，发挥了电液联合控制的优点。为了保证主油路换向平稳、减小冲击，利用节流阀 C、D 控制液动换向阀阀芯的移动速度。用三位五通液动换向阀作为换向主阀，可使阀左位工作时缸右腔的回油又返回到缸的左腔，利用差动连接实现快速进给。

4）为了保证滑台由快进转换为工进时动作平稳可靠，并提高换位精度，采用行程阀和液控单向阀换向。两种工进速度换接时，考虑到换接速度较低，采用电磁阀即可保证换接精度和换接平稳性。

5）滑台工进至终点液压缸碰到死挡铁时，利用缸内压力升高使压力继电器发信，控制滑台反向退回。采用死挡铁限定滑台工进结束时的位置，可在此位置上实现各种工件固定的切削加工工艺。

第二节　YA32—200 型四柱万能液压机液压系统

一、YA32—200 四柱万能液压机简介

液压压力机是应用液压传动的压力加工设备，广泛应用于锻造、冲压加工生产中。它将液压系统的压力能以压力的形式输出，用以实现各种零件的压力加工。YA32—200 四柱式万能液压压力机通常称为三梁四柱式压力机，它的主缸输出额定压力为 2000kN，工作台下设有液压顶出缸，用以实现压力加工中的顶件工艺。液压压力机一个工作行程中的主要动作有快速下行，慢速加压、保压、泄压和回程等，在工作行程中的任意位置可以停留。下顶出缸输出向上顶出力，随主滑块下行过程中可保持恒定顶出压力。一般液压压力机液压系统是一种以压力变换为主的中、高压系统，工作压力范围为 10～40MPa，有时高达 100～150MPa，工作行程中流量变化较大，因此需要合理利用原动机的有效功率，且注意系统的安全可靠性。

二、YA32—200 四柱万能液压机液压系统工作原理

YA32—200 四柱万能液压机的液压系统如图 8-2 所示，系统中设有两个液压泵。其中，主泵是一个高压、大流量的恒功率压力补偿泵，最高工作压力为 32MPa，出口压力由溢流阀

b 和远程调压阀控制。辅助泵是一个低压、小流量定量泵，向系统提供控制油液，在其出口处设置一溢流阀 a，用以调定其出口压力

1. 主缸运动

（1）快速下行　压力机工作时，按下启动开关，电磁铁 1YA、5YA 通电吸合，三位四通电液换向阀 a 和二位四通电磁换向阀右位接入回路，同时低压控制油经二位四通阀右位将液控单向阀打开。主泵供油经电磁阀 a 右位、单向阀进入主缸上腔，压力机滑块在其自重作用下快速下降，主缸下腔回油经已被打开的液控单向阀、电液换向阀 a 右位、电液换向阀 b 中位流回油箱。此时，主泵虽为最大流量，但由于滑块自重较大，其下降速度大于主泵输出油液补充主缸上腔的填充速度，为了防止主缸上腔形成局部真空，在主缸上腔油口处设置的补油箱在居高的油位和大气压力作用下，经液控单向阀进入主缸上腔，实现辅助充油。

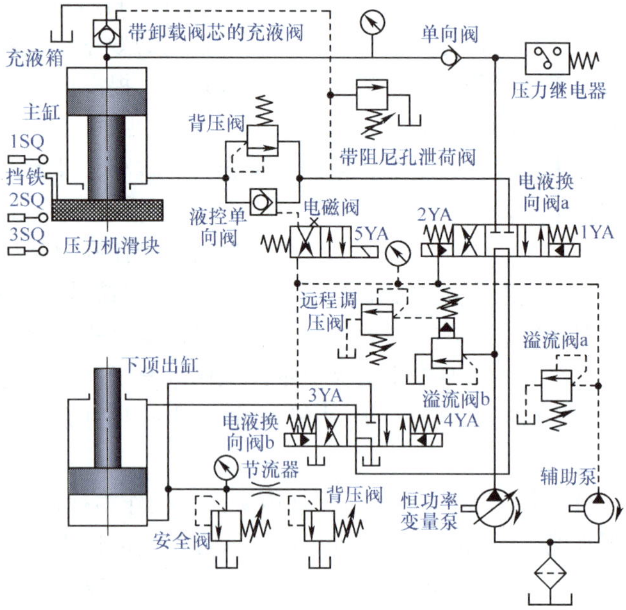

图 8-2　YA32—200 四柱万能液压机液压系统图

（2）滑块慢速下行、加压　滑块下行过程中，挡铁压下形成开关 2SQ，电磁铁 5YA 断电，二位四通换向阀恢复常态位，使液控单向阀关闭。主缸下腔回油经背压阀、三位四通换向阀 a 右位、换向阀 b 中位回油箱，主缸下腔回油因背压阀的作用，使得滑块不能仅靠其自重下降，而需借助于主泵向主缸上腔输入的压力油作用下缓慢下行。此时，由于主缸上腔压力升高，带泄载阀芯的充液控制阀关闭。滑块在压力油推动下慢速接近被加工工件时，主缸活塞下行阻力急剧增加，上腔压力进一步增高，恒功率变量泵的排油量自动减小，使得压力机滑块以极慢的速度对被加工工件施压。

（3）系统保压　滑块通过模具向被加工工件加压到一定程度，主缸上腔油压升至预定值时，压力继电器发出信号使电磁铁 1YA 断电，二位四通换向阀 a 恢复中位，切断主缸上、下腔进、出油路，而变量泵的输出油液经换向阀 a 中位、换向阀 b 中位回油箱。利用主缸上腔油路上设置的单向阀可以保证主缸上腔的密封，使其保持高压，保压时间由压力继电器控制的时间继电器调整。

（4）泄压、快速回程　当被加工工件成形结束时，时间继电器发出信号，电磁铁 2YA 通电，主缸进入回程状态。对于切断或定程弯曲等压力加工工艺，此时可利用行程开关 3SQ 发出回程信号。为了防止保压过程中主缸上腔油液压力突然释放所导致的液压冲击和振动，从保压到快速回程的过程中，需增设泄压环节。

当电液换向阀 a 切换至左位后，主缸上腔还未泄压，带阻尼孔泄荷阀呈开启状态，主泵出口油液经电液换向阀 a 左位、带阻尼孔泄荷阀回油箱。此时，主泵在低压下运转，输出压力不足以打开带卸载阀芯充液阀（液控单向阀）的主阀芯，只能打开卸载小阀芯。因此，主缸上腔的高压油经卸载小阀芯的开口泄回到充液箱，使主缸上腔压力逐渐降低。当主缸上腔压力降

低至一定值时，带阻尼孔泄荷阀关闭，主泵出口压力再度升高，打开带卸载阀芯的充液阀的主阀芯。这时，主泵的压力油经电液换向阀 a 的左位、液控单向阀进入主缸下腔，而主缸上腔油液经带卸载阀芯的充液阀回油至充液箱，实现主缸活塞快速回程，即压力机滑块返回上止点。

（5）滑块停留在上止点　滑块返程途中，挡铁压下行程开关 1SQ 时，电磁铁 2YA 断电，电液换向阀 a 恢复中位，利用其 M 型中位机能将主缸活塞锁紧在压力机滑块上止点，回程结束。此时，主泵出口油液经电液换向阀 a 中位、电液换向阀 b 中位回油箱，主泵泄荷。实际上，在压力机工作过程中，利用系统中的电液控制信号可使压力机滑块随时停留在任意位置上。

2. 下顶出缸运动

液压压力机的下顶出缸主要用于压力加工结束后将工件或废料从下模中顶出。其顶出形式基本有两种，一种是随主缸活塞，即上滑块返程而同时向上顶起，另一种则是当上滑块返程到达上止点后才开始向上顶起。YA32—200 液压压力机的下顶出缸的动作属于后一种，即当主缸活塞停止运动时，顶出缸活塞才能开始动作。由于压力油首先经过电液换向阀 a 后，才进入控制顶出缸活塞运动的电液换向阀 b，即当电液换向阀 a 处于中位时，泵出口压力油才可通过其中位通向顶出缸下腔，使活塞向上移动。这样，该液压压力机可实现主缸和下顶出缸的运动互锁。

（1）顶出　当工作滑块返程后，按下顶出开关，3YA 通电吸合，电液换向阀 b 左位接入回路。主泵出口压力油经电液换向阀 a 中位、电液换向阀 b 左位进入顶出缸下腔，上腔油液经电液换向阀 b 左位直接回油箱，实现顶出缸活塞向上顶出。

（2）退回　顶出缸活塞行至顶出终点时，3YA 断电，4YA 通电吸合，电液换向阀 b 右位接入回路。主泵出口压力油经电液换向阀 a 中位、电液换向阀 b 右位进入顶出缸上腔，其下腔油液经电液换向阀 b 右位回油箱，顶出缸活塞下降。

（3）浮动压边　在液压压力机上进行板材拉深成形时，通常利用顶出缸作为压料动力源，要求顶出缸具有一定压力，并能随压力机滑块下压而向下运动。此时，3YA 通电使电液换向阀 b 左位接入回路，顶出缸活塞上升顶住压料板，然后 3YA 断电，顶出缸下腔的油液被电液阀 b 的中位封闭。主缸活塞带动上滑块下压时，顶出缸活塞被迫随之下行，下腔油液经节流阀和背压阀缓速回油箱，并随滑块下行的过程中保持向上顶起的压料力。为了防止滑块下降时，因节流阀堵塞造成事故，在节流阀前设置了一个安全阀。

三、YA32—200 型四柱万能液压压力机液压系统特点

液压压力机液压系统的特点是需要输出较大压力，因此，除了需要采用高压泵之外，还应配置具有较大活塞直径的液压缸。该系统采用高压大流量恒功率变量泵供油，既符合工艺要求，又节省能量。当滑块快速下行时，必须保证主缸上腔不致因供油不足而产生真空，因而在主缸上方设置了相应的充油箱，进而使系统功率得到合理利用。

利用滑块自重实现上滑块快速下行运动，使结构简单，并采用了充液箱为主缸上腔补充油液。系统中设置单向阀，以保证主缸实现良好的保压功能。为了减少由保压转换为滑块快速回程时可能产生的液压冲击和振动，利用泄荷阀和带卸载阀芯的液控单向阀组成泄压回路。

第三节　塑料注射成形机液压系统

一、塑料注射成形机简介

塑料注射机也称注塑机，是将颗粒或粉末状塑料原料在料筒内加热并通过螺杆搅拌使之

摩擦生热，并将这种熔融状态的塑料流体以一定压力注入塑料成形模内，保压一定时间，经冷却固化后获得塑料制件的专用成形机器。注塑机液压系统如图 8-3 所示。注射机的基本工作循环为合模→注射座前移→螺杆旋转注射→保压、冷却（料筒内同时进行预塑）→注射座后退→开模（动模左行）→顶件→顶出缸退回→动模右行（合模）。根据塑料注射成形工艺要求，注塑机应具有以下功能。

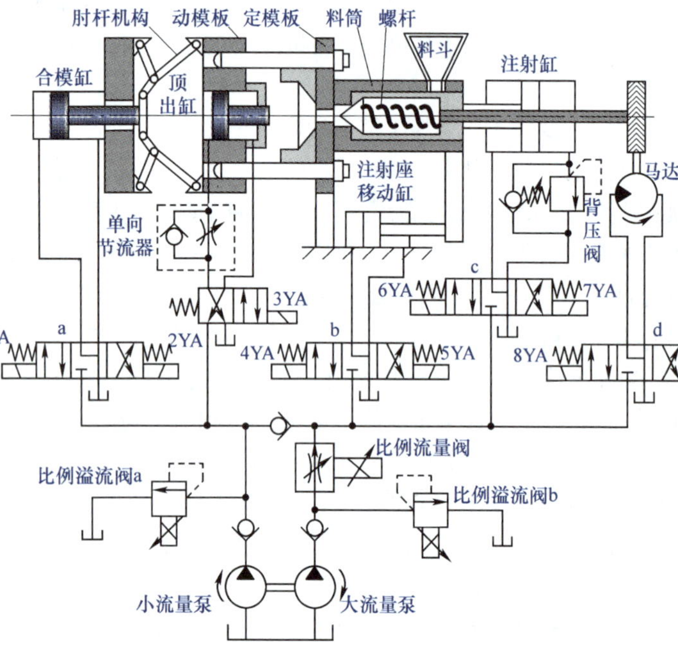

图 8-3 注塑机液压系统图

1. 具有足够的合模力

所谓合模力，是指注塑成形中动模与定模之间的锁紧力。塑料注射成形过程中，熔融塑料以一定压力被注入动、定模组成的型腔内，为了防止合模状态下因注射压力造成的塑料溢料现象，要求注塑机合模机构具有足够的合模力。注塑机的合模力是由合模液压缸和肘杆增力机构共同实现的，并且在开、合模过程中，应使合模缸具有相应的速度变化调节。

2. 注射座移位

注塑机中的注射机构，由加料装置、料筒、外加热器、螺杆、喷嘴、注射缸和注射座等组成。注射座缸固定，活塞与注射座由液压缸有杆腔压力油向左推动，并使喷嘴与注射模浇口或浇口套之间保持紧密接触，以防止熔体溢出形成毛边。

3. 注射压力和速度调节

注塑成形时注塑机所提供的注射压力，通常需要根据塑料在熔融状态下的流动性能以及模具型腔的复杂程度等而调节。同样，对于不同塑料原料和不同形状的塑件，应采用不同的注射速度，以避免因注射速度过低造成的塑件冷却速度不一致，以及因注射速度过高造成的局部充不满等成形缺陷。因此，要求注射机的压力和注射速度应能适当调节。

4. 保压压力和时间可调

熔融塑料在模具型腔内冷却，发生体积收缩，一般有凝固收缩和凝固后的冷却收缩。不论哪一种收缩都会对塑件的成形质量产生一定影响，通常塑料熔体充型后，需要对型腔内施加一定压力以进一步进行补塑，避免因压力不足和体积收缩造成塑件冲不满或型面塌陷等质量缺陷。而这个保压时间随塑料原料的流动性能、原始密度、可压缩性以及塑件的几何形状尺寸等有关，因此，要求注塑机能够对保压压力和保压时间进行调整。

5. 预塑过程可调

预塑是塑料注射成形中提高生产效率的工艺措施，在合模保压及定型冷却时，料筒内螺杆仍在旋转工作，使料筒内塑料继续加热、搅拌并进一步塑化，特别是使喷嘴附近熔体达到马上可以进行注射的塑化程度，这一过程称为预塑。从料斗加入的物料随螺杆的转动被带到料筒前端，进行加热塑化，并建立起一定压力。当螺杆头部熔料压力达到能克服注射缸活塞退回的阻力时，螺杆开始后退。其后退到预定位置，即螺杆头部熔料达到所需注射量时，螺杆停止转动和后退，准备下一次注射。预塑工艺过程根据塑料原料的种类、塑件性能要求而有所不同，因此，也要求液压系统应能实现对预塑工艺过程的调节。

6. 塑件脱模

当塑件冷却定型后，塑料热胀冷缩或模具脱模斜度过小等原因会使塑件包紧型芯或卡在凹模内，为了提高生产效率，需要在注塑机和模具相应处设置脱模机构。一般在注塑机上设有顶出缸，以实现各种形状尺寸塑件的脱模。

二、注塑机液压系统的工作原理

1. 闭合安全门

为保证安全操作，一般注塑机工作前都设有安全门。注塑成形开始前，首先关闭安全门后，之后，合模缸才能动作并开始系统地工作循环。

2. 合模

电磁换向阀 a、b、c、d 处于中位，电磁铁 1YA 通电，换向阀 a 左位接入回路，小流量泵和大流量泵合流向系统供油，高压油进入合模缸左腔，有杆腔经换向阀 a 回油。合模缸活塞杆右行推动肘杆机构，使动模板右行压住定模板实现合模。动、定模板的合模力，由比例溢流阀 a 调定。通过调节比例溢流阀 b 的电磁铁，可以调节通过比例流量阀的油液流量，进而控制合模缸活塞杆右行速度。

3. 注射座左移

动、定模合模后，需要注射座左行进入注射状态。此时，电磁铁 5YA 吸合，电磁换向阀 b 右位接入回路，大流量泵出口油液经比例流量阀调节后进入注射座移动缸有杆腔，无杆腔回油经换向阀 b 右位直接回油箱。注射座移动缸活塞杆带动注射座整体左行，使注射机喷嘴靠近并接触注射模定模板浇口或相应的浇口套入口，准备注射。

4. 熔体注射

电磁铁 7YA 通电，电磁换向阀 c 右位接入回路，大流量液压泵出口压力油经比例流量阀、换向阀 c 右位、单向阀进入注射缸右腔，其左腔油液经换向阀 c 右位直接回油箱。注射缸活塞左行，推动注射螺杆向左移动，通过喷嘴将熔融塑料通过定模板浇口、流道注入注射模型腔内。在注射过程中，合模压力由比例溢流阀 a 调定，而注射压力由比例溢流阀 b 控制，利用比例流量阀调节流量控制注射缸活塞的移动速度。

5. 保压

当注射结束后，仍需注射缸对已注入型腔内的熔料进行适当保压并补塑。此时，注射系统所需流量较小，利用比例流量阀实现对注射系统输入油液流量大小的控制，保压压力的大小由比例溢流阀 a 控制。

6. 预塑

料筒内螺杆的转动是由液压马达通过齿轮机构驱动的，电磁铁 8YA 通电吸合，使电磁换向阀 d 左位接入回路，大流量泵的输出油液经比例流量阀调节后进入液压马达。当料筒内螺杆头部熔料压力迫使注射缸活塞向右退回时，注射缸无杆腔油液经背压阀和换向阀 c 中位回油箱。

7. 注射座后退

当保压补塑及塑件冷却固化结束后，注射座需向右退回。这时 4YA 通电吸合，换向阀 b 左位接入回路。大流量泵出口压力油经比例流量阀调节后通过换向阀 b 左位进入注射座移动缸无杆腔，其有杆腔油液由换向阀 b 左位直接回油箱，注射座整体向右退回。这期间，注射系统压力由比例溢流阀 b 控制。

8. 开模

开模系统压力由比例溢流阀 a 调节，注射座右退到位后，4YA 断电，电磁换向阀 a、b、c、d 均处于中位。此时，2YA 通电吸合，换向阀 a 右位接入回路，小流量泵和大流量泵同时向合模缸有杆腔供油，其无杆腔油液经换向阀 a 右位直接回油箱。合模缸活塞杆带动肘杆机构连同注射模动模板左行，实现注射模开模。合模缸开模速度，即活塞杆左行速度由比例流量阀的电磁铁调节通过的流量来控制。

9. 塑件顶出

由于比例流量阀的节流口上游压力逐渐增高，大流量泵经比例溢流阀 b 泄荷。3YA 通电吸合，使二位四通电磁换向阀右位接入回路。小流量泵出口压力油经单向阀、二位四通换向阀右位、单向节流阀进入顶出缸无杆腔，有杆腔油液通过二位四通换向阀右位直接回油箱，顶出缸活塞右行推动注射模顶料装置将固化成形后的塑件推出模具型腔。此时，系统压力由比例溢流阀 a 控制，而顶出缸活塞的运动速度则由单向节流阀调节。

三、注塑机液压系统特点

1）在注射系统中，注射缸液压力作用在螺杆上，形成的注射压力 p_2 与注射缸压力 p 的比值为 D^2/d^2，其中，D 和 d 分别为注射缸活塞直径和螺杆直径。通常注射机都配备三种不同直径的螺杆，用来调节不同塑料原料和不同塑件形状尺寸所要求的注射压力。一般，当系统压力 $p=14\text{MPa}$ 时，可提供注射压力范围为 $p_2=40\sim150\text{MPa}$。

2）注塑机采用双泵供油系统，以满足各种注塑工艺对开、合模速度、注射速度及顶出速度的要求。大、小流量泵工作时，双泵合流供油可实现执行元件快速运动，慢速运动时可由小流量泵单泵供油，而令大流量泵泄荷，尽量使系统功率使用合理。

3）为了保证足够的合模力，避免因合模力不足造成的溢料或产生塑件厚度过大，注塑机采用了肘杆增力机构，与液压缸合模力配合提供较大合模力。如果工艺中所需注射压力较大时，还可考虑采用增压缸进一步提高合模力。

4）采用电液比例阀控制系统执行元件的多速度多压力变化要求，使系统简化，减少了元件数量。系统自动工作循环主要靠行程开关实现，但在系统保压阶段，多余油液经溢流阀流回油箱，所以产生部分流量损失。

第四节　机械手液压系统

一、机械手简介

机械手是自动化装置的重要组成部分，它可按照给定的程序、运动轨迹和预定要求模仿人的部分动作，实现自动抓取、搬运等简单动作，它是机械化、自动化的重要手段。在一些笨重、单调及简单重复性体力工作中，利用机械手可以代替人力工作，特别是在高温、高压易燃、易爆以及具有放射性辐射危害等危险恶劣环境下，采用机械手可以解除人类的非安全性工作。

机械手一般由驱动系统、控制系统、执行机构及位置检测装置等组成，而智能机械手还具有相应的感觉系统和智能系统。根据使用要求，机械手的驱动系统可以采用电气、液压、气压或机械等传动方式，也可以采用上述几种方式联合传动控制。机械手的种类很多，通常可分为专用机械手和通用机械手等。

JS01 工业机械手用于精锻机锻造加工中代替手工自动上料，是圆柱坐标式全液压驱动机械手，它具有手臂升降、伸缩、回转和手腕回转四个自由度。执行机构由手部伸缩、手腕伸缩、手臂伸缩、手臂升降、手臂回转和回转定位等机构组成。各部分均由液压缸驱动，其动作循环为：待料→插定位销→手臂前伸→手指张开→手指抓料→手臂上升→手臂缩回→手腕回转（180°）→拔定位销→手臂回转（90°）→插定位销→手臂前伸→手臂中停（精锻机夹头下降夹料）→手指松开（精锻机夹头夹料上升）→手指闭合→手臂缩回→手臂下降→手腕回转（复位）→拔定位销→手臂回转（复位）→待料→泵泄荷。

二、JS01 工业机械手液压系统工作原理

JS01 工业机械手由电控系统发出信号控制各液压系统中的电磁换向阀，驱动整个执行系统按照程序实现预定动作，其液压系统如图 8-4 所示，电磁铁、压力继电器动作顺序如表 8-2所示。

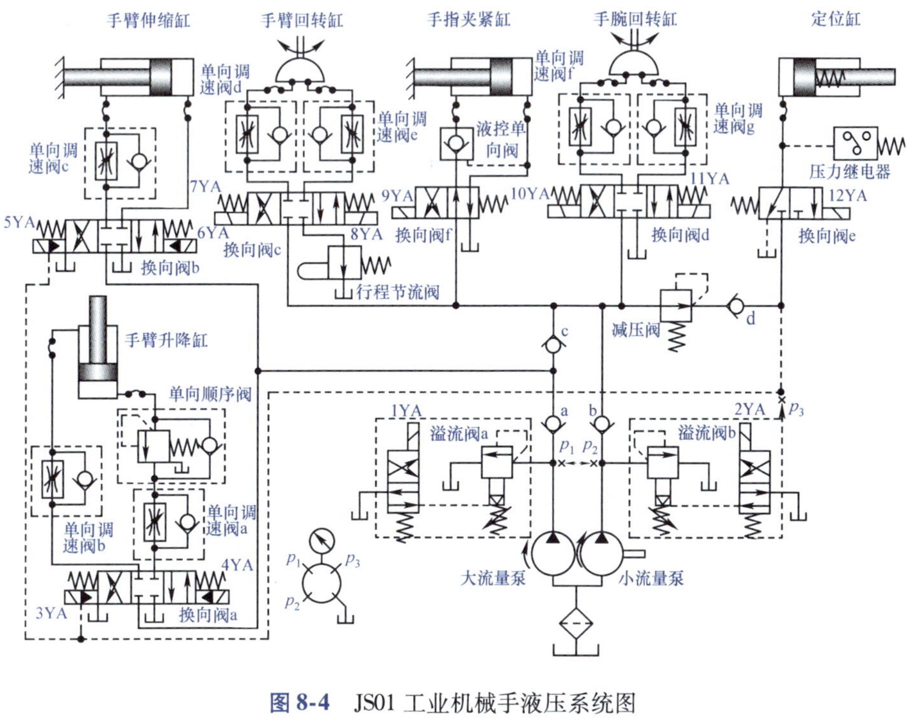

图 8-4　JS01 工业机械手液压系统图

表 8-2 JS01 工业机械手液压系统电磁铁、压力继电器动作顺序表

动作顺序	1YA	2YA	3YA	4YA	5YA	6YA	7YA	8YA	9YA	10YA	11YA	12YA	K26
插定位销	+											+	+
手臂前伸					+							+	+
手指张开	+								+			+	+
手指抓料	+											+	+
手臂上升			+									+	+
手臂缩回						+						+	+
手腕回转	+									+		+	+
拔定位销	+												
手臂回转	+						+						
插定位销	+											+	+
手臂前伸					+							+	+
手臂中停												+	+
手指张开	+								+			+	+
手指闭合	+											+	+
手臂缩回						+						+	+
手臂下降				+								+	+
手腕回转（复位）	+										+	+	+
拔定位销	+												
手臂回转（复位）	+							+					
待料卸载	+	+											

1. 插定位销（$1YA^+$、$12YA^+$）

工作时，按下启动开关，双联叶片泵起动向系统供油，电磁铁 1YA、12YA 带电，大、小流量叶片泵出口油液分别经溢流阀 a、b 流回油箱，机械手在液压系统泄荷状态下处于待料阶段。

当待加工热坯料由运输带送至待料位置时，起动程序开始动作。此时，电磁铁 1YA 带电，2YA 断电，于是大流量泵继续泄荷，而小流量泵停止泄荷，并向系统单泵供油。同时，12YA 通电吸合，换向阀 e 右位接入回路。

进油路：小流量泵→单向阀 b→减压阀→单向阀 d→换向阀 e→定位缸左腔。

插定位销，完成初始定位。

2. 手臂前伸（$5YA^+$、$12YA^+$）

插入定位销后，1YA 断电，大流量泵向系统供油泵继续供油使该支路油液升高，压力继电器发出信号，5YA 通电吸合，三位四通电磁换向阀 b 左位接入回路。大、小流量泵经相应的单向阀汇流到换向阀 b 左位，进入手臂伸缩缸右腔。

进油路：大流量泵→单向阀 a→换向阀 b 左位→手臂伸缩缸右腔。

小流量泵→单向阀 b→单向阀 c ⎯↑

回油路：手臂伸缩缸左腔→单向调速阀 c→换向阀 b 左腔→油箱。

3. 手指张开（1YA⁺、9YA⁺、12YA⁺）

当手臂前伸至上料中心某一适当位置，手臂上的挡铁碰到行程开关发出信号，电磁铁 1YA、9YA 通电吸合。二位四通换向阀上位工作，大流量泵泄荷；小流量泵继续供油，其出口压力油经单向阀 b、换向阀 f 左位进入手指夹紧缸右腔，缸左腔回油经已被打开的液控单向阀回油箱，手指夹紧缸的缸体右行，手臂靠惯性滑行，机械手手指作张开动作。

4. 手指抓料、夹紧（1YA⁺、12YA⁺）

手指张开状态下，时间继电器延时。当输送带将加热棒料送至手指动作范围内时，继电气发出信号使 9YA 断电，换向阀 f 恢复常态位。小流量泵出口压力油经单向阀 b、换向阀 f 常态位液控单向阀进入手指夹紧缸左腔，回油经换向阀 f 常态位直接进油箱。此时，手指夹紧缸的缸体左行，带动机械手手指实现夹紧动作，抓住并夹紧棒料。

进油路：小流量泵→单向阀 b→换向阀 f 常态位→手指夹紧缸左腔。

回油路：手指夹紧缸右腔→换向阀 f 常态位→油箱。

5. 手臂上升（3YA⁺、12YA⁺）

手指夹紧棒料后发出信号，1YA 断电，二位四通阀常态位接入回路，3YA 通电吸合，电磁换向阀 a 左位接入回路。手臂上升时的油路为：

主油路：大流量泵→单向阀 a→电磁换向阀 a 左位→单向调速阀 a→单向顺序阀→手臂升降缸下腔。

小流量泵→单向阀 b→单向阀 c ⌋↑

回油路：手臂升降缸上腔→单向调速阀 b→电磁换向阀 a 左位→油箱。

6. 手臂缩回（6YA⁺、12YA⁺）

手臂上升至预定位置，碰到行程开关，使 3YA 断电，换向阀 a 恢复中位，6YA 通电吸合，换向阀 b 右位接入回路。大、小流量泵合流供油经电磁换向阀右位、单向调速阀 c 进入手臂伸缩缸左腔，缸体带动手臂快速向左缩回。

进油路：大流量泵→单向阀 a→电磁换向阀 b 右位→单向调速阀 c→手臂伸缩缸左腔。

小流量泵→单向阀 b→单向阀 c ⌋↑

回油路：手臂伸缩缸右腔→单向调速阀 b 右位→油箱。

7. 手腕回转（1YA⁺、10YA⁺、12YA⁺）

手臂缩回到位时挡铁碰到行程开关，发出信号使 1YA、10YA 通电吸合，6YA 断电使三位四通电磁换向阀 b 恢复中位。此时，左端二位四通换向阀上位接入回路，大流量泵泄荷；三位四通换向阀 d 左位接入回路，小流量泵出口压力油进入手腕回转缸，使机械手手腕回转 180°，回转速度由单向调速阀 g 调节。

进油路：小流量泵→单向阀 b→换向阀 d 左位→单向调速阀 g→手腕回转缸。

回油路：手腕回转缸→单向调速阀 f→换向阀 d 左位→油箱。

8. 拔定位销（1YA⁺）

手腕回转到位时，其上的挡块碰到行程开关，使 10YA、12YA 断电，三位四通换向阀 d 中位接入回路，二位三通换向阀 e 左位接入回路，无杆腔油液经换向阀 e 左位回油箱，定位缸活塞在弹簧作用下左行，并拔出定位销。

9. 手臂回转90°（1YA^{+}、7YA^{+}）

拔出定位销后，定位缸支路无油压作用，压力继电器发出信号使7YA通电吸合，三位四通换向阀c左位接入回路。手臂回转缸带动机械手手臂部分回转90°，回转速度由单向调速阀d调节。

进油路：小流量泵→单向阀b→换向阀c左位→单向调速阀e→手臂回转缸。

回油路：手臂回转缸→单向调速阀d→换向阀c左位→行程节流阀→油箱。

10. 插定位销（1YA^{+}、12YA^{+}）

在手臂回转缸回油路上设置的行程节流阀对回转缸具有减速缓冲作用，且当手臂回转到位碰到行程节流阀时，使7YA断电，12YA重新通电吸合，右位接入回路。与1相同，再一次插定位销。

进油路：小流量泵→单向阀b→减压阀→单向阀d→换向阀e右位→定位缸左腔

插定位销，再一次实现定位。

11. 手臂前伸（5YA^{+}、12YA^{+}）

当插好定位销时，压力继电器发出信号，使5YA通电吸合，换向阀b左位接入回路。大、小流量泵经相应的单向阀汇流到换向阀b左位，进入手臂伸缩缸右腔。顺序动作与2相同。

12. 手臂中停（12YA^{+}）

当手臂前伸至立式精锻机的夹头中心位置时，触及行程开关，5YA断电，换向阀b恢复中位。此时，手臂暂时停止动作，等待主机夹头夹紧棒料。

13. 手指张开（1YA^{+}、9YA^{+}、12YA^{+}）

精锻机夹头下降夹紧棒料后发出信号，使1YA、9YA通电吸合，机械手手指张开，系统顺序动作如3。

14. 手指闭合（1YA^{+}、12YA^{+}）

当机械手手指张开时，同时启动时间继电器延时，当主机夹头移走棒料后，继电器发出信号，使9YA断电，二位四通换向阀f恢复常态位。手指夹紧缸的活塞右行实现夹紧动作，系统动作顺序同4。

15. 手臂缩回（6YA^{+}、12YA^{+}）

手指闭合后，1YA断电，大、小流量泵同时向系统供油。6YA通电，三位四通换向阀b右位接入回路，手臂伸缩缸的缸体左行缩回，系统顺序动作同6。

16. 手臂下降（4YA^{+}、12YA^{+}）

手臂缩回碰到行程开关，6YA断电，4YA通电，三位四通电磁换向阀b恢复中位，三位四通电磁换向阀a右位接入回路，压力油经换向阀a右位、单向调速阀b进入手臂升降缸上腔，实现机械手手臂下降动作。

主油路：大流量泵→单向阀a→三位四通电磁换向阀a右位→单向调速阀b→手臂升降缸上腔。

小流量泵→单向阀b→单向阀c ⌟↑

回油路：手臂升降缸下腔→单向顺序阀→单向调速阀a→三位四通电磁换向阀a右位→油箱。

17. 手腕回转（复位）（1YA^{+}、11YA^{+}、12YA^{+}）

手臂下降过程中，当升降机导套上的碰铁触及行程开关时，4YA断电，1YA、11YA通电，三位四通电磁换向阀 a 恢复中位，左侧二位四通换向阀上位接入回路，三位四通换向阀 d 右位接入回路，压力油进入手腕回转缸使之反转 180°。

主油路：小流量泵→单向阀 b→三位四通换向阀 d 右位→单向调速阀 f→手腕回转缸。

回油路：手腕回转缸→单向调速阀 g→三位四通换向阀 d 右位→油箱。

18. 拔定位销（1YA⁺）

手腕反转中挡铁触及行程开关，11YA、12YA 断电，三位四通换向阀 d 恢复中位，二位三通换向阀 e 恢复常态位。无杆腔油液经换向阀 e 左位回油箱，定位缸活塞在弹簧作用下左行，并拔出定位销。

19. 手臂回转（复位）（1YA+、8YA+）

拔定位销、压力继电器发信号，8YA 接通。换向阀 c 右位接入回路，压力油进入手臂回转缸另一腔，手臂反转 95°，机械手复位。

20. 待料卸载（1YA⁺、2YA⁺）

手臂反转归位后，启动行程开关，8YA 断电，2YA 接通，两泵同时卸荷。

至此，一个循环过程结束，待机。

第二篇　气压传动

第九章 气压传动基础

学习要点：本章的内容主要是介绍气压传动的一些基础知识。学习本章时应了解气压传动的特点及其系统的组成；压缩空气的一些基本性质，特别是污染对气压系统的危害。气体与液体同属于流体范畴，两者存在异同点，气体状态方程和流动规律是气压传动分析和系统设计的基础。

气压传动与液压传动统称为流体传动，都是利用有压流体（气体或液体）作为工作介质来传递动力或控制信号的一种传动方式。气压传动是以压缩空气为工作介质进行压力或信号传递及控制，进而实现生产机械化和自动化的一门技术。其传动和控制原理与液压传动基本相同，但由于系统中的工作介质及其特性有很大区别，因此，这两种系统的工作特性及其应用场合也有所不同。

第一节　气压传动概述、特点及其系统组成

一、概述

气动技术具有很悠久的应用历史，由于人们可以非常方便地利用周围的空气进行做功，因此早在公元前，就已经开始利用风箱产生压缩空气来助燃。从 18 世纪工业革命之后，采矿作业中开始利用气动风镐，之后又将气动技术用于火车刹车装置等。

实际上，气压传动技术是在风动技术和液压技术的基础上发展起来的，其作为一门独立的传动技术广泛应用于工业自动化及其他相关领域，则是从近代开始的。第二次世界大战以后，西方国家进行了射流控制技术研究，推动了气动伺服控制技术的发展，并将这一技术应用于航天飞行器及导弹的飞行稳定控制系统中，标志着气动伺服控制系统研究的开始。20 世纪 60 年代以来，微电子技术和计算机技术的发展，极大促进了控制理论的发展和完善。特别是由于气压传动的动力传递介质是取之不尽的空气，具有对环境几乎不造成污染，系统组成简单等一系列优点，所以在机械电子、交通运输、化工、食品包装等各个制造工业中，获得了非常广泛的应用。

随着科学技术的不断发展和生产自动化需求的不断增加，气压传动技术也在不断发展和

完善。同时，也对气动元件的结构和性能等提出了越来越高的要求，促进气动元件向多功能或系统化方向发展。在小功率范围内，小型元件的开发和系列化及轻量化是气动元件发展的一个主要方向，即要求气动组合式元件应自成系统，即包括执行元件，又应具有换向、停止及调速功能。气动元件已由过去的钢铁制品逐渐过渡到铝合金制品，而且具有进一步向树脂化产品发展的趋势。此外，以电子元件作为系统信息处理和传递信息手段来控制气动系统，对于气动控制具有较大促进作用。电气伺服控制元件也得到了较大发展，品种日益增多，出现了电/气比例阀、电/气伺服阀以及无杆气缸、柔性活塞气缸、步进式气动马达及气动手爪等新型气动元件，为电/气伺服控制技术创造了良好的应用条件。将气动技术与微电子技术和计算机技术密切结合，会使气压传动与控制技术在各工业领域中的应用越来越广泛且越来越重要。

二、气压传动的特点

由于气压传动具有许多独特的优点，因而近些年得到快速发展，但其同样具有一些不足和缺点。

1. 气压传动的优点

1）气压传动所用工作介质是随处可取的空气，无需购买、存储或运输等，使得构建气压传动系统相对简单，成本较低。

2）传动过程对环境无污染，用后的空气可直接排入大气中，无需设置排气回收管路，处理方便，同时也不存在工作介质变质、补充和更换问题。

3）空气作为气压传动的工作介质，由于黏度很小（约为液压油的万分之一），传动过程中气体的流动阻力小，压力损失小，便于集中供气和远距离输送。而且，即便在远距离输送过程中产生一定泄漏，也不至于像液压油泄漏一样造成环境污染。

4）气压传动动作迅速且反应速度快，一般气体流速可大于10 m/s（而液压油在管道内的流速仅有1～5 m/s），因此，通常在0.02～0.03 s内，即可达到系统所要求的工作压力和速度。

5）气压传动具有较好的自保持能力，即使在压缩机停止工作，气阀关闭情况下，系统仍可维持一定的稳定压力。而液压传动要维持一定的压力，则需要能源装置保持工作或在相应回路中加设蓄能装置。

6）空气具有一定可压缩性，使系统可自动实现过载保护，气压传动在一定的超负载工况下运行，也能保证系统安全工作。气动元件排气时，因膨胀而温度降低，因而气动设备可自动降温，长时间运转也很少发生过热现象。

7）气动系统对工作环境适应性好，特别在易燃、易爆、多尘埃、强磁、辐射及振动等较差工作环境中工作时，安全可靠性优于液压、电子和电气系统。

8）气压传动系统可在－20～200℃温度范围内工作，并保持较好的可靠性。

9）气动元件结构简单，制造容易，便于实现标准化、系列化和通用化。

2. 气压传动的缺点及不足

1）气动系统的工作压力低（一般为0.4～0.8 MPa），输出推力一般不宜大于10～40 kN，因而仅适用于小功率场合。在相同输出力情况下，气压传动装置比液压传动装置尺寸大。

2）由于空气的可压缩性较大，气压传动系统输出速度的稳定性较差，使系统的位置和速度控制精度相对降低。特别是同时存在可压缩性和泄漏，使得气压传动无法保证严格的传动比。

3）气压传动的工作介质本身不具有润滑性，因而系统常需另外配备油雾器。

4）气动元件排气时，噪声较大，需要配置消声器。

气压传动与其他几种传动控制方式的性能比较，可参考表 9-1。

表 9-1 几种传动控制方式的性能比较

		操作力	动作快慢	环境要求	构造	负载变化影响	远距离操纵	无级调速	工作寿命	维护	价格
流体	气动	中等	较快	适应性好	简单	较大	中距离	较好	长	一般	便宜
	液压	最大	较慢	不怕振动	复杂	有一些	短距离	良好	一般	要求高	稍贵
电	电气	中等	快	要求高	稍复杂	几乎没有	远距离	良好	较短	要求较高	稍贵
	电子	最小	最快	要求特高	最复杂	没有	远距离	良好	短	要求更高	很贵
机械		较大	一般	一般	一般	没有	短距离	较困难	一般	简单	一般

三、气压传动系统的基本组成

将液压传动中的工作液体换成气体，并使相应的系统元件适应于气体传动特性，即可构成气压传动系统（简称气动系统）。因此，除去工作介质外，气压传动与液压传动同样，其系统主要也由能源装置、执行元件、控制元件及辅助元件四个部分组成。

1. 能源装置

气动系统中的能源装置是指获得压缩空气的气源发生装置，它的主体是空气压缩机，另外还有特殊的气源净化装置。

空气压缩机的功能是将原动机（如电动机）提供的机械能转化为空气的压力能，输送给气动系统去实现各种传动和控制。对于大、中型气动系统，通常将气源装置集中设置为空气压缩站，统一向各系统供气。

气源净化装置则负责将进入空气压缩机的空气和排出的压缩气体进行净化，除去空气中的污染杂质、水分和油分等，并降低压缩空气的温度，以向系统提供具有良好传递和控制特性的压缩空气。

2. 执行元件

执行元件是以压缩空气为工作介质，将其压力能转变为机械能的装置，主要包括气缸、摆动气缸、气马达等。其中，气缸可以输出直线往复运动，摆动气缸可以输出不连续的回转运动，而气动马达则可以输出连续回转运动，此外，还有可输出不连续回转运动的气动手爪等。

3. 控制元件

控制元件是指在气动系统中用来控制压缩空气的压力、流量及其流动方向的元件。通过控制元件可以操纵执行机构按照系统设计要求输出相应功能，并实现预定运动。气动系统的控制元件种类比较多，主要有各种压力阀、流量阀、方向阀、行程阀、逻辑元件、射流元件及传感器等。

4. 辅助元件

气动系统的辅助元件是指使压缩空气净化、润滑、消声以及装置之间连接所用元件的统称。其中，包括分水滤气器、油雾器、消声器、必要的压力计、流量计以及各种管路附件等。

第二节　压缩空气

在气动系统中，压缩空气是传递动力和信号的工作介质，气动系统能否可靠地运行，在很大程度上取决于系统所用压缩空气的质量。因此，需要了解与气压传动有关的空气物理性质及压缩空气的污染和控制。

一、空气的主要物理性质

与气压传动有关的空气物理性质主要有空气的组成、密度、重度、可压缩性、膨胀性、黏性及湿度等。

1. 空气的组成

自然界的空气是由若干种气体混合而成的，主要成分是氮和氧，此外还含有一定量的氩、二氧化碳、氢及其他气体。其中，氮气属于稳定性较好的惰性气体，不会自燃，并且在空气体积中约占3/4。因此，利用空气作为工作介质可用于易燃、易爆的场所。此外，空气中还含有少量水蒸气，通常将含有水蒸气的空气称为湿空气，而将完全不含水蒸气的空气称为干空气。在温度 $t=0℃$，压力 $p=0.1013$ MPa 的标准状态下，干空气的主要组成成分如表9-2所示。

表9-2　干空气的主要组成成分

成分	氮（N_2）	氧（O_2）	氩（Ar）	二氧化碳（CO_2）	其他气体
体积分数（%）	78.09	20.05	0.93	0.03	0.93
质量分数（%）	75.3	23.14	1.28	0.045	0.235

实际上，在城市特别是工厂区，由于烟雾和汽车尾气造成大气中还含有二氧化硫、亚硝酸及碳氢化合物等。

2. 空气的密度

单位体积内所含气体的质量称为密度 ρ（kg/m^3），即

$$\rho=\frac{m}{V} \tag{9-1}$$

式中　m——气体质量（kg）；

V——气体体积（m^3）。

在热力学温度为273.16 K，绝对压力为0.1013 MPa 时，空气的密度为 $\rho_0=1.293\ kg/m^3$。空气的密度随温度和压力的变化而变化，它与温度和压力的关系如下：

$$\rho=\rho_0\frac{273.16}{273.16+t}\cdot\frac{p}{p_0} \tag{9-2}$$

式中　t——摄氏温度（℃）；

p——绝对压力（MPa）。

3. 空气的重度

单位体积内空气的重量称为重度 γ（N/m^3），即

$$\gamma=\frac{G}{V}=\frac{mg}{V}=\rho g \tag{9-3}$$

式中　G——空气的重量（N）；

g——重力加速度，$g=9.81\mathrm{m/s^2}$。

4. 空气的可压缩性和膨胀性

一定质量的静止气体，由于压力改变而导致气体所占容积发生变化的现象，称为气体的可压缩性。气体的可压缩性比液体大得多，液压油在温度不变的情况下，当压力为0.2 MPa时，压力每变化0.1 MPa，其体积变化为1/ 20000，而在同样情况下，气体的体积变化为1/2。也就是说，空气的可压缩性大约是油液的10000倍。

气体受温度的影响而使体积发生变化的性质称为气体的膨胀性。水在压力不变的情况下，温度每变化1℃时，体积变化为1/20000，而在同样条件下，空气体积却改变1/273，即空气的膨胀性是水的73倍。

空气的可压缩性和膨胀性较大，导致气压传动的软特性。由于气体的可压缩性较大，容易压缩而便于储存，但压缩性大也影响了气缸的运动平稳性。

5. 空气的黏性

由于气体分子之间的吸引力而产生阻碍气体流动的内摩擦力的性质，称为气体的黏性，通常可用动力黏度 μ 表示，单位为 Pa · s。空气黏度受压力变化的影响极小，通常可以忽略。但空气黏性随温度变化而变化，温度升高，黏性增加，反之亦然。空气黏度随温度的变化关系如表9-3所示。

表9-3 空气的动力黏度

t/℃	-20	0	10	20	30	40	60	80	100
μ / $\times10^{-6}$Pa · s	16.1	17.1	17.6	18.1	18.6	19.0	20.0	20.9	21.8

6. 空气的湿度

在一定温度和压力下，空气中的水蒸气含量达到一定值时，如再加入水蒸气，就会有水滴析出，此时即表明空气中的水蒸气含量达到了饱和状态，称这种湿空气为饱和湿空气。空气中所含水蒸气未达到饱和状态的空气称为未饱和湿空气。根据道尔顿定理，湿空气的压力 p 等于干空气的分压力 p_{da} 与水蒸气分压力 p_v 之和，即 $p=p_{da}+p_v$。

通常用湿度和含湿量两个物理量来表示湿空气中水蒸气的含量，以确定空气的干湿程度。

（1）湿度 空气湿度的表示方法有绝对湿度和相对湿度之分。

1）绝对湿度。1m³ 湿空气中含有的水蒸气质量称为湿空气的绝对湿度 χ，可计算如下

$$\chi=\frac{m_v}{V} \tag{9-4}$$

式中 m_v——水蒸气的质量（kg）；

V——湿空气的体积（m³）。

空气中水蒸气的含量是有极限的，在一定温度和压力下，湿空气中的水蒸气达到饱和状态时的绝对湿度称为饱和绝对湿度，用 χ_s 表示。由于绝对湿度只能表明湿空气中实际所含水蒸气的多少，而不能说明湿空气吸收水蒸气的能力，因此，还需引入相对湿度。

2）相对湿度。在相同温度、相同压力条件下，绝对湿度与饱和绝对湿度之比称为该温度、压力下的相对湿度

$$\phi=\frac{\chi}{\chi_s}\times100\%=\frac{p_v}{p_s}\times100\% \tag{9-5}$$

式中　p_s——饱和湿空气中水蒸气分压力（Pa）。

相对湿度表明了湿空气中水蒸气含量达到饱和的程度。当 $\phi=0$，$p_s=0$ 时，表示空气绝对干燥；当 $\phi=100\%$，$p_s=p_v$ 时空气中的水蒸气达到饱和。湿空气 ϕ 值在（0～100）% 之间变化，而通常当空气的 ϕ 值在 60%～70% 范围内时，人体感到比较舒适。但气动系统中空气的相对湿度越低越好，一般规定各种阀类元件的相对湿度不应超过 90%。

（2）含湿量　含湿量可分为质量含湿量和容积含湿量两种。

空气的质量含湿量是指湿空气中 1kg 质量的干空气中所混合的水蒸气质量，可表示如下

$$d=\frac{m_v}{m_{da}}\times 100\% \tag{9-6}$$

式中　m_{da}——干空气的质量（kg）。

容积含湿量是指湿空气中单位体积 V_g 的干空气中所混合的水蒸气质量

$$d'=\frac{m_v}{V_g}=\frac{dm_{da}}{V_g}=d\rho \tag{9-7}$$

式中　ρ——干空气的密度（kg/m^3）。

空气中水蒸气的含量是随温度而变的。当气温下降时，水蒸气的含量下降；但气温升高时，其含量增加。若要减少进入气动设备中空气的水分，必须降低空气的温度。

（3）露点　保持水蒸气压力不变而降低未饱和湿空气的温度，使之达到饱和状态时的温度称为露点。在一定温度和压力条件下的未饱和湿空气，当降低其温度时，也会使之成为饱和湿空气。温度降到露点温度以下，湿空气便有水滴析出。冷冻干燥法去除湿空气中的水分，就是利用了这个原理实现的。

二、压缩空气的污染

为了提高气压传动系统的运行精度和元件的使用寿命，必须对压缩空气进行良好的净化，以避免污染带来的危害。

1. 压缩空气的污染及危害

空气中含有一定量的水分、油污和灰尘杂质，如净化处理不当，这些污染物一旦进入气动系统，将给系统造成诸多不良影响。因此，气压传动系统中使用的压缩空气，必须经过干燥、净化处理后才可使用。压缩空气的污染杂质主要来源于以下几个方面。

（1）由外部吸入系统内的杂质　空气压缩机吸气口的过滤装置使用不当时，因空压机的吸力会将空气中的尘埃、气体混合物等杂质吸入，如后续净化不彻底，会使部分杂质混入系统内，破坏系统运行精度，并使运动元件产生磨损而降低使用寿命。另外，即便系统停机时，外界的杂质也会从阀的排气口进入系统内部，造成污染损坏。

（2）系统运行时内部产生的杂质　空压机内部滑动配合用润滑油在高温下会变质，生成油泥；由于气穴、气蚀导致元件或管道腐蚀，所产生的锈屑；湿空气经空压机压缩后，冷却时容易产生冷凝水；运动元件摩擦产生的铁屑、毛刺；密封元件老化后形成的碎屑，以及元件铸造、焊接时残留的铸砂、焊渣，等等，这些污染物非常容易使小孔口阀芯堵塞，并造成运动元件磨损。

（3）系统安装、维修时遗留的污染物　安装、维修时防护不当，或清理不彻底，都会将一些系统外部的杂质残留到系统内部，运行时造成污染。

2. 空气的质量等级

随着气压传动技术的发展，对于系统运行精度和气动元件的精密化制造提出了越来越高的要求。同时，也要求压缩空气能适应气动技术的发展和需求，因而必须提高压缩空气质量。压缩空气的质量主要是指其污染程度，对于不同的气动系统，则应有不同的要求，以适应系统的运行精度，并尽可能降低系统的制造成本。因此，需要根据系统的具体情况，合理控制压缩空气中所含固体尘埃颗粒、含水率和含油率等污染指标。表 9-4 列出了 ISO8573.1—2001 压缩空气污染物和清洁度等级，可供使用参考。

表 9-4 压缩空气质量等级（ISO8573.1）

等级	最大颗粒		压力露点（最大值）/℃	最大含油量/$(mg \cdot m^{-3})$
	尺寸/μm	浓度/$(mg \cdot m^{-3})$		
1	0.1	0.1	-70	0.01
2	1	1	-40	0.1
3	5	5	-20	1.0
4	15	8	+3	5
5	40	10	+7	25
6			+10	
7			不规定	

第三节 气体状态方程

气体的状态方程主要描述气体处于某一平衡状态时，压力、温度和体积三个状态参数之间的关系。

一、理想气体的状态方程

所谓理想气体是指没有黏性的气体。当具有一定质量的理想气体处于某一平衡状态时，其状态方程可写作

$$\frac{p_1V_1}{T_1}=\frac{p_2V_2}{T_2}=\text{常数} \tag{9-8}$$

或

$$p=\rho RT \tag{9-9}$$

式中 p_1、p_2——气体在 1、2 两种状态下的绝对压力（Pa）；

V_1、V_2——气体在 1、2 两种状态下的体积（m^3）；

T_1、T_2——气体在 1、2 两种状态下的热力学温度（K）；

ρ——气体的密度（kg/m^3）；

R——气体常数[$J/(kg \cdot K)$]，干空气 $R_g=287.1\ J/(kg \cdot K)$，水蒸气 $R_s=462.05J/(kg \cdot K)$。

由于实际气体具有一定的黏性，因此，它并不完全符合理想气体状态方程。但当绝对压力不超过 20MPa、温度不低于 20℃ 时，空气、氧气、氮气以及二氧化碳的气体基本适用于上述两个状态方程。

二、理想气体状态变化过程

理想气体的状态变化过程遵循热力学第一定律。热力学第一定律即能量守恒定律在热力

学中的具体应用。热力学第一定律指出，在任一过程中，系统所吸收的热量，在数值上等于该过程中系统内能的增量与外界做功的总和。也就是说，在气体的状态发生变化时，热能作为一种能量形式可以与其他形式的能量相互转化。

气体从具有确定压力、温度及体积的状态 1 变化到状态 2 的过程，称作气体的状态变化。状态参数 p、V、T 的变化决定了气体的不同状态，在变化以后或在变化过程中，当处于平衡状态时，状态参数都应符合状态方程。在某种条件限制下，理想气体的状态变化将发生等容过程、等压过程、等温过程、绝热过程及多变过程等。

1. 等容过程（查理定律）

等容过程是指具有一定质量的气体，在保持体积不变的情况下，气体从某种状态变化至另一种状态的过程。根据式（9-8）可得

$$\frac{p_1}{T_1}=\frac{p_2}{T_2} \tag{9-10}$$

式（9-10）说明，当体积不变时，压力上升，气体的温度随之上升，压力下降，则气体的温度随之下降。即在体积保持不变时，压力与绝对温度成正比关系。气体对外不做功，但绝对温度随压力增加而增加，提高了气体的内能。

2. 等压过程（盖-吕萨克定律）

等压过程是指具有一定量的气体，在压力保持不变的情况下，气体的状态变化的过程。根据式（9－8）可知，理想气体等压过程遵循下述方程

$$\frac{V_1}{T_1}=\frac{V_2}{T_2} \tag{9-11}$$

即压力不变时，温度上升，气体因膨胀而使体积增大；温度下降，气体体积缩小。

3. 等温过程（玻意耳定律）

一定质量的气体，在其状态变化过程中，其温度始终保持不变的过程，称为等温过程。根据式（9-8），由于 $T_1=T_2$，所以，气体状态方程为

$$p_1V_1=p_2V_2=\text{常数} \tag{9-12}$$

上式表明，在温度不变的条件下，气体压力上升时，体积被压缩；压力下降时，气体体积膨胀。等温过程中，不产生内能变化，加入系统的热量全部变为气体做功。气动系统中的气缸慢速运动、管道送气过程等均可视为等温过程。

4. 绝热过程

绝热过程是指气体在状态变化时，不与外界发生热交换。理想气体的绝热过程中，状态参数之间具有如下关系

$$\frac{p_1}{p_1^{\kappa}}=\frac{p_2}{p_2^{\kappa}} \tag{9-13}$$

或

$$\frac{p_1^{\left(\frac{\kappa-1}{\kappa}\right)}}{T_1}=\frac{p_2^{\left(\frac{\kappa-1}{\kappa}\right)}}{T_2} \tag{9-14}$$

$$T_1V_1^{(\kappa-1)}=T_2V_2^{(\kappa-1)}$$

式中　κ——绝热指数，对于空气 $\kappa=1.4$。

在绝热过程中，气体消耗自身的热力学能量对外做功，其压力、温度和体积三个参数均为变量。例如空气压缩机气缸活塞压缩速度极快，气缸内被压缩的气体来不及与外界交换热

量，即可看作绝热过程。

5. 多变过程

不加任何条件的气体状态变化过程，称为多变过程。严格讲，气体状态变化多属于多变过程，上述四种状态变化过程仅是多变过程的特例。多变过程的状态方程可表示为

$$pV^n = pV_1^n = p_2V_2^n = 常数 \tag{9-15}$$

式中 n——多变指数，对于空气 $1 < n < 1.4$。

第四节 气体的流动规律

一般压缩气体在管道内流动中压力变化不大、密度变化很小时，如果其速度小于 3m/s，通常可作为不可压缩流体处理，其流动规律与液体基本一样。而当气体在管道中以较大速度流动，如流速超过 5m/s 时，气体的可压缩性将对流体运动产生较大影响，需要考虑密度的变化。另外，如果流通管道很长时，尽管流速不是很高，但压力变化较大且存在压力损失，因而气体的密度是变化的，这时也应把气体当作可压缩流体进行处理。下面，在不计气体的质量力，并在理想气体作绝热流动的条件下讨论气体的流动规律

一、气体流动的基本方程

可以反映气体流动规律的基本方程主要有运动方程、连续性方程和能量方程等。

1. 气体的运动方程

理想气体作稳定绝热流动的运动方程为

$$-\frac{1}{\rho}\frac{dp}{dS} = v\frac{dv}{dS}$$

或

$$vdv + \frac{1}{\rho}d\rho = 0 \tag{9-16}$$

式中 v——气体运动的平均速度（m/s）；

p——气体压力（Pa）；

ρ——气体的密度（kg/m^3）；

S——两通流截面之间的距离（m）。

2. 气体的连续性方程

气体在管道中稳定流动时，遵循质量守恒定律，即通过流管任一截面的气体质量相等，即

$$\rho_1 v_1 A_1 = \rho_2 v_2 A_2 = 常数 \tag{9-17}$$

式中 ρ_1、ρ_2——气体在流经 1、2 截面时的密度（kg/m^3）；

v_1、v_2——气体在流经 1、2 截面时的速度（m/s）；

A_1、A_2——1、2 截面的截面积（m^2）。

如果气体的运动速度较低，并认为不可压缩，即 $\rho_1 = \rho_2 = 常数$时，上式可改写为

$$v_1 A_1 = v_2 A_2 = 常数$$

3. 气体的伯努利方程

根据气体的密度是否变化，其运动时的伯努利方程需分为可压缩和不可压缩两种形式。

（1）可压缩气体的伯努利方程 如果气体在运动过程中，其密度产生变化，即 $\rho_1 \neq$ 常

数时，当其运动速度较快，来不及与周围环境进行热交换，因而可近似按绝热状态进行计算

$$\frac{\kappa}{\kappa-1}\frac{p_1}{\rho_1}+\frac{v_1^2}{2}+gh_1=\frac{\kappa}{\kappa-1}\frac{p_2}{\rho_2}+\frac{v_2^2}{2}+gh_2+gh_w \tag{9-18}$$

式中　p_1、p_2——气体流经1、2截面时的压力（Pa）；

h_1、h_2——1、2截面的位置高度（m）；

g——重力加速度（9.8 m/s^2）；

κ——绝热指数，对于空气可取1.4；

h_w——摩擦阻力损失（m）。

通常认为气体的运动摩擦阻力很小，如不计摩擦阻力，并且忽略位置高度的影响，上式可写成

$$\frac{\kappa}{\kappa-1}\frac{p_1}{\rho_1}+\frac{v_1^2}{2}=\frac{\kappa}{\kappa-1}\frac{p_2}{\rho_2}+\frac{v_2^2}{2} \tag{9-19}$$

（2）不可压缩气体的伯努利方程　如果气体的流动速度很低，可认为气体是不可压缩的，即忽略密度的变化，取ρ=常数，于是

$$\frac{p_1}{\rho}+\frac{v_1^2}{2}+gh_1=\frac{p_2}{\rho}+\frac{v_2^2}{2}+gh_2+gh_w \tag{9-20}$$

二、气体的通流能力

1. 气体管道的阻力

一般，压缩空气在管道内的流动速度不是很大，流动过程中可能通过管道与外界产生一定的热交换，由于温度比较均匀而常作为等温过程处理。为了简化计算，在考虑流动阻力时常作为不可压缩流体，利用前面介绍的阻力计算公式。工程上常以单位时间内流过有效截面的气体质量，即质量流量 q_m 来计算气体流量。因此每米管长的气体流动压力损失可计算如下

$$\Delta q=\frac{8\lambda q_m^2}{\pi^2\rho d^5}$$

式中　λ——沿程阻力系数，可通过查表得出；

d——管径（m）。

2. 节流孔的有效截面积

如图9-1所示，气体在管道中流至节流口时，由于孔口具有尖锐边缘导致气体流束收缩，其最小收缩截面积成为节流口的有效截面积。这个有效截面积表示节流孔的通流能力。通常将节流孔的有效截面积 A 与孔口实际截面积 A_0 之比 α 称为收缩系数，即

$$\alpha=A/A_0 \tag{9-21}$$

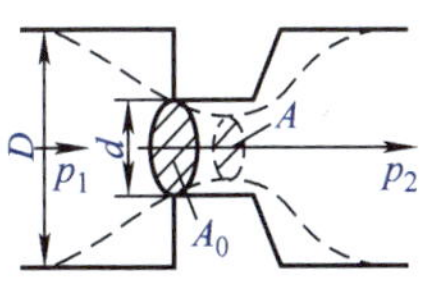

图9-1　节流孔的有效截面积

该收缩系数，通常可从相应的资料手册中查到。

3. 通过节流孔的流量

声音是由于物体的振动引起周围介质（如空气或液体）的密度和压力的微小变化而产生的，而声速即为这种微弱压力波的传递速度。而在气体力学中，压缩性具有重要影响，通常采用“马赫数” Ma 来判定压缩性对气流运动的影响。所谓马赫数是气流速度 v 与局部声速 c 之比，即 $Ma=v/c$。一般认为可压缩性气体在管口中运动时存在三种基本情况，当 $Ma<1$，即 $v<c$ 时，气体呈亚声速流动；$Ma=1$，即 $v=c$ 时，气体呈临界流动；而当 $Ma>1$，

即 $v>c$ 时，气体呈超声速流动。气体的流动状态不同，其流量计算方法也不同。

气流通过气动元件的进、出口压力比 $p_1/p_2>1.893$ 或 $p_2/p_1<0.528$ 时，流速在声速区，自由状态的流量为

$$q_z=113.4Ap_1\sqrt{273/T_1} \tag{9-22}$$

式中 T_1——进口气体的绝对温度（K）。

如果 $p_2/p_1>0.528$ 或 $p_1/p_2<1.893$ 时，流速在亚声速区，此时自由状态的流量

$$q_z=234.4A\sqrt{\Delta p\cdot p_1}\cdot\sqrt{273/T_1} \tag{9-23}$$

式中 Δp——进、出口压力差（MPa），即 $\Delta p=p_1-p_2$。

习 题

9-1 简述气压传动的主要优点及不足。

9-2 一个典型的气压传动系统由哪几个部分组成？

9-3 由空气压缩机向贮气罐内充入压缩空气，使罐内压力由 0.1 MPa（绝对）升到 0.25 MPa（绝对），气罐温度从室温 20℃升到 T，充气结束后，气罐温度又逐渐降至室温，此时罐内压力为 p，求 p 和 T 各为多少？（提示：气源温度也为 20℃）

第十章 气源装置及辅助元件

学习要点：与液压系统中的能源装置不同，需要掌握空气压缩机的工作原理、选用方法之外，还必须了解各种净化装置的功用、基本结构、工作原理及其安装顺序。特别应了解一些重要辅助元件的工作原理，如气动三联件等。

气压传动系统中的气源装置主要指空气压缩机和净化装置，而辅助元件则是连接元件和提高系统工作性能的一些辅助性零部件。

第一节 气源装置及其净化辅件

气源装置是气压传动系统的动力装置，与液压能源装置同样，气源装置是将原动机的机械能转换成气体压力能提供给系统做功的能量转换装置。因此，气源装置是气压传动系统的核心元件。

一、气源装置的组成

气源装置的主体是空气压缩机，为了使气源净化，还需要配置冷却器、油水分离器、贮气罐、干燥器等其他辅助元件。由于空气压缩机从大气中吸入含有水分和灰尘的空气，经压缩后输入气压传动系统，这种混有水气、油脂和灰尘的压缩空气对于系统功能及气动元件的使用寿命有不利影响。因此，对于进入气压传动系统的压缩空气通常需经过一系列净化程序。

1. 净化压缩空气

（1）冷却　空气被吸入空气压缩机在高压下产生压缩摩擦，释放出的热量使空气压缩机出口温度高达 140 ~ 170℃。这种高温压缩气体输入气压传动系统后，会引起密封元件、膜片及软管等加速老化而降低系统控制传动精度和元件使用寿命，还会使用于空气压缩机气缸中的润滑油变为油蒸气，降低压缩空气的纯度。

（2）滤油　油蒸气混入压缩空气后，影响系统的输送压力和流量精度；在温度降低时它会冷凝成油垢，与系统内润滑油发生作用，降低系统润滑性能；系统工作排气时，未冷凝的部分油蒸气随压缩空气一起排出，污染周围环境；油蒸气会加速系统中的橡胶、塑料等密封材料老化，影响这些元件的使用效果和寿命。

（3）除水 压缩空气中含有大量水分，在一定压力温度条件下水会凝结而以水滴的形态析出，对系统内气体流动造成不良影响。另外，这些水滴使气动元件的润滑条件恶化，引发故障，腐蚀金属元件，且在寒冷地区还会引起管道冻裂的现象发生。

（4）除尘 空气中的灰尘、杂质等污物吸入空气压缩机后，与油分、水分混合形成胶状物沉积在系统内，容易堵塞气动元件中的节流孔、阻尼孔及气流通道等，使气压信号或工作气体不能顺利传递，影响系统正常工作。另外，这些灰尘、污物等给系统元件中的摩擦副、运动副的正常工作造成磨损，使封闭系统产生泄漏，影响气动元件的使用寿命。

为了保证系统正常工作、提高系统运行精度，必须对压缩空气进行冷却、除油、除水、除尘等一系列净化处理后才能使用。因此，气源装置中必须设置相应的净化装置，以保证向系统提供洁净的压缩空气。

2. 气源装置的组成和布置

气源装置通常需根据气压传动系统对压缩空气质量的要求来设置。一般气源装置的组成和布置如图 10-1 所示。空气压缩机由电动机带动，在其进气口处装有简易空气过滤器，将空气中所含灰尘及杂质等滤除，以保护空气压缩机内尽可能清洁。空气压缩机排气口装有后冷却器，用来使出口的高温压缩空气降温，以利于使汽化的水分、油分等凝结。其后的油水分离器将凝结的水滴、油滴和杂质等从输出压缩空气中分离出来，并由排污口排出。这样，经过一次净化后的压缩空气即可进入贮气罐贮存，此过程中还要消除空气压缩机出口处压缩空气的压力脉动，使其压力稳定。这种经过初净化的压缩空气可适于一般要求的工业气压传动系统使用。对于由气动仪表及射流元件组成的气压系统，通常对压缩空气的质量要求较高，经过初次净化后的压缩空气还不能满足系统要求。因此，使用前还须进行再净化处理，也就是通常所说的二次净化处理。再净化处理通常是使一次贮气罐排出的压缩空气通过两重干燥器进行干燥，进一步吸收和排除未除净的油分和水分，使之变成干燥压缩空气后再进入空气过滤器，再次滤除所含灰尘和杂质等。最后进入二次贮气罐贮存，以供高精度气压传动系统使用。

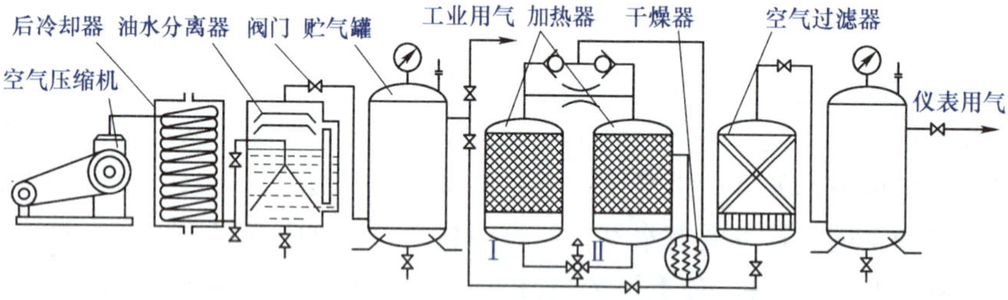

图 10-1 气源装置的组成及布置

在实际应用中，排量小于 6 m^3/min 时，可直接安装相应的空气压缩机为系统供气。当排量大于或等于 6 m^3/min 时，通常需独立设置压缩空气供应站，以供大排气量气压传动系统用气。

二、空气压缩机

1. 空气压缩机的分类

空气压缩机通常简称为空压机，其种类很多，按工作原理可分为容积型（即容积式）和速度型两大种类。容积式空压机包括往复式和回转式两种类型，其中往复式空压机主要有活塞式和膜片式，而回转式则有滑片式、螺杆式及转子式三种。所谓速度型空压机主要有轴流式、离心式和混流式三种类型。

在气压传动系统中，一般是用容积式空压机。容积式空压机可按输出压力高低分类，如表10-1所示。

表10-1　空气压缩机的分类

名　称	输出压力范围 p/MPa	用　途
鼓风机	≤0.2	
低压空气压缩机	>0.2~1.0	用于小型气压传动系统
中压空气压缩机	>1.0~10	用于工厂压缩空气站
高压空气压缩机	>10~100	
超高压空气压缩机	>100	

有时也可按空压机输出流量进行分类。一般，微型空压机 $q\leqslant 1\text{m}^3/\text{min}$；小型空压机 $q=1\sim 10\ \text{m}^3/\text{min}$；中型空压机 $q=10\sim 100\ \text{m}^3/\text{min}$；大型空压机 $q>100\ \text{m}^3/\text{min}$。

2. 工作原理

在普通气压传动系统中，通常采用容积型活塞往复式空压机，这种空压机主要有立式和卧式两种类型。

（1）立式活塞往复空压机　立式活塞空压机工作原理如图10-2所示，原动机带动空压机主轴旋转，通过曲柄连杆机构带动活塞在缸体内作垂直往复运动。活塞向下运动时，缸体内容积逐渐增大，形成真空，在大气压力作用下，进气阀被打开，空气通过滤清器被压入缸内，实现空压机吸气过程。当曲柄连杆机构带动活塞向上运动时，缸内容积逐渐减小，空气被压缩使压力升高。在压缩空气作用下，进气阀被关闭的同时，顶开排气阀，具有一定压力的气体经排气管输入贮气罐中，完成排气过程。曲柄旋转一周，活塞往复运动一次，完成“吸气—压缩—排气”一个工作循环过程。

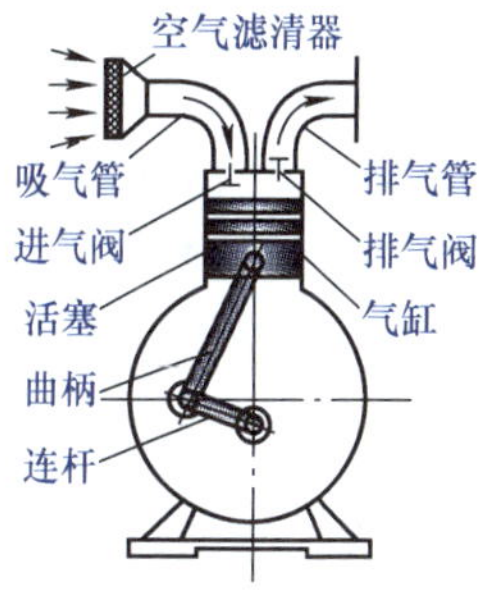

图10-2　立式空压机工作原理

（2）卧式活塞往复空压机　所谓卧式活塞空压机是指活塞在水平方向上作往复直线运动实现吸、排气过程的，其工作原理与立式空压机完全相同。图10-3所示为单活塞缸卧式空压机工作原理，而大多数空压机都是多缸多活塞组合而成，以提高空压机工作效率。

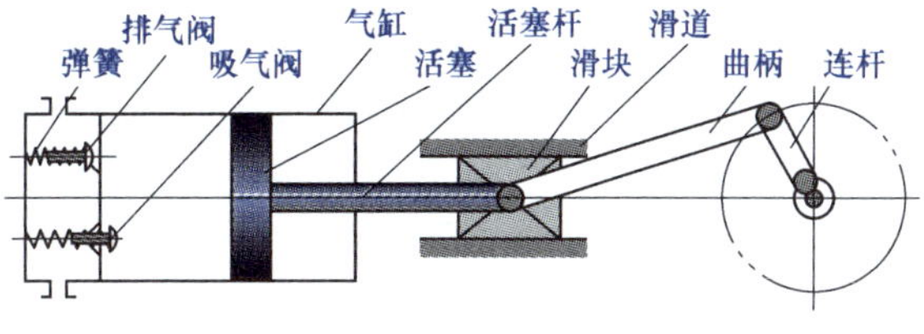

图10-3　单活塞缸卧式空压机工作原理

3. 空气压缩机的选用

在设计一个气压传动系统时，首先应确定系统工作压力和流量，然后根据这两个主要参数选用空压机。在确定空压机输出压力时，应考虑到系统中各执行机构所需最大压力值，同时还应考虑管路及气动元件的泄漏损失。空压机的额定排气量是指标准大气压下的自由空气排量，通常可按如下经验公式计算空压机的排量

$$q = \psi k_1 k_2 \sum q_i \tag{10-1}$$

式中 ψ——气动设备利用系数，可参照图10-4选取；

k_1——漏损系数，通常取1.15～1.5；

k_2——备用系数，通常取1.3～1.6；

q_i——单台设备所需自由空气耗量（m^3/s）。

上式中的气动设备利用系数 ψ 是考虑到气动设备较多的情况，通常不会同时开动，因此，可根据现场状况参考图10-4选取，该系数值与气动设备多少有关。当系统使用风动工具时，由于长期磨损使泄漏较严重，漏损系数 k_1 可取较大值。备用系数 k_2 是考虑到系统开动率较高时，需要的最大耗气量增加，另外，还应考虑到可能新增设备。

气压传动系统内具有多执行机构且分别具有不同压力要求时，应按其中最大压力来选取空压机，可采用适当的减压回路来满足个别支路中的压力要求。空气压缩机应根据工作可靠性、经济性和安全性进行选用。

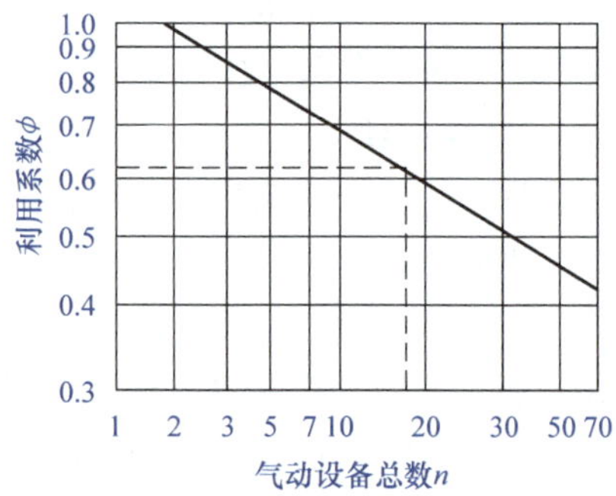

图10-4 气动设备利用系数

（1）排气压力和排气量 根据国家最新标准，一般用途的空气动力用压缩机的排气压力为0.7MPa（旧标准为0.8MPa），一般空压机输出压力应大于系统工作压力0.15～0.2MPa。如果所用压缩机排气压力大于0.8MPa，通常需要特别制作，严禁采用强行增压的办法自行提高空压机压力，以免造成事故。

空压机的另一个主要参数是排气量，确定空压机排气量时，应根据所需排气量进行匹配，通常需留有10%左右的余量。输出流量可根据系统工作平均耗气量选取，同时考虑管路泄漏及新增气动设备的可能性等因素，一般输出流量按1.6～3.3倍平均耗气量选取。对于多台设备共用压缩空气的情况，低谷用量覆盖面较大而通常用量和高峰用量覆盖面都不大时，通常将多台较小排气量的空压机并联，以获取较大的排气量。随用气量增大而逐一开机，这样不但对电网有好处，而且可节约能源，并可防止因一台机器的故障造成全线停产。

（2）用气场合及条件 选用空压机时需根据用气场合及使用条件具体确定，如果用气场地较狭窄，适合于选用立式空压机，如车用和船用等。对于用气场地可能存在较大距离移动量，如超过500 m时，应考虑选用可移动式空压机；对于使用场地可能不具有供电能力的情况，应选用柴油机驱动式空压机；如果使用场地供水条件不充分或禁水时，必须选用风冷式空压机。

（3）压缩空气的质量 由于一般空压机生产的压缩空气难免含有一定量的润滑油及水分，因此，对于禁油、禁水的使用场合，应增设辅助装置。如选用无油润滑空压机，其气缸中基本不含润滑油，活塞环通常由聚四氟乙烯制成。这类空压机润滑性较差、故障率较高，由于聚四氟乙烯是有害物质，因而食品和制药行业不宜采用。另外，这种空压机工作时，只能做到输气不含油，但仍难免压缩空气中含有水分。另一种办法是采用油润滑空压机并进行相应的净化处理，即在空压机与气路之间加设一级、二级净化装置或干燥器，可减少输出压

缩空气中的含油、水量。

（4）运行的安全性　由于空压机带压工作，使用时伴有温升和压力，因而使用时应注意安全。空压机需配有安全阀和压力调节器，必须保证超压卸荷双保险。只有安全阀而不设压力调节装置时，会降低运行经济性和机器的安全性。我国对空压机的生产和使用实行了空压机生产和压力容器生产许可证的两证制度，购买时应严格认证。

三、气源净化辅助元件

1. 后冷却器

空压机输出的压缩空气温度可达120℃以上，并且空气中的水分完全呈气态。将后冷却器安装在空压机输出管路上，可使空压机输出的高温压缩空气得以降温至40～50℃，同时使压缩空气中的大部分水汽、油气冷凝成滴状，以便经油水分离器处理后析出。所以后冷却器底部一般都装有手动或自动排水装置，可及时排放冷凝水和油滴等杂质。

后冷却器按工作原理可分为水冷式和风冷式两种。风冷式后冷却器是通过风扇产生的冷空气吹向带散热片的热空气管道，对压缩空气进行冷却。风冷式后冷却器不需冷却水设备，不需预防断水或水冻结，占地面积小、重量轻、容易维修且运行成本低，但只适用于入口空气温度低于100℃，且需处理空气量较少的场合。由于水的热容量大于空气，因而水冷式的冷却效果好于风冷式，对于小型气压传动系统使用简便。

水冷式后冷却器一般采用水冷换热方式以使压缩空气降温，工作时，通过强迫冷却水沿压缩空气流动的反方向流动来进行冷却，其结构形式有蛇管式、列管式、套管式和散热片式等。图10-5所示为蛇管式后冷却器的工作原理及图形符号。这种冷却器由蛇状空心盘管和圆筒形壳体组成，利用蛇状盘管的表面积对流入的高温压缩空气进行散热，同时通入循环冷却水不断冷却使蛇管表面来进行热交换。蛇管式后冷却器结构简单，使用维护方便，适用于小流量气压系统，应用比较广泛。

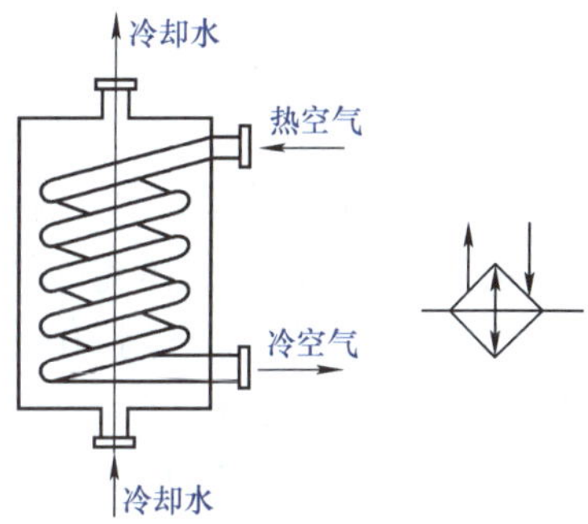

a) 基本机构　　b) 图形符号

图10-5　蛇管式后冷却器及图形符号

后冷却器的选用主要根据其额定流量和压力，一般入口空气温度超过100℃或处理压缩空气量很大时，只能选用水冷式后冷却器。

2. 油水分离器

油水分离器安装在后冷却器之后的管路上，用以分离压缩空气中所含油分、水分和灰尘等，使压缩空气得到初步净化。按照压缩空气进入分离器后产生的运动及分离方式，可分为环形回转式、撞击折回式、离心旋转式、水浴式及它们的组合形式。图10-6所示为撞击折回并回转式油水分离器的工作原理及其图形符号。当压缩空气以一定的流速进入分离器后，气流线受到隔板的阻挡被撞击折向下方，由于分离器内壁的限制，流动方向和速度都产生了急剧变化。因此，压缩空气中含有的水滴、油滴等杂质因自重和运动惯性作用而分离出来，落于分离器底部。对于分离出的油滴和水滴，可以

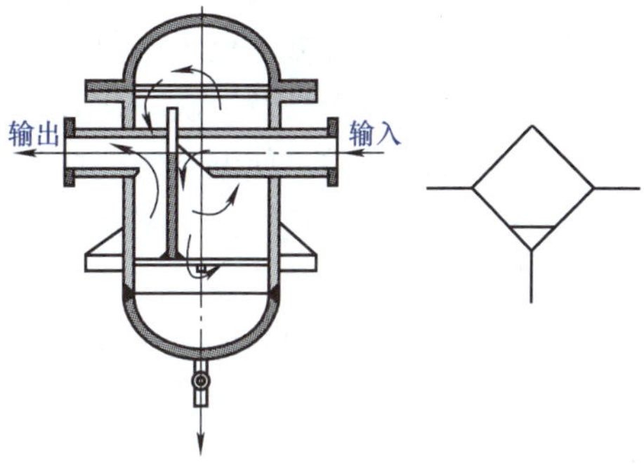

a) 基本结构　　b) 图形符号

图10-6　撞击折回并回转式油水分离器及图形符号

利用分离器下所设阀门定期排出。

3. 贮气罐

空压机输出的压缩空气经一次净化后进入贮气罐贮存，以备空压机发生故障或电动机工作间歇时能够连续向系统供气；压缩空气在贮气罐中可被消除压力波动，保证输出工业用气具有一定的稳定流量，也可为后续仪表用气实施二次净化储备压缩空气。贮气罐的结构及符号如图 10-7 所示，贮气罐通常采用上、下端盖与中间圆筒焊接结构。出气口在上，进气口在下，为了进一步分离压缩空气中的油水杂质，使出口气流充分稳定，不受进口气流波动的影响，应尽可能加大进、出口距离。贮气罐上端装有压力表和安全阀，用以指示罐内空气压力，并调节罐内压力，通常将罐内压缩空气压力调定在工作压力的 1.1 倍；设有清洗孔、工具操作孔，以便清理检查，下端装有排放阀，用来排放沉积的油、水及杂质等。

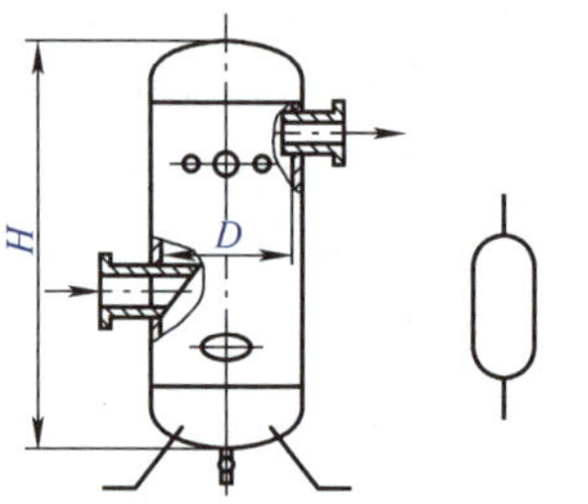

a) 基本结构　b) 图形符号

图 10-7 贮气罐及图形符号

贮气罐容量 V_c 的大小，可根据系统用气量与空压机供气能力进行设计和选用，为使两者平衡，可参考下式计算

$$V_c \geqslant Tp_0(q - q_z)/(p_1 - p_2) \tag{10-2}$$

式中 T——系统运行周期（一个工作循环所用时间）(s)；

p_0——大气压力，0.1013 MPa；

q、q_z——系统耗气量、空压机供气量（m^3/s）；

p_1、p_2——贮气罐内气体允许的最高、最低压力（MPa）。

在系统一个工作循环周期内，$q < q_z$ 时，空压机向贮气罐充气；当 $q > q_z$ 时；贮气罐向系统供气，以保证系统用气量与空压机输气量之间的平衡。

如果设置贮气罐是以消除压力波动为目的时，通常可参考经验确定法，如 $q_z < 0.1\ m^3/s$ 时，取 $V_c = 12\ q_z$；$q_z < 0.1 \sim 0.5 m^3/s$ 时，取 $V_c = 9\ q_z$；当 $q_z > 0.5 m^3/s$ 时，取 $V_c = 6\ q_z$。

设计贮气罐时，通常首先确定其容量 V_c，然后按照贮气罐高度 $H = (2 \sim 3)D$ 的关系来确定贮气罐内径 D。目前，已有将贮气罐与后冷却器、油水分离器作成一体结构的形式，使得气源系统的结构得以简化。

4. 干燥器

空压机输出的压缩空气经一次净化处理后，基本可供工业用气，但对于要求较高的气压传动系统特别是精密机械、仪表、射流元件等装置，为了防止压缩空气中所含水分腐蚀气动元件，还需要经过再干燥及二次净化处理。干燥器通常安装在一次贮气罐出口，用来吸收和排除水分、油分和杂质，使湿空气变成干空气的装置。气压系统使用的干燥器种类较多，如冷冻式、吸附式、机械式、离心式及高分子隔膜式等，工业气压传动系统常用的主要是冷冻式和吸附式干燥器。

冷冻式干燥器是使潮湿的热压缩空气流入热交换器的外筒被预冷，再流入内筒受到空气冷却器冷却到压力露点（2～10℃），使压缩空气析出超过饱和气压部分的水分。在此过程中，水蒸气被冷凝成水滴，然后经自动排水器排出。除湿后的冷压缩空气通过热交换器外筒内侧，使空气温度上升。也可以利用制冷剂直接蒸发或用冷却液间接冷却方法使压缩空气干燥。

图 10-8 所示为吸附式干燥器及干燥器图形符号。吸附式干燥器是利用硅胶、铝胶、焦炭、分子筛等吸附剂来吸收压缩空气中的水分，进而使其变为干燥空气的装置。工作时，压缩空气从进气管进入干燥器，通过上端吸附剂层、铜丝过滤网、上栅板及下吸附剂层后，一部分水分被吸收；之后经过铜丝过滤网将灰尘和其他固态杂质滤除后，从排气管排出。

通常，干燥器中的吸附剂吸收一定水分达到饱和状态后，即失去吸附能力，这时可利用干燥空气或其他方法去除其所吸水分，使吸附剂再生后可再利用。因此，气源装置中常设置两套干燥器，保证其中一套再生期间可交替使用。

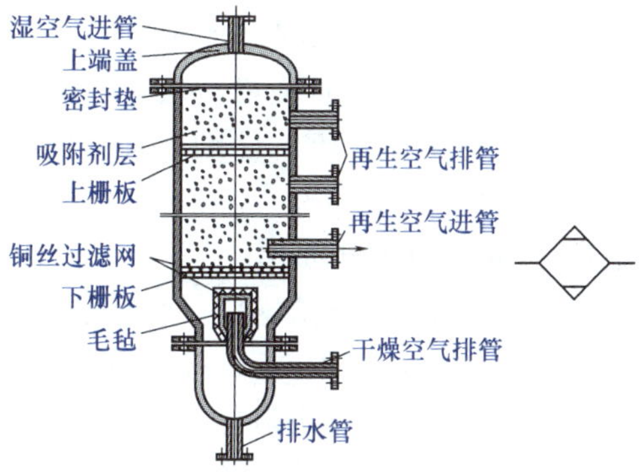

图 10-8　吸附式干燥器结构简图及图形符号

第二节　气动辅助元件

气压传动系统中的辅助元件主要包括过滤器、油雾器、消声器、管道及管路附件等。

一、过滤器

为了滤除空气中所含的杂质，气压传动系统的前置设备中必须安装过滤器。通常可将过滤器分为一次过滤器、二次过滤器和高效过滤器。一次过滤器也称简易过滤器，装于空压机吸气口前，主要采用滤网、毛毡、焦炭、泡沫塑料或金属网等作为吸附材料，其滤灰效率可达 50% ~70% 。二次过滤器也称分水滤气器，通常根据系统要求的过滤精度和自由空气流量来选用，其滤灰效率为 70% ~90% 。高效滤气器置于二次滤气器之后，其滤芯孔径很小，滤灰效率可达 99%，通常作为高精密气压传动系统的净化设备使用。

图 10-9 所示为分水滤气器的结构简图及图形符号。压缩空气从输出口进入后被隔板挡住不能直行，而被引至旋风叶片上，由于叶片上带有许多成一定角度的小缺口，因此气流沿着存水杯圆周方向产生强烈旋转。空气中夹杂的水滴、油分杂质等在离心力作用下与存水杯内壁发生碰撞，最后从空气中分离出来落于杯底。压缩空气在高速旋转过程中，通过滤芯流向出口时又被滤芯将一部分水分、杂质和灰尘滤除，最后被净化的气体从出口输出。滤芯下面的挡水板是防止将存水杯底部积存的灰尘和污水卷起，适当时可打开排水阀将污水放出，也可在杯底安装自动排水阀，当积水达到一定高度时，利用浮筒自动打开阀门排出污水。

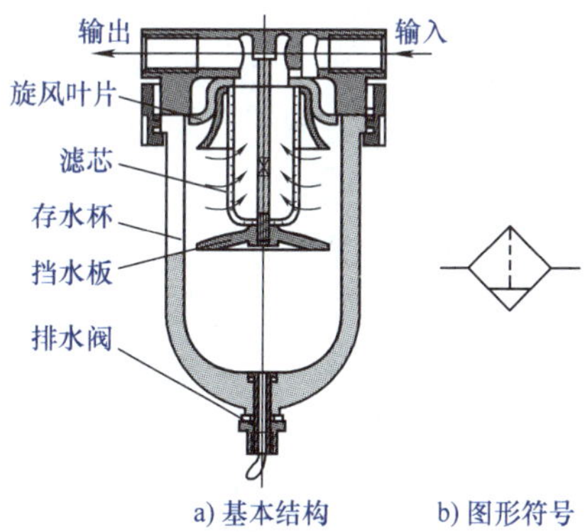

图 10-9　分水滤气器结构简图及图形符号

分水滤气器应垂直安装，按照过滤器外壳所标方向正确接入进、出口。分水滤气器可以单独使用，也可以与减压阀和油雾器组合使用，但须注意按照分水滤气器、减压阀、油雾器的顺序安装。现在已有将这三个元件插装在一起的组合件，称为气动三联件，这种组合件结构紧凑，使用、安装及更换都很方便。

二、油雾器

以压缩空气为工作介质的气压传动系统中，不能采用普通的方法对气动元件进行润滑。因此，在气源装置的组成中，需要设置供气动元件润滑用的油雾器。油雾器是起动系统中一种专用的注油装置，它以压缩空气为动力，将润滑油喷射成雾状后与压缩空气一起进入回路实现气压元件的自动润滑。采用这种方法注油，具有润滑均匀、稳定，耗油量少等优点。

1. 油雾器的工作原理

油液经油雾器后变成雾状颗粒，是利用了引射原理实现的。所谓引射原理是从喷管喷出一股流体，由于质点的相互摩擦、碰撞，使它具有卷吸周围静止流体的作用，主射流将自身的一部分能量传递给周围流体，从而夹带着周围一部分流体一起向前运动。即利用一股较高速度的流体射流将另一股静止或低速流动的流体吸入并相互混合后，一起流动的引射现象完成了油液雾化的过程。油液被雾化的过程是在油滴被引入高速气流后的瞬间完成的，气流的速度和压力越高，雾化的油粒越小。

油雾器的工作原理及图形符号如图 10-10 所示。假设压力为 p_1 的压缩空气气流从左向右流经文氏管后压力降为 p_2，当输入压力 p_1 与 p_2 的压差 Δp 大于把油液吸至排出口所需压力 ρgh（ρ 为油液密度）时，油液将被吸至油雾器上部，在右端排出口处形成油雾并随压缩空气输送到系统各处，实现对气动元件的油雾润滑。

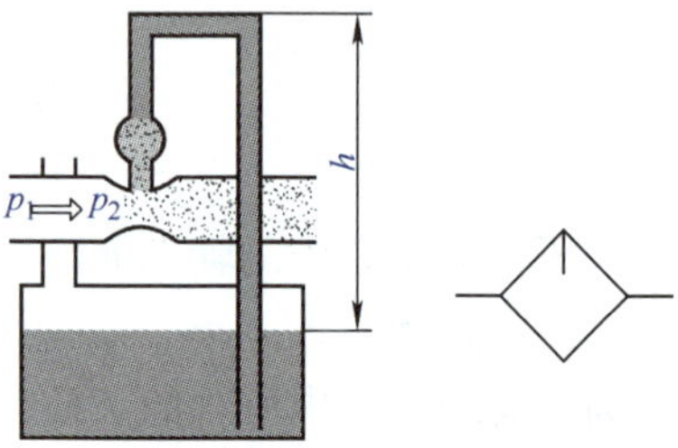

图 10-10 油雾器的工作原理及图形符号

气动系统工作中，油雾器油杯中的润滑油位应始终保持在油杯上、下限刻度线之间。油位过低时，吸油管口高于油面，会中断吸油；油位过高，会使气流与油液直接接触，带走过多润滑油造成管道内油液沉积。贮油杯一般用透明聚碳酸酯制成，可清楚地看到杯中的贮油量和清洁程度，以便及时补充、净化或更换油液。

2. 油雾器分类

根据油雾器雾化油液的程度，通常将油雾器分为一次油雾器和二次油雾器两种。

（1）一次油雾器　一次油雾器是指润滑油在油雾器内只经过一次雾化，雾化后的油雾粒径约为 20 ~ 35 μm，一般可输送距离为 5m 左右，适用于一般气动元件润滑。一次油雾器可在不停气的情况下加油，应用比较广泛。

（2）二次油雾器　通常将油液在油雾器内进行两次雾化的油雾器称为二次油雾器。油液经过两次雾化后，油雾颗粒更加均匀，粒径可达 5μm，润滑效果大为提高。油雾的传输距离较远，适用于气马达和气动轴承等对润滑效果要求较高的场合。

3. 油雾器的选用及安装

油雾器的选用主要根据气动系统所需气体流量及油雾粒径要求确定，一般气动系统可选用一次油雾器，要求较高的气动系统考虑选用二次油雾器。油雾器的供油量根据使用条件不同而不同，一般以 $10m^3$ 自由空气供给 1mL 的油量为标准。

油雾器一般安装在减压阀之后，尽量靠近换向阀。油雾器通常需要垂直安装，不可倒置或倾斜，并且安装时，进、出口不能接错。

在许多气动应用场合，如食品、药品、微电子等行业不允许使用油雾润滑，而且油雾还会影响测试仪器的测试精度，而且对人体健康有一定影响，所以目前无油润滑技术的应用越来越广泛。

4. 气动三联件

在气动系统中，将分水滤气器、减压阀和油雾器按顺序组合在一起使用，通常称为气动三联件，其图形符号如图 10-11 所示。由于减压阀内部有阻尼小孔和喷嘴，这些小孔容易被杂质堵塞而造成减压阀失灵，进入减压阀的气体要通过空气过滤器进行过滤。而油雾器中产生的油雾为避免受到阻碍或被过滤，则应安装在减压阀的后面。因此，气动三联件必须按照分水滤气器—减压阀—油雾器的顺序安装，不能颠倒。

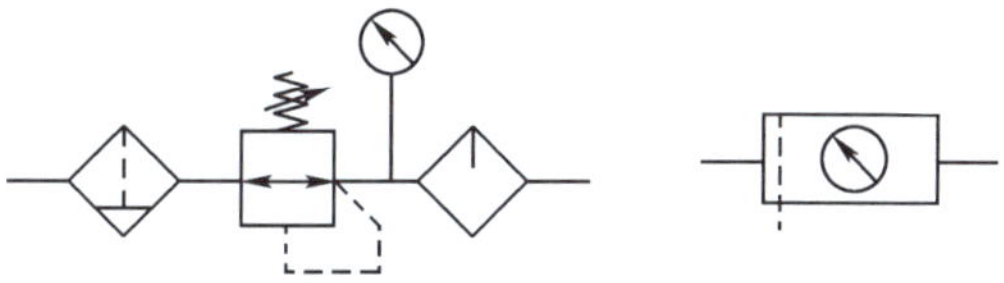

a) 完整符号　　b) 图形符号

图 10-11　气动三联件的图形符号

目前，新结构的气动三联件插装在同一支架上，形成无管化连接，结构紧凑、装拆及更换方便，应用普遍。采用无油润滑的气动回路则不需要油雾器。

三、消声器

气动系统工作时，通常产生的噪声都比较大，特别是当压缩气体直接从气缸或换向阀排向大气时，由于阀内的气路复杂又狭窄，压缩气体以接近声速（340 m/s）的流速从排气口挤出后，气体体积急剧膨胀，引起气体振动，产生强烈排气噪声。排气速度和功率越大，产生的噪声也越大，有时可达 100 ~ 120 dB，危害人身健康及破坏周围环境。为消除或减轻这种噪声带来的危害，需要在起动装置的排气口处安装相应的消声装置。一般，常用的气动消声器主要有吸收型、膨胀干涉型和膨胀干涉吸收型三种类型。

吸收型消声器是利用玻璃纤维、毛毡、泡沫塑料、烧结金属或烧结陶瓷等消声材料来降低噪声的消声装置，其基本结构形式和图形符号如图 10-12 所示。其工作时，气流通过消声罩受到消声材料的阻碍，一部分声波被吸收而转化为热能，通常可降低噪声 20dB。其主要用于消除中、高频噪声，特别对刺耳的高频声波滤除效果比较显著，应用也比较广泛。

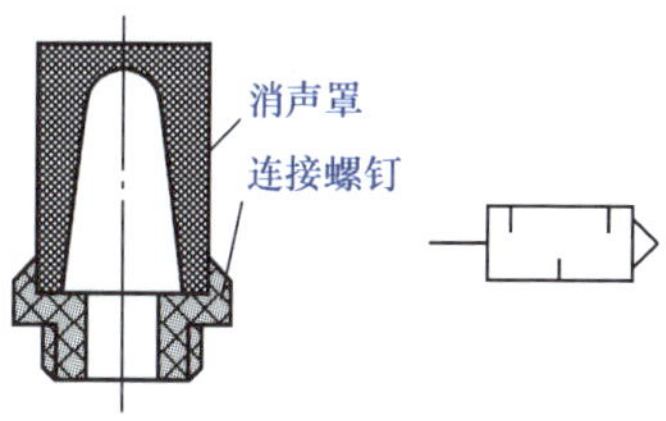

a) 结构示意　　b) 图形符号

图 10-12　吸收型消声器和图形符号

膨胀干涉型消声器结构简单，相当于一段比排气口径略大的管件，气流通过时在其内部扩散、膨胀、碰撞并干涉而消除噪声，主要用于消除中、低频噪声。膨胀干涉吸收型消声器是由综合上述两种消声器的特点组合而成，工作时，通过气流在其内部经历膨胀干涉后，再经消声材料而排入大气。因此，噪声消除效率较高，据资料介绍，这种消声器对低频声波可消除 20dB，对于高频声波可消除 45dB。一般，消声器的选择主要依据是排气口直径的大小及噪声频率范围。

四、其他辅助元件

气动系统中，除去上述介绍的辅助元件外，还有许多转换器、延时器、程序器以及管道及各种管接头等。（在此从略）

习　题

10-1　简述气源装置的组成及各组成元件的作用。

10-2　说明空气压缩机的工作原理。

10-3　气压传动系统中为什么需要设置贮气罐？

10-4　简述过滤器的工作原理。

10-5　简述油雾器的工作原理及其作用。

10-6　什么是气动三联件？它们在气源装置中分别起什么作用？为什么需按顺序安装？

第十一章 气动元件及其应用

学习要点：需要掌握气缸、气马达的主要类型，功用及选用方法。气动减压阀是气压传动系统最重要压力控制元件之一，应掌握它的减压原理和基本结构。气动梭阀、双压阀和快速排气阀具有特殊的方向控制功能，必须区分它们的职能符号和基本功用。

第一节 气动执行元件及其应用

气动执行元件是将系统中压缩空气的压力能转换为机械能的能量转换装置，主要包括气缸和气马达两大类。

一、气缸

气缸主要利用压缩空气的压力实现直线往复运动，特殊气缸也可实现相对转动。

1. 气缸的分类、工作原理及特点

气缸的种类及其分类方法比较多，按压缩空气压力对活塞作用的方式，可分为单作用气缸和双作用气缸；按气缸的结构特征，可分为活塞缸、柱塞缸、膜片缸及摆动缸等；按安装方式不同，还可分为脚座式、法兰式、耳环式和耳轴式气缸等；此外，按气缸的功能应用，还可分为普通气缸和特殊气缸等。

（1）普通气缸　普通气缸是指常用活塞缸或柱塞缸等，用于安装、功能或动作等无特殊要求的场合。

1）结构及工作原理。普通气缸与液压缸结构相似，图 11-1 所示为典型普通气缸的基本结构。主要由缸体、前端盖、后端盖、活塞、活塞杆等组成，两端盖上设有进、排气口，通常在端盖内设有缓冲机构。为了防止活塞杆伸出、缩进时漏气或外部灰尘带入缸内，在前端盖处内孔与活塞杆之间加设了防尘圈和密封圈。在前端盖内孔处安装了由耐磨材料制成的导向套，以防止活塞与端盖之间产生磨损，延长气缸的使用寿命，并保证活塞杆中心与缸体中心重合。

除去工作介质不同以外，气缸的工作原理与液压缸完全相同。

2）速度特性。由于气体具有较大的可压缩性，因此，气缸活塞的运动速度通常是指其平均速度而言。一般气缸活塞的运动速度在 50～500mm/s 之间，当速度小于 50mm/s 时，受

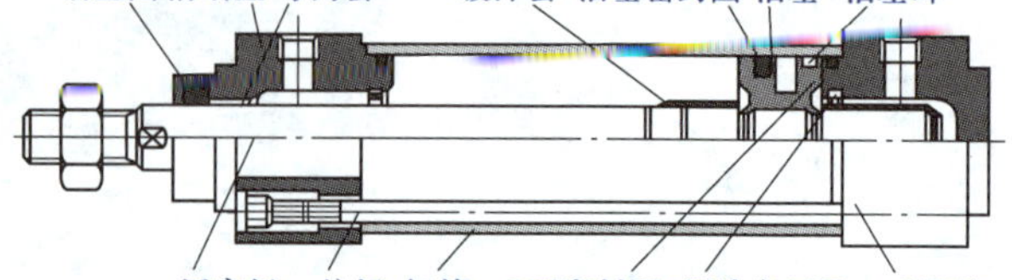

图 11-1 普通气缸结构

摩擦阻力增大和气体可压缩性的影响，使运动平稳性大为降低，甚至会导致活塞运动出现时走时停的“爬行”现象。如果速度高于500mm/s，活塞高速运动产生的摩擦热急剧上升，使气缸密封件受损、加大行程末端的冲击力，降低气缸使用寿命。

3）输出力。气缸的输出力的计算与液压缸完全相同，但考虑到活塞等运动部件的惯性力、摩擦力及负载的动态特性等因素的影响，实际输出力要小于理论计算输出力。以单活塞杆气缸为例，通常可按经验公式计算如下

$$F_1 = \eta p \pi D^2/4 \tag{11-1}$$

$$F_2 = \eta p \pi (D^2 - d^2)/4 \tag{11-2}$$

式中 F_1、F_2——作用于气缸无杆腔、有杆腔活塞上的压缩气体推力（N）；

D、d——活塞、活塞杆直径（m）；

p——气缸工作压力（Pa）；

η——考虑各种运动阻力及负载动态特性等因素的效率系数。

效率系数 η 与负载压力和活塞运动速度有关，其值随负载压力增大而增大，随活塞运动速度增大而减小。单纯从负载压力变化来看，当负载力在0.16～1MPa之间变化时，η 则在0.1～0.7之间取值。当气缸低速运动，如气动夹紧低速压铆、压焊等，活塞运动速度 $v<50$mm/s时，$\eta \leqslant 0.7$；活塞运动速度 $v=50\sim500$mm/s时，$\eta \leqslant 0.5$；而当 $v>500$mm/s时，$\eta \leqslant 0.3$。

4）耗气量。与液压系统不同，气缸工作排气通常将气体排出于系统之外，因而需要计算其耗气量。比如气缸活塞以最大速度运动时所需空气量称为最大耗气量，而计算最大耗气量，是为了选用空气处理元件、控制元件及配管直径等。气缸平均耗气量则是指气缸在气动系统中一个工作循环周期内所消耗的空气流量，计算平均耗气量，用于选用空气压缩机、计算运转成本等。显然，计算得出最大耗气量与平均耗气量之差值，即为选用贮气罐容积的参考依据。

实际上，气缸耗气量与缸体结构、运动时间和相应的管路容积等有关。由于一般连接管路容积比气缸容积小得多，可以忽略，因此，活塞一个工作行程所需压缩空气量

$$q = \pi(2D^2 - d^2)s/4\eta_v T \tag{11-3}$$

式中 D、d——活塞、活塞杆直径（m）；

s——气缸有效工作行程（m）；

η_v——气缸容积效率，一般取0.9～0.95；

T——活塞一个工作往复行程所需时间（s）。

由于每台气动设备所需工作压力不同，通常把不同压力下的压缩空气流量换算成标准大气压力下的自由空气流量

$$q_z = [1 + (p/p_0)]/q \qquad (11\text{-}4)$$

式中　p、p_0——气缸工作压力、标准大气压力（MPa）；

q——气缸一个往复工作行程的空气耗量（m^3/s）。

（2）特殊气缸　所谓特殊气缸是指气缸结构特殊，或用于具有特殊运行功能、方式等场合下的气缸。常用的特殊气缸的分类简图、工作原理及特点参照表 11-1。

表 11-1　特殊气缸分类、工作原理及特点

名称	简图	工作原理及特点
差动气缸	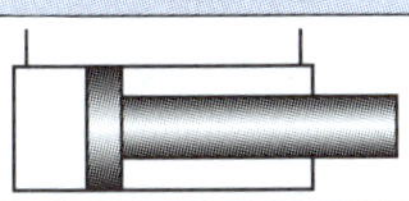	活塞两侧有效工作面积差值较大，利用压力差原理使活塞往复运动，工作时有杆腔始终通入压缩空气，气推力和速度均较小
双活塞气缸	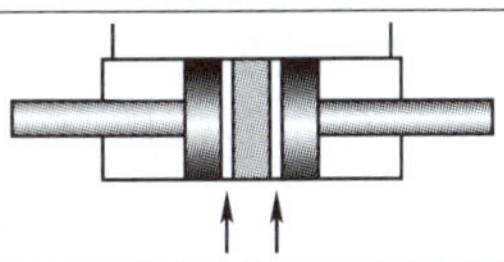	可以操纵两个活塞同时向相反方向运动，也可控制使活塞同向运动，但输入同样压力和流量的气体，两向运动输出的力和速度不同
多位气缸	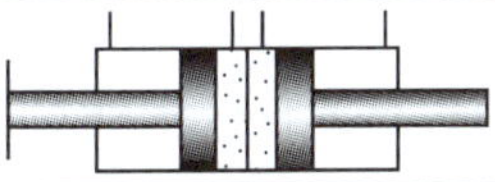	使活塞杆固定时，活塞沿行程长度方向可占有两个位置，当气缸的任一空腔接通气源时，活塞杆即可占有四个位置中的一个
串联气缸	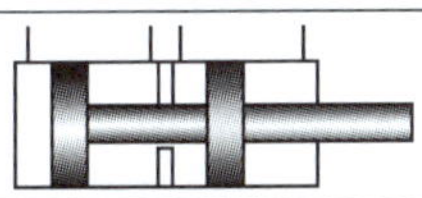	在一根活塞杆上串联多个活塞，由于各活塞有效工作面积之和增大，用以增加输出推力
伸缩气缸	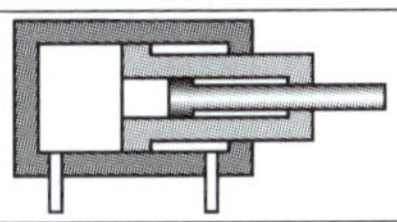	下一级活塞杆是上一级活塞的缸体，使活塞总行程增大，适用于翻斗车气缸；小活塞伸出速度快、推力小；大活塞伸出速度慢、但推力大
冲击气缸	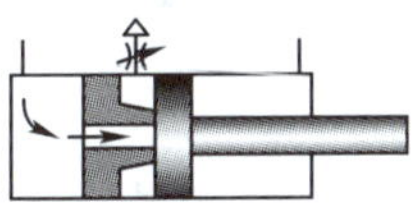	压缩空气通过固定中盖的喷嘴口作用在活塞左端较小面积上，当左腔充气压力足以克服活塞运动阻力推动活塞右行时，聚集在左腔内压缩空气通过喷嘴口突然作用于活塞左端全面积上，产生压力可为气源压力的几倍至几十倍，喷嘴口气流速度可达声速，使活塞产生 10m/s 的运动速度
增压气缸	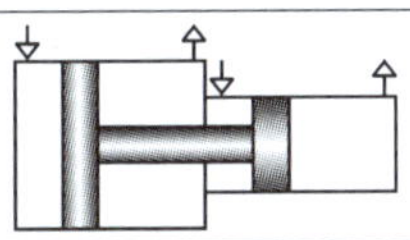	由于活塞杆两端活塞有效作用面积不同，当左腔输入一定压力气体时，连体活塞左端产生的作用力与右端相同，但由于右活塞有效工作面积小，因此压力与面积乘积不变的原理，使得右端小活塞腔可以输出高压气体
气液-增压缸	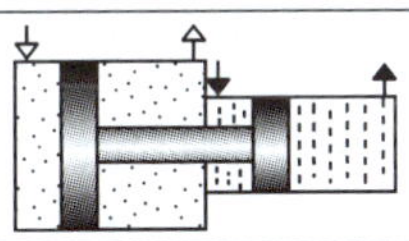	也称气压油缸，可将气压直接转换成油压输出；根据液体不可压缩和力的平衡原理，利用两个连体活塞有效工作面积之差，使压缩空气推动大活塞，而小活塞输出高压液体，液压缸工作油液压力等于压缩空气压力，只适用于传递功率较小的场合
气液-阻尼缸	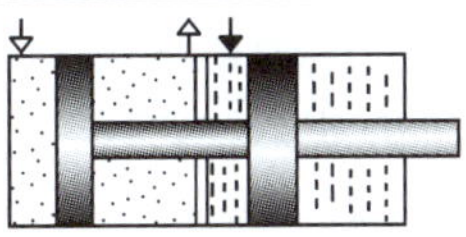	压缩空气推动活塞右行，液压缸活塞右腔油液只能通过节流阀缓慢流入其左腔，对活塞右行运动起阻尼作用，调节节流阀开口度，可以调节活塞右行速度；活塞回程左行时，右腔油液可通过单向阀顺利流向右腔；以压缩空气为动力源，利用液体可压缩性小的特点，输出可调且稳定的运动速度
挠性气缸	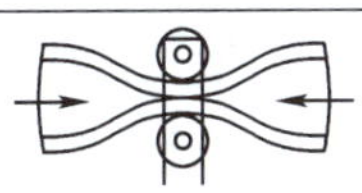	气缸本身为挠性管材，当左端通入压缩空气时，挠性缸体推动滚轮向右滚动，可带动外接机构向右移动；反之，向左移动；常用于所需压力、速度不大的门窗开关
膜片气缸	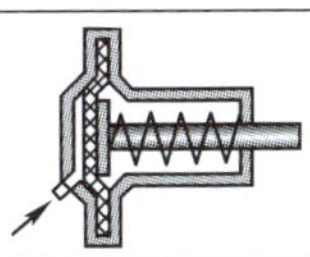	当压缩空气进入缸左腔时，膜片在压力作用下产生变形，并克服弹簧使活塞杆向右伸出做功；活塞位移不超过 40 ~ 50mm，输出力随行程增大而减小；可用于汽车刹车装置、调节阀、自锁机构或夹具起动系统中

除上表中所列出的特殊气缸外，还有一些属于特殊专用气缸，如无杆气缸、锁紧气缸、气爪、摆动气缸等，这些特殊专用气缸在工业气压传动系统中的应用也越来越广泛。

2. 气缸的选用

（1）确定气缸种类　根据工作目的、方式对机构的要求，以及使用场合、负载特点、输出能量特征选择气缸的种类。

（2）确定气缸承载能力　在留有一定裕度的情况下计算负载率，按照工作负载大小、承载形式选定相应的气缸。

（3）确定活塞有效行程　根据工作机构所需运行范围，通常需增加 10mm 左右的行程余量。

（4）确定活塞运动速度　尽可能在普通气缸运动速度范围 0.5 ~ 1mm/s 内选用气缸，为增加系统刚性和防止产生爬行现象，在确定气缸输出运动速度时，应适当考虑在系统中增设节流调速、快速排气等措施。

（5）选择气缸安装方式　根据系统结构布置情况选用气缸的安装方式，但应保证负载作用力方向应始终与气缸轴线方向一致，为了防止偏载，应尽可能使负载作用力中心与活塞中心重合。

二、气动马达

气动马达是将压缩空气的压力能转换成回转机械能的气动执行元件，气动马达工作时，输入压缩空气的压力和流量，输出转矩和转速以使工作机构产生回转运动。

1. 气动马达的分类

气动马达可分为连续回转式和摆动式两大类，此外，还有滑片式和膜片式等。其中，连续回转式气动马达又可分为容积式和透平式两种，气压传动系统中最常用的多为容积式气动马达。

（1）容积式气动马达　容积式气动马达主要有齿轮式马达、活塞式马达和叶片式马达等。

1）齿轮式气动马达。这种马达分双齿轮式和多齿轮式（径向布置多齿轮与主传动齿轮啮合工作）两种形式，转速范围为 1000 ~ 10000r/min，输出功率(1 ~ 50) ×735W，结构简单，噪声和振动较大，效率低。

2）活塞式气动马达。主要有径向活塞式和轴向活塞式两种。其中，径向活塞式气动马达多为径向连杆式，结构复杂，转速范围 100 ~ 1300r/min，输出转矩非常大，输出功率(1 ~25) ×735W，其效率较齿轮式马达高。轴向活塞式气动马达是所有容积式气动马达中效率最高的马达，其转速范围 <3000r/min，功率范围 <5 ×735W，结构紧凑但较复杂。活塞式气动马达在低速时具有较大的功率输出和较好的转矩特性，起动准确，适用于负载较大且要求低速转矩较高的机械，如起重机、绞车及拉管设备中的气压传动系统。

3）叶片式气动马达。可分为单向回转、双向回转和双作用三种类型。叶片式气动马达转速可达 500 ~50000r/min，功率范围为(0.2 ~25) ×735W，结构简单、维修容易。叶片式气动马达低速启动转矩小，低速性能较差，适用于中、低功率机械，如手提风动工具、升降装置和拖拉机等。

（2）摆动式气动马达　摆动式气动马达主要有齿轮齿条式和单、双叶片式等。齿轮齿条式气动马达是利用齿轮齿条啮合传动，将气缸活塞的往复直线运动转换成旋转运动的气动马达。单、双叶片式气动马达靠压缩空气推动叶片绕输出轴旋转，使输出轴旋转向系统提供转矩和转速。单叶片气动马达的摆动角小于 360°，而双叶片气动马达的摆动角则小于 180°，但输出转矩比单叶片马达提高一倍。

2. 工作原理及特点

（1）工作原理　气动马达的工作原理与同类液压马达的工作原理基本相同，结构也相似。其主要区别在于工作介质不同，另外，做完功的气体排至外界空间。如叶片式气动马达工作时，做完功的气体经排气口排出，而残余气体还需经另一排气口进行二次排气。

（2）特点　气动马达的优点是可以长时间满负荷工作，温升较小，可在较大范围内实现无级调速，转速范围为 0～50000r/min，功率可高达几十 kW；具有较高的起动力矩，可以直接带动负载起动；此外，由于工作安全可靠，可用于具有爆炸性瓦斯存在的工作场合，不产生引火爆炸危险；气动马达工作时，不受高温、粉尘及振动的影响，适应性比较强。

气动马达的缺点主要是输出转矩随转速增大而降低、特性较软，工作时噪声大、效率低、输出速度不易控制。

3. 气动马达的选用

气动马达多用于工作条件较差的矿山机械和气动工具中，因此，马达的选用应视负载状态及工作条件而定。特别是在变载荷工作条件下，应考虑速度范围与输出转矩之间的关系。而在均衡载荷条件下工作时，主要考虑输出速度。

第二节　气动控制元件及其应用

气动控制元件是用来控制和调节气压传动系统中各部分压缩空气的压力、流量、流动方向和发送动作信号的元件。根据在系统中的作用和功能，气动控制元件主要可分为压力控制阀、流量控制阀及方向控制阀三大类。此外，还有一些能够实现特殊功能的组合阀类。

一、压力控制阀

压力控制阀的主要作用是控制系统中气体的压力，满足系统各部分的压力要求，使整个系统工作协调。气动压力控制阀主要有减压阀、安全阀及顺序阀等。

1. 减压阀及其应用

减压阀的功用是按照系统工作压力需求，将气源设备提供的较高且波动的气体压力减压至调定值，并保持系统压力稳定。按照压力调节方式，可将减压阀分为直动式减压阀和先导式减压阀两大类。

（1）减压阀分类

1）直动式减压阀。气压传动系统用直动式减压阀是通过调节旋钮改变调压弹簧的预紧量来调整减压阀出口气体压力的，直动式阀也可分为两种，一种是带溢流阀的减压阀，因被减压部分气体直接从溢流口排出而称为溢流式减压阀；另一种是不带溢流阀的减压阀，常称作普通减压阀。

图 11-2 所示为 QTY 型带溢流阀的直动式减压阀的基本结构、图形符号及普通减压阀图形符号。工作时，压力为 p_1 的压缩空气从左端进气口输入，经进气阀口节流后，压力被减为 p_2 从右端出口输出。调节出口压力时，可顺时针旋转调节旋钮压缩调压弹簧，推动膜片、溢流阀座、阀芯向下移动，带动阀芯座压缩底部弹簧使进气阀口开大，输入气体经进气阀口后的节流减压作用减小，使出口气体压力 p_2 增大。如果逆时针方向旋状调节旋钮，阀芯座上移使进气阀口关小，则可使出口气体压力 p_2 减小。

减压阀在工作过程中，被减压后的气体流出时，一部分气体经阻尼管进入膜片下方的膜片气室内，在膜片下方产生一个向上的推力与上端调压弹簧力相平衡，保证出口压力有一个

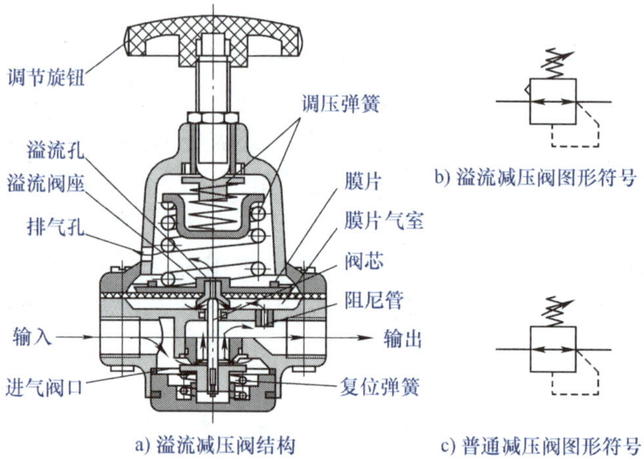

图 11-2 直动式减压阀

稳定值。当输入压力产生波动，如 p_1 瞬时升高，由于阀芯未来得及移动时，出口压力 p_2 也将随之瞬时升高，使得经由阻尼管进入膜片气室内气体压力增大。膜片气室内气体向上推力增大破坏了原来下端气压力与上端调压弹簧力之间作用力的平衡，使膜片向上移动，在下端复位弹簧力作用下，阀芯带动阀芯座向上移动，关小进气阀口，使节流减压作用增强，出口压力 p_2 减小直至基本恢复到原始调定值为止。在膜片上移的同时，气室内少部分气体经溢流孔、排气孔排出阀外，产生了瞬时溢流。如果输入压力 p_1 减小，则瞬时输出压力 p_2 也减小，膜片下移带动阀芯、阀芯座下移使进气阀口开度增大，节流减压作用减弱，使出口压力 p_2 回升到调定压力值，并保持输出压力稳定。

直动式溢流减压阀主要靠进气阀口的节流作用使输出压力减小，膜片上下作用力的平衡及溢流孔的溢流作用可使输出压力稳定，使用适当的调压弹簧可以调节减压阀的减压范围。这种阀可使出口压力降低并保持恒定，因此，也称定值输出减压阀。如果考虑到溢流减压阀工作时由溢流孔排出的气体对周围环境有影响时，可以采用不带溢流阀的普通减压阀。当减压阀输出压力较高或配管口径较大时，必须增大膜片尺寸，如果仍用调压弹簧调压，则需要弹簧具有很大的刚度，这将导致输出流量变化引起输出压力产生较大波动，并使阀的结构尺寸增大。因此，对于调整压力大于 0.7MPa，配管口径超过 20mm 时，通常需要采用先导式减压阀。

2）先导式减压阀。先导式减压阀的工作原理与直动式减压阀基本相同，不同点在于先导式减压阀利用了小型直动式减压阀提供的调压气体代替调压弹簧来调整输出压力。通常，当减压阀的输出压力较高或阀内通径较大时，用调压弹簧直接调压，由于必须采用刚度较大的粗簧径弹簧，导致阀的结构尺寸增大。另外，当流量变化时，输出压力波动也相对增大。因此，为了提高压力输出精度并减小阀体尺寸。通常需要采用先导式减压阀。先导式减压阀由一个小型直动式减压阀和主减压阀组成，先导阀调压，主阀减压。如果把小型直动式减压阀与主减压阀一同装在阀体内，称为内部先导式减压阀。若将小型直动式减压阀置于主阀体之外，则称之为外部先导式减压阀。

① 内部先导式减压阀　图 11-3 所示为内部先导式减压阀及其图形符号。其结构与直动式减压阀大体相似，但增加了喷嘴、挡板、固定节流孔及中气室所组成的喷嘴挡板放大环节。压缩气体从输入口进入经进气阀口被节流减压后，从输出口流出，当输出压力发生变化

时，通过孔道进入中气室的气体压力也发生变化，推动上膜片产生移动。当喷嘴与挡板之间的距离发生微小变化时，会使中压室内气体压力发生很明显的变化，导致下膜片产生较大移动，进而控制阀芯上下移动，使进气阀口开大或关小去控制出口压力。

② 外部先导式减压阀　图 11-4 所示为外部先导式减压阀的主阀，其主阀的工作原理与直动式减压阀基本相同。置于主阀外部的小型直动式减压阀（图中未画出）向主阀输入压缩气体，控制主阀芯移动使阀口开大或减小，以向出口输送低压气体。利用外部先导式减压阀进行调压时，应先由低压向高压调节，逐步调至预定值。

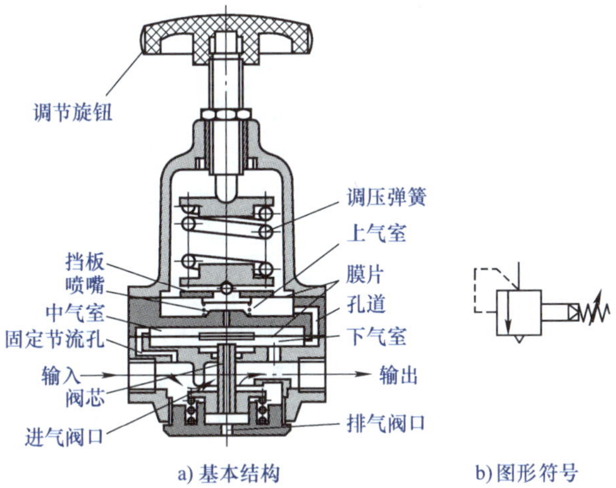

图 11-3　内部先导式减压阀及其图形符号

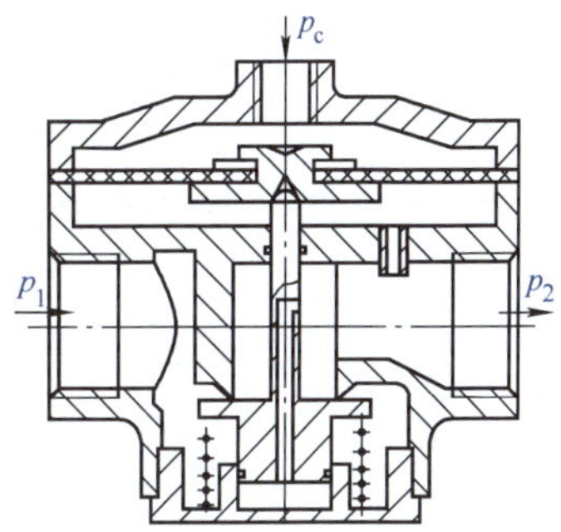

图 11-4　外部先导式减压阀

外部先导式减压阀使用于通径在 20 ~ 30mm 的远距离传输、系统置于高处或系统工作环境较危险和调压困难的场合。系统停车或减压阀暂时不用时，应把手柄放松，使弹簧尽可能处于松弛状态，避免膜片长时间受压变形而影响调压精度和使用寿命。

（2）减压阀的基本性能

1）调压范围。调压范围是指减压阀输出压力的可调节范围，要求减压阀在其调压范围内工作时，能够保证减压精度，并在减压过程中调定压力的波动尽可能小。减压阀的调压范围主要与调压弹簧的刚度有关，直动式减压阀中通常采用两个调压弹簧进行调压，以使输出压力在高、低调定值下都可获得稳定的流量特性。当两个弹簧并联调压时，低压范围内只用刚度小的弹簧调压，而在高压范围内则由两个弹簧共同调压；两个弹簧串联调压时，低压范围内两个弹簧共同调压，高压范围内则用刚度较大的弹簧调压。

2）压力特性。当输出流量不变，因输入压力变化而引起输出压力波动的性能，称为减压阀的压力特性。减压阀的输出压力波动越小，即受输入压力变化的影响越小，则减压阀的压力特性越好。

3）流量特性。当输入压力不变，输出压力随输出流量的变化而变化的性能，称为减压阀的流量特性。输出压力受通过阀内气体流量变化的影响越小，则减压阀的流量特性越好。通常，减压阀工作输出压力较低时，其流量特性较好。

（3）减压阀的应用　在气压传动系统中，减压阀是必不可少的压力控制元件，首先在气源装置中需要将空压机输出的不稳定压缩空气降低为相应的稳定压力。其次，在需要定位、夹紧、分度、控制等支路上往往应提供稳定、压力较低的压缩空气，因此，在这些支路上需要串联一个减压阀构成减压回路。有时，为了保证减压回路正常工作，防止系统压力降低时减压阀出口气体倒流，常在减压阀后串联一个单向阀，并可起到短时保压作用。图 11-5 所示为利用溢流式减压阀的压力控制回路。

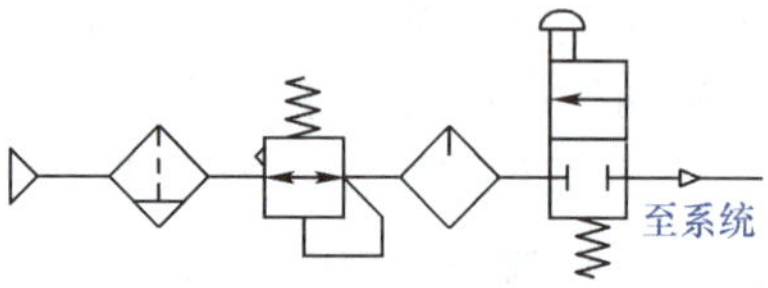

图 11-5 利用溢流式减压阀的压力控制回路

选择减压阀的依据主要是阀的调压精度、调压范围及其压力特性和流量特性，再根据所通过的最大流量选择减压阀的通径。用于气源装置的减压阀，应使减压阀的最大调整压力低于空压机输出压力 0.1MPa。此外，为使减压回路可靠地工作，应使减压阀的最高调整压力低于系统压力一定值。安装时，应按气流方向和减压阀上所示箭头方向，依照分水滤气器、减压阀、油雾器的顺序安装。调压时，应由低压向高压调节至所需调定值。当减压阀长期不使用时，应将调节旋钮旋至使膜片不受调压弹簧压力作用的状态，以避免膜片受压变形而影响调压精度。

2. 顺序阀

气压传动系统中，通常将顺序阀与单向阀组合成单向顺序阀使用，在回路中根据气体压力的大小控制各种执行元件按照预定顺序动作。图 11-6 所示为单向顺序阀的工作原理及符号。当压缩空气由 P 口输入时，气体压力与弹簧预紧力作用方向相同，单向阀关闭，当作用于活塞下表面的气体压力大于阀芯上端弹簧预紧力、活塞自重及其滑动摩擦力之和时，活塞被顶起向上移动，使阀口开启如图 11-6a 所示，压缩空气经阀腔内通道从 A 口输出。当气源换气时，由于活塞下腔气体压力迅速下降，在上端弹簧力作用下，活塞下行将阀口关闭。此时活塞下端右腔压力高于左腔压力，在压力差作用下，克服单向阀弹簧预紧力将单向阀打开，反向的压缩空气经 A 口、单向阀由 T 口排出，如图 11-6b 所示。调节上端旋钮，可以调节顺序阀的开启压力。

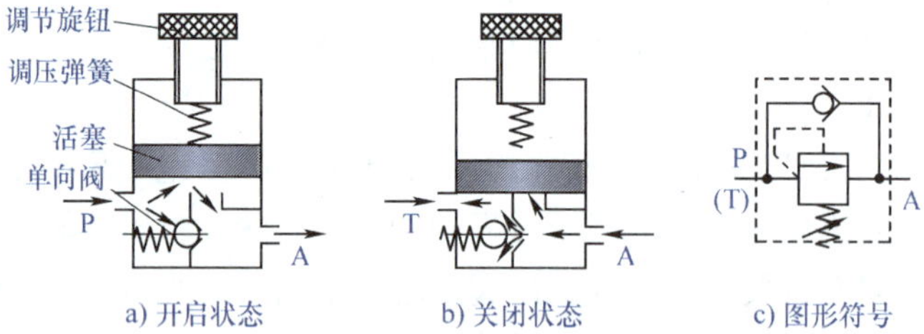

图 11-6 单向顺序阀的工作原理及图形符号

3. 安全阀

气动系统中的安全阀主要用于贮气罐或回路中，当压力超过某测定值时，安全阀打开，将贮气罐或系统中的一部分气体排入大气，起过压保护作用。安全阀又称溢流阀，通常有活塞式、球阀式和膜片式，它们都是靠弹簧提供控制力，调节弹簧预紧力可改变安全阀调定值大小，称为直动式安全阀。图 11-7 所示为球阀阀芯安全阀的工作原理及图形符号。当系统压力低于安全阀调定值时，阀处于关闭状态，如图 11-7a 所示。如果系统压力大于安全阀调定压力时，如图 11-7b 所示，气体压力克服调压弹簧的预紧力推动球阀阀芯向上移动，打开阀口使系统内的一部分压缩空气排向大气，直到系统压力降至安全阀调定值时，球阀阀芯回落，阀口又重新关闭。安全阀的开启压力可以通过调节旋钮改变弹簧被压缩量来调整。

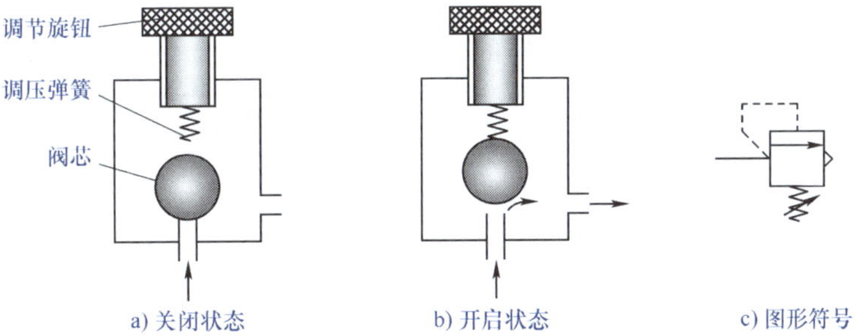

图 11-7 球阀安全阀的工作原理及图形符号

气动安全阀也有先导式，这种阀由小型制动阀提供控制压力，利用膜片上的硬芯作为阀芯控制阀口的开启或闭合。先导式安全阀的压力特性较好，动作灵敏，但其最大开启力较小。

二、流量控制阀

流量控制阀通过改变节流口通流面积的大小或通流通道的长短来改变局部阻力的大小，实现压缩空气流量的控制。通过流量控制阀的调节，进而控制气动执行元件的运动速度、信号的延迟时间及气体缓冲能力等。常用的流量控制阀主要有节流阀、单向节流阀、排气节流阀及柔性节流阀等。

1. 节流阀

节流阀的基本结构及图形符号如图 11-8 所示，压缩空气由进气口 P 进入节流阀，经节流口节流后从 A 口输出。调节旋钮可以改变节流口开度大小，从而控制压缩空气的节流量。常用节流阀主要有针阀型、三角沟槽型和斜切圆柱型，图示为斜切圆柱型节流阀。

2. 单向节流阀

单向节流阀是由单向阀和节流阀并联而成的组合流量控制阀，其基本结构及图形符号如图 11-9 所示。当压缩空气由 P 口进入时，单向型密封圈起密封作用将环向通道隔断，气体经节流阀口节流后，从 A 口输出；反向流动，即由 A 口进入压缩空气时，由于单向型密封圈不起密封作用，气流可经单向密封圈流向 P 口，节流阀不节流。

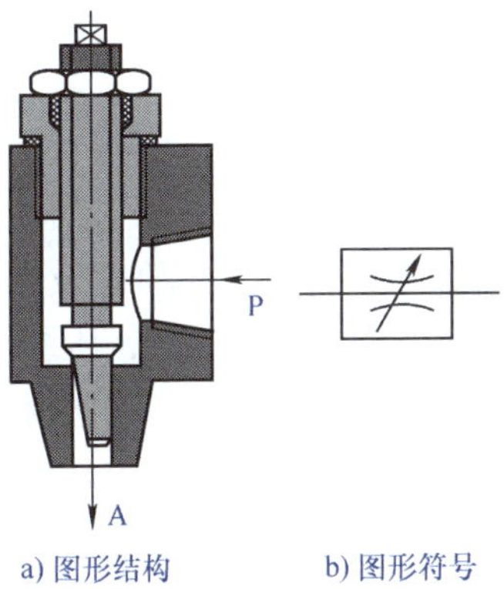

图 11-8 节流阀及图形符号

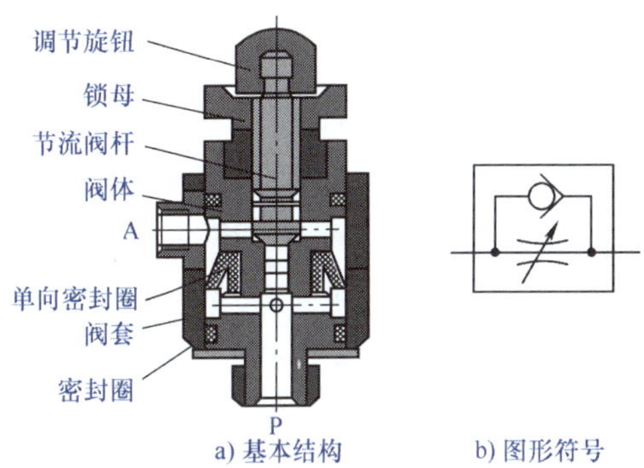

图 11-9 单向节流阀及图形符号

节流阀口的开度大小，可由调节旋钮调节。单向节流阀常用于气缸的调速，如在进、排气节流回路中，或在延时回路中，利用调节节流口开度的方法来调节延时换向时间。

3. 排气节流阀

排气节流阀与普通节流阀具有同样的流量控制功能，不仅能控制执行元件的运动速度，而且还可减轻排气噪音。排气节流阀只能安装在气动装置的排气口处，调节排入大气中的压缩气体流量，以此来调节执行元件的运动速度。图11-10所示为排气节流阀的工作原理及其图形符号。压缩空气由A口进入后，在节流阀口被节流后经消声套排入大气中。将排气节流阀置于换向阀或执行元件的排气口处，可起单向节流阀的作用。

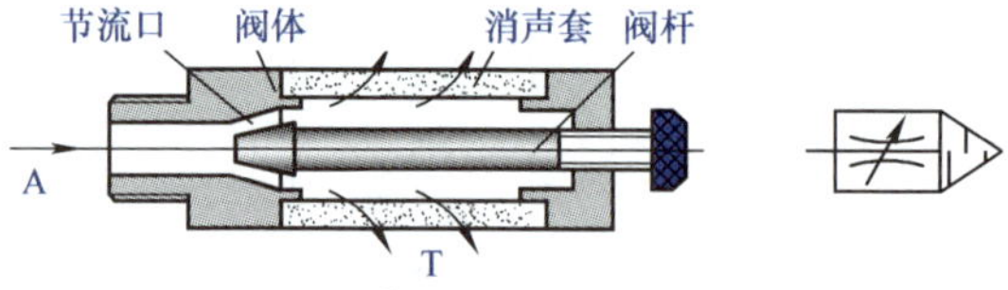

a) 工作原理　　b) 图形符号

图11-10　排气节流阀及图形符号

4. 柔性节流阀

所谓柔性节流阀是指利用刚性压力直接压缩橡胶软管，使之内孔通流截面面积减小，进而使通过软管的气体被节流的节流阀。图11-11所示为柔性节流阀的工作原理图，利用阀杆夹紧带有柔性的橡胶软管，产生使通过管内的压缩空气被节流的效果。据资料介绍，也可以利用气体的压力代替阀杆压迫橡胶软管，实现节流。柔性节流阀结构简单，节流过程中产生的压降较小，工作可靠性较高。

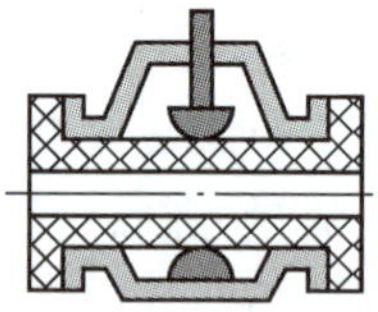

图11-11　柔性节流阀

三、方向控制阀

方向控制阀是用来控制压缩空气的流动方向或气流通断的控制阀。气动方向控制阀与液压方向控制阀的工作原理及分类方法基本相同，按照气流在阀内的作用方向，通常可分为单向型控制阀和换向型控制阀。

1. 单向型方向控制阀

气动单向型方向控制阀只允许气流沿一个方向流通，主要包括单向阀、梭阀、双压阀和快速排气阀等。

（1）单向阀　气动单向阀与液压单向阀的工作原理及作用基本相同。气压传动系统中，在空压机与贮气罐之间就必须设置单向阀，以防空压机工作间歇时贮气罐内的压缩气体向空压机容腔内倒流。此外，单向阀常与节流阀、顺序阀等组成单向节流阀、单向顺序阀用于气动回路中。

（2）梭阀及其应用

1）工作原理。梭阀是由两个单向阀反向串联而成的组合阀，其输入输出呈现逻辑“或”的关系，因而有时也称为“或门”阀。图11-12所示为梭阀的工作原理及图形符号。梭阀有两个进口P_1和P_2，一个出口A，当其中一个进口进气，如P_1进气时，压缩气体将阀芯推向另一个进口P_2侧，A口有气流输出，如图11-12b所示；反之，P_2进气，则将阀芯推至P_1侧，即P_2与A构成气流通路，如图11-12c所示。当P_1和P_2同时进气时，A口与气体压力高的一侧导通，而另一侧则自动关闭。该阀的两个输入口中，只要有一个有气流输入，输出口A就有信号输出；如果两个输入口都无信号输入时，A口才无信号输出，恰好符合逻辑“或”的关系。

2）应用。在气压传动系统中利用梭阀可将控制信号有次序地输入执行元件，使系统具有选择信号的功能，还可用于高、低压转换回路。另外，在手动控制与自动控制的并联回路中也常使用梭阀。如图 11-13 所示，利用梭阀只允许单口进气的特点，在多方式控制回路中，可使手动换向阀和电磁换向阀分别实现气流控制，用来操纵气缸动作。

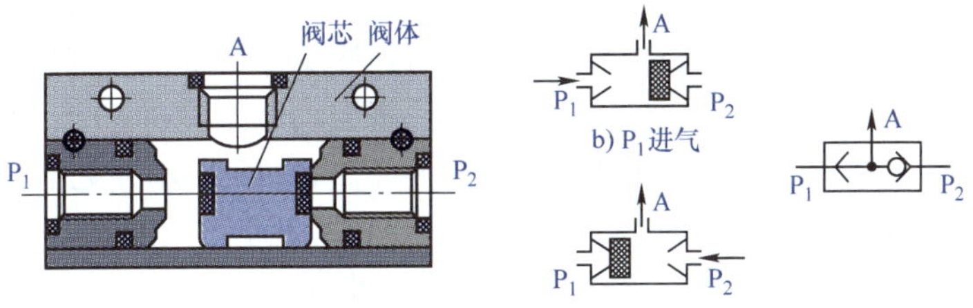

a) 结构简图　c) P_2进气　d) 图形符号

图 11-12　梭阀工作原理及图形符号

（3）双压阀

1）工作原理。图 11-14 所示为气动双压阀的工作原理及图形符号。该阀具有一个可在垂直于输出方向作往复滑动的阀芯，有两个输入口 P_1、P_2，一个输出口 A。当 P_1 或 P_2 单独进气时，阀芯都被推至堵住输出口的位置，因此，无气流输出，如图 11-14b所示；只有当 P_1 和 P_2 同时进气时，则 A 口才有输出，如图 11-14c 所示；而当 P_1 与 P_2 输入气体压力不等时，则气压较低侧的气流将通过 A 口输出。这种阀只有两个输入口同时有压力气体输入时，输出口才有气流输出，即输入输出呈逻辑“与”的关系，因而也称为“与门”阀。其图形符号如图 11-14d 所示。

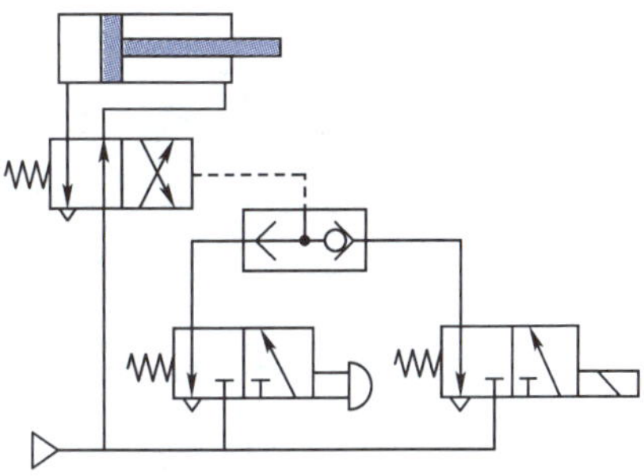
图 11-13　梭阀的应用

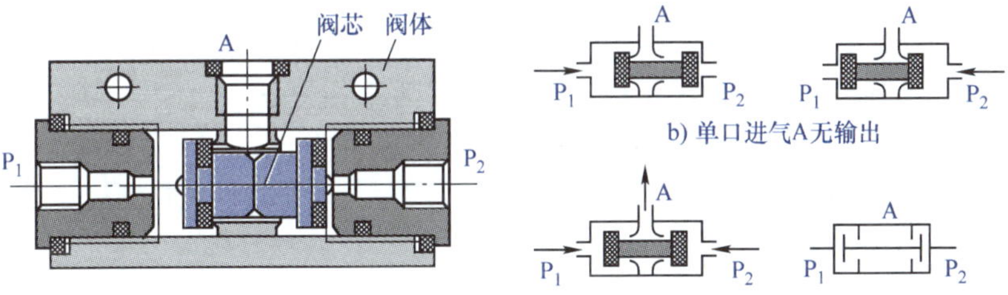

a) 结构简图　c) A有输出　d) 图形符号

图 11-14　双压阀工作原理及图形符号

2）应用。双压阀在气压传动系统中应用很广泛，常可用于双重控制系统中。如图 11-15 所示，利用双压阀可以实现互锁回路。当二位三通换向阀 A 或 B 单独通气时，双压阀输出口无气流输出，二位四通气动换向阀左位接入回路，使活塞向左移动。如果二位三通换向阀 A 和 B 同时接通上位，则气流信号通过双压阀输出口使二位四通换向阀阀芯左移，实现气缸活塞运动换向。该回路利用双压阀控制二位四通换向阀换向的前提是要求 A、B 两换向阀必须同时发出信号，否则实现互锁。

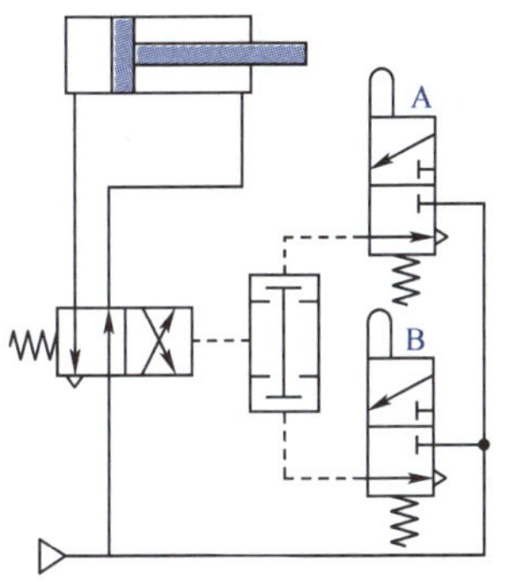

图 11-15　利用双压阀的互锁回路

(4) 快速排气阀　所谓快速排气阀是指当进口压力降到一定值时，出口的压力气体可迅速从排气口排出的方向控制阀。通常情况下，气缸回口排气需要通过管路经换向阀的排气口排出，当气缸与换向阀之间的距离较长时，或换向阀的排气口较小时，因排气时间长而使气缸运动速度减慢。此时，为了提高气缸活塞的运动速度，通常在气缸出口处可设置快速排气阀。据资料介绍，利用快速排气阀排气，可使活塞运动速度提高 4 ~5 倍。

1) 工作原理。快速排气阀的工作原理及符号如图 11-16 所示，它有三个阀口，其中 P 口接气源，A 口接执行元件，T 口通大气。如图 11-16b 中左图所示，当 P 有压力气体输入时，膜片被压下封住排气口 T，气流经过膜片四周的小孔流经 A 口向执行元件供气；P 口无压缩空气输入或当空气压力降低到一定值时，如图 11-16b 中右图所示，执行元件中的气体压力将膜片抬起，封住 P 口使 A 口与 T 口形成通路，即将执行元件中的气体从排气口 T 快速速排出。图 11-16c 是快速排气阀的图形符号。

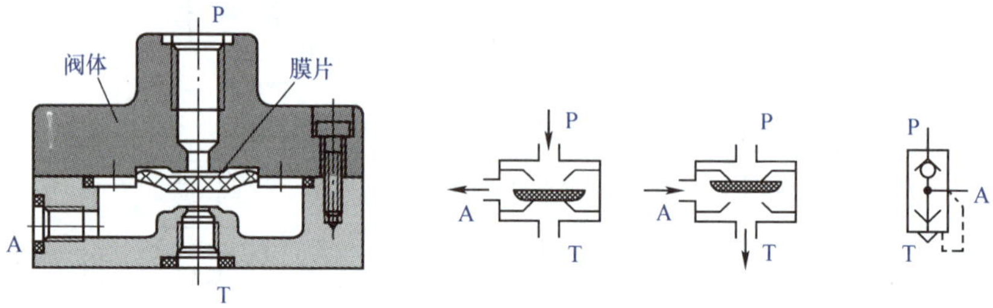

a)基本结构　　b) 工作过程　　c) 图形符号

图 11-16　快速排气阀工作原理及图形符号

2) 应用。图 11-17 所示为采用快速排气阀提高活塞速度的往复运动回路。为了能使气缸快速排气，进而提高活塞的运动速度，在气缸与换向阀之间设置了两个快速排气阀。由于气缸左右运动时的排气都通过快速排气阀排出，提高了活塞往复运动速度。在实际应用中，必须将快速排气阀置于执行元件附近，才能获得较好的快速排气效果。

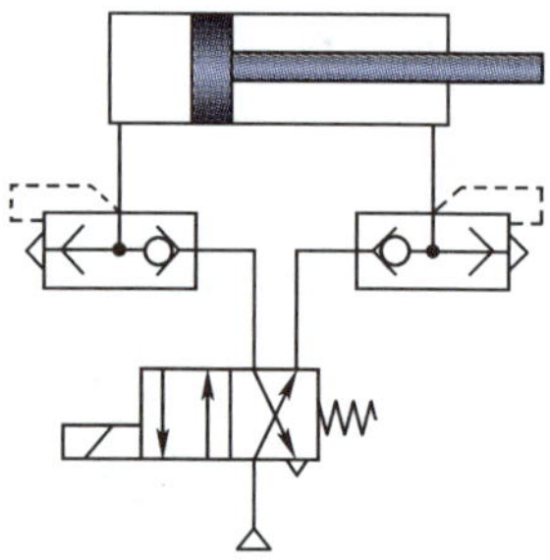

图 11-17　快速排气往复运动回路

2. 换向型方向控制阀

换向型方向控制阀简称换向阀，是通过改变通道使气流流动方向发生变化，进而控制执行元件运动方向的控制阀。换向阀分类方法较多，根据阀芯的结构形式不同，可分为截止式、滑阀式和膜片式等；按阀的控制方式又可分为气压控制、电磁控制、机械控制、人力控制和时间控制；还可按阀芯切换位置和阀体进出管接口数分为几位几通阀。

(1) 气压控制换向阀　利用气体压力使阀芯运动，进而改变气体流动方向的换向阀称为气压控制换向阀，常称气控换向阀。按照作用原理和控制方式不同，气控换向阀分为加压控制、卸压控制和差压控制三种。加压控制是指加在阀芯上的控制信号压力值是逐渐上升的，当气压增至某压力值时推动阀芯移动换向；卸压控制是指加在阀芯上的控制信号压力值逐渐减小，当气压减至某压力值时阀芯移动换向；差压控制是利用阀芯两端有效工作面积或压力不同，使其发生换向的。

滑阀式气控换向阀的结构和工作原理与液动换向阀基本相同。这里，介绍几种常用的截止式气控换向阀。一般，截止式气控换向阀的开启和闭合是利用大于管路直径的圆盘从端面进行控制的，通常可分为单气控和双气控形式。

1）单气控截止式换向阀

图11-18所示为二位三通单气控截止式换向阀的工作原理及符号。图11-18a是控制口K无控制信号状态，阀芯在中腔气体压力与弹簧预紧力作用下向上抬起关闭下阀口，使P口与A口断开，A口与T口接通，此时，该阀处于排气状态；图11-18b为控制口K有控制信号输入状态，阀芯在大活塞上端控制气体压力作用下，克服弹簧预紧力向下移动，将上阀口关闭，打开下阀口，使P口与A口接通，而将A口与T口切断，此时，阀处于进气状态。图示截止式换向阀为常断型换向阀，如果将P口与T口换接，可改成常开型换向阀。其图形符号如图11-18c所示。

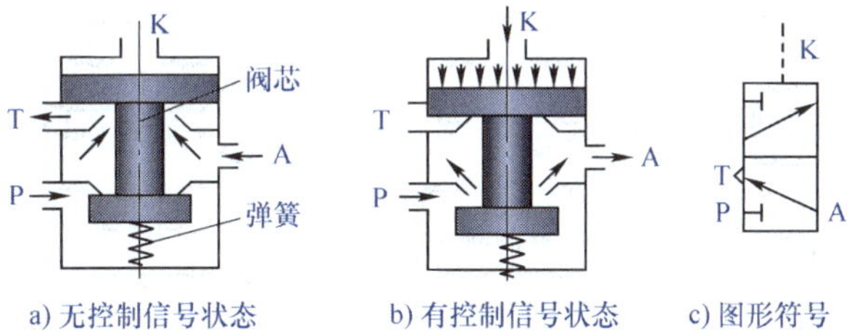

图11-18 二位三通单气控截止式换向阀工作原理及图形符号

2）双气控截止式换向阀

图11-19所示为二位五通双气控截止式换向阀的工作原理及符号。所谓双气控是指该阀具有两个控制口K_1和K_2，当K_1通入控制气体时，阀芯在控制气体推动下，向右移动，使P口与B口接通，A口排气经T_1输出，如图11-19a所示；当右端K_2口有控制气体输入时，阀芯左移，使P口与A口接通，B口气体经T_2输出。如图11-19b所示其图形符号如图11-19c所示。

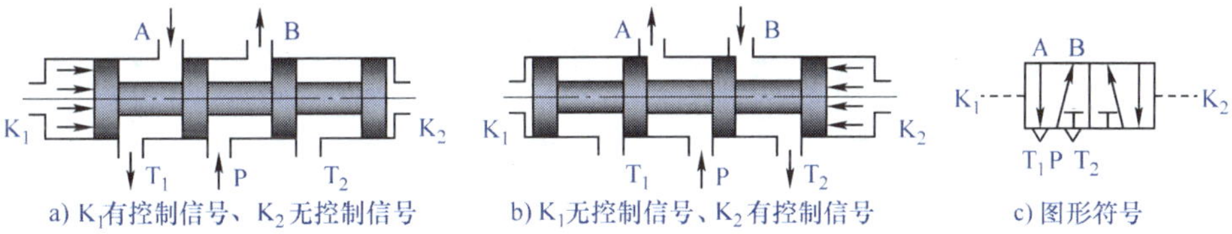

图11-19 二位五通双气控截止式换向阀工作原理及图形符号

3）截止式换向阀的特点及应用。截止式换向阀在工作中，其阀芯行程很短即可实现阀口的开启与闭合，因此其换向动作时间短，通流能力较强，流量特性好，结构紧凑，适合于大流量系统。由于截止式换向阀通常采用软质材料密封，且阀芯始终承受背压，因而关闭时密封性好，泄漏量较小。但截止式换向阀工作时的换向冲击力较大，故不适用于灵敏度要求较高的场合。

截止式换向阀与滑阀式换向阀一样，也可组成二位三通、二位四通及三位五通等多种形式。这种结构的换向阀，抗粉尘和污染能力较强。

（2）电磁控制式换向阀　电磁控制式换向阀是利用电磁铁产生的电磁吸力来推动阀芯改变位置，以控制气流流动方向的换向阀。电磁控制的特点是适合于远距离遥控，因而在自动化生产线中得到广泛应用。按照控制方式不同，可分为电磁铁直接控制和先导控制两种类型，前者也称为直动式电磁阀。

1）直动式电磁换向阀。所谓直动式电磁换向阀是利用电磁铁的衔铁在电磁力作用下，直接推动阀芯移动来实现换向的。直动式电磁换向阀通常分为单电磁铁和双电磁铁两种，有时也称为单电控和双电控。图 11-20 所示为二位三通直动式单电控电磁换向阀的工作原理及符号。这种阀中，只有一个电磁铁，不通电时，置于下端的复位弹簧将阀芯向上顶起，封住 P 口，使 A 口与 T 口相通，此时，阀处于排气状态，如图 11-20a 所示；通电时，衔铁在电磁力作用下，克服下端弹簧的预紧力，推动阀芯向下移动将下阀口关闭，使 P 口与 A 口相通，而 A 口与 T 口被切断，此时阀处于进气状态，如图 11-20b 所示。图 11-20c 所示为该阀的图形符号，通常将其称为常闭型换向阀。

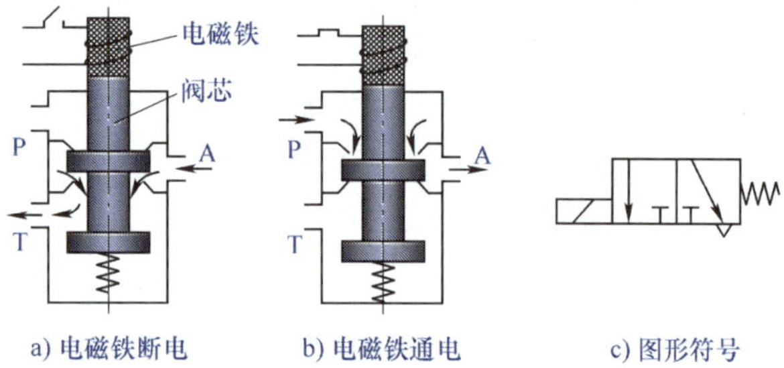

图 11-20 二位三通直动式单电控电磁换向阀工作原理及图形符号

如果将单电控电磁换向阀中的弹簧换成电磁铁，即可成为双电控电磁换向阀。图 11-21 所示为二位五通双电控电磁换向阀的工作原理及职能符号。当左端电磁铁通电吸合时，阀芯被推向右端，P 口与 A 口接通，B 口与 T_2 口接通，此时阀处于排气状态，如图 11-21a 所示；如果右端电磁铁通电吸合，则阀芯被推向左端，P 口与 B 口接通，A 口与 T_1 接通如图 11-21b所示。图 11-21c 为该阀的图形符号。直动式双电控电磁换向阀应保证只有一个电磁铁通电，否则会产生误动作，也就是说，这种换向阀的两个电磁铁只能交替进行工作。

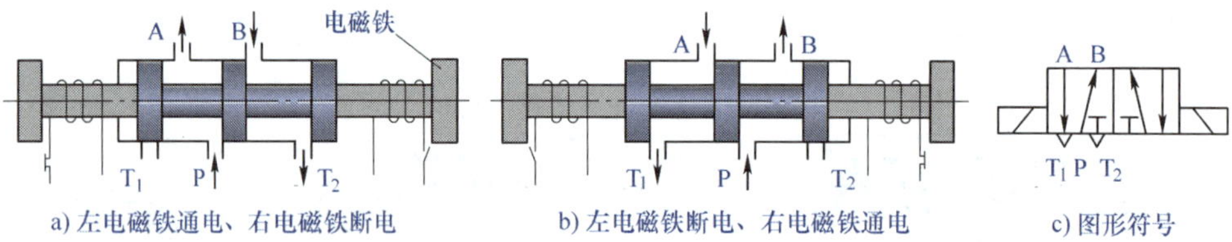

图 11-21 二位五通直动式双电控电磁换向阀工作原理及图形符号

2）先导式电磁换向阀。先导式电磁换向阀由先导电磁阀和气动主阀两部分组成，其先导控制部分，实际上就是一个电磁阀。工作时，首先由电磁铁控制气路产生先导压力，并以此去推动主阀阀芯换向。先导式电磁换向阀也可分为单电磁控制和双电磁控制两种类型。

图 11-22 所示为二位三通单电控先导式电磁换向阀的工作原理及图形符号，其中控制的主阀为二位阀。当电磁先导阀断电时，如图 11-22a 所示，先导阀部分中的 P_1 与 T 口被切断，主阀中 A 口向 T 口排气；当先导电磁阀通电时，P_1 口气体进入主阀控制腔，即主阀大活塞右端的 C 腔内，当该容腔内作用于主阀右端的作用力大于 P 口进入气体压力与弹簧作用力之和时，主阀阀芯被推向左端，如图 11-22b 所示，此时 P 口与 A 口接通，即主阀处于进气状态。

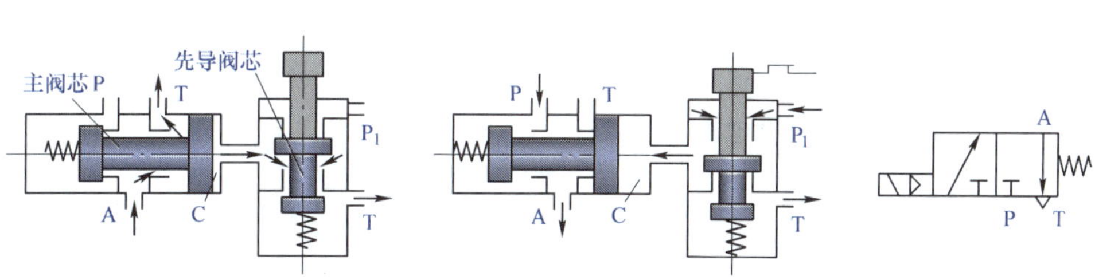

a) 先导电磁阀断电　b) 先导电磁阀通电　c) 图形符号

图 11-22 二位三通单电控先导式电磁换向阀工作原理及图形符号

如果把上述主阀中的弹簧换成电磁先导阀操纵，即可成为双电控先导电磁换向阀。此外，也可将主阀做成三位阀。先导式电磁换向阀通常在需要通径较大的场合下使用。

(3) 机械控制换向阀　机械控制换向阀也称机动换向阀，这种换向阀工作时依靠外部机械力使阀芯移动进行换向，又由于经常设置在执行元件运动行程中的某一确定位置上，利用运动部件压下或拨动阀杆使阀芯变换位置进行气路换向，因而也称其为行程换向阀。行程阀通常作为信号阀，用于行程程序控制回路中。其操纵方式可分为直动式、滚轮式、杠杆式及其他联动形式。

(4) 人力控制换向阀　人力控制换向阀可分为手动换向阀和脚踏换向阀两种，其工作原理、图形符号与相应的液压控制阀类似。人力控制换向阀的操纵方式主要有按钮式、旋钮式、锁式、手柄式及脚踏式等。手动阀的操纵力不宜太大，其切换动作较慢，为避免路路相通现象，常将阀芯分成两件。有的手动阀具有定位性能，即操作力消除后，阀芯能自动保持原有工作位置不变，图形符号上的缺口数即表示其定位位置数。手动阀阀芯的复位主要有弹簧复位和气压复位两种形式，其中，气压复位阀具有相应的记忆性能，即不加气压信号，阀芯就保持其原有状态不变。

(5) 时间控制换向阀　时间控制换向阀是利用控制气体通过液阻、充满气容时所需要的延长时间，来延时切换阀芯的位置，进而实现气流换向的控制阀，主要包括延时阀和脉冲阀等。

1) 延时阀及其应用。延时阀的基本结构及图形符号如图 11-23 所示。控制口 K 无信号输入时，如图 11-23a 所示，阀芯在右端复位弹簧预紧力作用下处于左端，P 口与 A 口被切断，A 口与 T 口相通，A 腔处于排气状态；当控制口 K 有气体输入时，控制气流通过节流阀口向气容内充气。由于通过节流口后的气体流量减小，气容中的气体压力增加缓慢。经过一定时间后，当气容内气体的压力作用在阀芯左端的压力能够克服右端复位弹簧的预紧力时，阀芯将向右移动，使 P 口与 A 口接通，即 A 口有气体信号输出，如图 11-23b 所示。K 口控制信号消除后，气容内的气体从单向阀排空，阀芯在复位弹簧力的作用下返回左端。调节节流阀开度，可以调整阀芯切换的时间。据资料介绍，调节节流阀的开度，可控制该阀延时切换时间在 0 ~ 20s 范围内变化，其延时精度可达 ±8%。气动延时阀通常用于易燃、易爆等不允许使用时间继电器的场合。图中所示结构为常闭型延时阀，如果将 P 口与 T 口换接，可构成常通型延时换向阀，其符号如图 11-23c 所示。

图 11-24 所示为压注机气动系统中采用延时阀控制保压时间的回路示意图。压注机工作时，按下二位三通手动换向阀，使其上位接入回路，并将压缩气体接入二位五通气控换向阀的下端，使其下位接入回路。高压气体进入气缸上端，使活塞下行闭合压注模进行压注成

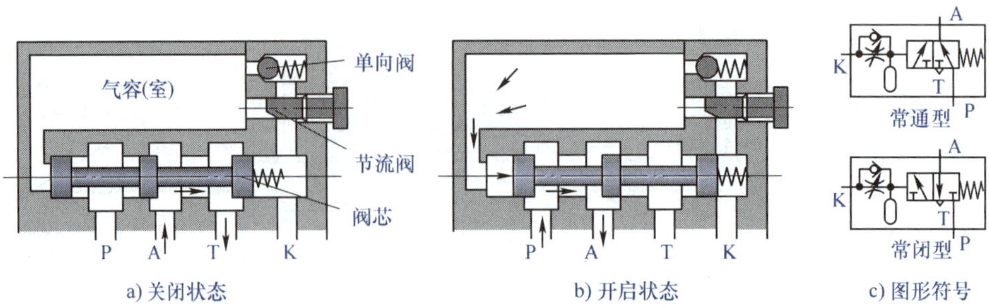

图 11-23 延时阀结构及图形符号

形。由于压注过程中必须保证材料充型时间，否则将产生充不满等质量问题。利用上端延时阀的延时可调功能即可控制充型保压时间，并且对于不同材质、形状尺寸的制件可以调节延时阀中的节流口开度，以调整适当的充型保压时间。当材料充型完毕后，延时阀阀芯切换位置，经控制气体通入二位五通气控换向阀，使其上位接入回路（即图示状态），压缩气体通过该阀上位进入气缸下腔，使活塞上行开模，完成一个工作循环。

2）脉冲阀。所谓脉冲阀是利用压缩气体信号通过阀内所设气阻、气容时，所产生延时通过和缓慢充气的效果，使输入的长信号以脉冲信号输出的时间控制阀。图 11-25 所示为脉冲阀的基本工作原理及图形符号。P 口输入压缩气体信号，通过下部通道作用于阀芯底端，将阀芯向上顶起，接通 P 口与 A 口，即 A 口有气体信号输出；在 P 口输入气体信号的同时，一部分压缩空气经阀芯中心小孔向阀芯上部气室内充气，由于阀芯上、下端有效作用面积不相同，当气室内气体压力上升到一定值时，阀芯开始向下移动，使 P 与 A 断开，而 A 口与 T 口通过阀芯外环道接通，A 口无气体信号输出。阀芯上、下移动，使 P 口与 A 口断续接通，即将 P 口输入的连续长信号变成 A 口输出的脉冲气体信号。据资料介绍，这种控制阀的脉冲宽度约为 2s。

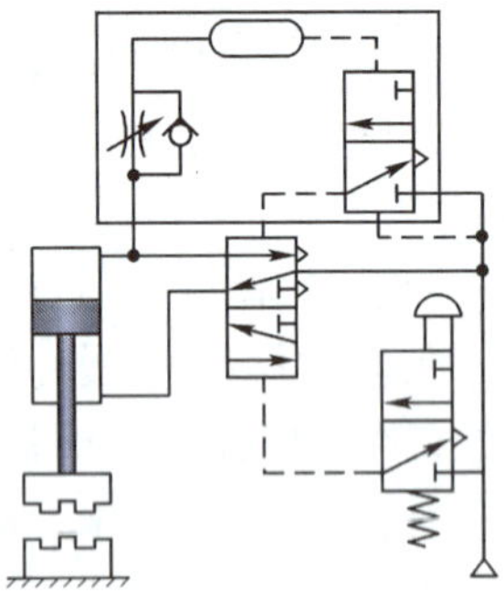

图 11-24 延时阀的应用

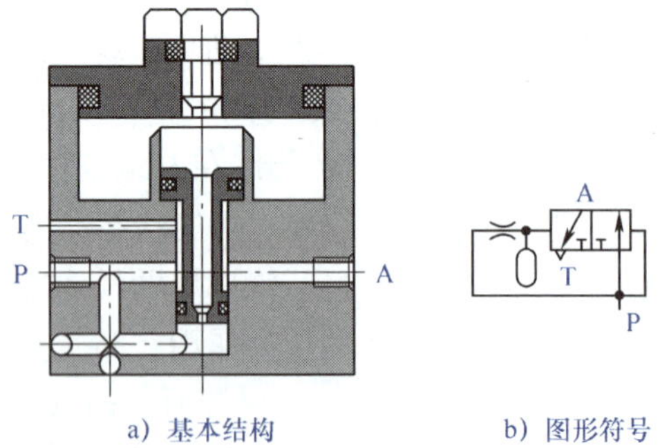

图 11-25 脉冲阀工作原理及图形符号

第三节 气动逻辑元件及其应用

气动逻辑元件主要是指利用元件内部可动部件在压缩空气信号作用下产生预定动作，进而实现一定逻辑功能的控制元件。

一、逻辑运算简介

逻辑运算通常称为逻辑代数或布尔代数，在控制领域中又称为开关代数，它是研究思维形式和规律的逻辑学的理论基础，即数学方法在逻辑领域中的应用。逻辑代数使用符号和由符号构成的数学式来表示逻辑名词、逻辑判断和逻辑推理，是逻辑回路的设计基础，也是设计、分析逻辑回路的数学工具，它主要包括“与”“或”“非”三种基本运算。

1. 三种基本逻辑运算

逻辑代数中的变量和真值之间具有特定的计算规律，逻辑变量如 a、b 等，其值不为0即为1，不为1即为0，利用这种特定关系来进行逻辑基本运算。

（1）逻辑加运算　逻辑加运算也称逻辑“或”运算，其基本涵义是，当两个条件中，只要有一个存在时，即可产生某一结果，运算等式为

$$s=a+b \tag{11-5}$$

式中　s——因变量，即逻辑函数，可用来表示逻辑元件的输出；

a、b——自变量，表示逻辑元件的输入。

符号“+”读作“加”或“或”。逻辑加（或）的运算规则是 a、b 中的一个为真（“1”）时，则函数 s 为真（“1”）。运算等式为

$$a+0=a，\ a+1=1，\ a+a=a，$$

如果用数值表示，其运算规律为

$$0+0=0，\ 0+1=1，\ 1+0=1，\ 1+1=1。$$

对于两个以上，如 n 个自变量组成的或门组，逻辑关系可表示如下

$$s=a+b+c+\cdots+n$$

（2）逻辑乘运算　也称逻辑“与”运算，其含义为，两个条件必须同时存在时，才能引发某一结果，即

$$s=a\times b 或 s=a\cdot b \tag{11-6}$$

符号“×”或“·”读作“乘”或“与”。逻辑乘（与）的运算规则是 a、b 均为真（“1”），则函数 s 为真（“1”）。其恒等式为

$$a\cdot 0=0，\ a\cdot 1=a，\ a\cdot a=a$$

用数值表示时，其运算规则为

$$0\cdot 0=0，\ 0\cdot 1=0，\ 1\cdot 0=0，\ 1\cdot 1=1$$

（3）逻辑否运算　即逻辑“非”运算，其涵义为，对任何事物（变量）的“否定”或“反相”，即

$$s=\overline{a} \tag{11-7}$$

式中，“$\overline{a}$”表示 s 的状态与 a 相反，读作“a 非”。其运算规则是 a 为假（“0”）时，s 为真（“1”），s 和 a 的值总是处于反相状态。

用数值表示时，其运算规则为

$$\overline{0}=1，\ \overline{1}=0，\ \overline{\overline{0}}=0，\ \overline{\overline{1}}=1$$

2. 逻辑代数基本运算规律

逻辑代数的基本运算定律有交换律、结合律和分配律三个，它们的运算规则与普通代数运算相同。另外，形式定律也是逻辑运算中常用的运算定律，通过基本定律和形式定律可化简逻辑函数。表11-2列出了部分基本运算定律。

表 11-2 逻辑代数基本运算定律

名称	含义	公式	说明
交换律	变量位置可交换	$a+b=b+a$ $a\cdot b=b\cdot a$	与普通代数运算相同
结合律	连加、连乘运算中的各因子可以任意结合	$a+b+c=a+(b+c)=(a+b)+c$ $a\cdot b\cdot c=a\cdot(b\cdot c)=(a\cdot b)\cdot c$	与普通代数运算相同
分配律	公因子可以提取，因式可以展开	$ab+ac+ad=a(b+c+d)$ $(a+b)(c+d)=ac+bc+ad+bd$	与普通代数运算相同
吸收律	两项因子互相吸收只存其一	$a+0=a$，$a+1=1$ $a\cdot 0=0$，$a\cdot 1=a$	前两式称加法法则 后两式称乘法法则
重复律	重复相加、重复相乘时，其结果仍为原变量	$a+a+a=a$ $ab+ab+ab=ab$ $a\cdot a\cdot a\cdot=a$ $ab\cdot ab\cdot ab\cdot=ab$	
逆向结合律	逆向相加等于1，逆向相乘等于0	$a+\overline{a}=1$，$\overline{1}=0$ $a\cdot\overline{a}=0$，$\overline{0}=1$	a 与 $\overline{a}$ 互为逆相，两因子相加等于 1 时，两因子为互补因子
否定之否定定律	否定之否定为肯定	$\overline{\overline{a}}=a$	
狄摩根定律	逻辑加的倒相等于各倒相的逻辑乘；逻辑乘的倒相等于各倒相的逻辑和	$\overline{a+b}=\overline{a}\cdot\overline{b}$ $\overline{a\cdot b}=\overline{a}+\overline{b}$	$\overline{a+b}=\overline{a}\cdot\overline{b}$ $\overline{a\cdot b}=\overline{a}+\overline{b}$

3. 形式定理

定理 1

在逻辑函数表达式中，如某一乘积项中的一个因子为另一项，则该乘积项可以消去，即

$$a+a\cdot b=a,\ a\cdot(a+b)=a \tag{11-8}$$

例如 $s=a+a\cdot b$ 中，$a\cdot b$ 项含有第一项 a 为其因子，则 $a\cdot b$ 可以消去，即 $s=a$。

定理 2

如果一个乘积项中，包括另一项的反相为其因子，则该乘积项中的反相可以消去，即

$$a+\overline{a}\cdot b=a+b,\ a\cdot(\overline{a}+b)=ab \tag{11-9}$$

例如 $s=a+\overline{a}\cdot b$ 中，第二项 $\overline{a}\cdot b$ 中含有第一项 a 的反相 $\overline{a}$，则 $\overline{a}\cdot b$ 中的 $\overline{a}$ 可以消去，即 $s=a+b$。

定理 3

若在两个乘积中存在互补因子，而某一项又由互补因子以外的剩余因子所组成，则由剩余因子所组成的项可消去，即

$$ab+bc+\overline{a}c=ab+\overline{a}c,(a+b)(b+c)(\overline{a}+c)=(a+b)(\overline{a}+c) \tag{11-10}$$

例如 $s=ab+bc+\overline{a}c$ 中，第一项与第三项中的 a 和 $\overline{a}$ 互补因子（互为反项），第三项则为第一、第三项除去互补因子 a 和 $\overline{a}$ 的剩余因子 b 和 c 组成，则 bc 项可消去，即 $s=ab+\overline{a}c$。

4. 真值表、基本逻辑门及逻辑图

（1）真值表　将逻辑函数及其逻辑变量之间的全部数值记入表格中，则称此表为真值表。

（2）基本逻辑门　通常将具有逻辑功能的元器件称作基本逻辑门，它与相应的逻辑函数、真值表相对应，基本逻辑门包括与门、或门和非门三种，其逻辑符号、逻辑关系、真值

表及其运算式见表 11-3

表 11-3　基本逻辑门的逻辑符号、逻辑关系、真值表及其运算式

名称	逻辑符号和逻辑关系	相应的气压元件图形符号	真值表	运算式
逻辑与	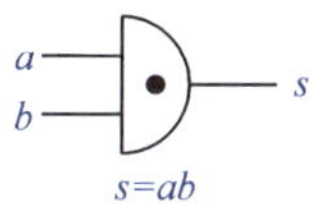	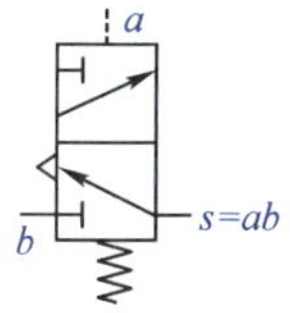	a b s 0 0 0 0 1 0 1 0 0 1 1 1	$0\cdot0=0$ $0\cdot1=0$ $1\cdot0=0$ $1\cdot1=1$
逻辑或	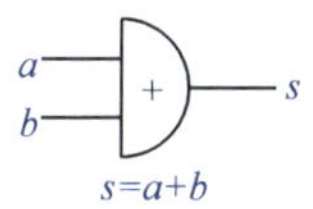	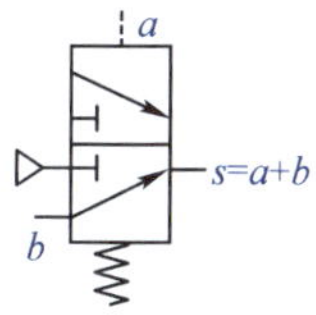	a b s 0 1 1 0 1 1 1 0 1 1 1 1	$0+0=0$ $0+1=1$ $1+0=1$ $1+1=1$
逻辑非	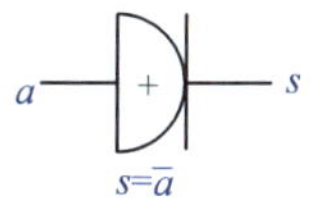	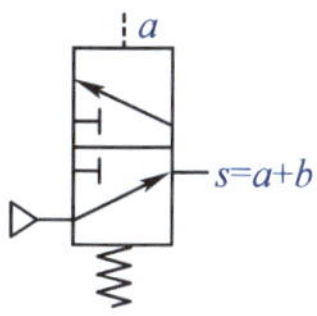	a s 0 1 1 0	$\overline{0}=1$ $\overline{1}=0$

（3）逻辑图

任一逻辑函数都可用逻辑图表示，即将逻辑函数分解成若干基本逻辑门，根据逻辑函数关系连接起来即可构成逻辑图。逻辑函数中的每一个逻辑变量均为基本逻辑门的输入，基本逻辑门的输出可以是下一个基本逻辑门的输入，最后一个逻辑门的输出是逻辑函数的输出。

利用气动元件实现逻辑与时，应使信号 a、b 同时存在，则回路输出为 $s=ab$；实现逻辑或时，应使信号 a 和 b 中有一个存在，则回路即有输出 $s=a+b$；若实现逻辑非时，应使气压信号不存在，则回路有输出，反之，气压信号存在时，则回路无输出。例如由 a、b、c 三个逻辑变量构成的逻辑函数 $s=\bar{a}\,\bar{c}+\bar{b}\,\bar{c}$，可由三个非门、两个与门和一个或门构成，如图 11-26 所示。

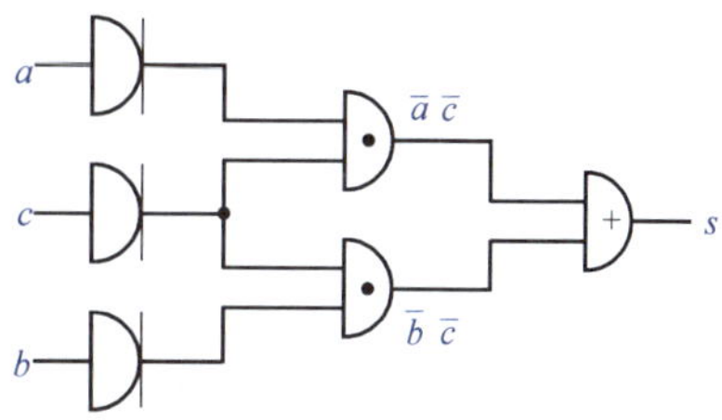

图 11-26　逻辑图

在气压传动系统中，通常以“1”代表“有输入”、“有输出”、“接通”等；而以“0”代表“无输入”、“无输出”、“截断”等。

二、气动逻辑元件

气压传动系统中，最常用的逻辑元件是逻辑阀。逻辑阀与气控方向阀很相似，后者基本具备逻辑阀的各项功能，但由于气控阀输出功率大、尺寸也大，而气动逻辑阀的输出功率小，阀体尺寸也较小，因此，气动系统中广泛使用逻辑阀。

1. 气动逻辑阀的分类

气动逻辑阀的种类多，相应的也有多种分类方法。

按工作压力可分为高压、低压和微压三种，其中，高压逻辑阀的工作压力为 0.2～0.8MPa；低压逻辑阀的工作压力为 0.02～0.2MPa；而微压逻辑阀的工作压力小于 0.02MPa。

按照阀的逻辑功能还可分为是门阀（$s=a$）、或门阀（$s=a+b$）、与门阀（$s=ab$）、非门阀（$s=\bar{a}$）以及双稳元件等。

此外，根据结构形式不同，还可分为截止式、膜片式和滑阀式逻辑元件等。

2. 高压截止式逻辑元件

截止式逻辑元件是利用压缩气体信号推动阀芯改变位置来切换气流方向，进而实现预定逻辑功能的逻辑元件，这种逻辑元件通常可在较高压力下工作，因而又称高压截止式逻辑元件。它的特点是阀芯移动量较小、但输出气流量较大，并且安装、拆卸方便，适用于实现集成安装和集中控制。

（1）是门元件　图 11-27 所示为是门逻辑元件的工作原理图，其中，P 口接气源，A 口为信号输入口，S 为信号输出口。当 A 口无信号输入时，阀芯在气源压力和下端弹簧力作用下关闭下阀口，将 P 口与 S 口切断，输出孔 S 通过阀芯运动间隙与上部排气孔相通，且无信号输出；如果向 A 口输入信号，由于膜片的有效作用面积较大，因而在上端信号气压作用下推动阀芯向下移动，封闭上阀口及 S 口与排气孔之间的通道，使下阀口开启，接通 P 与S，S 口有信号输出。这样，该逻辑阀即实现了无信号输入时无信号输出，有信号输入时即有信号输出，输入和输出实现了逻辑“是”的关系。

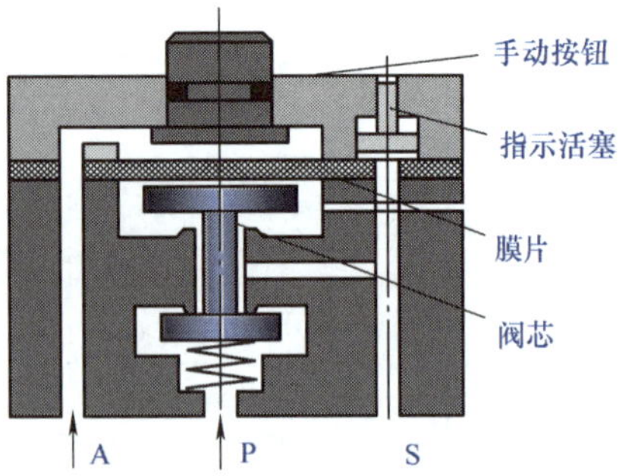

图 11-27　是门和与门元件工作原理

该阀结构中设置了手动按钮和指示活塞，前者可实现手动发信，而后者可用来显示输出的有无。当 S 口有输出时，指示活塞被顶出；S 口无输出时，活塞靠自重复位。

（2）与门元件　如果在上述是门元件的结构基础上，将气源输入口 P 改换成另一信号 b 的输入口 B，便可构成与门元件。只有当 A 口和 B 口同时有信号输入时，S 口才有信号输出，使输入和输出实现逻辑“与”的关系。

（3）或门元件　或门元件的工作原理如图 11-28 所示，A、B 口分别为信号 a、b 输入口，S 口为信号 s 输出口。当只有一个输入口有信号输入时，如 A 口有信号输入，B 口无信号输入，信号气压作用使阀芯向下移动封闭阀口 B 与 S 的通道，信号气流从 S 口输出；当 B 口有信号输入，A 口无信号输入，阀芯在下部信号气压作用下上移封闭阀口 A 与 S 的通道，信号气流经 S 口输出；如果 A 和 B 同时有信号输入，阀芯在上、下两个信号气压作用下，或向上移动，或向下移动，或瞬时浮动在某一个中间位置上，则 S 口均有信号输出。这样，当 A 口和 B 口中有一个或两个同时输入信号时，S 口都有输出，即输入和输出实现了逻辑“或”的关系。

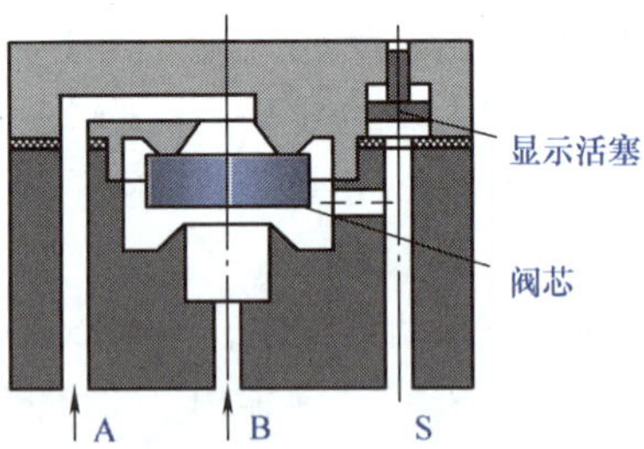

图 11-28　或门元件工作原理

（4）非门元件　非门元件工作原理如图 11-29 所示，A 为信号输入口，P 为气源口，S 是信号输出口。当 A 口无信号输入时，阀芯在气源口气体压力作用下向上顶起，气流由 S 口输出；当 A 口有输入时，膜片在信号气压作用下推动阀芯下移，将下阀口关闭，切断 P 口与 S 口的通道，S 口无输出。这样，A 有信号输入时，S 无输出；A 无信号输入时，S 则有输出，即可实现逻辑“非”的关系。

（5）禁门元件　如果将上述非门元件中的起源口 P 改为信号 b 的输入口 B，即可构成禁门元件。A 口无信号输入时，元件的输出由 B 口状态决定，当 B 有输入信号时，信号气压将阀芯顶起，使 B 口与 S 口相通，则 S 口有输出，当 B 口无信号输入时，阀内无信号输入，S 口无输出；如果 A 口有信号输入，信号气压将阀芯压下，此时，无论 B 口有无信号输入，则 S 口都没有信号输出。禁门元件实际是利用 A 口信号制约 B 口信号，进而控制 S 口输出。

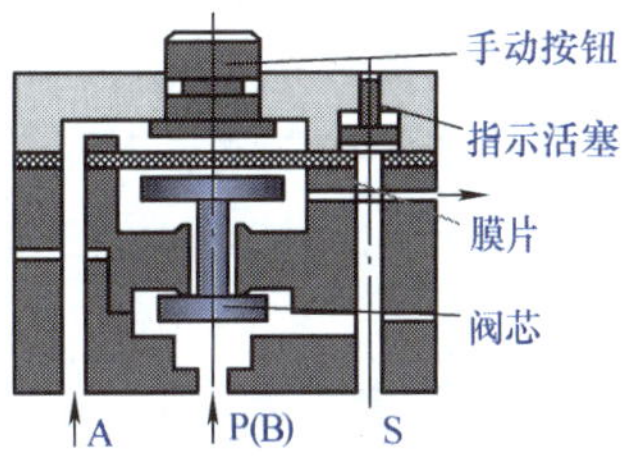

图 11-29　非门和禁门元件工作原理

（6）或非门元件　或非元件的工作原理如图 11-30a 所示，A、B、C 为信号 a、b、c 输入口，P 为气源口，S 为信号 s 输出口。当 A、B、C 口均无信号输入时，阀芯在气源压力作用下抬起处于上限位，P 口与 S 口相通，S 口有输出；A、B、C 三个输入口中，只要有一个有信号输入，信号气压将推动相应膜片压下阀芯使下阀口关闭，S 口无信号输出。或非元件是一种多功能元件，可组成或门、与门、非门等多种逻辑元件，其逻辑门组成如图 11-30b 所示。

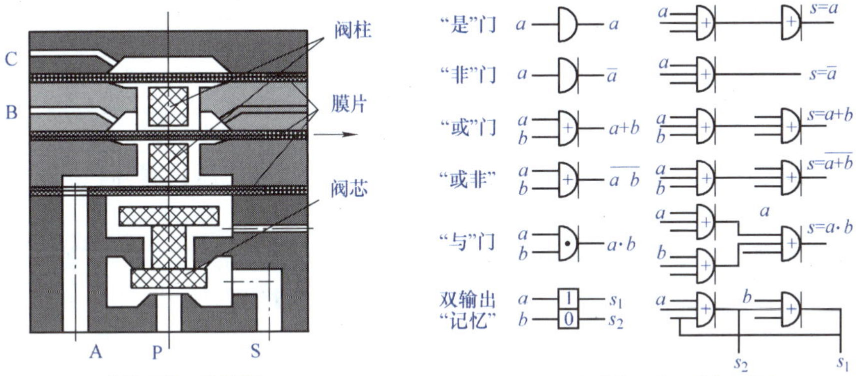

a) 或非元件工作原理　　b) 由或非元件组成的逻辑门

图 11-30　或非元件工作原理及其组合逻辑门

（7）双稳元件　双稳元件也称双记忆元件，其基本结构如图 11-31 所示。P 为气源口，A、B 分别为控制信号 a、b 输入口，S_1、S_2 分别为信号 s_1 和 s_2 输出口，T 为排气口。A 口有信号输入时，阀芯被气体压力推向右端，见图示位置。P 口与 S_1 口接通，T 口与 S_2 口接通，此时，P 口气流经 S_1 口输出，而 S_2 口无信号输出。当 A 口信号消失后，阀芯在没有外力作用的情况下，保持图示位置不变，即 S_1 口保持输出信号状态。当 B 口输入压缩空气信号时，阀芯左移到左端极限位置，S_2 口有信号输出，S_1 口无输出。B 口输入信号消失后，仍保持可输出位置不变。该阀在工作时，A 和 B 口只能分别输入信号，不能同时输入。双稳元件在未加控制信号的条件下接通气源时，其输出的初始状态具有随机性，容易使系统产生误动作。如果在相应的控制口加以脉冲信号，纠正阀芯位置，即可避免因阀芯原

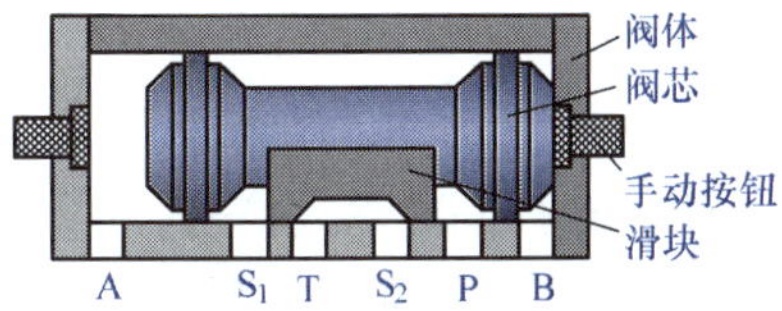

图 11-31　双稳元件的工作原理

始位置造成的输出误动作。

3. 高压膜片式逻辑元件

高压膜片式逻辑元件是依靠膜片或阀芯的变形控制阀进、出口的开启和闭合，来实现各种逻辑功能的控制阀，其最基本单元是三门元件和四门元件。

（1）三门元件　所谓三门元件因其具有三个通气孔口而得名，基本结构和工作原理如图 11-32 所示。三门元件由膜片将气室分隔成两部分，上气室与控制口 A（输入信号 a）相通，下气室与输入口 B（输入信号 b）和输出口 S（输入信号 s）相通，其中，输出口 S 凸入气室内。三门元件的工作输出状态，主要根据控制口有无信号输入及输出口所处状态有关。

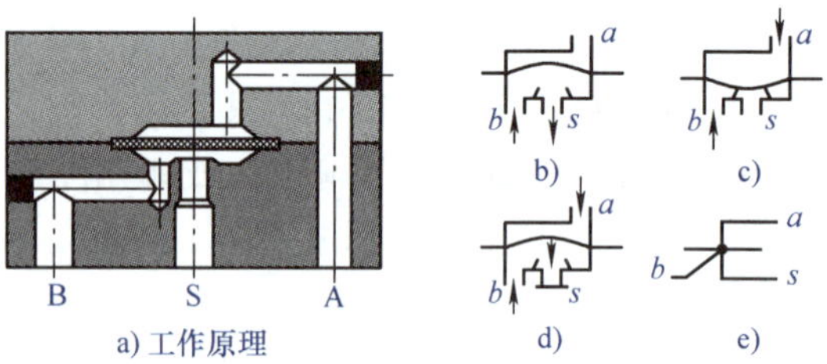

图 11-32　三门元件

当 A 口无信号输入时，如图 11-32b 所示，B 口输入信号气压将膜片顶起，气流经 S 口输出。

当 A 口有控制信号输入时，元件可能有两种输出状态。如果输出口 S 处于开路，即与大气相通时，由于上气室有 A 口信号气压作用，膜片下凹将凸起的 S 口封闭，S 口无输出，如图 11-32c 所示。此时，尽管 B 口有输入信号，但只要 a、b 信号压力相等，则由于膜片上部气压作用面积大于下部，膜片仍将保持图示状态，即 S 口无输出。如果输出口处于封闭状态，当 A、B 口输入信号压力相等时，膜片上、下端面受压面积相同，膜片将浮起处于受力平衡的中间位置，此时，如图 11-32d 所示，S 口有输出，即孔道内有气体，但无流量。三门元件的职能符号如图 11-32e 所示。

（2）四门元件　四门元件由膜片与被分隔的两个对称气室构成，具有四个进、出口，因而称为四门元件。四门元件的工作原理及其职能符号如图 11-33 所示，A、C 为输入口（输入信号 a、c），B、D 为输出口（输出信号 b、d），其中 B、D 阀口分别凸进上、下气室内。当 A、C 口同时输入信号，B 口为开路，与大气相通，D 口封闭时，如图 11-33b 所示，由于膜片与 B 口之间近于零压，上气室中的气体被放空，膜片向上顶起，关闭输出口 B，则 B 口无输出，下气室由 C 口输入信号气体，D 有气但无流量。这种状态下，如果再将 B 口封闭，如图 11-33c 所示，由于 B 孔道内已无气压，则元件的输出状态没有变化，仍保持输出口无信号输出。打开 D 口使其通入大气，如图 11-33d 所示，下气室内气体由 C 口至 D 口流动，即下气室气体被放空，因上气室 B 口封闭，气源不断经 A 口输入气体，膜片在上、下压差作用下向下移动，关闭 D 口，D 无气，B 有气但无流量。同样，在此状态下，再将 D 口封闭，如图 11-33e 所示，由于上气室初始压力较大，膜片并不产生移动，元件仍保持原始状态。图 11-33f 是四门元件的符号。

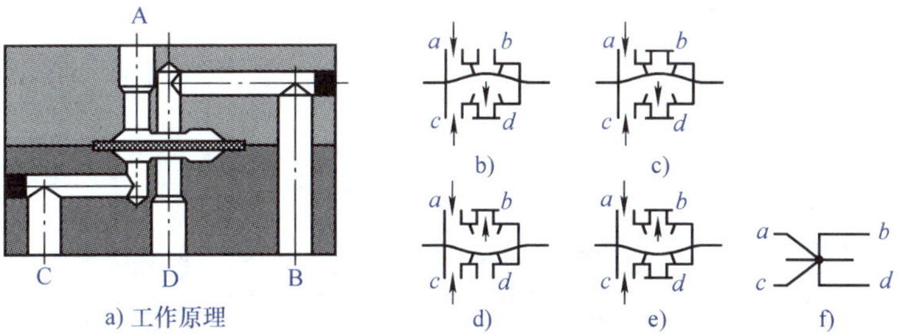

图 11-33　四门元件

4. 滑阀式逻辑阀

图 11-34 所示为二位三通滑阀式逻辑阀及其符号。其基本结构和工作原理与气控换向阀基本相同，K 为控制口，P 为气源接口，A 是输出口。当控制口 K 无信号输入时，P 口气流经 A 口输出；如果 K 有控制信号输入，信号气压克服右侧复位弹簧预紧力使阀芯右移，A 口与 T 口接通，阀处于排气状态。该阀的图形符号如图 11-34b 所示。

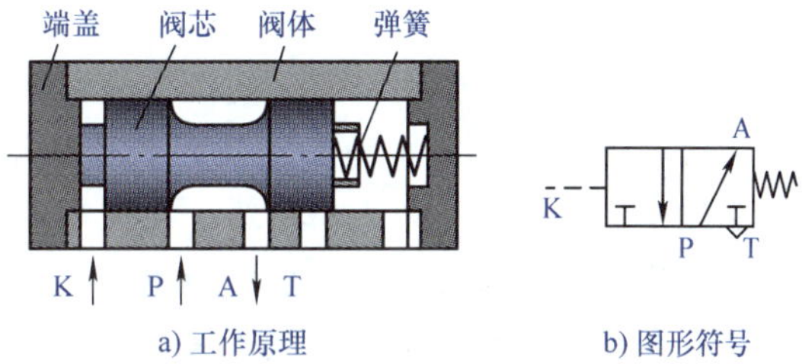

图 11-34　二位三通滑阀式逻辑阀及图形符号

5. 逻辑元件的选用

在气压控制系统中，通常采用逻辑元件或行程程序控制元件实现自动控制。如气压报警装置、汽车自动装配线等，系统中的执行元件是按照某种逻辑关系或特定程序进行工作的。在选用逻辑元件时，需要正确确定逻辑元件的输出流量和响应时间等，通常需要根据系统要求参考相关资料。在设计布置系统时，应尽可能将元件集中布置，便于检查和管理。由于信号的传输有一定的延时性，一般各元件之间的距离不宜超过几十米。当逻辑元件需要相互串联连接时，应保证通过元件的气流流量，以保证元件输出动作准确。此外，据资料介绍，使用加入油雾的气源对逻辑元件的动作灵敏性有一定影响，设计系统时，应予以考虑。

习　题

11-1　直动式减压阀有哪些缺点？什么情况下需选用先导式减压阀？

11-2　气动换向阀与液压换向阀有哪几个主要区别？

11-3　简述气动梭阀的工作原理，它的输入、输出体现了哪种逻辑关系？举例说明它的应用。

11-4　什么是气动双压阀？它的输入、输出体现了什么逻辑关系？

11-5　快速排气阀是如何实现快速排气的？这种阀应安装在系统的什么位置？

第十二章 气压传动基本回路

学习要点：在上一章中，为了使读者较深刻地理解气动元件的基本工作原理和功用，结合元件的应用介绍了一些构成系统的基础回路，目的在于说明各种元件的基本控制作用。本章将介绍一些常用的基本回路，在理解各种控制元件基本功用的基础上，进一步学习将这些元件组合起来后所能实现的功能，对于加深认识和理解气动元件基本工作原理有所帮助。基本回路是气动系统构成的基础，学习和掌握回路的工作原理和组成特点，有助于分析和设计大型或复杂气压传动系统。

所有气压传动系统都是由具有各种功能的基本回路所构成，因此，熟悉和掌握常用基本回路是分析和设计气压传动系统的基础。

气动基本回路主要有压力控制回路、速度控制回路、方向控制回路，此外，还包括一些如气液联动回路、位置控制回路、同步运动回路等基本回路。

第一节 压力控制回路

为调节和控制系统的压力，使系统能够在一定压力值范围内正常运转，即需要在系统中设置压力控制回路。常用的主要有一次压力控制回路、二次压力控制回路及高、低压控制回路等。

一、一次压力控制回路

一次压力控制回路也称气源压力控制回路，主要用于控制贮气罐的压力，是保证气源装置输出稳定压力气体最简单的压力控制回路。图12-1所示为一次压力控制回路，回路压力通常采用电接点压力表或外控溢流阀来控制。系统工作时，电动机带动空压机运转，压缩空气经单向阀向贮气罐充气，使罐内气体压力不断上升。当压力达到电接点压力表设定值时，电接点压力表发出电信号使电动

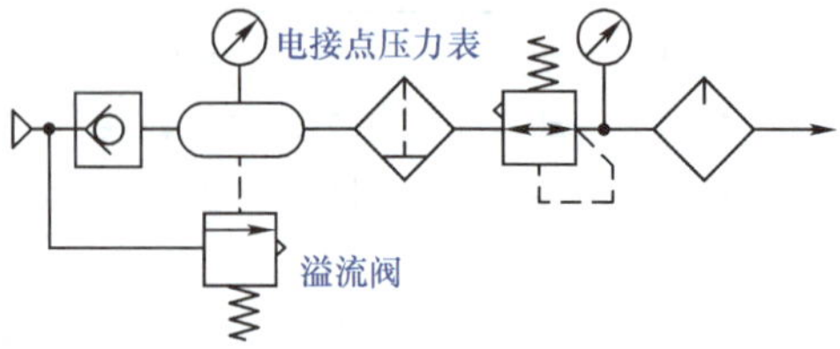

图12-1 一次压力控制回路

机停机，空压机即停止运转，罐内气体压力保持在规定范围内；当贮气罐内压力降低至电接点压力表的最低调定值时，又重新向电动机发出启动电信号，空压机重新工作，向贮气罐供气。采用电接点压力表控制压力，会造成电动机频繁启停，因此对电动机控制要求较高，常用于小型空压机系统的压力控制。

当采用外控溢流阀控制回路压力时，如果贮气罐内压力超过溢流阀调定值时，溢流阀开启，将空压机输出的压力气体排入大气，以保持贮气罐内压力。这种控制方法结构简单、工作可靠，但耗气量较大。

二、二次压力控制回路

二次压力控制回路实际上就是由气动三联件，按照分水滤气器、减压阀、油雾器顺序接成的回路，如图12-2所示。经二次压力控制后的压缩气体可供普通气动系统使用，但当系统中有逻辑回路时，为了保证逻辑元件动作精度，应将油雾器之前的压缩空气接入逻辑回路。

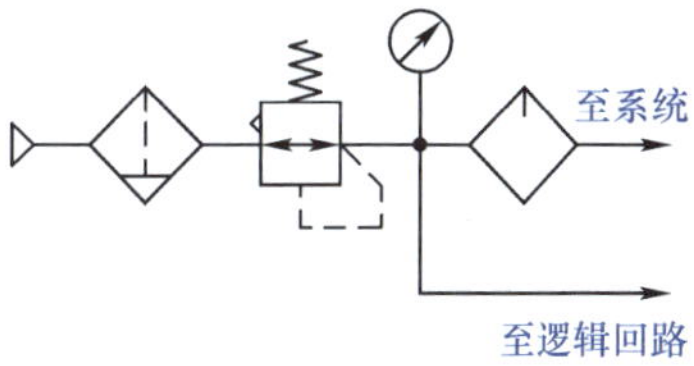

图12-2 二次压力控制回路

三、多级压力控制回路

所谓多级压力控制回路，是指在系统中各支出所需气体压力不同时，通常将气源提供的压缩空气经减压阀调节后分别供给不同回路使用。图12-3所示为提供两种压力的压力控制回路。图12-3a的回路中，两个减压阀分别将气源压力减压为p_1和p_2后，提供给两个不同的回路。图12-3b的回路中，两个减压阀分别减压后，由一个气控换向阀控制在不同情况下输出不同压力的压缩空气。

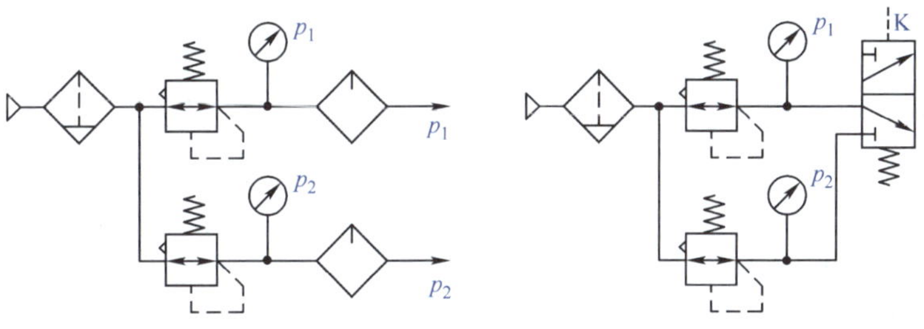

a) 减压阀控制高、低压力　　b) 换向阀控制高、低压力

图12-3 提供两种压力的压力控制回路

上述压力控制回路都是利用减压阀实现的压力控制，如果利用电控压力比例阀代替普通减压阀，实现连续压力控制和闭环压力控制，可进一步提高系统压力控制精度。

压力控制回路常见故障及排除

（1）气缸外泄漏　活塞杆划伤、偏心、出杆侧密封不良或磨损都会导致气缸外泄漏。需要修复或更换活塞杆，重新安装活塞杆使其达到与缸孔的同轴度要求；修复、更换密封元件并适当加强润滑。

（2）气缸内泄漏　产生原因主要是活塞外表面或缸筒内表面划伤、磨损严重或密封不良、吸入杂质等。应修复滑动表面，清除杂质后更换或重新安装活塞及密封元件。

（3）出力不足、速度波动　当活塞及缸体内工作表面划伤、磨损严重、润滑不良或偏心受载时将直接影响气缸输出质量。因此应考虑修复或更换划伤、磨损件，重新安装并确保无偏载受力；加强密封、改善润滑。

(4) 减压阀输出压力波动　密封圈缺损、进气阀芯导向不良或耗气量不稳定等可能会导致减压阀输出压力波动。这时，需要检查或更换密封圈；调整或更换进气阀芯；重新紧固阀体。

(5) 减压阀压力调不高　产生原因可能是由于膜片破裂、调压弹簧弯曲、阀内积水或混入杂质等所致。因此，需要检查或更换膜片、弹簧；检修或更换滤气器，清洗阀腔，烘干后重新安装。

第二节　速度控制回路

速度控制回路用来调节气动执行元件的运动速度或实现气缸的缓冲等。由于气动系统的功率较小，通常采用节流方法控制执行元件的运动速度。但由于气体的可压缩性较大，经节流调速后活塞的运动速度平稳性难以控制，即速度负载特性较差。当速度变化大且控制要求较高时，通常需要采用气液联合控制运动速度，以提高系统输出的运动速度平稳性。

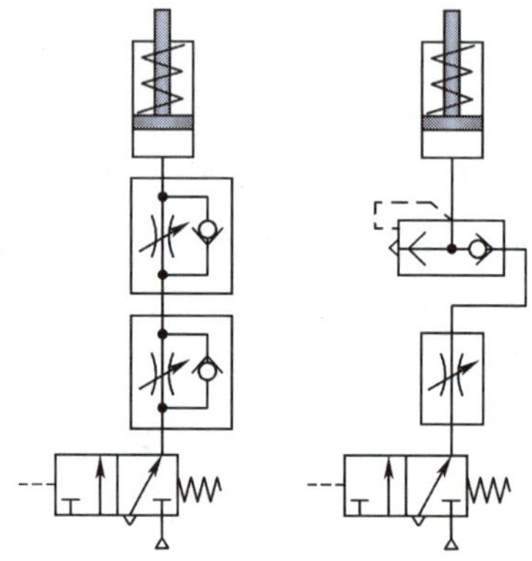

图 12-4　单作用气缸的速度控制回路

一、单、双作用气缸的速度控制回路

1. 单作用气缸的速度控制回路

图 12-4 所示为两种单作用气缸调速回路，图 12-4a采用两个反接的单向节流阀分别控制单作用气缸活塞的上升和下降速度，调节节流阀开度，可调节活塞上、下运动速度。图 12-4b 所示回路中，活塞上升速度由节流阀控制，下降时，压缩空气通过快速排气阀排出，可加快其返程速度。

2. 双作用气缸的速度控制回路

双作用气缸的排气节流速度控制回路如图 12-5 所示，图 12-5a 采用两个单向节流阀构成气缸往复运动的双向节流调速回路。图 12-5b 所示的回路中，在气缸排气路上分别设置了两个快速排气阀，利用快速排气来实现活塞运动速度的控制。这两个回路均采用排气节流调速方式来控制气缸运动速度，具有进气阻力小，负载变化对速度影响小的优点。

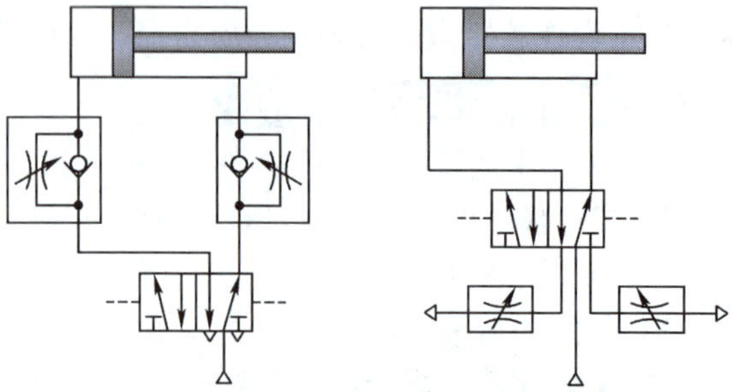

图 12-5　双作用气缸的排气节流速度控制回路

二、快速运动回路

图 12-6 是采用快速排气阀的快速运动回路，为了提高气缸的运动速度，在换向阀与气缸之间设置了两个快速排气阀，使气缸在左右两

个方向上的排气速度加快，从而提高了活塞的往复运动速度。

三、速度换接回路

气压传动系统通常需要适应工作机构速度换接要求，图 12-7 所示即为利用行程开关、二位二通换向阀及单向节流阀组成的速度换接回路。活塞右行时，排气经单向节流阀使速度受到调节。当撞块触及行程开关时发出电信号，使右端二位二通换向阀阀芯切换位置，排气可经二位阀右位快速排出，即切换成高速运动。如果将二位二通换向阀换成行程阀，同样可以实现速度换接。

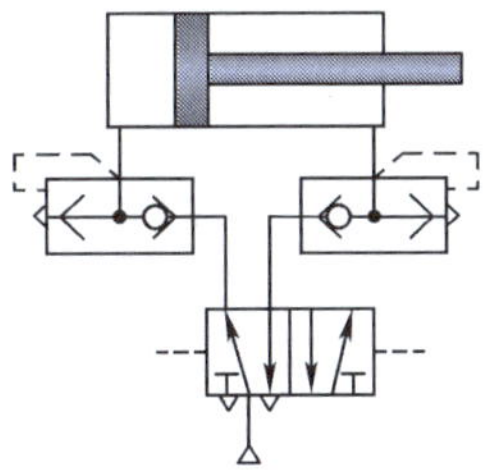

图 12-6　快速运动回路

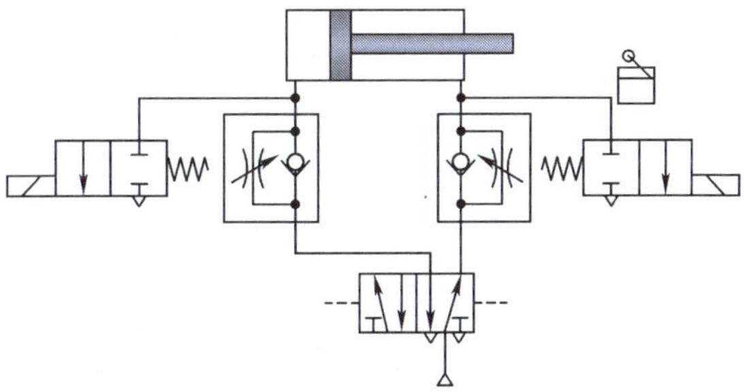

图 12-7　速度换接回路

四、缓冲回路

为了保证系统运行的平稳性，往往在气缸运动速度较快的系统中设置缓冲回路，以减小因活塞运动惯性所造成的运动冲击现象。图 12-8 所示为两种常用的缓冲回路。图 12-8a 是由单向节流阀和行程阀配合组成的缓冲回路，当活塞向右运动时，气缸右腔气体经二位二通机控阀、三位五通换向阀排出，活塞右行接近终点时压下机控阀使之阀芯切换成下位，气缸右腔剩余气体只能经单向节流阀、三位换向阀排出，使活塞运动速度降低，达到缓冲的目的。活塞返程时，气缸右腔进气通过单向阀，从而实现快进、缓冲慢进、定止和快退的循环工作过程。

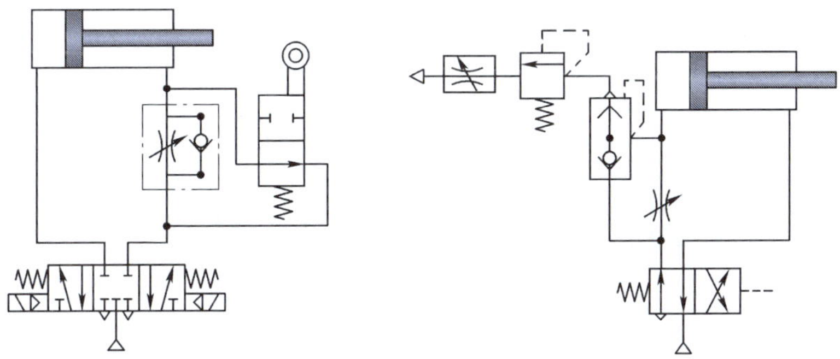

a) 单向行程阀的缓冲回路　b) 快速排气阀、顺序阀和节流阀组成的缓冲回路

图 12-8　两种单向缓冲回路

图 12-8b 所示为由快速排气阀、顺序阀和节流阀共同组成的缓冲回路。图示状态，气缸活塞左行，缸左腔气体经快速排气阀、顺序阀、左端节流阀排入大气，调节左端节流阀的开度，可以调节活塞左行速度。活塞行至接近左端终点前，排气压力逐渐降低，当其压力不足

以打开顺序阀时，剩余气体只能通过下端节流阀、二位四通换向阀排出，使活塞在行至左端终点时实现了缓冲。

上述回路都是单向缓冲回路，如果在气缸两侧设置同样的回路，即可实现双向缓冲。

第三节　换向回路

换向回路是控制气缸活塞按预定程序改变运动方向的回路，根据系统具体情况，采用相应的换向阀和行程阀等即可实现。

一、单作用气缸的换向回路

图 12-9 所示为两种单作用气缸的换向回路，图 12-9a 利用二位三通电磁换向阀使单作用气缸换向，图示状态活塞靠弹簧力和自重下行，排气经换向阀。二位三通电磁换向阀通电时，左位接入回路，活塞向上运动，换向简单可靠，但活塞运动过程中途不能停止。采用图 12-9b所示三位五通电气控换向阀构成的换向回路，利用断电时三位阀的中位机能，可使活塞停止在运行途中的任意位置。但由于元件不可避免地存在泄漏，因而定位精度的稳定性较差。

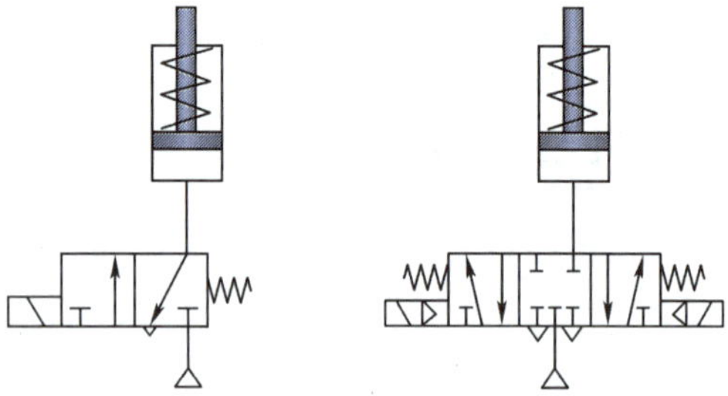

a) 二位阀控制换向　　b) 三位阀控制换向

图 12-9　单作用气缸换向回路

二、双作用气缸的换向回路

双作用气缸的换向回路种类较多，图 12-10 中给出了四种不同形式的换向回路。图 12-10a的回路中利用手动换向阀与二位五通气控换向阀构成换向回路，由手动换向阀输出的压力气体切换二位五通阀主阀阀芯的工作位置，进而控制气缸活塞的运动方向。图 12-10b直接利用二位五通双电控换向阀控制气缸活塞的运动方向。图 12-10c 采用两个手动换向阀操纵二位五通双气控换向阀使气缸换向。图 12-10d 直接采用三位五通双电控先导式换向阀，利用三位阀的中位机能可以使气缸停止在任意位置上。

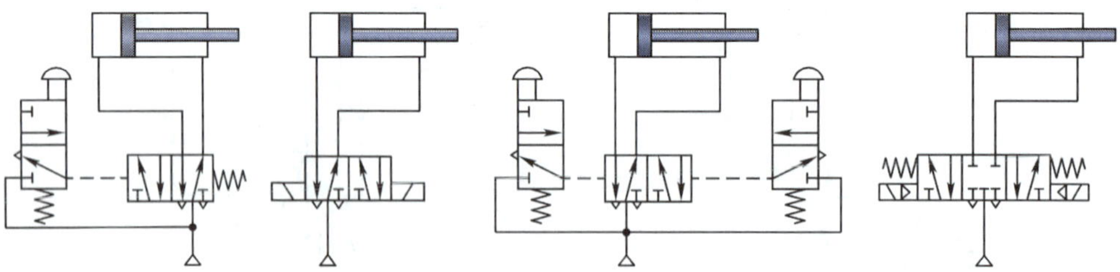

a)　　b)　　c)　　d)

图 12-10　双作用气缸换向回路

换向控制回路常见故障及排除

（1）换向阀不能换向　换向阀阀芯偏心、滑动阻力大、单侧形成背压或阀腔密封不严致使漏气、膜片破损或弹簧失效等均可能导致换向阀不换向。此时需要检查或重装阀芯消除偏心和过大滑动阻力；检修或更换密封圈并改善润滑条件；检查或更换膜片及弹簧。

（2）电磁铁通电不吸合，断电后铁芯不退回 这种现象可能与线圈不匹配或已烧坏、铁芯滑动表面不光滑或混入杂质以及电源电压不足有关。因此，需要检修或更换线圈；清洗、重新配研或更换铁芯或阀体；检查并调整电源电压。

第四节 气液联动控制回路

所谓气液联动是以气压为动力，利用液体近似不可压缩性和易于控制的特点，将其与气动的快速性结合起来构成的回路。在气压传动回路中的气液联动，相当于利用气液转换装置将气压传动转换成液压传动。气液联动回路可使执行元件的运动更加稳定，采用气液增压回路还可获得较大的输出力，可将气动与液压的优点结合起来提高系统控制功能。

气液联动可以组成速度控制回路、增压回路、位置控制回路、同步回路等。

一、气液联动速度控制回路

在气压传动系统中，由于气体具有较大的可压缩性，使得执行元件的运动速度受负载变化会产生较大波动，即速度稳定性较差。因此，在对执行元件运动速度平稳性要求较高的系统中，通常采用气液转换器或气液阻尼缸等组成速度控制回路，来控制执行元件的运动速度，以提高系统输出速度的稳定性。

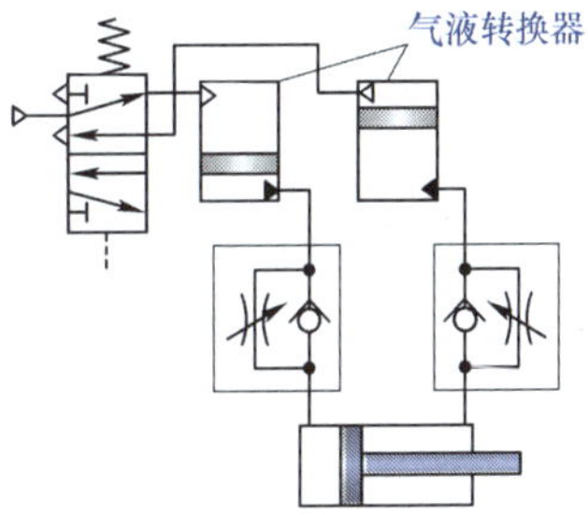

图 12-11 气液转换速度控制回路

1. 气液转换速度控制回路

利用气液转换来控制执行元件的运动速度，通常可采用气液转换器，也可以采用气液阻尼缸构成气液联动回路。

（1）气液转换速度控制回路 利用气液转换器构成的速度控制回路如图 12-11 所示，气源输出的压缩空气经二位五通气控换向阀进入气液转换器的气腔中，并以同样大小的推力经活塞传递到油压腔，将气压转换成液压驱动液压缸运动。调节气液转换器与液压缸之间的两个单向节流阀的开度，即可调节液压缸活塞的往复运动速度，实现液压缸双向速度控制。这种回路中，要求气液转换器的油液容量应大于液压缸的容积。

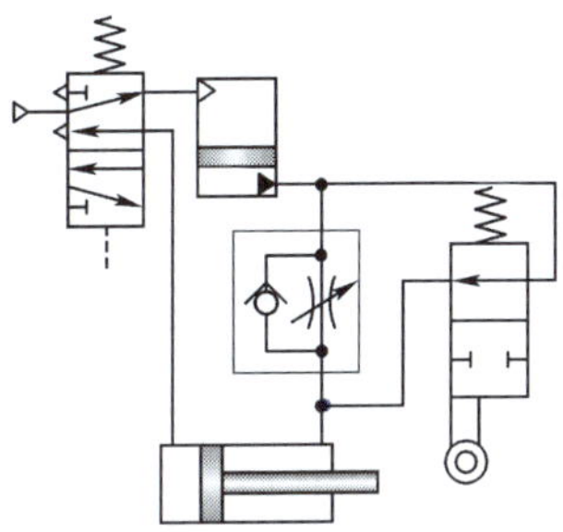
图 12-12 气液转换器与行程阀变速回路

（2）气液转换速度换接回路 图 12-12 所示为采用气液转换器与行程阀构成的快慢速换接回路。当二位五通单气控换向阀下位工作时，压缩气体进入工作缸左腔，推动活塞向右运动，右腔回油经行程阀上位进入气液转换器的油压腔内，推动其活塞向上移动，气腔内气体经二位五通阀排入大气。当工作缸活塞行至某一位置，挡块触及行程阀时，使该阀下位接入回路切断工作缸经二位阀的回油路。此时，回油只能通过单向节流阀后进入气液转换器的油压腔，调节节流阀开度，可使工作缸活塞右行速度减慢。改变行程阀的位置，可以调节活塞运动速度换接点。当二位五通换向阀处于图示位置时，压缩气体进入气液转换器的气腔，推动活塞下行，将油压腔内油液挤出并经单向阀进入工作缸右腔，使工作缸活塞快速向左退回。这样，气液转换器与行程阀配合组成的速度换接回路即可实现“快进、工进、快退”的工作循环。

2. 气液阻尼缸速度控制回路

（1）气液阻尼缸双向调速回路　利用气液阻尼缸与两个反向连接的单向节流阀可以组成双向调速回路，如图 12-13 所示。压缩气体经二位五通双气控换向阀右位进入气液阻尼缸气腔作用在活塞右端，推动活塞左行。油压腔活塞随同左行时，将油压腔左端油液经左侧单向节流阀的节流口、右侧单向节流阀的单向阀进入油压腔活塞右端。调节左右单向节流阀的开度，可以调节连体活塞双向运动速度，考虑到泄漏损失，利用补油杯进行油液补充。

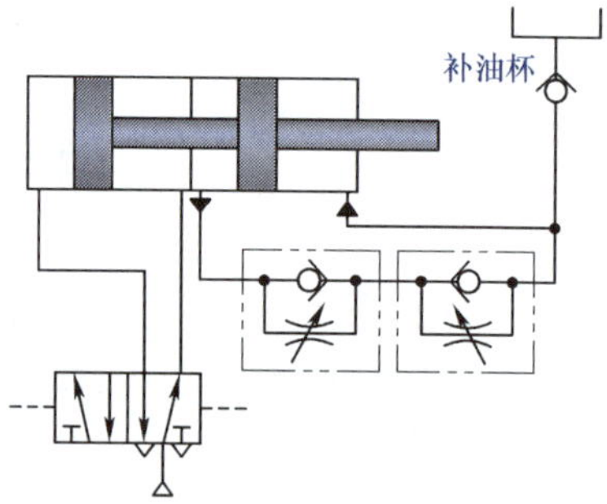

图 12-13　气液阻尼缸双向调速回路

（2）气液阻尼缸变速回路　图 12-14 所示为利用气液阻尼缸的特殊液压结构实现变速运动的回路。二位五通双气控换向阀左位接入回路时，连体活塞向右运动。当油压腔活塞行过 a 孔后，油压腔右端油液只能通过节流阀后进入油压腔左端，调节节流阀开度，可使这部分行程为慢进运动。活塞行至终点后，二位五通阀切换至图示位置工作，在压缩空气推动下，活塞向左移动，油压腔左端油液通过下侧单向阀经 c 孔进入右端，活塞快速向左退回。这样，在气液阻尼缸活塞一个工作循环中，即可实现“快进、工进、快退”的变速运动。

（3）气液阻尼缸-行程阀变速回路　由气液阻尼缸与行程阀组成的变速回路如图 12-15 所示。当二位五通双气控换向阀左位接入回路时，压缩气体进入气液阻尼缸气腔的左端，推动活塞向右移动，油压腔右端回油经行程阀下位回油压腔左腔。当活塞行至某一确定位置时，挡块压下行程阀杆，使其上位接入回路。这时，油压腔右端回油不能通过行程阀，而只能经节流阀回左腔，调节节流阀开度，即可获得较低的慢速运动。活塞行至终点后，二位五通阀处于图示状态，活塞左行。从活塞右行终点至挡块压下行程阀杆的行程内，油压腔活塞左端回油经单向阀再进入右腔，活塞实现快退。这种回路同样可实现“快进、工进、快退”运动循环，并且适用于较长行程的场合。

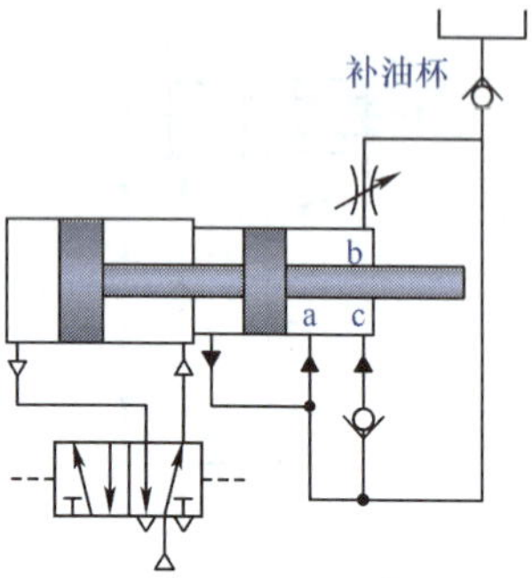

图 12-14　气液阻尼缸液压结构变速回路

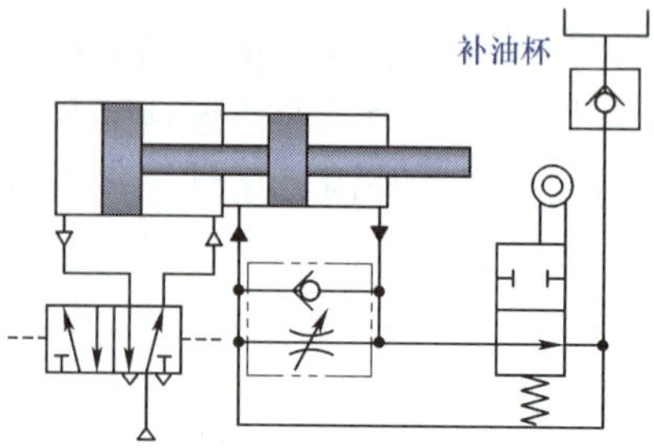

图 12-15　气液阻尼缸-行程阀变速回路

(4) 液压阻尼缸-气缸并联变速回路　图 12-16 所示为由气缸与液压阻尼缸并联组成的变速回路。气缸活塞与液压缸活塞在端头处采用刚性联结，液压缸的速度由单向节流阀控制，利用调节螺母确定气缸变换速度的位置。三位五通换向阀处于中位时，二位二通气控阀下位接入回路，切断液压缸油路，使活塞停在某一位置上不动。与气液缸串联回路相比，并联回路结构紧凑，不易产生气液相混现象，但两缸活塞联动精度较差，往往需要设置导向装置。

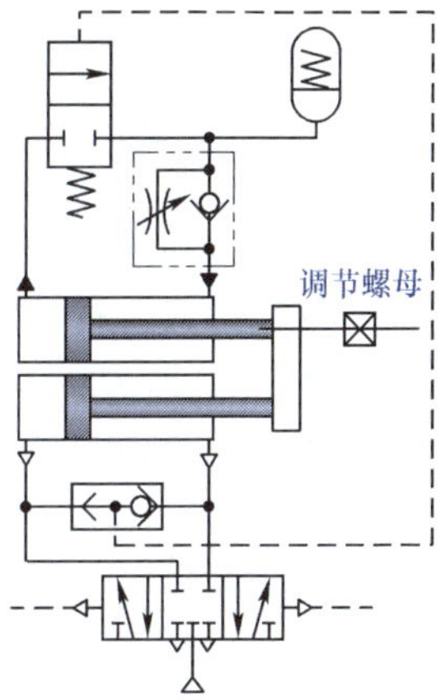

图 12-16　液压阻尼缸-气缸变速回路

二、气液增压缸增力回路

1. 气液增压单向节流调速回路

图 12-17 所示为气液增压单向节流调速回路。该回路利用气液增压缸将较低气压转变为具有较高压力的液压去驱动气液工作缸，增大输出力。图示状态下，压缩气体进入气液工作缸右腔，推动活塞左行。缸左腔的油液经单向阀进入气液增压缸下腔，推动连体活塞向上移动，活塞上腔气体经二位四通双电控换向阀排入大气，实现快速退回。当二位四通阀上端磁铁通电吸合上位接入回路时，压缩气体进入气液增压缸上腔，通过连体活塞传力给小活塞，使增压缸输入较大压力的油液进入气液工作缸左腔，输出较大的右向推力。增压缸油液进入工作缸途中，经过单向节流阀，因此，调节节流阀开度，可以调节工作缸活塞右行速度。

2. 气液增压双向节流调速回路

图 12-18 所示回路是在上述气液增压单向节流调速回路的基础上，将气液工作缸改为液压缸，并增设了一个气液传动器和单向节流阀，以构成气液增压双向节流调速回路。图示状态下，二位四通双电控换向阀下位接入回路，压缩气体进入气液传动器上腔，推动活塞将油液挤出，当压力油经过上侧单向节流阀时，因被节流而使液压缸活塞左行速度受到调节。二位四通阀上位接入回路时，与单向节流回路相同，液压缸可输出较大推力，并受到下侧单向节流阀控制流量，因而可以实现液压缸双向节流调速。这种回路可使液压工作缸双向运动速度可调，适用于需要单向增压且要求负载在两个方向运动平稳的场合。

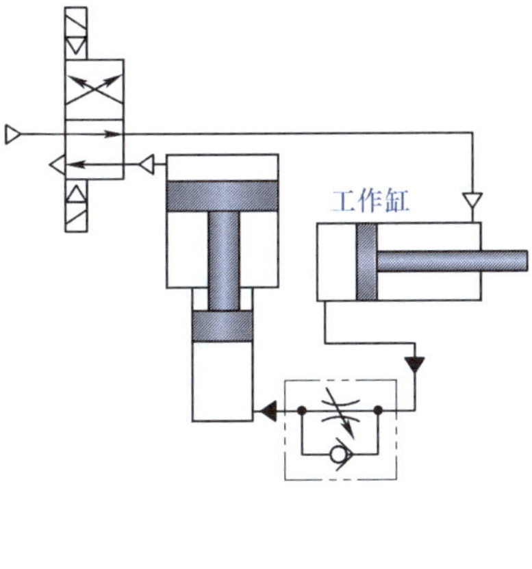

图 12-17　气液增压单向节流调速回路

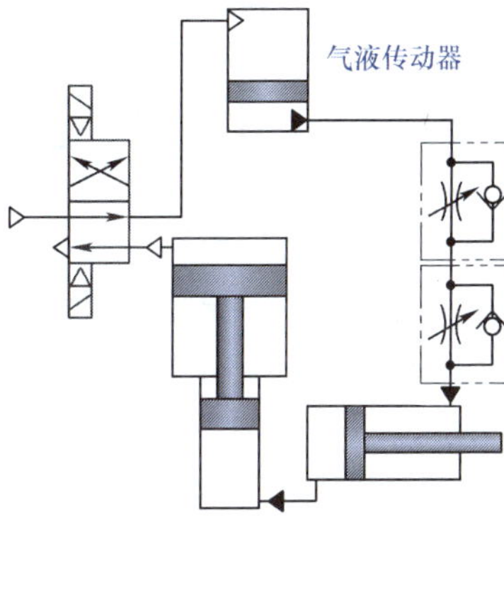

图 12-18　气液增压双向节流调速回路

三、气液工作缸同步回路

1. 均匀负载的气液工作缸同步回路

图 12-19 所示为均匀负载条件下，两个气液工作缸的同步运动回路。在图示状态，压缩气体经二位五通双气控换向阀上位、上侧单向阀进入左气液工作缸上腔，推动活塞向下运动。该缸活塞下腔排出的油液直接进入右缸上腔，由于两个气压缸活塞的有效工作面积相等，在两活塞刚性联结的情况下，可以获得同步运动。右缸下腔排出的气体通过下侧单向节流阀节流后，经二位五通阀排入大气。当换向阀下位接入回路时，压缩气体经下侧单向阀进入右缸下腔，活塞上行的同时将上腔油液挤入左缸下腔，其上腔排气经上侧单向节流阀、换向阀排入大气。调节单向节流阀开度，可以调节气液工作缸的回程速度。两缸之间的油路中设置了排气装置，可以排出油液中的气体。工作过程中，只要负载均匀作用，此回路即可保证两缸活塞运动的同步精度。

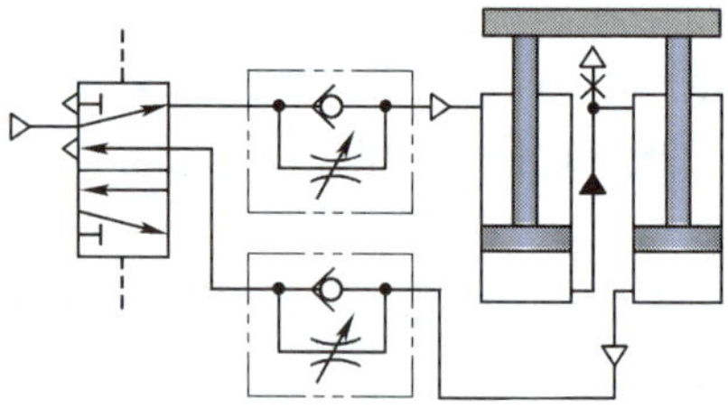

图 12-19 均匀负载的气液缸同步回路

2. 非均匀负载的气液工作缸同步回路

图 12-20 所示为非均匀负载的气液缸同步运动回路。当三位五通双气控换向阀上位接入回路时，压缩气体分别进入两气液工作缸的气腔下部，推动活塞向上移动，排出气体经下侧节流阀排入大气。连体活塞上行的同时，进气通过梭阀后，将两个二位二通气控换向阀下位接入回路，切断弹簧蓄能器与两缸油压腔的通路，两油压腔油液交叉循环，保证两活塞运动同步，使工作台上升平稳。当三位换向阀下位接入回路时，压缩气体进入两缸气腔上部，活塞下行的同时又打开梭阀使二位换向阀切断蓄能器与油压腔的通路，使两油压腔的油液交叉互补。当三位换向阀处于中位时，系统不供气，两个二位换向阀在弹簧作用力下，上位接入回路，弹簧蓄能器自动向两气液缸的油压腔补油。该回路可以保证工作台上作用有 F_1、F_2 不等负载的情况下，两气液缸仍能同步运动，从而使工作台平稳升降。

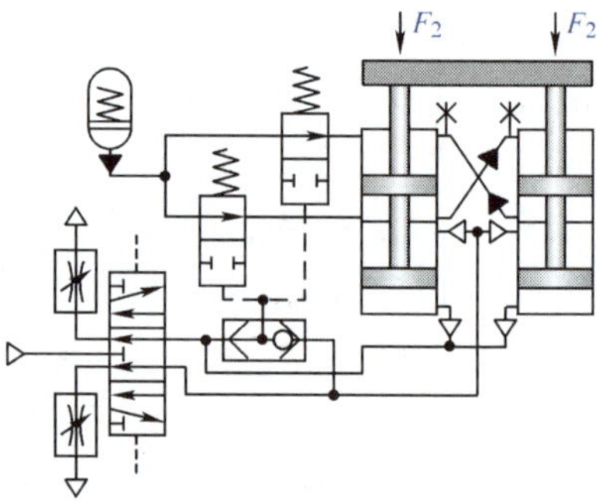

图 12-20 非均匀负载的气液缸同步回路

第五节 位置控制回路

在气压传动系统中，由于气体的可压缩性大，导致气动执行元件的位置精度较低，因此，设计系统时，往往需要特殊考虑回路的位置精度。通常，对位置精度要求不严格时，可采用单纯的气动定位。但对于定位精度要求较高的系统，则需要采取机械辅助定位或气液联动定位等方式。

一、机械方式的位置控制回路

为了使气动执行元件在运动过程中的某一位置上准确停留，通常可以设置固定或活动挡块，以使系统供气中断而实现位置控制。但这些位置控制方式常会产生机械冲击，而使系统元件磨损，降低定位精度，有时还需设置其他方式的位置控制回路。

二、利用换向阀的位置控制回路

为了控制气动执行元件的运动位置，常可利用三位换向阀的中位机能来实现。图 12-21 所示即为两个利用三位换向阀中位机能所实现的最简单位置控制回路。图 12-21a 利用三位五通换向阀的中位封闭机能，使得气缸左、右腔气路封闭，将活塞固定在该位置；图 12-21b 则是利用了三位五通换向阀的中压式机能，将气缸两腔同时接通气源，使活塞停留在某一位置上。但应注意，后者因气缸的活塞两端有效作用面积并不相等，因此无杆腔产生的作用力较大，活塞稳定程度较差。因此，利用换向阀中位机能构成的位置控制回路要求系统和主控阀内部泄漏非常小，且只能用于系统负载较小的场合。

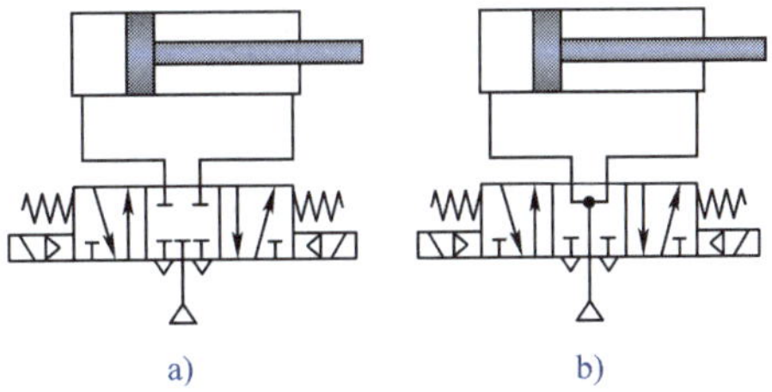

图 12-21　利用换向阀的位置控制回路

三、气液联动位置控制回路

1. 气液转换位置控制回路

如图 12-22 所示，将图 12-11 所示气液转换速度控制回路中左端的液压单向节流阀换成二位二通液压换向阀，即可构成位置控制回路，利用二位换向阀可控制液压缸活塞在任意位置停留。当二位阀处于图示位置时，液压工作缸可实现左右往复运动；如果使二位阀通电将左位接入回路，切断液压缸左腔进、出油路，使活塞停留在任意位置，可实现较高的定位精度。

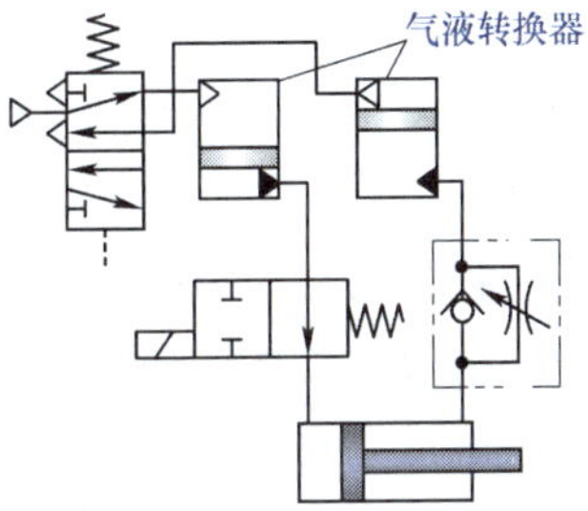

图 12-22　气液转换位置控制回路

2. 用气液阻尼缸的位置控制回路

图 12-23 所示为利用气液阻尼缸组成的位置控制回路。当三位五通双电控换向阀左位接入回路时，压缩气体进入气液阻尼缸气腔的左端，推动连体活塞向右移动。进气途中，压缩气体经过梭阀将控制气体传至二位二通气控换向阀，使其左位接入回路。由于气液阻尼缸的油压腔随连体活塞右行所排出的油液经单向节流阀、二位换向阀左位直接进入油压腔左端，调节单向节流阀开度，即可调节气压阻尼缸活塞的右行速度。当三位五通换向阀右位接入回路时，压缩气体进入气液阻尼缸气腔的右端，推动活塞向左移动。同样通过梭阀向二位换向阀输送控制气体，使该阀仍处于左位工作，保证油压腔左、右端形成油液通路。由于液压腔左端挤出油液通过单向阀直接流回右端，因而活塞右行速度增大即可实现快速退回。当三位五通换向阀处于中位时，气源不向系统供气，二位二通换向阀失去控制信号，在弹簧作用力下自动复位，关闭油液通路，气液阻泥缸立即停止运动。这种回路利用二位二通阀即可控制活塞停在任意位置，因而常被应用于要求定位精度较高的场合。

四、多位缸的位置控制回路

在气压传动系统中，经常要求执行元件实现多位置停留动作，因此需要利用多位气缸的单个或多个活塞伸出或缩回，以达到多点定位运动。

1. 刚性联结气缸的位置控制回路

图 12-24 所示为两个单出杆活塞缸反向连接，并将一端固定，为了获得一端活塞杆触及

多个位置所设计的位置控制回路。该回路利用手动换向阀 1、2、3 经梭阀 6、7 来控制二位四通气控换向阀，进而控制连接气缸活塞的运动位置。

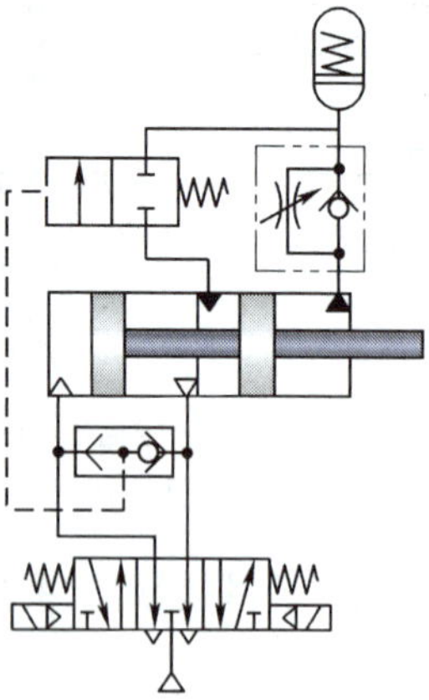

图 12-23 利用气液阻尼缸的位置控制回路

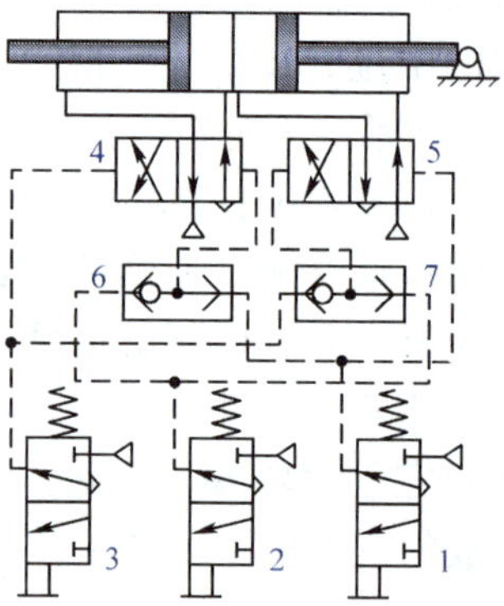

图 12-24 刚性联结气缸的位置控制回路

图示状态下，左缸左腔进气，左活塞右行收回活塞杆；右缸右腔进气，缸筒右移。如果按下手动阀 2，将其切换至下位工作，控制信号经梭阀 7 至二位四通阀 5 左端，将该阀切换至左位工作，右缸左腔进气，缸筒向左移动使右活塞杆相对伸出。此时阀 2 输出控制信号经左路进入梭阀 6 后作用在换向阀 4 右端，阀芯保持原来位置，即右位工作，因而原始处于最右端的左缸活塞在缸盖推动下向左移动一个行程。

如果松开阀 2，使阀 3 切换至下位工作，则左路控制信号同时经两梭阀使换向阀 4、5 都将左位接入回路，则左缸活塞左行使左活塞杆伸出，即实现左、右活塞杆均处于伸出状态。

在上述状态下，松开阀 3 使其复位，按下手动阀 1 将其下位接入回路，右路控制信号直接进入阀 5 右端使右位接入回路，同时，还有一部分控制信号经梭阀 6 进入阀 4 右端使其右位接入回路，即处于图示状态。

2. 串列气缸的位置控制回路

利用串列气缸，可以实现伸出活塞的多位置控制回路。图 12-25 所示为两气缸串列联接后，实现三位置输出的控制回路。当左端二位三通电磁换向阀通电吸合使左位接入回路时，压缩气体同时进入 A 缸左腔和 B 缸右腔，由于两活塞作用面积差使得 A 缸活塞将 B 缸活塞

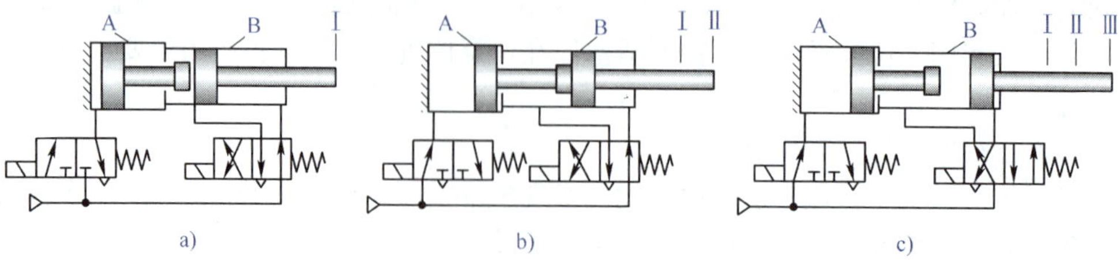

图 12-25 串列气缸的多位置控制回路

由位置Ⅰ推至位置Ⅱ。当右换向阀通电吸合将其左位接入回路时，B缸活塞将继续向右运动直至位置Ⅲ。这样，B缸活塞可以获得Ⅰ、Ⅱ、Ⅲ三个准确的输出位置。如果在缸的端盖上设置调节螺钉，即可使活塞停留在行程范围内的任意位置。

第六节　程序动作控制回路

所谓程序动作控制回路是根据系统要求使执行元件按照相应程序实现预定动作的回路，通常包括同步动作控制回路、顺序动作控制回路、往复动作控制回路、延时控制回路及计数回路等。

一、同步动作控制回路

同步动作控制回路常被称为同步回路，当系统需要控制两个气缸活塞按相同速度和位移量运动时，需要采用同步回路。通常采用刚性联结两个气缸活塞杆的方法实现活塞运动同步，也可采用气液联动方式实现活塞运动同步，这些方法在前面章节中已作过介绍。

二、顺序动作控制回路

图12-26所示为双缸顺序动作回路。开始工作时，按下二位二通手动换向阀使其上位接入回路，控制信号进入二位五通双气控换向阀5使其左位接入回路，压缩气体进入A缸左腔，活塞右行，实现动作A_1；当脱离二位三通行程阀1的阀杆后，该阀芯自动复位。此时，控制气体仍作用阀5的左端，活塞继续右行至二位五通行程阀3并压下其阀杆后，控制信号经该阀上位、阀4下位到达二位五通单气控换向阀左端，使该阀作为接入回路，B缸活塞右行，实现动作B_1；同时，活塞杆松开阀2的阀杆，其阀芯自动复位；B缸活塞右行压下阀4的阀杆，使该阀至二位五通单气控换向阀6之间的控制气体倒流排入大气，阀6恢复右位工作。此时，压缩气体率先进入B缸右腔，活塞向左退回实现动作B_0；B缸活塞回程至终点时压下阀2，此时，由于缸A的活塞停留在右端终点处，即活塞挡块仍压在阀3的阀杆上使其上位接于回路中，压缩气体经阀4上位、阀2上位进入二位五通双气控换向阀右端，使其右位接入回路，缸A右端进气，活塞左行实现动作A_0。这样，该回路A、B两缸完成“A_1—B_1—B_0—A_0”的顺序动作。这种回路可在较高速度下实现特定的顺序动作，因而在气动机械手等装置中应用较广。

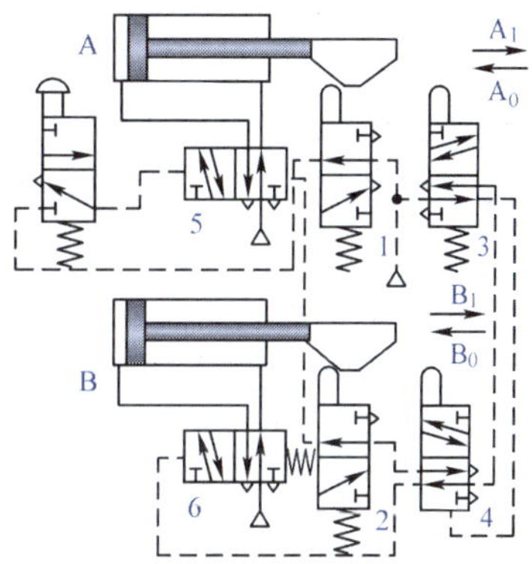

图12-26　双缸顺序动作回路

三、往复动作控制回路

为满足工作机构的运动需求，气压传动系统需设置往复动作控制回路（简称为往复动作回路），以提高自动化程度。通常采用的往复动作回路，主要有单往复动作回路和连续往复动作回路。

1. 单往复动作回路

图12-27所示为单往复动作回路。其中，图12-27a为行程控制单往复动作回路，按下左端二位三通手动换向阀，气体信号使二位五通双气控换向主阀左位接入回路，气缸活塞右行。当行至预定点压下行程换向阀阀杆时，控制信号经该阀上位通入换向主阀右端使其右位

接入回路，使活塞自动返回。

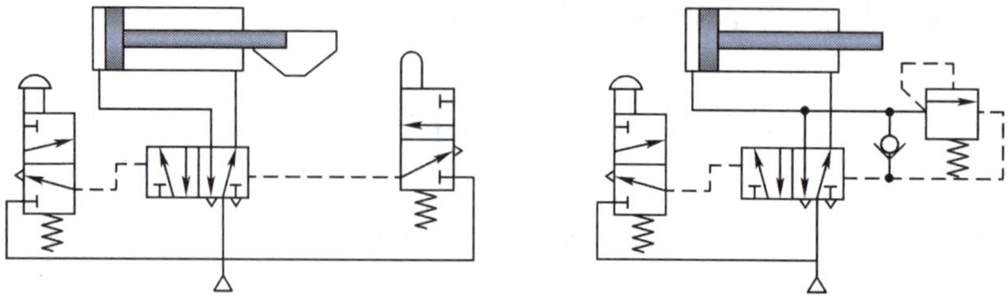

a) 行程控制　　b) 压力控制

图 12-27 单往复动作回路

图 12-27b 所示为压力控制的单往复动作回路，工作时，按下左端手动换向阀，控制信号通入换向主阀左端使其左位接入回路，气缸活塞向右运动；当活塞到达终点后，气缸左腔压力升高并打开顺序阀使压缩气体通过阀口并将换向主阀推向右位，压缩气体重新进入气缸右腔，活塞返程。

这两种回路都只能完成一次往复动作，如要活塞重新进行往复运动，则需再次按下手动换向阀。

2. 连续往复动作回路

图 12-28 所示为两种连续往复动作回路。图 12-28a 为行程阀控制连续往复动作回路，工作时，按下手动固位式二位三通换向阀，控制信号经其右位、左行程阀上位到达二位五通单气控换向主阀，使其右位接入回路，气缸左腔进气，活塞向右移动；由于活塞挡块松开了左行程阀阀杆，使其在弹簧作用下恢复下位工作，压缩气体保存在主阀右端的控制气路内，换向主阀仍处于右位工作。活塞右行到达终点，挡块压下右行程阀阀杆，使换向主阀右端控制气体经右行程阀上位排出，换向主阀恢复左位工作，活塞回程。当活塞返回到左端再次压下左行程阀时，换向主阀切换，又重复上一循环动作。这种回路只要扳动手动换向阀后，连续往复动作即可一直进行下去，只有断开手动换向阀使其复位，才可中断往复动作。

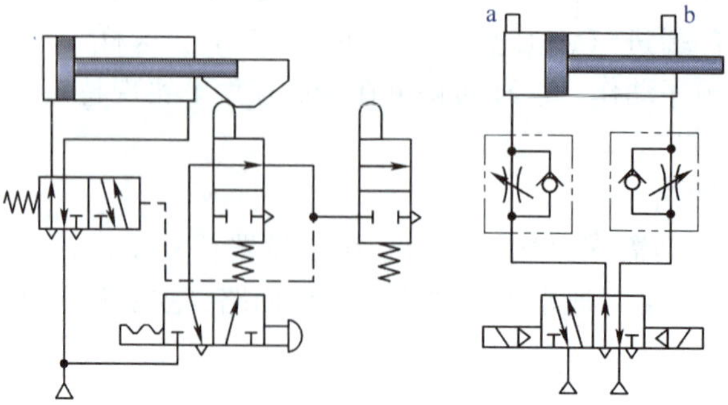

a) 行程阀控制　　b) 磁性开关控制

图 12-28 连续往复动作回路

图 12-28b 所示为利用磁性开关控制的连续往复动作回路。在气缸起始端设置 a、b 两个磁性接近开关，通过 PLC 控制器编程来控制双电控二位五通换向阀磁铁的通断，即可控制气缸的起动、停止并实现连续往复运动。

四、延时控制回路

在气压传动系统中，为了使所控制动作滞后于某一信号或某一动作一定时间，需要设置延时回路。延时控制回路常可分为延时接通和延时切断两种形式，如图 12-29 所示即为常用气动延时控制回路。图 12-29a 为延时接通回路，当左端二位三通单气控换向阀控制端有气体信号输入时，阀芯向下移动使上位接入回路，气源输出的压缩气体经过单向节流阀进入气容充气，等待一定时间 t 后，气容内压力升高到一定值，使二位四通换向主阀左位接入回路，气缸左腔进气使活塞开始向右移动。当单气控换向阀控制端气体信号消失后，下位恢复工作，气容内的气体经单向阀迅速排出，换向主阀右位恢复工作，活塞回程。改变节流阀口开度，可以调节延时换向时间。

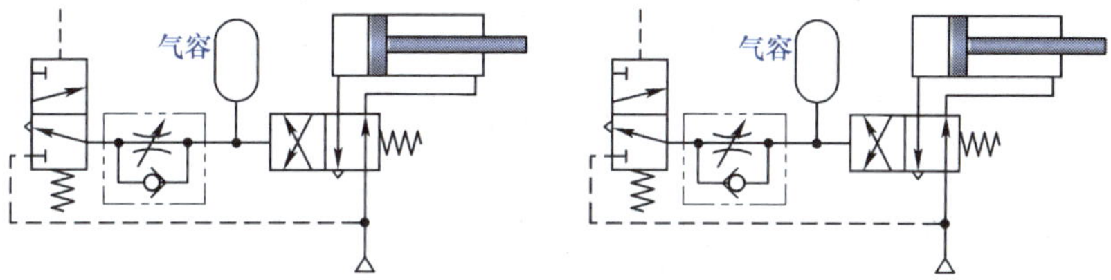

a) 延时接通回路　　b) 延时切断回路

图 12-29　延时控制回路

图 12-29b 所示为延时切断回路，即将延时接通回路中单向阀反接，使延时元件构成排气节流回路。二位三通单气控换向阀控制端输入气体信号后，将其上位接入回路，气流通过单向阀推动换向主阀右移，气缸活塞右行，同时气流迅速向气容充气。当单气控换向阀信号消失后，气容内压缩气体经过节流阀按一定速度排出，经过时间 t 后，换向主阀左端气体压力小于右端弹簧预紧力后，阀芯左移换向，活塞回程。同样，改变节流口开度，可以调节气缸活塞延时换向时间。

气动延时回路的功用相当于时间继电器，可以延时气动执行元件执行动作的时间，常用于易燃、易爆等不允许使用时间继电器的场合。

五、计数回路

气压传动系统中常用的计数回路主要有二进制计数回路和三进制计数回路。

1. 二进制计数回路

图 12-30 所示为两种二进制计数回路。图 12-30a 中，二位四通双气控换向主阀 4 的阀芯位置由阀 2 控制，而阀 2 的换向位置则由两个单气控换向阀 3 和 5 控制。工作时，按下二位三通手动换向阀 1，控制信号经阀 2 右端进入阀 4 左端和阀 5 右端，将阀 5 排气通路切断，使阀 4 左位接入回路，气缸活塞左腔进气，活塞右行；松开阀 1 的手柄，弹簧力作用使其下位恢复工作，原来进入阀 4 左端的气体信号倒流经阀 2 右位、阀 1 下位排空，阀 5 在左侧弹簧力作用下恢复左位，气缸左腔气体经阀 5 左位通入阀 2 左端，使阀 2 左位接入回路，等待阀 1 的下一次信号输入。第二次按下阀 1，压缩气体信号通过阀 2 左位分别到达阀 4 右端和阀 3 左端，使阀 4 和阀 3 分别切换至右位和左位，阀 3 气路被切断，而气缸右腔进气，活塞

左行。待阀 1 复位后，阀 4 左端的气体信号经阀 2 左位、阀 1 下位排空。此时，阀 3 在弹簧力作用下恢复右位工作，将气缸右腔剩余气体通向阀 2 右端使其右位接入回路，等待阀 1 的下一次信号输入。这样，手动换向阀的奇数次即第 1、3、5……次按下使气缸活塞伸出，而偶数次即第 2、4、6……次按下则使活塞回程。

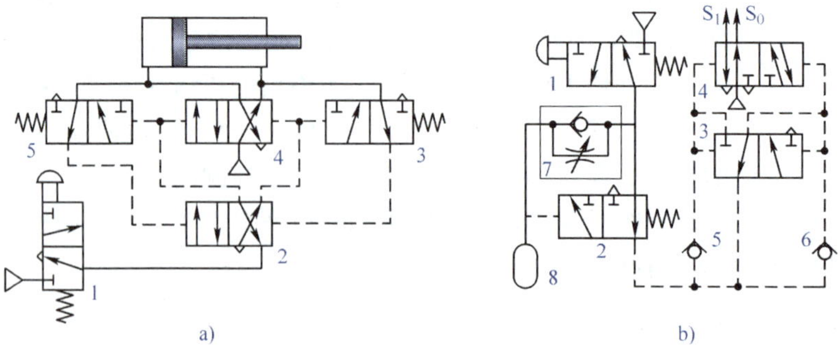

图 12-30 二进制计数回路

图 12-30b 所示为另一种二进制计数回路。图示状态下，回路输出信号 S_0。当按动二位三通手动换向阀 1 时，压缩气体信号经二位三通单气控换向阀 2 右位、阀 3 左位分别同至阀 3 和阀 4 右端，使两个换向阀右位接入回路，此时，阀 4 输出信号 S_1。经过一段时间，气容内压力升高至一定值后，将阀 2 切换为左位工作，输入的脉冲信号使单向阀 5 和 6 开启，且将阀 3 和 4 两侧的压缩气体全部经阀 2 排出。此时的阀 3 和 4 仍处于右位，即 S_1 输出状态。如果松开手动阀 1，阀 2 左腔内的压缩气体经阀 1 迅速排空，在弹簧力作用下恢复右位工作。再按动一次手动换向阀 1，压缩气体信号将通入阀 3、4 的左端，将两阀均切换至左位工作，这时，阀 4 又恢复到输出为 S_0 的状态。

2. 三进制计数回路

三进制计数回路如图 12-31 所示，每输入三个计数信号 a，将有一次计数信号 b 输出，复位信号是在第三次计数信号 a 切断时自动清零。在下一轮中的计数信号 a 第一次输入时，重新计数。第一次计数信号 a 输入时，左端二位五通单电控换向阀上位接入回路，压缩气体经阀 1 下位、阀 3 下位至阀 4 上端，使双稳换向阀 4 切换至上位；第一次计数信号 a 切断后，压缩气体经阀 4 使双稳换向阀 3 切换至上位；当计数信号 a 第二次输入时，压缩气体使双稳阀 2 切换至上位；而计数信号 a 再次切断时，双稳阀 1 也被切换至上位；当计数信号 a 第三次输入时，压缩气体经阀 1 后，才有一次计数信号 b 输出。

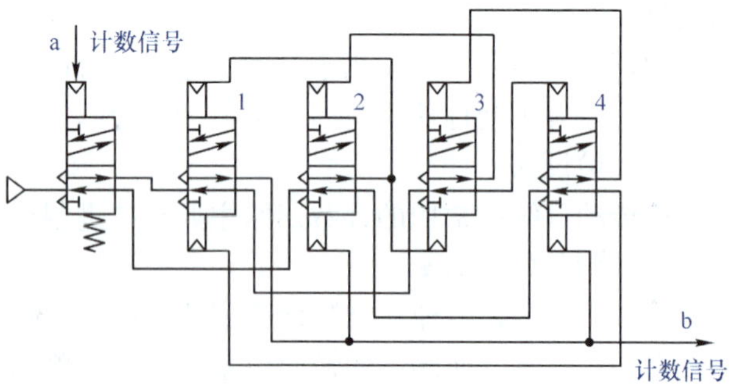

图 12-31 三进制计数回路

第七节　安全保护控制回路

在气压传动系统中，为了保证设备正常运转，不致因过载或突发事件损害工作元件，以及保证操作者人身安全等，需要设置安全保护回路。常用的保护回路主要有过载保护回路、互锁回路、双手操作安全回路及急停安全保护回路等。

一、过载保护回路

图 12-32 所示为气动系统中常用的过载保护回路。工作时，按下二位三通手动换向阀，压缩气体通入二位四通双气控主换向阀左端，使其左位接入回路，活塞推动负载向右移动；当活塞杆上的挡块压下右端二位三通行程阀时，控制气体经该阀上位、梭阀通入主换向阀右端，主阀右位接入回路，压缩气体进入气缸右腔，使活塞返程。

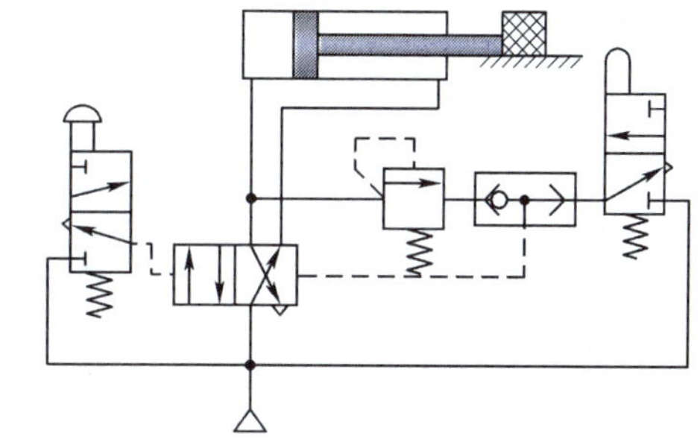

图 12-32　过载保护回路

如果活塞右行工作过程中，负载突然增大，将使气缸左腔气体压力升高。这个压力升高至顺序阀调定值时，阀口被打开，通过的控制气体经梭阀将主换向阀切换至右位工作，气缸右腔进入的压缩气体使活塞立即返程，气缸左腔气体经主换向阀排出，避免了系统过载。

二、多缸互锁回路

在多缸气动系统中，有时某一个气缸动作时，不允许其他缸同时动作，这时，就需要设置多缸互锁回路。如图 12-33 所示的三缸互锁回路中，主要采用梭阀 1、2、3 和双气控单复位型二位五通换向阀 4、5、6 的交叉功能来实现三缸互锁。工作时，利用控制气体切换二位三通换向阀 7，使其左位接入回路，则阀 4 与其联动，左位接入回路，压缩气体进入 A 缸下腔，使活塞向上运动。同时，A 缸进气气流途中通过梭阀 1、2 分别将 B、C 缸的换向主阀锁定在右位上，因此，即使阀 8、9 切换阀芯位置，由于阀 5、6 右端弹簧的辅助作用致使阀芯被锁定在原位，压缩气体无法通过这两个主换向阀，而保证 B、C 两缸无进气，即锁定不能动作。也就是说，只要前动作气缸的气控阀位置不改变，后动作气缸就无法实现动作。必须解除前动作气缸的气控状态，使其复位，才能使后动作气缸工作。

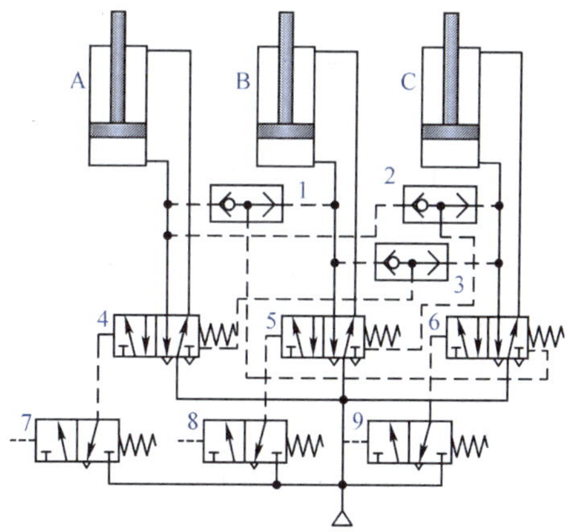

图 12-33　互锁回路

三、双手操作安全回路

在冲压加工生产中，为了保证操作者的人身安全和设备安全运行，通常严格规定必须双手按下按钮才能使压机滑块下行工作。这时，应在气动操纵系统中增设双手操作安全回路。

图 12-34 所示为两种双手操作安全回路。在图 12-34a 所示回路中，两个二位三通手动换向阀呈逻辑“与”的关系。仅仅按下其中任一个阀，二位五通单气控主换向阀没有动作，只有同时按下两个阀时，主换向阀才能切换，使气缸上腔进气，活塞下行，实现锻造或冲压加工。但这种回路存在意外的安全隐患，即两手动阀中有一个阀的弹簧失效，比如折断或不能复位时，单独按下另一个阀，主换向阀也会切换，使压机滑块产生非正确动作。因此，从安全生产的角度来看，这种回路的可靠性不强。

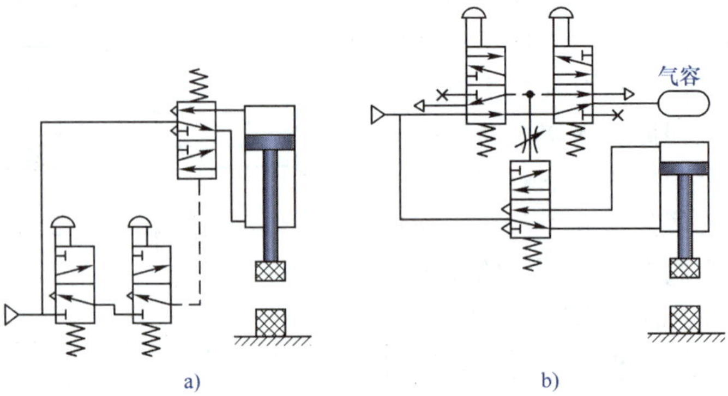

图 12-34 双手操作安全回路

图 12-34b 所示回路较好地弥补了上面回路的不足，提高了回路的安全可靠性。压机滑块运动间歇，即图示状态，气源向气容充气。当双手同时按下左右手动阀时，气容内的压缩气体通过右手动阀上位、节流阀，延时一定时间后到达进入主换向阀上端，将主阀切换至上位工作，气源气体进入气缸上腔，活塞推动滑块及模具向下移动，实现成形加工。如果仅仅按下其中一个手动阀，都会使气容中的压缩气体通过未被按下阀的下位排入大气中，不能切换主换向阀，即压机滑块不会产生下行动作，进而保证了生产操作安全。

四、急停安全保护回路

对于较大气压传动系统，当运行过程中出现意外故障时，可能涉及的工作机构或分系统较多、较复杂。为了保护系统安全，有时需要整个系统急速停止运行，以便检查事故产生环节和原因。这种情况下，需要在系统中设置切断气源的急停安全保护回路。

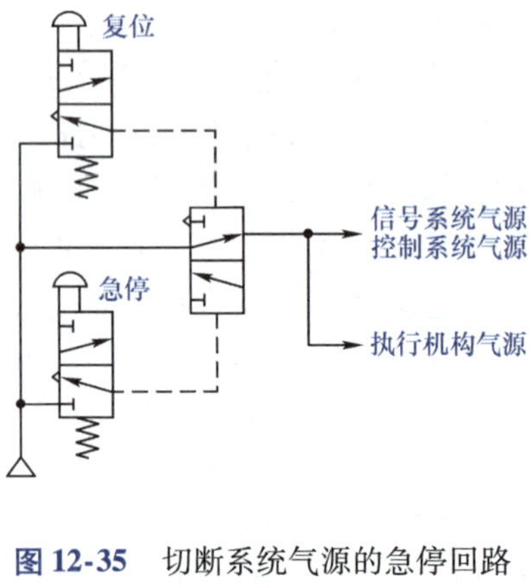

图 12-35 切断系统气源的急停回路

图 12-35 所示即为切断系统气源的急停回路。当发现系统出现意外故障时，按下急停手动换向阀，使二位三通双气控换向阀下位切换至回路，即可切断气源向各分系统供气的通路，保证系统内故障不再发展。当查明事故原因并排除故障之后，再按下复位阀，主换向阀上位接入回路，使气源输出的压缩气体通入各分系统。

习　题

12-1　在气压传动系统中，什么是一次压力控制回路和二次压力控制回路？它们分别用于何处？

12-2　气动快速运动回路通常采用哪种元件来实现？

12-3　什么是气液联动装置？为什么要采用气液联动？它有哪些优点？

12-4　简述气液增压双节流调速回路的工作原理。

12-5　气压传动中的执行元件位置控制回路有哪几种形式？各自有何特点？

12-6　什么是程序动作回路？它有哪几种控制方式？

第十三章 气压程序系统与气压传动系统应用

学习要点：需要掌握气压程序系统设计的基本过程、行程程序回路设计的基本方法，应达到能够读懂 X-D 状态图、逻辑原理图和气动回路图的目的。此外，应掌握本章所介绍的几种气压传动系统应用实例的基本原理、运行过程。

第一节　气压程序系统设计简介

一、程序控制系统分类

程序控制是根据工程中压力、温度、位移及时间等物理量的变化，来控制系统执行元件按预先给定的顺序或条件有序动作的一种自动控制方法，在生产领域的自动控制系统中应用广泛。程序控制通常可分为数字程序控制和简单程序控制两大类，简单程序控制中，按照发信装置和控制信号不同还可分为时间程序控制、行程程序控制两种形式。

时间程序控制是指各执行元件的动作按设定的时间顺序进行，它属于开环控制系统。时间程序控制系统中的信号发生装置按预定时间间隔发出时间信号，通过信号控制线路传递给各相应执行元件，使这些元件按照系统指令执行规定动作。

行程程序控制是闭环程序控制系统，如图 13-1 所示。外部指令信号或其他装置发来的启动信号传递给逻辑控制回路，后者即发出执行信号，控制执行元件执行第一步动作。当执行元件完成第一步动作后，触发行程阀或行程开关，向逻辑控制回路发出气或电信号，由逻辑控制回路再发出第二个执行信号，指令执行元件执行第二个规定动作。通过这样一个闭环控制系统，整个系统将按预先设计好的程序持续工作下去。由于系统工作循环中，必须顺利完成第一步动作后，即直到执行机构完成预定的控制动作为止，才有可能实现第二步动作。

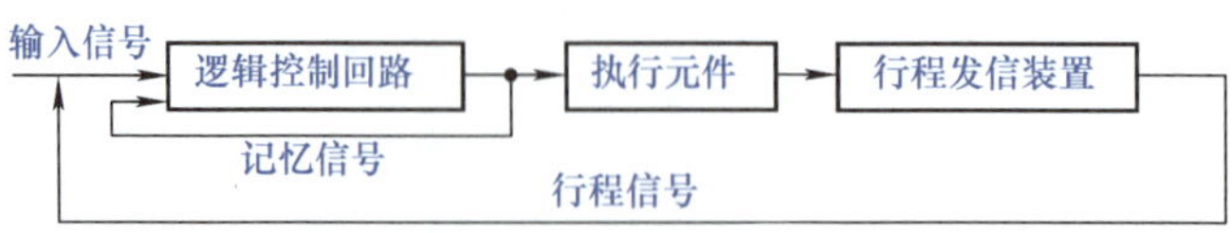

图 13-1　行程程序控制系统循环流程

行程程序控制可保证系统实现连续控制作用且安全可靠，因而是气压传动设备中应用十分广泛的控制方式。

一般，行程程序控制系统包括动力源、发信装置、逻辑控制回路及执行元件等。其中，动力源由空气压缩机、油水分离器、干燥器、储气罐、减压阀和油雾器等组成。逻辑控制回路根据系统程序控制要求，由气动方向阀、气动逻辑元件或电气逻辑元件等形成的逻辑回路组合而成。发信装置用来发出执行信号，通常利用行程阀或行程开关等，也可根据设备工作情况，利用力、温度传感器作为发信装置。系统中的执行元件可为气缸、气动马达或气阀等，与其联动的装置共同构成执行机构。

根据气缸在工作运行一个周期中往复动作的次数，行程程序控制系统分为单往复和多往复两种。为适应生产需要，行程程序控制系统可设计成压力控制、时间控制系统。行程程序控制的优点是结构简单、维护容易、动作稳定，当程序中某一环节出现故障时，整个程序将停止运行而实现自动保护。

二、行程程序回路的设计方法

行程程序回路通常包括多缸单往复和多缸多往复形成回路。其中多缸单往复行程程序回路是指一个循环中所有气缸都只做一次往复动作，而多缸多往复行程程序回路，则是指在同一个动作循环中，至少有一个气缸往复动作两次或两次以上。这两种行程程序控制回路的设计步骤基本一致，通常是采用 X-D 状态图（即信号动作状态线图）法来进行回路设计的。现以多缸单往复行程程序回路为例作一简单介绍。

1. 利用 X-D 状态图法设计行程程序控制回路

行程程序回路设计主要是解决回路中信号和执行元件动作之间的协调和连接，因此，通常采用 X-D 状态图法来辅助设计。

（1）用 X-D 状态图法设计行程程序控制回路的步骤

1）按照系统工作要求，确定系统工作程序。

2）绘制 X-D 状态图。

3）根据 X-D 状态图找出障碍信号并排除，列出各控制信号的逻辑表达式。

4）绘制逻辑原理图。

5）绘制气动回路原理图。

（2）X-D 状态图法中的规定符号

1）将回路中的气缸编码排成次序，并用字母 A、B、C、D、……表示相应的动作状态，用下标“1”表示气缸活塞杆伸出，“0”表示活塞杆退回。

2）用于各气缸 A、B、C、D、……对应的小写字母 a、b、c、d……表示相应的程序阀发出的动作信号，下标“1”表示指令气缸活塞杆伸出时发出的信号，“0”则表示指令气缸活塞杆退回时发出的信号。例如，a_0（A_1）表示气缸 A_1 的活塞杆伸出所发出的信号是 a_0；而 a_1（B_1）表示控制气缸 B_1 动作的信号是 a_1，等等。

3）经过逻辑处理而排除障碍后的执行信号在右上角附加“ * ”记号，如 a_1^*、a_0^* 等，而不带记号“ * ”的信号则为原始信号，如 a_1、a_0 等。

现以由两缸组成的攻螺纹机的行程程序为例，说明 X-D 状态图的设计方法。现设 A 为送料缸，B 为攻螺纹缸，则其循环动作及其用字母简化的相应程序如图 13-2 所示。

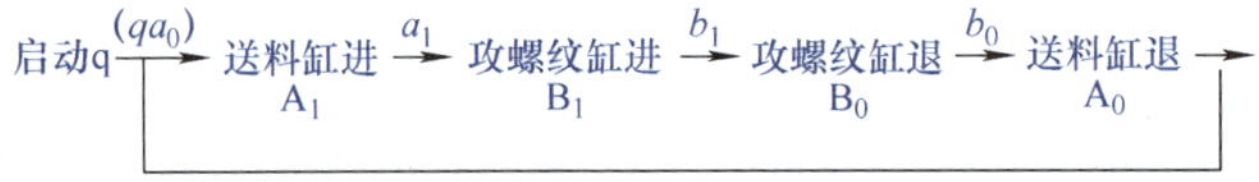

图 13-2 攻螺纹机中气缸工作行程程序简图

2. 绘制 X-D 状态图

X-D 状态图可以把各个控制信号的存在状态和执行元件的工作状态用线图形式表现出来，即可利用线图分析出各种障碍信号的存在状态。同时，X-D 状态图还可提供出消除信号障碍的途径。绘制 X-D 状态图通常需要画方格图、画出动作状态图和画出信号线三个步骤，现仍以上述攻螺纹机气动回路为例，介绍 X-D 图的绘制方法。

（1）绘制方格图　绘制如图 13-3 所示方格图，填入 1、2、3、4 等程序号，并在相应的程序号下面的格子内填入相应的动作状态符号 A_1、B_1、B_0、A_0，方格最左端为控制信号即控制动作状态组的序号 1、2、3、4、等，简称 X-D 组，方格图的最右一列为“执行信号表达式”。每个 X-D 组所占方格分为上、下两行，上行为行程信号，下行为该信号控制的动作状态，例如，$a_1(B_1)$表示控制 B_1 动作的信号是 a_1 等。最下端的备用格可根据具体情况填入附加信号装置，如辅助阀等中间记忆元件的输出信号、消障信号以及联锁信号等。

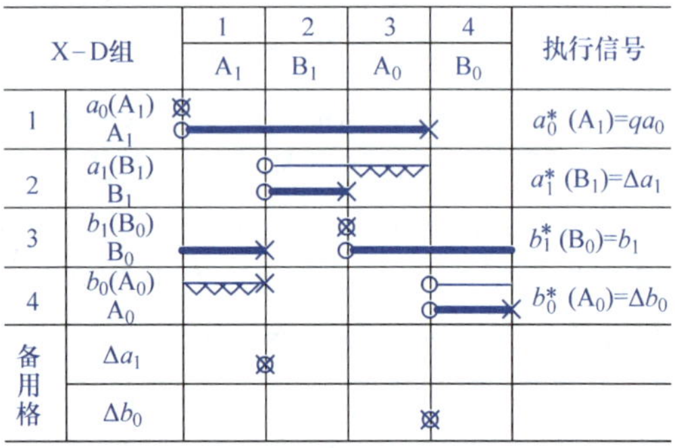

图 13-3　$A_1B_1B_0A_0$ 的 X-D 状态图

（2）绘制动作状态线（D 线）　在表示状态的格子内，利用粗实线表示各执行元件的动作状态线，符号“O”表示该动作的起点，符号“×”表示动作的终点。另外，动作状态线的终点是下一动作状态变化的开始处，例如，缸 A 伸出状态 A_1，变换成缩回状态 A_0，此时，A_1 动作线的终点必然是在 A_0 的开始处。同样，B_1 动作状态线的终点必然在 B_0 动作开始的列线上。

（3）绘制信号线（X 线）　利用细实线绘出各行程信号线。信号线的起点与同一组中动作状态线的起点相同，起点处标注符号“O”；信号线的终点和上一组中产生该信号的动作状态终点相同。考虑阀的切换及气缸气动等的传递时间，信号线的起点应超前于它所控制动作的起点，而信号线的终点应滞后于产生该信号动作的终点。如果要在 X-D 状态图上反映这种事实，则需要信号线的起点与终点都要延伸出分界线交点，通常对此忽略不计。对于非常精确的行程程序控制，需要表示这种情况时，则可按上述实际起点或终点位置绘出信号线。

在 X-D 状态图中，符号“⊠”表示该信号线的起点与终点重合，实际上是表示该信号为脉冲信号。而这个脉冲信号的宽度相当于行程阀发出信号、气控阀换向、气缸气动和信号传递时间的总和。

3. 障碍信号的判断与排除

在行程程序回路的信号之间，通常因各种形式的干扰使信号之间形成障碍，导致回路中各元件产生误动作，即构成所谓有障回路。确定和排除回路中的障碍信号，是构建正确行程程序回路的重要保证。

（1）确定障碍信号　在大多数具有多执行元件的行程程序控制回路中，各个控制信号间往往存在一定形式的互相干扰，这些造成干扰的信号称为障碍信号，它们的存在可能造成执行元件产生误动，使系统无法正常工作。在行程程序控制回路中，通常将障碍信号分为Ⅰ型障碍信号和Ⅱ型障碍信号两种。

1）Ⅰ型障碍信号。行程程序控制回路在一个工作循环过程中，每个执行气缸只做一次往复运动的回路称作单往复行程程序控制回路。在这种单往复程序中，若在某个主控阀的两个控制口上，同时存在两个相互矛盾的控制信号，则称该障碍信号为Ⅰ型障碍信号。

2）Ⅱ型障碍信号。在行程程序控制回路的一个工作循环过程中，至少有一个执行气缸往复运动两次或两次以上，称这种回路为多往复行程程序控制回路。在这种回路中，如果存在一个控制信号多次出现，控制不同动作，或分别控制同一个执行气缸的两个相反动作时，则称这个信号为Ⅱ型障碍信号。

行程程序控制回路设计的关键是要找出障碍信号并设法将其排除。障碍信号最常用的判别方法即为 X-D 状态图法。通过对绘制的 X-D 状态图的分析，检查每组中是否存在有信号线比其所控制的动作线长的情况。如果存在这种情况，说明动作状态要改变，而其控制信号不允许其改变（障碍动作状态的改变），即将这种障碍其动作状态改变的信号称之为障碍信号。并将信号线比其所控制的动作状态线长的那部分线段叫做障碍段，即图 13-3 中的锯齿形线部分所表示的线段。

（2）排除障碍段　排除障碍段也称消障，即缩短信号线长于其所控制的动作线部分。为了保证各执行元件能按规定动作顺序正常工作，设计时必须把障碍信号的障碍段消除。排除障碍的方法就是缩短信号线的长度，使其不超过其所控制的动作状态线的长度。常用的障碍排除方法有脉冲信号法、逻辑回路法和辅助阀法等。

在 X-D 状态图中，障碍信号表现为控制信号长于其所控制的动作状态存在时间，其具体消障方法和过程，请参考相关书籍。另外，在 X-D 状态图中，如果信号线与动作线等长，则此信号可称为瞬时障碍信号。对于这种瞬时障碍信号，不予排除其也能自行消失，仅使某个行程的开始比预定的程序产生稍微的时间滞后，一般可不予考虑。

4. 绘制逻辑原理图

所谓逻辑原理图，是指根据 X-D 状态图的执行信号表达式，以及考虑手动、启动、复位等绘制的逻辑方框图，然后再可根据这个方框图绘制出启动回路原理图。

（1）气动逻辑原理图的基本组成及符号

1）逻辑原理图是指利用逻辑运算关系中的“是”、“或”、“与”、“非”、“记忆”等的逻辑符号表示的原理图。逻辑图上的逻辑符号，在气动回路原理图上可以对应多种条件，例如逻辑符号“与”可能是一种气动逻辑元件，但也可能是两个气阀串联而成的组合件。所以，逻辑原理图中的符号不一定总是代表某一确定的元件，有时可以理解为逻辑运算符号。

2）由于气路中的主控阀通常具有记忆功能，而执行元件的输出可由主控阀的输出表示，因此，执行元件的输出即可用逻辑记忆符号来表示。

3）将行程发信装置的符号填入小方框中，表示各种原始符号，在小方框上方可绘出相应标记，如可标记出手动阀、行程阀等。

（2）绘制气动逻辑原理图　图 13-4 为根据图 13-3 所示 X-D 状态图所绘的逻辑原理图。逻辑原理图的绘制，主要依据是 X-D 状态图执行信号栏中的逻辑表达式，绘制步骤如下：

1）在逻辑图的右端画出每个执行元件的两种状态与主控阀联接形式。

2）逻辑图的左端列出行程阀等发信器方框，并使之与所对应的控制元件相对应。

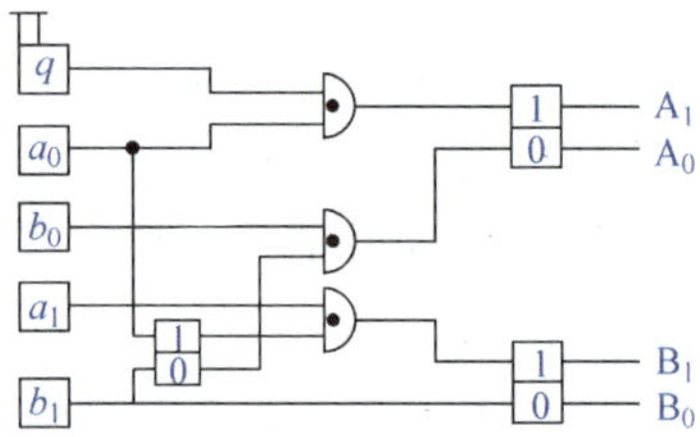

图 13-4　$A_1B_1B_0A_0$ 逻辑原理图

3）逻辑原理图应能反映出执行信号逻辑表达式中的各逻辑符号之间的关系，并画出为操作需要而增加的启动阀等控制阀。

5. 绘制气动回路图

根据图 13-4 的逻辑原理图可以确定，这个半自动行程程序需用一个启动阀、四个行程阀和三个双输出记忆元件（二位四通阀）。三个与门可由元件串联来实现，绘制成如图 13-5 所示气动回路图。图中 Q 为启动阀，K 为辅助阀（中间记忆元件）。回路图中，直接与气源相连接的行程阀为有源元件，它们应是无障碍的原始信号，如图中的 a_0、b_1 信号；而不能与气源相连的行程阀则为无源元件。对于有障碍的原始信号，若用逻辑回路法排障，则只需使它们与辅助阀、气源串联即可实现，如图中的 a_1、b_0 信号。在绘制气动回路图时，应注意哪个行程阀是有源元件，哪个行程阀为无源元件。

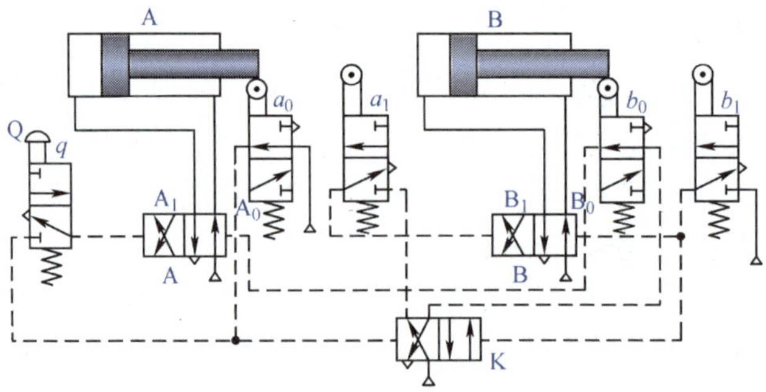

图 13-5　无障 $A_1B_1B_0A_0$ 气动回路图

第二节　气动系统应用实例

一、全气动钻床气动系统

全气动钻床是利用气压传动来控制送料、夹紧工件并驱动工作主轴旋转实现钻削的自动钻床。它利用送料气缸 A 实现送料工步，由一个夹紧气缸 B 实现夹紧工件，再利用钻削缸 C 完成钻削加工。

1. 工作程序

钻削工艺要求该自动钻床实现如图 13-6 所示的顺序动作：

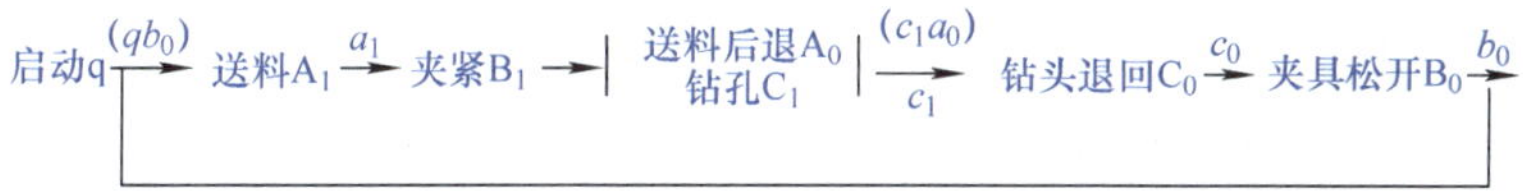

图 13-6 全气动钻床工作顺序

在自动钻床工作顺序中，当工件送进被夹紧后，为了节省工步时间，应使送料缸活塞后退（A_0）与钻削缸进给（C_1）同时进行。由于送料缸活塞退回 A_0 动作对下一个程序执行没有影响，可不设连锁信号，节省一个发信元件 a_0。同时，还可避免因钻孔 C_1 工步先完成，送料缸活塞后退 A_0 工步滞后而造成的钻头与已钻孔内壁摩擦现象发生。自动钻床工作过程中，只要钻孔 C_1 工步完成，即可立即发信执行下一个动作。这时，如果送料缸活塞退回 A_0 动作尚未结束，可利用控制 A_0 动作的主控阀的记忆功能，保证送料缸活塞退回动作继续至结束。可将该循环动作简化为

$$A_1B_1\begin{Bmatrix}A_0\\C_1\end{Bmatrix}C_0B_0$$

2. X-D 线图

根据上述工作程序，可以绘制出 X-D 状态图，如图 13-7 所示。状态图中有两个障碍信号 b_1（C_1）和 c_0^*（B_0），分别利用逻辑线路法和辅助阀法来消障，消障后的执行信号表达式为 $b_1^*(C_1) = b_1a_1$ 和 $c_0(B_0) = c_0K_{b_0}^{c_1}$。由 X-D 状态图可以看出，$a_1$、$b_0$、$c_1$ 均为无障碍信号，因而它们都是有源元件，可在气路中直接与气源相连。而 b_1、c_0 为有障碍的原始信号，按照其消障后的执行信号表达式 $b_1^*(C_1) = b_1a_1$ 和 $c_0(B_0) = c_0K_{b_0}^{c_1}$ 可知，原始信号 b_1 为无源元件，应通过 a_1 与气源相连。原始信号 c_0 只需与辅助阀（单记忆元件）、气源串接即可。

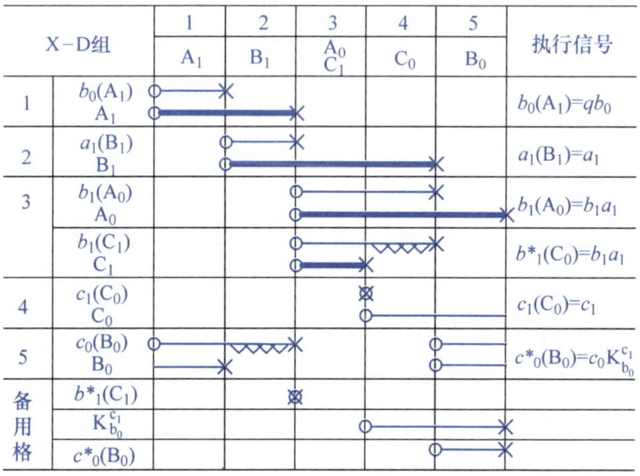

图 13-7 全气动钻床的 X-D 状态图

3. 逻辑原理图

根据 X-D 状态图，绘出该系统的逻辑原理图如图 13-8 所示。图中右端列出了送料气缸 A、夹紧气缸 B、钻削缸 C 的六个工作状态，中间部分用了三个与门元件和一个记忆元件

（辅助阀）。左侧列出由行程阀、启动阀发出的原始信号。

4. 气动系统图

全气动钻床气动系统如图 13-9 所示。设计中省略了信号 a_0，即 A 缸活塞缩回（A_0）结束时，它不发出信号。钻床工作时，首先按下按钮 q，气动系统即可自动完成 $A_1B_1\begin{Bmatrix}A_0\\C_1\end{Bmatrix}C_0B_0$ 的工作循环。当需要停机时，只需断开气动阀 q，钻床在完成工作循环中的最后一个动作 B_0 后，便可自动停止工作。

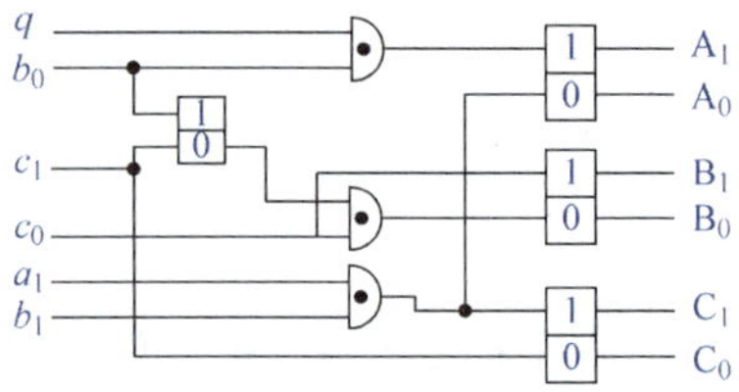

图 13-8 全气动钻床逻辑原理图

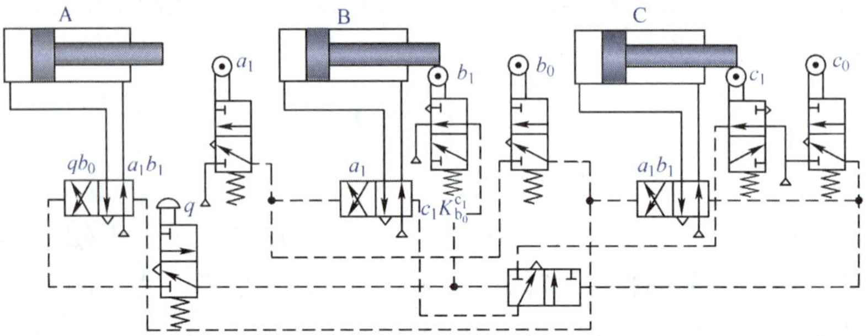

图 13-9 全气动钻床气动系统图

二、数控加工中心的气动系统应用

由于气压传动系统具有结构简单、响应速度快、动作频率高，且具有良好的过载安全保护性能，数控机床操作中通常采用气压传动系统来实现频繁启动的辅助动作，如装夹工件、工作台交换、更换刀具等。下面简单介绍某数控加工中心采用的几种气动回路。

1. 工作台夹紧回路

某数控加工中心的可交换工作台固定在床身的鞍形固定座上，利用四个带定位锥的气缸实现夹紧固定，该气动夹紧回路如图 13-10 所示。回路中设置了两个单向节流阀，对夹紧缸进行节流调速，以控制活塞的运动速度，不仅是气缸夹紧速度可调，还可避免夹紧时产生压力冲击。此外，在夹紧气缸的进、排气路上，分别设置了两个可调工作点的压力开关，将其输出信号作为气缸工作时夹紧和松开动作完成信号显示。

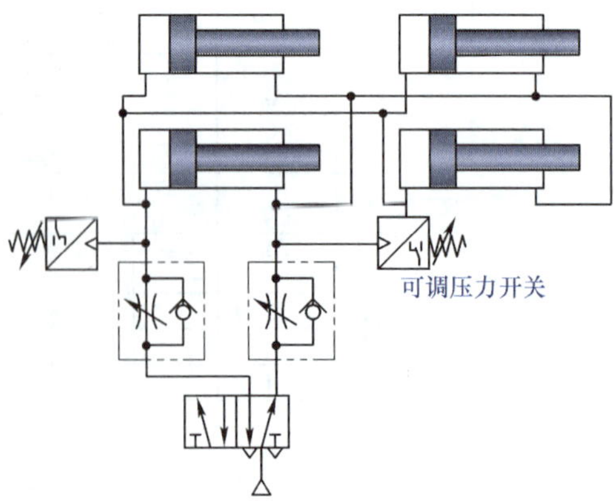

图 13-10 加工中心工作台夹紧回路

2. 交换台升起回路

某双工作台加工中心为了在工作中实现工作台交换，需要设置交换台。作为加工中心工作台交换的关键部件，交换台采用气压传动控制，其回路如图 13-11 所示。加工中心交换台承载着工作台及其相应的辅具，升起负载较大，为避免气缸活塞缩回时在负值负载力作用下产生较大的惯性冲击，以防造成机床零部件损伤，回路中对气缸活塞运动采用了排气节流调速控制。此外，为了检测气缸活塞的运动位置，回路中设置了两个接近开关 LS16 和 LS17，以实现系统对交换台整个升降过程的行程控制。

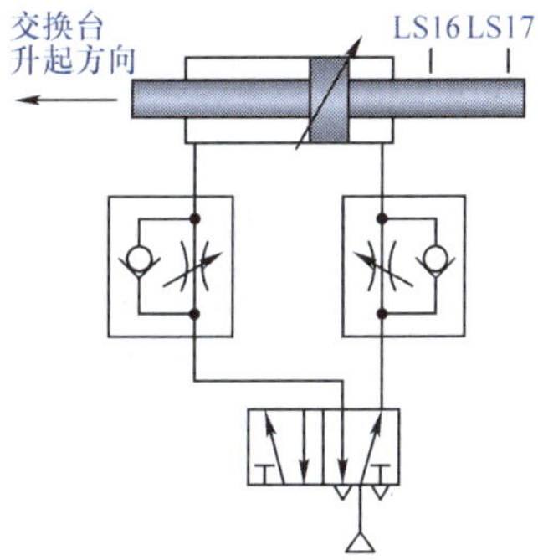

图 13-11　加工中心交换台升起回路

3. 自动刀库摆动回路

数控加工中心在工作过程中，需要实现自动更换刀具。在某加工中心的控制系统中，自动刀库的摆动、刀套翻转、主轴孔内刀具拉杆的向下运动、主轴吹气、油气润滑单元排送润滑油以及数控转台夹紧松开等，均可采用气压传动。

某加工中心的盘式自动刀库的摆动控制采用的气动回路如图 13-12 所示。自动刀库摆动回路由二位三通单电磁换向阀 A、二位五通双电磁换向阀 B、两个单气控二位二通换向阀 C 和 D 以及两个单向节流阀 E 和 F 组成。二位三通单电磁换向阀 A 控制回路气源的通断，同时也控制两个单气控二位二通换向阀 C 和 D 输出口的通断。工作时，换向阀 A 通电，接通回路气源，压缩气体经控制回路分别进入单气控换向阀 C 和 D 的左右控制腔，使主控换向阀 B 与气缸之间形成通路。这样，当主控换向阀 B 接收相应信号时，即可实现气缸活塞的伸出和缩回动作。如果系统发信使单电磁二位三通换向阀 A 断电时，其输出信号被切断，同时切断了换向阀 C 和 D 的控制气路，使它们在弹簧作用下迅速复位，气缸进、排气口均处于封闭状态，活塞在原位停止。回路利用换向阀 C 和 D 使气缸活塞可以停留在任意位置上，并且可以防止切断气源后活塞产生移动错差。

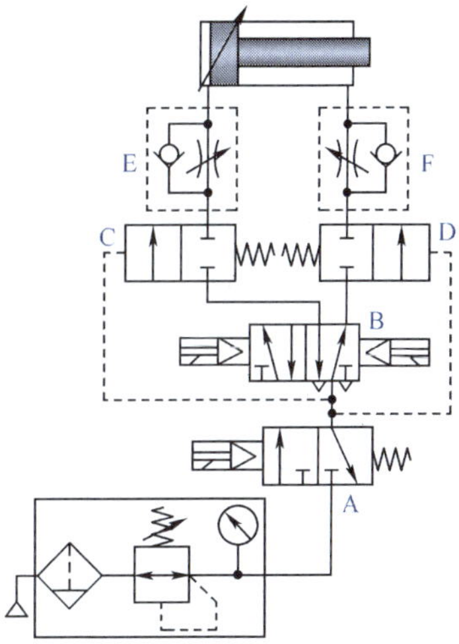

图 13-12　加工中心盘式自动刀库摆动回路

回路中设置的两个单向节流阀 E 和 F 对气缸进行排气节流控制，可有效降低气缸活塞的运动速度，以避免更换刀具在翻转过程中因运动速度过快而产生脱落现象。

三、输送带纠偏回路

输送带装置如图 13-13 所示，输送带绕过驱动滚筒和两侧滚筒，驱动滚筒在电动机驱动下带动输送带旋转，张紧辊用以压紧输送带保持其与驱动滚外缘以同一线速度运动。但由于滚筒安装不正、机架两端高低不平或输送带上物料偏斜等原因，常使输送带在运行过程中偏向一侧，即产生输送带跑偏现象。这种现象长期持续会导致输送带边缘与机架磨损，最后使输送装置损坏。因此，需要对输送带进行纠偏。输送带纠偏可采用电气方式、液压方式和气动方式等，其中气动纠偏具有结构简单、控制方便和成本低等优点，因而得到广泛应用。

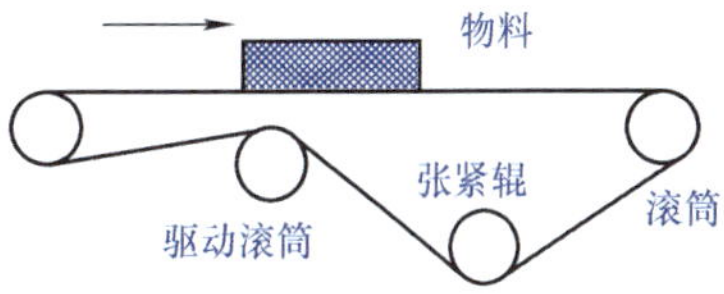

图 13-13　输送带结构原理

1. 气动纠偏原理

如图 13-14 所示输送带装置中，输送带滚筒由气缸 1 和汽缸 2 支承，为防止气缸纠偏时的机械干涉并保证机构平衡，采用万向轴眼将气缸与滚筒联接在一起。在输送带边缘一定位置上设置四个光电开关 K1、K2、K3、K4，用以检测输送带在运行方向是否跑偏。如图 13-14a 所示，当输送带正常运行时，所有光电开关没有输出，输送带两侧气缸活塞都处于缩回状态。一旦输送带形成向右跑偏，光电开关 K3 输出信号，如图 13-14b 所示，控制气缸 1 的活塞向外伸出，推动滚筒向左倾斜一个角度，使输送带受到一个向左的张紧分力，输送带在这个张紧分力作用下，纠正输送带回到正常位置。同样，如果输送带向左形成跑偏，光电开关 K4 发出信号，控制气缸 2 的活塞伸出，如图 13-14c 所示，输送带受到一个向右的张紧分力，输送带在这个张紧分力作用下向右移动，纠正输送带回到正常位置。

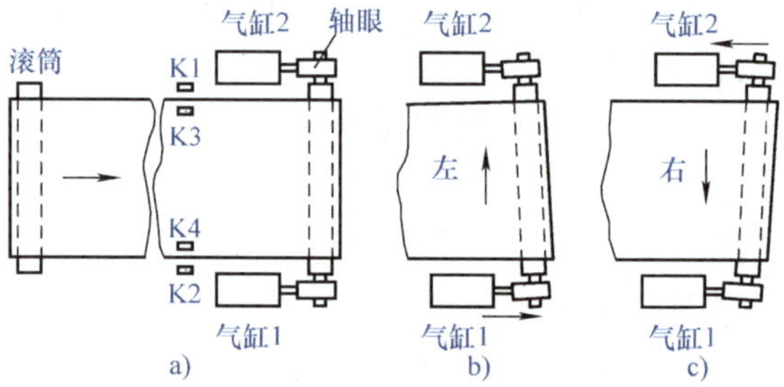

图 13-14 输送带气动纠偏原理

回路中设置的光电开关 K1 和 K2 的主要作用是对输送带边缘限位，如果纠偏系统不能将输送带纠正到正常运行位置，输送带跑偏一定长度时，K1-K2 将发出信号，使输送带停止运动并实现报警。光电开关的安装位置可根据输送带跑偏的允许值确定，控制气缸的行程由纠偏时的滚筒可能出现的倾斜角度决定，且与输送带宽度有关。

2. 纠偏气动系统原理

输送带纠偏的气动回路如图 13-15 所示，主要有控制缸 1、2 和四个单向节流阀及二位五通电磁换向阀 A、B 组成。控制气缸左右气口均与单向节流阀组成出口节流调速关系，可用来防止气缸活塞在快速伸出或缩回时可能引起的输送带张紧力突然变化而导致的输送带传动打滑等。纠偏装置中的光电开关将信号传输给二位五通换向阀，通过其电磁铁吸合或断开控制气缸进、排气，以实现适时纠偏。

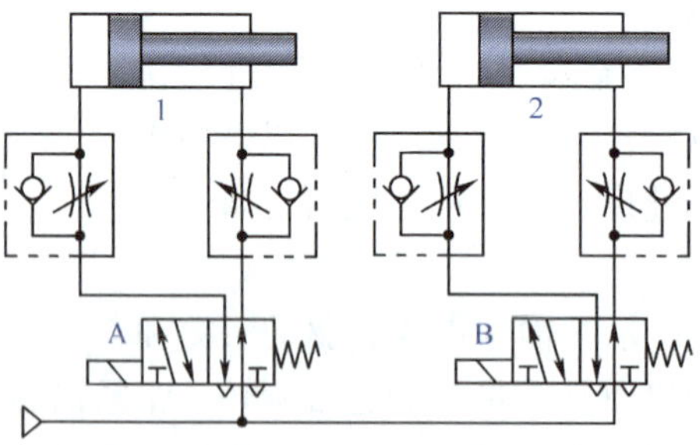

图 13-15 纠偏系统的气动回路

附录 常用液压与气动元件图形符号（摘自GB/T 786.1—2009）

名称	符号	名称	符号
单向定量液压泵	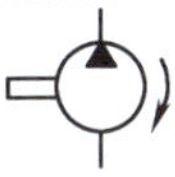	双向缓冲缸	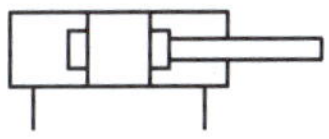
空气压缩机	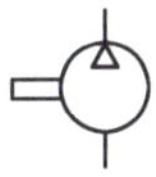	直动型溢流阀	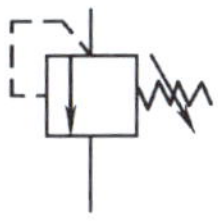
双向定量液压泵	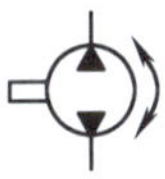	先导型溢流阀	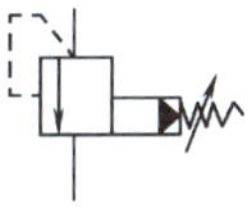
单向变量液压泵		先导型比例电磁溢流阀	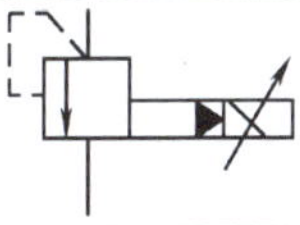
双向变量液压泵		定量液压泵-马达	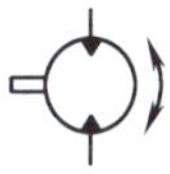
单向定量马达	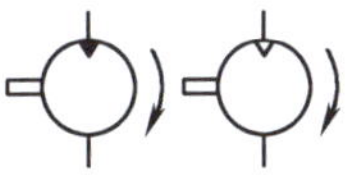	变量液压泵-马达	
双向定量马达	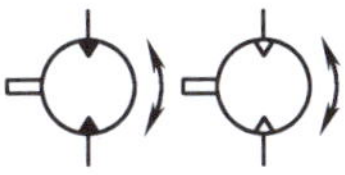	液压整体式传动装置	
单向变量马达	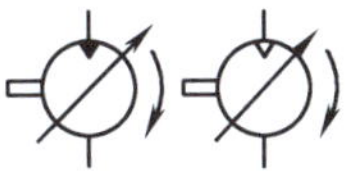	摆动马达	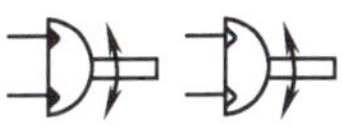
双向变量马达	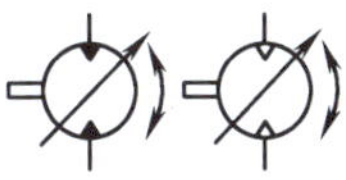	真空泵	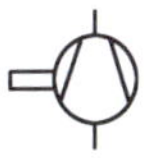
单向缓冲缸	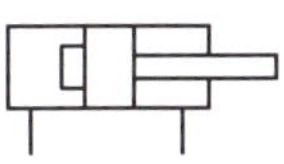	单作用单杆缸	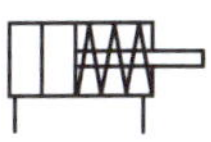

（续）

名　称	符　号	名　称	符　号
单作用伸缩缸	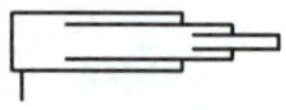	制动阀	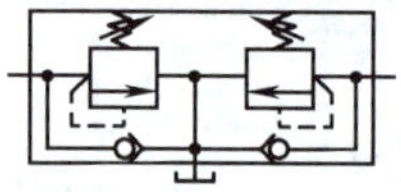
双作用伸缩缸	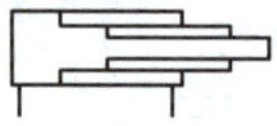	不可调节流阀	
双作用单杆缸	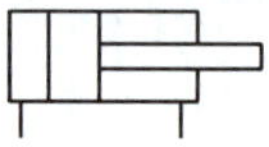	可调节流阀	
双作用双杆缸	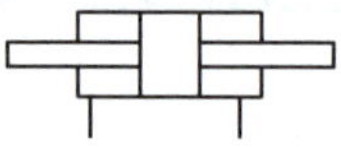	可调单向节流阀	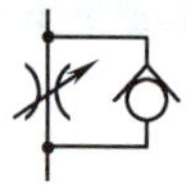
单作用增压器	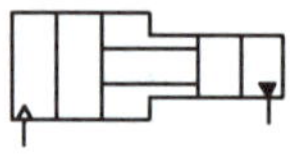	减速阀	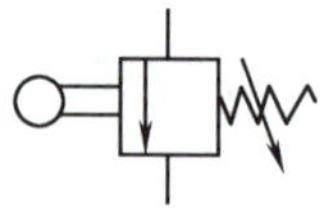
溢流减压阀	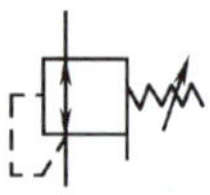	带消声器的节流阀	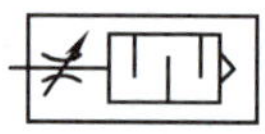
先导型比例电磁减压阀	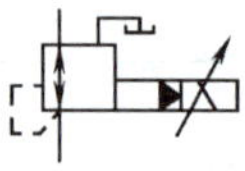	调速阀	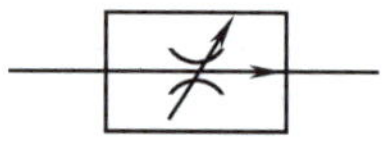
定比减压阀	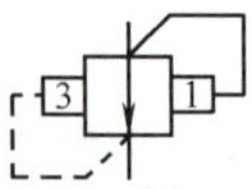	定差减压阀	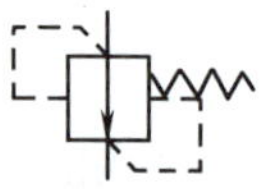
卸荷溢流阀	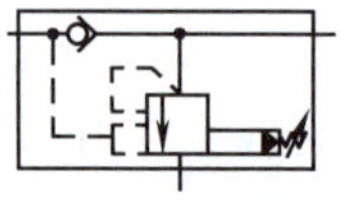	直动型顺序阀	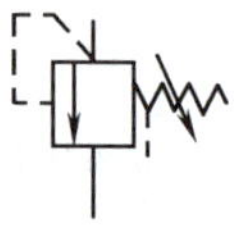
双向溢流阀	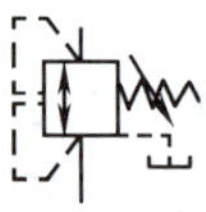	先导型顺序阀	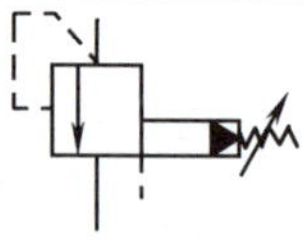
直动型减压阀	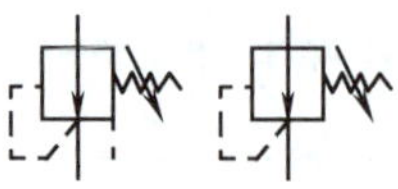	单向顺序阀（平衡阀）	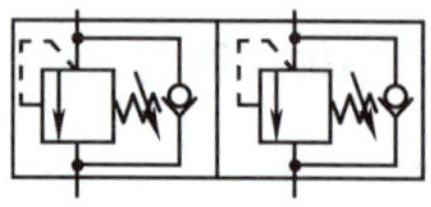
先导型减压阀	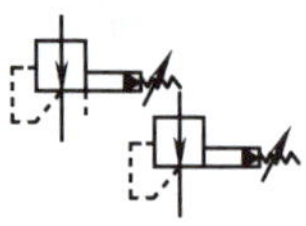	集流阀	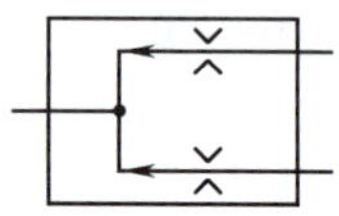
直动型卸荷阀	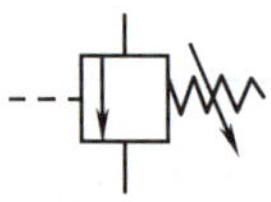	分流器	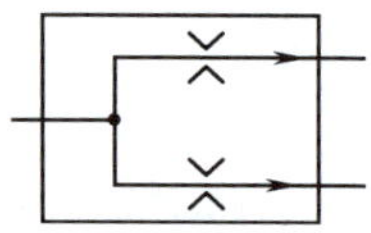

（续）

名　称	符　号	名　称	符　号
单向阀		磁芯过滤器	
液控单向阀	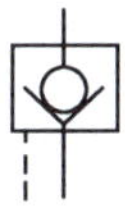	污染指示过滤器	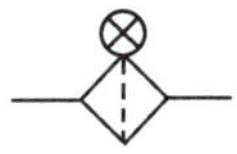
双液控单向阀 （液压锁）	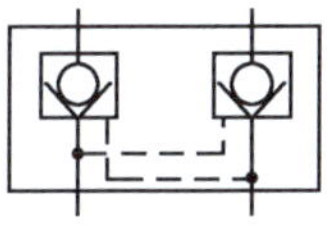	分水排水器	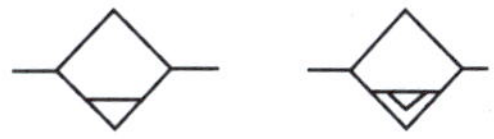
梭阀	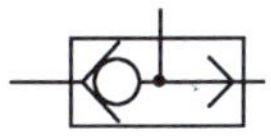	空气过滤器	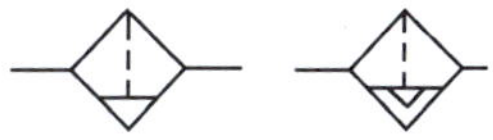
双压阀	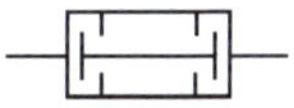	除油器	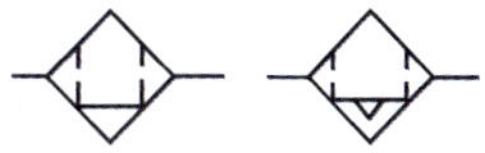
快速排气阀	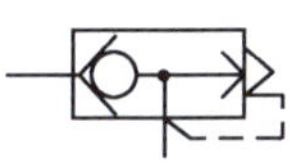	二位二通换向阀	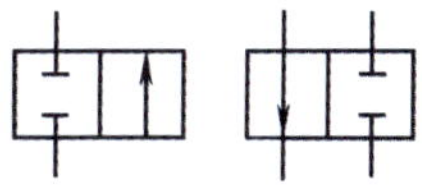
温度补偿调速阀		二位三通换向阀	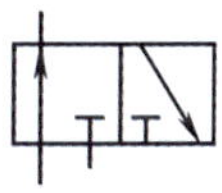
旁通型调速阀		二位四通换向阀	
单向调速阀	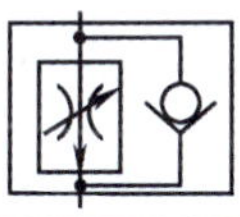	二位五通换向阀	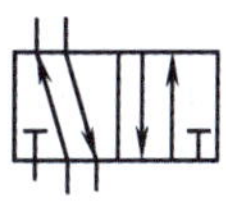
分流集流阀	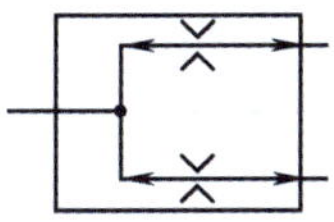	四通电液伺服阀	
三位四通换向阀	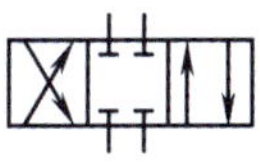	管口在液面以下油箱	
三位五通换向阀	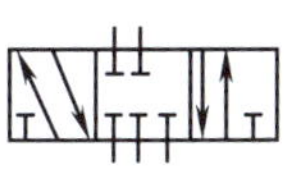	管端连接油箱底部	
过滤器	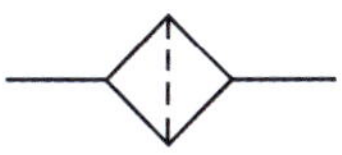	压力计	

（续）

名　称	符　号	名　称	符　号
液面计	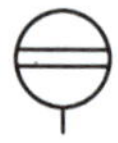	工作管路	
温度计		控制管路	
流量计	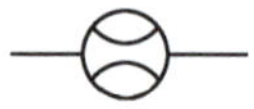	消声器	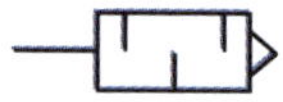
压力继电器		液压源	
空气干燥器	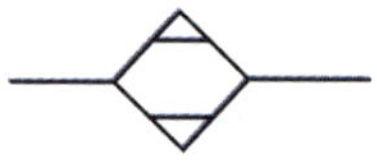	气压源	
油雾器		电动机	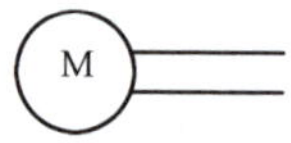
气源处理装置		原动机	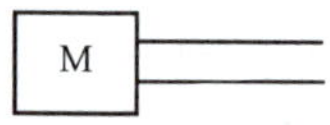
冷却器		气-液转换器	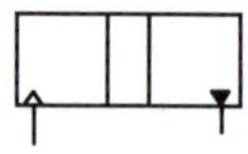
加热器		气罐	
蓄能器		软管总成	
带单向阀的快换接头（断开状态）	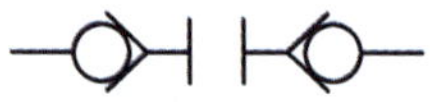	交叉管路	
不带单向阀的快换接头（连接状态）		连接管路	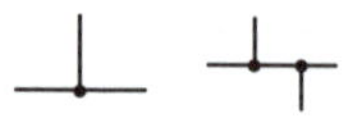

参考文献

[1] 苏尔皇．液压流体力学［M］．北京：国防工业出版社，1979.
[2] 薛祖德．液压传动［M］．北京：中央广播电视大学出版社，1995.
[3] 杨曙东，何存兴．液压传动与气压传动［M］.3 版．武汉：华中科技大学出版社，2008.
[4] 章宏甲．金属切削机床液压传动［M］．南京：江苏科学技术出版社，1980.
[5] 雷天觉．新编液压工程手册［M］．北京：北京理工大学出版社，1998.
[6] 姜继海，宋锦春，高常识．液压与气压传动［M］.2 版．北京：高等教育出版社，2010.
[7] 屈圭．液压与气压传动［M］.2 版．北京：机械工业出版社，2014.
[8] 蔡文彦，詹永麟．液压传动系统［M］．上海：上海交通大学出版社，1990.
[9] 盛敬超．工程流体力学［M］．北京：机械工业出版社，1988.
[10] 沈向东，李芝．液压传动［M］.2 版．北京：机械工业出版社，2009.
[11] 王裕清，韩成石．液压传动与控制技术［M］．北京：煤炭工业出版社，1997.
[12] 关肇勋，黄奕．实用液压回路［M］．北京：国防工业出版社，1979.
[13] 阎祥安，曹玉平．液压传动与控制习题集（修订版）［M］．天津：天津大学出版社，2004.
[14] 方昌林，凌智勇．液压气压传动与控制技术问题对策［M］．北京：机械工业出版社，2010.
[15] 王积伟．液压传动［M］.2 版．北京：机械业出版社，2007.
[16] 贾铭新．液压传动与控制［M］.3 版．北京：国防工业出版社，2010.
[17] 左健民．液压与气压传动［M］.4 版．北京：机械工业出版社，2011.
[18] 李天贵．气压传动［M］．北京：国防工业出版社，1979.
[19] 郑洪生．气压传动及控制［M］．北京：机械工业出版社，1988.
[20] 徐文灿．气动元件及系统设计［M］．北京：机械工业出版社，1995.
[21] 吴振顺．气压传动与控制［M］.2 版．哈尔滨：哈尔滨工业大学出版社，2009.

《液压传动与气压传动》（修订版）

鄂大辛　编著

读者信息反馈表

尊敬的老师：

您好！感谢您多年来对机械工业出版社的支持和厚爱！为了进一步提高我社教材的出版质量，更好地为我国高等教育发展服务，欢迎您对我社的教材多提宝贵意见和建议。另外，如果您在教学中选用了本书，欢迎您对本书提出修改建议和意见。

机械工业出版社教育服务网网址：http://www.cmpedu.com

一、基本信息

姓名：__________　性别：__________职称：__________　职务：__________

邮编：__________地址：______________________________

任教课程：____

电话：________—__________（H）______________（O）____

电子邮件：______________________________手机：______________________________

二、您对本书的意见和建议

（欢迎您指出本书的疏误之处）

三、您对我们的其他意见和建议

请与我们联系：

100037　机械工业出版社·高等教育分社　舒恬　收

电话：010-8837 9217　传真：010-6899 7455

电子邮箱：shutianCMP@gmail.com